建筑照明设计标准 GB/T 50034－2024 实施指南

中国建筑科学研究院有限公司　赵建平　高雅春　主编

中国建筑工业出版社

图书在版编目（CIP）数据

建筑照明设计标准 GB/T 50034－2024 实施指南 / 赵建平，高雅春主编. -- 北京 ：中国建筑工业出版社，2024. 8. -- ISBN 978-7-112-29902-7

Ⅰ. TU113. 6-65

中国国家版本馆 CIP 数据核字第 2024XU6904 号

责任编辑：石枫华　孙玉珍
文字编辑：卢泓旭
责任校对：刘梦然

建筑照明设计标准 GB/T 50034－2024 实施指南

中国建筑科学研究院有限公司　赵建平　高雅春　主编

*

中国建筑工业出版社出版、发行（北京海淀三里河路 9 号）
各地新华书店、建筑书店经销
北京红光制版公司制版
北京圣夫亚美印刷有限公司印刷

*

开本：787 毫米×1092 毫米　1/16　印张：23¼　字数：579 千字
2024 年 6 月第一版　　2024 年 6 月第一次印刷
定价：**88.00** 元

ISBN 978-7-112-29902-7
（43087）

本书编委会

主　　编： 赵建平　高雅春

编写委员： 汪　猛　袁　颖　陈　琪　周名嘉　孙世芬　杨德才
邵民杰　田英策　徐建兵　罗　涛　王书晓　姚梦明
赵　凯　林太峰　蔡　军　黄　宁　倪　伟　俞　燕
洪晓松　李炳军　魏　彬　陈玉嫦　张　孟　王　俊
张恭铭　杨泓宇

审　　核： 刘　彬　张惠锋　张　婧

主编单位： 中国建筑科学研究院有限公司

参编单位： 建科环能科技有限公司
北京市建筑设计研究院有限公司
中国航空规划设计研究总院有限公司
中国建筑设计研究院有限公司
广州市设计院集团有限公司
中国电子工程设计院有限公司
中国建筑西北设计研究院有限公司
华东建筑设计研究院有限公司
中国建筑东北设计研究院有限公司
中国建筑西南设计研究院有限公司
昕诺飞（中国）投资有限公司
索恩照明（广州）有限公司
上海企一实业（集团）有限公司
欧司朗（中国）照明有限公司
路川金域电子贸易（上海）有限公司
惠州雷士光电科技有限公司
浙江阳光照明电器集团股份有限公司
佛山电器照明股份有限公司
厦门立达信照明有限公司
佑昌电器（中国）有限公司
上海麦索照明设计咨询有限公司

前　言

根据《住房和城乡建设部关于印发〈2019 年工程建设规范和标准编制及相关工作计划〉的通知》（建标函〔2019〕8 号）的要求，由中国建筑科学研究院有限公司会同有关单位共同编制完成《建筑照明设计标准》GB/T 50034－2024。《建筑照明设计标准》GB/T 50034－2024 于 2024 年 8 月 1 日正式实施。为了便于《建筑照明设计标准》GB/T 50034－2024 实施推广与相关单位的技术人员和管理人员尽快熟悉、掌握该标准，撰写了本指南。

我国政府高度重视照明节能减排工作，2020 年 9 月 22 日，国家主席习近平在联合国大会一般性辩论上的讲话中宣布，中国将力争在 2030 年前实现碳达峰，努力争取 2060 年前实现碳中和。党的十九届五中全会、2021 年全国“两会”以及 2021 年 3 月 15 日中央财经委员会第九次会议，均对碳达峰、碳中和作出具体部署。为完整、准确、全面贯彻新发展理念，做好碳达峰、碳中和工作，2021 年 9 月 22 日，中共中央、国务院印发《关于完整准确全面贯彻新发展理念做好碳达峰碳中和工作的意见》。为深入贯彻落实党中央、国务院关于碳达峰、碳中和的重大战略决策，扎实推进碳达峰行动，2021 年国务院印发《2030 年前碳达峰行动方案》。实现碳达峰、碳中和，是以习近平同志为核心的党中央统筹国内国际两个大局作出的重大战略决策，是着力解决资源环境约束突出问题、实现中华民族永续发展的必然选择，是构建人类命运共同体的庄严承诺。从照明领域来看，自 1996 年启动实施中国绿色照明工程以来，先后将其列入“九五”、“十五”节能重点领域和“十一五”、“十二五”重点节能工程，2016 年又列入了国家“十三五”规划纲要 165 项重大工程项目。这些举措充分说明了中国政府对绿色照明产业发展的高度重视，也充分显示了政府做好节能减排、促进可持续发展的决心。

另一方面，建筑光环境作为建筑环境的重要组成部分，与人类健康密切相关。党中央、国务院对健康问题高度重视，印发了《“健康中国 2030”规划纲要》，将健康中国建设作为国家的重要战略。健康照明、智能照明和绿色照明是未来行业发展的趋势，是提升光环境品质的必然，是实现绿色建筑和健康建筑的重要环节。

《建筑照明设计标准》GB 50034－2013 自 2014 年 6 月 1 日实施以来，在规范建筑照明设计方面发挥了重要作用：标准的应用提高了建筑室内光环境质量，降低了各类建筑照明系统的能耗；科学规范了 LED 在室内照明中的应用，有效促进了照明节能和控制技术的发展。然而随着照明技术的发展，标准还有待进一步完善和提高。具体体现在：光环境品质需求进一步提升，健康照明理论进一步成熟，照明节能减排要求进一步提高，LED 照明、智能照明、直流照明等的快速发展导致标准内容滞后于技术发展等，相关技术内容亟须在标准中进行补充和完善。

我国目前已成为全球最大的 LED 照明产品生产、消费和出口国，随着 LED 照明应用领域不断拓宽，照明技术从追求光效向提升光品质、光质量和多功能应用等方向发展，产业从技术驱动逐渐转向应用驱动。为了实现从LED照明产业大国向强国转变，进一步提升照明质量，降低照明能耗，迫切需要从标准和应用层面反推动产业创新和加快转型升级。因此，此标准的修订符合当前国家战略和行业发展的迫切需要。此标准是编制组经广泛调查研究，认真总结实践经验，参考有关国际标准和国外先进标准，并在广泛征求意见的基础上，编制而成。

新版标准的主要技术内容是：总则、术语、基本规定、照明数量和质量、照明标准值、照明节能、照明配电与控制等。本次标准修订的主要技术内容是：提高了灯具的效能、照明功率密度等节能指标要求；增加了LED灯和LED灯具的性能指标、LED驱动电源选择和应用等技术要求；增加了照明舒适度、光生物安全、闪烁与频闪效应、非视觉效应等健康照明的技术指标；补充和完善了智能照明控制系统技术内容；增加了照明直流配电技术内容；增加了建筑用地红线范围内的室外功能照明技术内容；结合实际应用调整了标准部分技术内容。

此标准具有以下特点：

1. 此标准适用于建筑照明设计，对产品选型、照明设置、照明环境要求、节能要求、控制和供配电要求均进行了规定，与国外同类标准相比，内容更为全面，对于指导建筑照明设计具有重要意义。

2. 此标准充分考虑LED照明技术、智能照明技术、直流照明技术的要求以及健康照明的发展理念，具有实用性、先进性和前瞻性，在国内外同类标准中处于领先。

3. 此标准结合技术条件和设计要求，将功率密度目标值提升为现行值，符合我国建筑照明的发展要求，有利于促进建筑节能，总体指标严于国外同类标准。

4. 此标准创新性地提出了不同场所的光生物安全要求、频闪效应指标要求以及非视觉效应等健康照明要求。

标准的实施将有助于提升建筑光环境品质，实现显著节能减排，推进健康照明和智能照明技术的进步，引领行业可持续发展，具有极高的社会、经济和生态效益。

本指南共分为4篇：

第1篇　编制概况。

第2篇　条文释义与实施要点。

第3篇　专题研究。

第4篇　LED灯具计算图表。

清华大学建筑设计研究院有限公司戴德慈研究员、中国航天建设集团有限公司王勇教授级高工、悉地国际CCDI设计顾问有限公司李炳华教授级高工、江西省建筑设计研究总院俞志敏教授级高工、厦门合立道工程设计集团股份有限公司洪友白教授级高工、新疆维吾尔自治区建筑设计研究院丁新亚教授级高工、天津市建筑设计院王东林教授级高工、山东省建筑设计研究院有限公司张钊研究员、中南建筑设计院股份有限公司熊江教授级高工、同济大学建筑设计研究院（集团）有限公司包顺强教授级高工、浙江省建筑设计研究院杨彤教授级高工、中国昆仑工程有限公司范景昌高级工程师、江苏省建筑设计研究院陈礼贵教授级高工等专家对标准技术内容进行了全面审查。住房和城乡建设部建筑环境与节能标准化技术委员会李正高级工程师和张婧工程师提供了全过程指导和支持。在此一并表示感谢！

鸣谢“十三五”国家重点研发计划项目“公共建筑光环境提升关键技术研究及示范”（项目编号：2018YFC0705100）的资助。

本指南的编写凝聚了所有参编人员和专家的集体智慧，由于编写时间仓促，编者水平有限，书中疏漏和不妥之处在所难免，恳请广大读者批评指正（联系方式：cabrlighting@chinaibee.com，联系地址：北京市朝阳区北三环东路30号环能院）。

中国建筑科学研究院有限公司

2024年1月

目　次

第1篇
编 制 概 况

1. 任务来源及编制过程

工程建设国家标准《建筑照明设计标准》GB 50034－2013 自 2014 年 6 月 1 日实施以来，在建筑照明设计方面发挥了重要作用，标准的应用提高了建筑室内光环境质量，降低了各类建筑照明系统的能耗，科学规范了 LED 在建筑照明中的应用。2019 年 1 月，《住房和城乡建设部关于印发〈2019 年工程建设规范和标准编制及相关工作计划〉的通知》（建标函〔2019〕8 号）下达了国家标准《建筑照明设计标准》GB 50034－2013 的修订任务，由中国建筑科学研究院有限公司担任主编单位。

国家标准《建筑照明设计标准》GB/T 50034－2024（以下简称《标准》）是建筑照明行业最重要的设计标准，技术内容全面，影响力大。近些年来，面对 LED 照明智能化的新形态，基于非视觉效应的健康照明新内涵，以及建筑照明节能的新要求，建筑照明面临着巨大的机遇与挑战。为了使《标准》做到技术先进、可操作性强，更能符合设计人员的需要，该标准在编制启动准备阶段就实施情况及修订建议向社会公开征求意见，并获得了全行业各相关方的积极响应，为标准修订工作奠定了良好的基础。

2019 年 5 月 30 日，标准编制组成立暨第一次工作会议在北京召开。住房和城乡建设部标准定额司、标准定额研究所、建筑环境与节能标准化技术委员会领导、主编单位中国建筑科学研究院有限公司领导、标准编制组全体成员共 32 人出席了会议。会议确定了编制组主要成员单位及参编人，原则确定了标准主要修订的技术内容和章、节构成。编制组成员对标准中重点解决的技术问题进行了认真讨论，并对标准编制大纲提出了具体的修改意见。在取得一致意见的基础上，明确了各编制单位的工作任务及分工。

近年来，LED 照明的快速发展，智能照明的广泛应用，以及人类对光的非视觉效应和健康照明突现出来的重要性，使照明领域发生了巨大变化，有的照明指标甚至发生了颠覆性变化。现有的照明标准有的需要修订，有的需要增加，如光生物安全、频闪效应、驱动电源、直流照明、智能照明、健康照明、适老照明等，亟须对其进行新的条文规定，局部修订已难以满足该标准的应用需求。因此，主编单位申请将标准局部修订变为全面修订。

编制组在编制过程中，开展并完成了收集国内外资料、大量调查研究、专题实验研究和测试论证等工作。标准初稿于 2019 年 10 月起草完成，2019 年 11～12 月主编单位对已起草的标准初稿经过多次讨论，基本上确定了各章节的具体内容，同时也完成了条文说明的编写。讨论稿经过反复修改后，于 2019 年 12 月形成征求意见稿，并于 2019 年 12 月 20 日上传至上级主管部门并在网上公开征求意见，与此同时，还以电子邮件的形式向部分单位和个人征求意见，截止到 2020 年 2 月共收到 33 件回函，对标准提出了 433 条修改意见。编制组对征求意见的回函逐条归纳整理，在分析研究所提出意见的基础上，主编单位编写了意见汇总表，对提出的 433 条意见进行逐条修改，其中采纳 184 条，部分采纳 53 条，未采纳 196 条，同时完成了对标准条文和条文说明的修改。2020 年 4 月 20 日送审初稿形成，并发送给相关专家进行二次征求意见，收到书面正式回函 34 份，提出意见 411 条。编制组随后开展专题讨论对反馈的意见进行处理：采纳 194 条，未采纳 190 条，部分采纳 27 条，同时完成了标准条文的修改。

2020 年 4 月，主编单位在认真逐条梳理反馈意见后，在编制组内部对意见进行充分讨论，在征求意见稿的基础上修改形成送审稿初稿，并向编制组内外专家定向征求意见。2020年5月上旬，修改形成标准送审稿，并按编制标准送审要求，将标准送审稿、征求意见处理表、送审报告等一并上传至标委会和上级主管部门。标准审查会于2020年5月22日通过网络平台召开。审查专家组听取了《标准》编制组的工作汇报，对《标准》送审稿的内容进行了逐条审查，标准送审稿顺利通过审查。

编制组根据审查会议专家意见，组织编制组内部会议及补充资料，多次召开编制组及特邀专家会议，对审查会提出的重点问题进行专项讨论，认真修改、完善标准技术内容。

根据审查会专家组不建议《标准》更名（增加“室内”两字）的意见，并适当增加建筑用地红线范围内的室外功能照明设计条款的要求，编制组认真梳理了相关内容，并参考国家现行标准中涉及居住、公共及工业建筑用地红线范围内公共区域内功能照明的相关条款，提出了拟增加的室外场所相关条款，并发函征求审查会评审专家的意见。编制组经认真研究，对专家反馈意见进行了处理。最终提出国家标准《建筑照明设计标准》GB 50034增加室外场所相关条款审查稿，并召开《标准》增加室外场所相关条款审查会。

审查专家认真听取了编制组对增加室外场所相关条款的编制过程和内容的介绍，对增加的相关条款内容进行逐条讨论，认为新增加的内容进一步完善了《标准》适用范围，内容科学合理，依据充分、准确可靠、可操作性强，一致同意新增条款通过审查。

编制组根据审查专家意见，认真修改、完善标准技术内容，于2020年8月形成最终标准报批稿。

2016年以来，住房和城乡建设部陆续印发《关于深化工程建设标准化工作改革的意见》等文件，明确了逐步用全文强制性标准取代现行标准中分散的强制性条文的改革任务，逐步形成由法律、行政法规、部门规章中的技术性规定与全文强制性工程建设规范构成的“技术法规”体系。在这样的背景下，与本标准密切相关的全文强制性标准《建筑节能与可再生能源利用通用规范》和《建筑环境通用规范》启动编制并于2021年正式发布，标准编号分别为GB 55015－2021和GB 55016－2021（其中光环境相关强制性条文见本指南第2篇末的参考资料）。《标准》中涉及照明功率密度现行值的强制性条文全部纳入《建筑节能与可再生能源利用通用规范》GB 55015－2021，保留各场所的照明功率密度目标值和非强制性要求的现行值要求，标准编号调整为GB/T 50034。

2.《标准》的主要内容及特点

（1）《标准》的主要内容

本标准适用于新建、扩建、改建以及装修的居住、公共建筑和工业建筑室内照明及其用地红线范围内的室外功能照明设计。主要章节内容包括：

1　总则

2　术语

3　基本规定

3.1　照明方式和种类；3.2　照明光源；3.3　照明灯具及附属装置

4　照明数量和质量

4.1　照度；4.2　照度分布；4.3　眩光限制；4.4　闪烁与频闪效应限制；4.5　光源颜色质量；4.6　非视觉效应；4.7　反射比

5　照明标准值

5.1　一般规定；5.2　居住建筑；5.3　公共建筑；5.4　工业建筑；5.5　通用房间或场所

6　照明节能

6.1　一般规定；6.2　照明节能措施；6.3　照明功率密度限值；6.4　天然光利用

7　照明配电与控制

7.1　照明电压；7.2　照明配电；7.3　照明控制

附录 A　统一眩光值（*UGR*）

附录 B　眩光值（*GR*）

本标准修订的主要技术内容是：1）提高了灯具的效能、照明功率密度等节能指标要求；2）增加了 LED 灯和 LED 灯具的性能指标、LED 驱动电源选择和应用等技术要求；3）增加了照明舒适度、光生物安全、闪烁与频闪效应、非视觉效应等健康照明的技术指标；4）补充和完善了智能照明控制系统技术内容；5）增加了照明直流配电技术内容；6）增加了建筑用地红线范围内的室外功能照明技术内容；7）结合实际应用调整标准部分技术内容。

（2）《标准》的特点

标准编制过程调研了国外相关标准，包括欧盟标准《光与照明　工作场所照明　室内工作场所》EN 12464－1：2021、日本标准《照明一般要求》JSA JIS9110：2010、澳大利亚标准《室内工作场所照明　第 2.1 部分：特殊应用　活动区域和其他一般区域》AS/NZS 1680.2.1：2008、美国《建筑能耗标准》ANSI/ASHRAE IES 90.1－2016 等。与国外标准相比，本标准具有以下特点：

1）本标准适用于建筑照明设计，对产品选型、照明设置、照明环境要求、节能要求、控制和供配电要求均进行了规定，与国外同类标准相比，内容更为全面，对于指导建筑照明设计具有重要意义。

2）本标准充分考虑了 LED 照明技术、智能照明技术、直流照明技术的要求以及健康照明的发展理念，具有实用性、先进性和前瞻性，在国内外同类标准中处于领先。

3）本标准结合技术条件和设计要求，将功率密度目标值提升为现行值，符合我国建筑照明的发展要求，有利于促进建筑节能，总体指标严于国外同类标准。

4）本标准创新性地提出了不同场所的光生物安全要求、频闪效应指标要求以及非视觉效应等健康照明要求。

3. 审查意见与结论

《标准》送审稿审查会于 2020 年 5 月 22 日通过网络平台举行。会议由建筑环境与节能标准化技术委员会主持。参加会议的有住房和城乡建设部标准定额研究所刘彬副处长、中国建筑科学研究院有限公司建筑环境与能源研究院邹瑜副院长，审查组专家以及编制组主要成员。会议组成了以戴德慈研究员为组长，王勇教授级高工为副组长的审查专家组。审查专家认真听取了编制组对标准编制过程和内容的介绍，对标准内容进行逐条讨论，形成审查意见如下：

（1）《标准》是在原《建筑照明设计标准》GB 50034－2013 的基础上，参考国内外相关标准，经广泛调研、实验验证，认真总结实践经验，并在广泛征求意见的基础上，进行了修订。送审资料齐全，章节构成合理，层次清晰，内容简洁，符合工程建设标准编写规定的要求。

(2)《标准》注重新技术、新产品的应用，补充增加了LED照明要求，健康照明、智能照明、直流照明应用等新技术内容，符合当前照明技术发展趋势，对创造良好光环境、促进绿色与健康照明发展具有重要意义。

(3)《标准》提高了照明产品效能指标，降低了照明功率密度限值，并进行了大量设计验证，符合我国实际情况，将进一步提高照明节能设计水平。

(4)《标准》在充分研究论证的基础上，增加了优先利用天然光、提高照明舒适度，以及光生物安全、频闪、非视觉效应等健康照明相关技术内容，科学合理，依据充分、准确可靠、可操作性强，具有一定的创新性和前瞻性。《标准》整体技术达到国际先进水平。

(5) 主要修改意见和建议：

1) 进一步梳理LED灯、LED光源、LED灯具术语，明确界限及关系；

2) 取消3.3.13第1款、频闪比术语、7.2.2、7.2.3；

3) 修改3.2、3.3标题，取消“选择”两字；

4) 增加4.6非视觉效应及其术语；

5) 增加汽车工业建筑LPD限值；

6) 将附录A调整到正文；

7) 以太网供电单列1条。

其他审查意见详见《审查意见汇总表》。

审查专家组一致同意标准通过审查。

根据中华人民共和国住房和城乡建设部标准化改革要求，目前已将相关强制性条文列入国家标准《建筑节能与可再生能源利用通用规范》GB 55015－2021和《建筑环境通用规范》GB 55016－2021中，该标准中不再重复列出。

4. 社会经济效益

本标准的修订建立在LED照明技术、智能照明技术快速发展，直流照明逐渐增加，健康照明理念不断深入人心，以及节能要求进一步提高的基础上，修订工作充分考虑了技术的发展和环境需求，补充和提高相关技术指标，如光生物安全、频闪等，并在健康照明研究的基础上，增加了光的非视觉效应相关条款，从而为营造健康、舒适、高效的健康光环境创造条件。与此同时，进一步提高节能要求，将《建筑照明设计标准》GB 50034－2013中照明功率密度*LPD*目标值调整为现行值，并根据技术的进步提出更高要求的目标值，同时结合智能控制技术，将建筑照明能耗降低30%以上。

该标准的实施对有助于提升建筑光环境品质，实现显著节能减排，推进健康照明和智能照明技术的进步，引领行业可持续发展，具有极高的社会、经济和生态效益。

5. 《标准》实施后需要进行的主要工作

该标准适用于建筑照明设计，专业性较强，并且设计者、使用者、管理者均可采用，执行难度较大，需作相应培训。标准条文技术性强，在发布后需加大对标准的宣贯力度，并监督执行标准。

第2篇

条文释义与实施要点

1 总　　则

修订简介

本章修订的主要内容如下：

（1）在标准制定目的中引入“健康照明”概念；

（2）适用范围增加建筑用地红线范围内的室外功能照明。

实施指南

1.0.1 为在建筑照明设计中贯彻国家技术经济政策，满足建筑功能需要，有利于生产、工作、学习、生活和身心健康，做到技术先进、经济合理、使用安全、节能环保、维护方便，促进绿色照明与健康照明，制定本标准。

【释义与实施要点】

制定本标准的目的和原则，本次新增健康照明。基于视觉和非视觉效应的健康照明已引起广泛关注，照明的光谱、强度、照射时间和时长对于人的生理、心理影响已经得到了行业的广泛共识。因此，在照明设计中除了关注传统的照明工效和舒适性，还应充分合理考虑照明的非视觉效应，在合适的时间、合适的场景，给予合适的照明，以满足人体生理节律等需求，有助于人的生理和心理健康。

1.0.2 本标准适用于新建、扩建、改建以及装修的民用建筑和工业建筑室内照明及其用地红线范围内的室外功能照明设计。

【释义与实施要点】

本标准的适用范围。适用于居住、公共和工业建筑室内照明及其用地红线范围内的室外功能照明，如道路照明、广场照明、活动场地照明、障碍照明、体育场照明以及与建筑相连的室外雨篷、出入口、外廊、屋面等的照明，以及工业建筑的室外厂区等场所的照明设计。本次修订适用范围增加，在以建筑内部功能照明为主的基础上，增加了居住建筑、公共建筑及工业建筑室外公共区域照明标准。

1.0.3 建筑照明设计除应符合本标准的规定外，尚应符合国家现行有关标准的规定。

【释义与实施要点】

本条规定了本标准与其他标准或规范的关系。建筑照明设计涉及多个方面，与其他国家标准和行业标准存在交叉，为避免执行中可能出现的矛盾或误解，特作此规定。

2 术　　语

修订简介

本章修订的主要内容如下：

（1）增加了健康照明、半柱面照度、氛围照明、LED光源、LED灯、LED灯具、LED驱动电源、LED恒压直流电源、闪烁、（光）闪变指数、频闪效应可视度、非视觉效应以及智能照明控制系统的术语。

（2）对部分术语进行了调整。

实施指南

2.0.1　绿色照明　green lights

安全舒适、节约能源、保护环境，有益于提高人们生产、工作、学习效率和生活质量，保护身心健康的照明。

【释义与实施要点】

绿色照明理念最早由美国环境保护局于1991年首次提出，我国自1996年实施绿色照明工程以来，取得了良好的社会、经济和环保效益。绿色照明的主要宗旨是节约能源、保护环境和提高照明环境质量。我国最初的定义是"绿色照明指通过科学的照明设计，采用效率高、寿命长、安全和性能稳定的照明电器产品（电光源、灯用电器附件、灯具、配线器材以及调光控制设备和控光器件），改善提高人们工作、学习、生活的条件和质量，从而创造一个高效、舒适、安全、经济、有益的环境并充分体现现代文明的照明"。编制组认为这个定义太长和太复杂，而是予以简化为"绿色照明是安全舒适、节约能源、保护环境，有益于提高人们生产、工作、学习效率和生活质量，保护身心健康的照明"，简单明了，突出绿色照明宗旨。

2.0.2　健康照明　healthful lighting

基于视觉和非视觉效应，改善光环境质量，有助于人们生理和心理健康的照明。

【释义与实施要点】

大量研究表明，光线进入人眼除了产生视觉感知外，同时还会产生与人体健康有关的非视觉效应，如通过刺激褪黑素分泌，影响人体昼夜节律、心率、警觉性、脑电图谱、体温变化、瞳孔收缩等一系列生理和心理反应，此种光效应被称为非视觉效应。健康照明是在关注视觉工效和舒适的基础上，增加了非视觉效应对人体健康的影响。

2.0.3　视觉作业　visual task

在工作和活动中，对呈现在背景前的细部和目标的观察过程。

2.0.4　光通量　luminous flux

根据辐射对标准光度观察者的作用导出的光度量。单位为流明（lm），1lm＝1cd·

1sr。对于明视觉有：

$$\Phi = K_{\mathrm{m}} \int_{0}^{\infty} \frac{\mathrm{d}\Phi_{\mathrm{e}}(\lambda)}{\mathrm{d}\lambda} V(\lambda) \mathrm{d}\lambda \tag{2.0.4}$$

式中：$\mathrm{d}\Phi_{\mathrm{e}}(\lambda)/\mathrm{d}\lambda$ ——辐射通量的光谱分布；

$V(\lambda)$ ——光谱光（视）效率；

K_{m} ——辐射的光谱（视）效能的最大值，单位为流明每瓦特（lm/W）。在单色辐射时，明视觉条件下的 K_{m} 值为 683lm/W（λ＝555nm 时）。

【释义与实施要点】

按照国际规定的标准光度观察者（标准人眼）视觉特性评价辐射通量而导出的光度量。

在照明工程中，常用光通量来表示一个光源在单位时间内发出的光量，它成为光源的一个基本参数，例如 100W 普通白炽灯发出 1250lm 光通量，36W 稀土三基色 T8 荧光灯发出 3250lm 光通量。

$V(\lambda)$ 为国际照明委员会（CIE）标准光度观测者在明视觉条件下的光谱（视）效率函数，简称视见函数。由于人眼对于可见光范围内相同辐射通量不同波长的单色辐射感受灵敏度存在差异，λ_{m} 为光谱效能最大时对应的单色辐射的波长。光谱（视）效率函数是在特定光度条件下，视亮度感觉相等的波长为 λ_{m} 和 λ 的两个辐射通量之比。在明视觉条件下（适应亮度大于 5cd/m^2），λ_{m}＝555 nm；在暗视觉条件下（适应亮度小于 0.005cd/m^2）的光谱光视效率函数以符号 $V'(\lambda)$ 表示，其最大值位置向短波方向移动，λ'_{m} ＝507nm。

K_{m} 值为辐射的光谱（视）效能的最大值，是根据各国国家计量实验室测量的平均结果。在明视觉条件下，1977 年国际计量委员会采用频率为 540×10^{12} Hz 的单色辐射的最大光谱（视）效能 K_{m}＝683 lm/W。在暗视觉条件下，单色辐射的最大光谱（视）效能 K_{m} 为 1754lm/W，其波长位置在 507nm 处。

2.0.5 发光强度 luminous intensity

发光体在给定方向上的发光强度是该发光体在该方向的立体角元 $\mathrm{d}\Omega$ 内传输的光通量 $\mathrm{d}\Phi$ 除以该立体角元所得之商，即单位立体角的光通量。单位为坎德拉（cd），1cd＝1lm/sr。

【释义与实施要点】

发光强度是表示光通量在某一方向的空间密度，国际单位为坎德拉，符号：cd，它也是国际单位制中七个基本单位之一。与通常测量辐射强度或测量能量强度的单位相比较，发光强度的定义考虑了人的视觉因素和光学特点，是在人的视觉基础上建立起来的，其计算公式为：

$$I = \frac{\mathrm{d}\Phi}{\mathrm{d}\Omega} \tag{2-2-1}$$

发光强度的符号为 I，单位是坎德拉（cd），在数量上 1cd＝1lm/sr。

国际计量大会通过的坎德拉定义：一个光源发出频率为 540×10^{12} Hz 的单色辐射（对应于空气中波长为 555nm 的单色辐射），若在一定方向上的辐射为 1/683W/sr，则光源在该方向上的发光强度为 1cd。

在照明工程中，光源或照明灯具的光强分布曲线（亦称配光曲线）或等光强图是进行照度计算和设计的重要资料。相同的光通量，光强分布却会有较大的差别，例如，一只40W裸白炽灯发出350lm的光通量，它的平均发光强度为350lm/4π=28cd，如果在裸灯上加上搪瓷反射罩，则灯下方的发光强度可提高约2倍。这说明灯泡发出光通量不变，而发光强度提高了许多。

2.0.6　亮度　luminance

由公式 $L = d^2\Phi/(dA \cdot \cos\theta \cdot d\Omega)$ 定义的量。单位为坎德拉每平方米（cd/m^2）。

式中：$d\Phi$ ——由给定点的光束元传输的并包含给定方向的立体角 $d\Omega$ 内传播的光通量（lm）；

dA——包括给定点的射束截面积（m^2）；

θ ——射束截面法线与射束方向间的夹角。

【释义与实施要点】

亮度是表示人对发光体或被照射物体表面的发光或反射光强度实际感受的物理量，它的符号为 L，单位为坎德拉每平方米（cd/m^2），过去称为尼特（nt）。亮度的物理含义是包括该点面元 dA 在该方向的发光强度 $I = d\Phi/d\Omega$ 与面元在垂直于给定方向上的正投影面积 $dA \cdot \cos\theta$ 所得之商，其公式为：

$$L = d^2\Phi/(dA \cdot \cos\theta \cdot d\Omega) = dI/(dA \cdot \cos\theta) \tag{2-2-2}$$

对于均匀漫反射表面，其表面亮度 L 与表面入射照度 E 的关系如下式所示：

$$L = \frac{E \cdot \rho}{\pi} \tag{2-2-3}$$

对于均匀漫透射表面，其表面亮度 L 与表面入射照度 E 的关系如下式所示：

$$L = \frac{E \cdot \tau}{\pi} \tag{2-2-4}$$

式中的 ρ 和 τ 分别为表面的反射比和透射比。

钨丝灯的亮度为（2.0～20）$\times 10^6$ cd/m^2，荧光灯为（0.5～15）$\times 10^4$ cd/m^2，蜡烛为（0.5～1.0）$\times 10^4$ cd/m^2，蓝天为 0.8×10^4 cd/m^2。

2.0.7　照度　illuminance

入射在包含该点的面元上的光通量 $d\Phi$ 除以该面元面积 dA 所得之商。单位为勒克斯（lx），$1lx=1lm/m^2$。

【释义与实施要点】

照度是用以表示被照面上光线强弱的光度指标，是被照面上的光通量密度，其定义为：表面上一点的照度 E 是入射在包含该点的面元上的光通量 $d\Phi$ 除以该面元面积 dA 所得之商，其公式为：

$$E = \frac{d\Phi}{dA} \tag{2-2-5}$$

照度单位为勒克斯（lx），1lx是1lm光通量均匀分布在 $1m^2$ 面积上所产生的照度，即 $1lx=1lm/m^2$。

晴朗天满月夜地面照度为0.2lx，室外天空散射光照射下地面照度为3000lx，中午太阳光直射下地面照度为100000lx。

照度不是人眼直接感受到的光度量。除了与被照射表面上的照度外，表面的明亮程度还与其反射特性有关。

根据光线照射表面的不同照度可分为水平照度、垂直照度、柱面照度、半柱面照度等；根据照明系统维护需要可分为：初始照度、维持照度、使用照度。本标准给出的室内照明场所，除体育建筑外大多给出的是平面维持照度。

2.0.8 平均照度 average illuminance

规定表面上各点的照度平均值。

2.0.9 维持平均照度 maintained average illuminance

照明装置必须进行维护时，在规定表面上的平均照度。

【释义与实施要点】

维持平均照度是指照明系统整个寿命周期内在规定表面上的平均照度的最低值，它是在必须换灯或清洗灯具和房间表面，或者同时进行上述维护工作时所得到的受照面的平均照度。任何照明装置在使用过程中由于光源的光通衰减和灯具及房间内表面上污染折损，导致规定表面上的照度值逐渐降低，也就是说，维持照度一定低于初始照度，两者相差的多少取决于照明维护制度和维护周期。国际上大多数国家的照明标准及本标准规定的都是平均照度的维持值，也叫维持平均照度。其目的是在照明设施或装置（光源、灯具及附件等）在规定时间内进行维修前，规定表面上的平均照度不得低于标准规定的维持平均照度。

在照明设计计算时，照明计算出的照度就是维持平均照度。

2.0.10 半柱面照度（E_{sc}） semi-cylindrical illuminance

光源在给定的空间一点上一个假想的很小半个圆柱面上产生的照度。圆柱体轴线通常是竖直的，半圆柱体的朝向为半圆柱体平背面的内法线方向。

【释义与实施要点】

半柱面照度能够反映半个圆柱上各个方向的照度情况，在一定程度上可以体现出被照物的立体感。如未加说明，本标准中均指离地面 1.5m 处的半柱面照度，其计算可按下式进行：

$$E_{sc}=\Sigma\frac{I(C,\gamma)(1+\cos\alpha_{sc})\cos^{2}\varepsilon\cdot\sin\varepsilon\cdot MF}{\pi(H-1.5)^{2}} \tag{2-2-6}$$

式中：E_{sc}——计算点上的维持半柱面照度（lx）；

Σ——所有灯具产生的照度总和；

I（C，γ）——灯具射向计算点方向的光强（cd）；

α_{sc}——为光强矢量所在的垂直面和与半圆柱体表面垂直的平面之间的夹角；

γ——垂直光度角（°）；

ε——入射光线与通过计算点的水平面法线间的角度（°）；

H——灯具的安装高度（m）；

MF——光源光通维护系数和灯具维护系数的乘积。

2.0.11 参考平面 reference plane

测量或规定照度的平面。

2.0.12 作业面 working plane

在其表面上进行工作的平面。

2.0.13 识别对象 recognized objective

需要识别的物体和细节。

2.0.14 维护系数　maintenance factor

照明装置使用一定周期后，在规定表面上的平均照度或平均亮度与该装置在相同条件下新装时在同一表面上得到的平均照度或平均亮度之比。

【释义与实施要点】

照明装置在使用过程中，因光源的光衰、灯具和房间表面的污染，而使规定表面上的照度下降，导致设计房间的初始照度高于维持平均照度值。因此在照明设计时，需要考虑这些因素的影响。维护系数是小于 1 的数值，它是在规定表面上的维持平均照度与该照明装置在新装时在同一表面上所得到的平均照度之比。照明维护系数取值对于使用及维护成本具有重要影响。

2.0.15 一般照明　general lighting

为照亮整个场所而设置的均匀照明。

【释义与实施要点】

一般照明的灯具为均匀分散设置，与室内机器或设备的配置无关。特点是作业面照度均匀，能保证整个工作面都有足够的照度，也能将墙壁和顶棚照亮，使周围环境具有一定的亮度，为整个室内提供良好的视觉环境。一般照明的照度计算通常是采用利用系数法。

按照灯具的安装方法，一般照明可分为明装式照明和建筑化暗装式照明两种。

2.0.16 分区一般照明　localized general lighting

为照亮工作场所中特定区域设置的均匀照明。

【释义与实施要点】

对某一特定区域，设计成不同的照度来照亮该区域的一般照明。同一场所内的不同区域有不同照度要求时，应采用分区一般照明。分区一般照明特别适合于较大空间的照明，如大型商业空间，由于空间大、商品种类多，往往将大空间分割成若干售货区。各个售货区销售的商品特征不一，对照明的照度水平、照明用光的方向性与扩散性、照明光源的亮度、颜色的要求各不相同。如果使用一般照明，则很难表现出商业空间的照明特征，也不利于照明节能；而采用分区一般照明，则能较好地解决上述问题。

2.0.17 局部照明　local lighting

特定视觉工作用的、为照亮某个局部设置的照明。

【释义与实施要点】

局部照明灯的形式很多，如机床灯，地面上可移动的支架灯，无棚墙壁上安装的直接型照明灯，独立安装的投光灯，嵌入顶内的筒形投射灯等。

2.0.18 混合照明　mixed lighting

由一般照明与局部照明组成的照明。

2.0.19 重点照明　accent lighting

为提高指定区域或目标的照度，比周围区域突出的照明。

2.0.20 氛围照明　atmosphere lighting

在一般照明基础上，通过光色和亮度变化实现特定环境气氛的照明。

【释义与实施要点】

本处氛围主要是指通过颜色和亮度等变化，营造动态氛围的照明，不同于采用花灯、壁灯、艺术吊灯、暗槽灯等的装饰效果照明。

2.0.21 正常照明 normal lighting

在正常情况下使用的照明。

【释义与实施要点】

目前在我国正式颁布执行的照明设计标准中，照明分类、名词术语已与国际照明委员会（CIE）的相应标准取得一致。正常照明是在正常情况下使用的、固定安装的室内外人工照明。它是电气照明的基本种类，在照明场所，对产生照度标准指定的照度指标起主要作用。标准要求工作场所均应设置正常照明。正常照明装设在如办公、会议、图书阅览、工厂车间和商业餐饮等的所有室内外场所，以及在夜间有人工作的露天场所、有运输和有人通行的露天场地和道路等。正常照明可以单独使用，也可以与应急照明、值班照明同时使用，但控制线路必须分开。

2.0.22 应急照明 emergency lighting

因正常照明供电电源失效启用的照明。包括疏散照明、安全照明和备用照明。

【释义与实施要点】

应急照明是现代建筑中一项重要的安全设施。在建筑发生火灾、电源故障断电或其他灾害时，应急照明对人员疏散、消防和救援工作，保障人身、设备安全，进行必要的操作和处置或继续维持生产、工作都有重要作用。应急照明按功能分为三类，即疏散照明、安全照明、备用照明。疏散照明必须保证在其持续时间内人员能够撤离至安全区域；安全照明要保证处于潜在危险之中的人的视觉连续性；而备用照明则注重于满足继续工作的照度水平。

2.0.23 疏散照明 escape lighting

用于确保人员疏散路径被有效地辨认和使用所设置的照明，包括疏散路径照明及疏散指示标志。

【释义与实施要点】

疏散照明的设置应根据建筑的规模和复杂程度，建筑物内停留和流动人员数量以及这些人对建筑物的熟悉程度，建筑物内的火灾危险程度等多种因素综合确定，一般情况，疏散距离超过 25m 的建筑物均应设置疏散照明。疏散照明包括用于保障疏散通道照明的应急灯具和用于指示安全区域方向的标志灯具。

2.0.24 安全照明 safety lighting

用于确保处于潜在危险之中人员安全所设置的照明。

【释义与实施要点】

人员处于非静止状态且周围存在潜在危险设施的场所，如设有圆盘锯的木材加工间、体育运动项目中的跳水和体操场地等，当正常照明因故失效后人员由于无法有效观察周围环境而极易发生人身伤害，因此需要设置不中断或瞬时恢复的应急照明。

2.0.25 备用照明 stand-by lighting

用于确保正常活动继续进行所设置的照明。

【释义与实施要点】

设置备用照明可以保证人们暂时的继续工作和避免可能引发的事故或损失，因此应设置备用照明的场所包括：人员经常停留的无天然采光的重要地下建筑或正常照明电源失效可能造成重大政治经济损失，妨碍灾害救援工作进行，造成爆炸、火灾或中毒等事故以及可能诱发非法行为等的场所。

2.0.26　值班照明　on-duty lighting

非工作时间，为值班所设置的照明。

【释义与实施要点】

需要在非工作时间安排值守的场所，如大型商场、超市的营业厅，博览馆、金融行业等为了方便巡视等设置的照明。值班照明可利用正常照明中能够单独控制的一部分或利用应急照明的一部分或全部，但在开关控制上应该有独立的控制开关。

2.0.27　警卫照明　security lighting

用于警戒而安装的照明。

【释义与实施要点】

政府部门、法务部门、金融行业等需要设置安全保卫的建筑物设置的专用照明。警卫照明的设置，要按保安部门的要求，在警卫范围内装设。

2.0.28　障碍照明　obstacle lighting

在可能危及航行安全的建（构）筑物上安装的具备警示作用的照明。

【释义与实施要点】

障碍照明的装设，应严格执行所在地区航空或交通部门的有关规定。在飞机场周围对飞机的安全起飞和降落威胁较大的较高建筑物或构筑物，如烟囱、水塔等，应按各地民航部门的有关规定装设障碍照明。对于有船舶通行的航道两侧的建筑物，在低水位的河边和高水位的河中心，船舶在夜间通行易发生事故的环境和场所，都应按照交通部门的有关规定，装设航道障碍照明。

2.0.29　LED光源　LED light source

基于LED技术的电光源。

【释义与实施要点】

LED光源是基于LED技术，由电致固体发光的一种半导体器件作为照明电光源的总称，可以是LED模组或LED灯等。LED为简称，其英文全称为Light Emitting Diode。本术语参考国际照明委员会（CIE）标准《国际照明词汇 补充文件1：LED和LED组件术语和定义 *ILV：International lighting vocabulary-supplement* 1：*Lighting emitting diodes*（*LEDs*）*and LED assemblies-Terms and definitions*》CIE S 017－SP1/E：2015和国际电工委员会（IEC）标准《一般照明LED产品及相关设备 术语和定义 *General lighting-Light emitting diode*（*LED*）*products and related equipment-Terms and definitions*》IEC 62504：2014制定。LED光源、LED灯、LED灯具之间关系见图2-2-1。由图2-2-1可见，LED灯和LED灯具分属不同的产品类型，其产品性能要求也存在一定差异，因此，《标准》在第3.2节和第3.3节分别对LED灯和LED灯具的性能进行了规定。

2.0.30　LED灯　LED lamp

带有一个灯头，组合了一个或多个LED模组及与之相匹配的驱动电源的LED光源。包括定向LED灯和非定向LED灯。

【释义与实施要点】

LED灯可以被终端用户或普通人直接更换使用，通常设计成可直接替换传统光源的

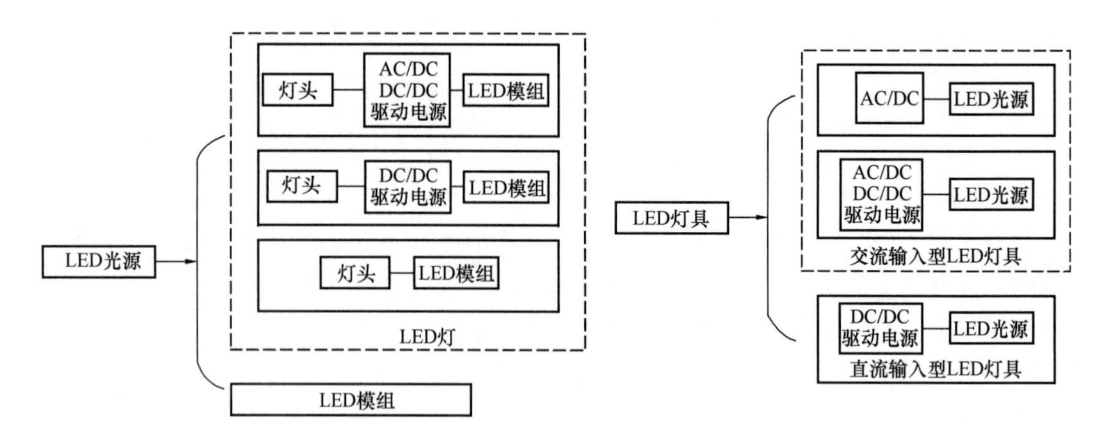

图 2-2-1　LED 光源、LED 灯、LED 灯具之间关系

形式，如 LED 球泡灯、LED PAR 灯和 LED 灯管（包括双端）等。除非永久性损坏，LED 灯内的 LED 模组不能拆除。LED 灯的驱动电源，可以是内置或外置的形式，评价 LED 灯的性能时应包含与其相匹配的 LED 驱动电源。本术语参考国际照明委员会（CIE）标准《国际照明词汇 补充文件 1：LED 和 LED 组件 术语和定义 *ILV：International lighting vocabulary-supplement* 1：*Lighting emitting diodes（LEDs）and LED assemblies-Terms and definitions*》CIE S 017－SP1/E：2015 和国际电工委员会（IEC）标准《一般照明 LED 产品及相关设备 术语和定义 *General lighting-Light emitting diode（LED）products and related equipment -Terms and definitions*》IEC 62504：2014 制定。

2.0.31　LED 灯具　LED luminaire

组合了一个或多个 LED 光源及与之相匹配的驱动电源的灯具。

【释义与实施要点】

LED 灯具包含 LED 光源及与之相匹配的驱动电源，并具备分配光线、定位和保护光源的功能，可直接与供电端连接。LED 灯具包括交流输入型和直流输入型。LED 灯具的形式多样，可以是以一个或若干个 LED 模组组成需要的形式，如 LED 筒灯、LED 平面灯和 LED 高天棚灯等；也可以是内含灯座，采用 LED 灯作为光源的形式。评价 LED 灯具的性能时应包含与其相匹配的 LED 驱动电源。

本术语参考国际照明委员会（CIE）标准《国际照明词汇 补充文件 1：LED 和 LED 组件 术语和定义 *ILV：International lighting vocabulary-supplement* 1：*Lighting emitting diodes（LEDs）and LED assemblies-Terms and definitions*》CIE S 017－SP1/E：2015 和国际电工委员会（IEC）标准《一般照明 LED 产品及相关设备 术语和定义 *General lighting-Light emitting diode（LED）products and related equipment-Terms and definitions*》IEC 62504：2014 制定。

2.0.32　LED 驱动电源　LED power driver

置于供电端和一个或多个 LED 模组之间，为 LED 模组提供额定电压或额定电流的装置。

【释义与实施要点】

根据 LED 模组的伏安特性曲线，很小的电压变化就会引起很大的电流变化，而电流增加将会导致 LED 模组的损坏。因此 LED 模组应采用恒流装置来驱动，从而保证其正常工作；同时 LED 驱动电源还可以具有调节、控制、转换等功能。根据供电要求可分为直流供电驱动电源和交流供电驱动电源。

2.0.33　LED 恒压直流电源　LED constant voltage power supply

置于交流供电端和 LED 灯或 LED 灯具之间，为 LED 灯或 LED 灯具提供稳定直流电压的装置。

【释义与实施要点】

LED 灯和 LED 灯具的驱动电源，特别是驱动电源的 AC/DC 模块是影响其性能的重要因素。根据现行国家标准《电磁兼容　限值　第 1 部分：谐波电流发射限值（设备每相输入电流≤16A）》GB 17625.1，对 25W 以下照明设备的谐波含量限值比 25W 以上照明设备明显宽松，室内照明 25W 以下产品用量大，因此使用大量低功率交流供电的 LED 灯或 LED 灯具可能会对电网供电质量带来影响；同时小功率交流供电 LED 灯或灯具的直流电源纹波控制相对大功率产品也有明显不足，从而引起频闪等问题发生。因此当 LED 灯或 LED 灯具功率小于等于 25W，且数量较多时，建议采用具有交直流转换功能的 LED 恒压直流电源为 LED 灯或灯具集中供电的方式，可有效提高交直流转换的效率、抑制谐波、提升功率因数，并降低频闪。

2.0.34　光强分布　distribution of luminous intensity

用曲线或表格表示光源或灯具在空间各方向的发光强度值，也称配光。

2.0.35　光源的发光效能　luminous efficacy of a light source

光源发出的光通量除以光源功率所得之商，简称光效。单位为流明每瓦特（lm/W）。

【释义与实施要点】

光源的发光效能是其发出的光通量除以光源功率所得之商，简称光源的光效。单位为流明每瓦特（lm/W）。就光源而言，光效是一个经典指标，光源的光效越高，说明单位功率发出的光能越多，在照明应用时越节约照明用电。在照明工程中，首先应选用光效高的电光源。

2.0.36　灯具效率　luminaire efficiency

在规定的使用条件下，灯具发出的总光通量与灯具内所有光源发出的总光通量之比，也称灯具光输出比。

【释义与实施要点】

灯具效率是评价灯具光输出效率的重要指标。通常在规定使用条件下，灯具效率是测出的灯具光通量与灯具内所有光源在灯具外测出的总光通量之比，灯具效率也称灯具光输出比。灯具效率越高，说明灯具发出的光能越多。灯具效率用百分比表示，其数值总是小于 100%。灯具效率由实验室实际测量得出。

2.0.37　灯具效能　luminaire efficacy

在规定的使用条件下，灯具发出的总光通量与其所输入的功率之比，单位为流明每瓦特（lm/W）。

【释义与实施要点】

灯具效能主要用于评价 LED 灯具。其表示电能转化为光能的效率，是描述 LED 灯具节能特性的指标，计算 LED 灯具效能公式中，其总光通量是指光源装入灯具、同时使用所需的 LED 控制装置或 LED 控制装置的电源后，灯具发出的光通量。其中 LED 控制装置或 LED 控制装置的电源可以是整体式、内装式或独立式的。使用 LED 光源的灯具可能使用反射器、扩散板，装入灯具的光源可能是单个光源或多个光源的集合，但由于热能、电能的相互作用造成的效率损失，以及灯具光学系统的效率，LED 灯具的光通量并不等于 LED 光源光通量或其简单累加。LED 灯具效能中消耗的电功率是指灯具的输入功率，不仅包括 LED 光源，还包括 LED 控制装置所消耗的功率。

2.0.38 光通量维持率 luminous flux maintenance

光源在给定点燃时间后的光通量与其初始光通量之比。

【释义与实施要点】

光源在规定的条件下点燃，在寿命期间内一特定时间的光通量与其初始光通量之比，以百分数来表示。随着点燃时间的增加，光源的光通量会下降。有效寿命就是根据光通维持率定义的。当光通维持率低于 70％时，可视为灯已达到使用寿命。

2.0.39 照度均匀度（U_0） uniformity ratio of illuminance

规定表面上的最小照度与平均照度之比。

【释义与实施要点】

一般情况下，照度均匀度是表征在规定表面上照度变化的量，常用规定表面上最小照度与平均照度之比来表示。有些情况下，也可用规定表面上的最小照度与最大照度之比来表示。它是照明质量的重要指标。照度均匀度不佳，易造成明暗适应困难和视觉疲劳。

2.0.40 眩光 glare

由于视野中的亮度分布或亮度范围的不适宜，或存在极端的对比，以致引起不舒适感觉或降低观察细部或目标的能力的视觉现象。

【释义与实施要点】

眩光是一种视觉现象。这种现象的形成是由于亮度分布不适当，或亮度变化的幅度太大，或空间、时间上存在着极端的对比，以致引起不舒适或降低观察重要物体的能力，或同时产生这两种现象。眩光就是通常所说的“晃眼”，它会使人感到刺眼，引起眼睛酸痛、流泪和视力下降，甚至可因明暗不能适应而丧失明视能力。引起视觉不舒适的眩光称为不舒适眩光；降低视觉工效和可见度的眩光称为失能眩光；在一定时间内完全看不到视觉对象的强烈的眩光称为失明眩光。就眩光的成因而言，还可将眩光分为直接眩光和反射眩光。

2.0.41 不舒适眩光 discomfort glare

产生不舒适感觉，但并不一定降低视觉对象可见度的眩光。

【释义与实施要点】

不舒适眩光亦称“心理眩光”，指引起视觉上不舒适感，但未造成可见度降低的眩光。不舒适眩光是评价室内照明质量的标准之一。这类眩光引起的不舒适感主要与下列因素有关：眩光源的亮度、眩光源的表观尺寸、眼睛适应水平、眩光源周围的亮度以及眩光源相对于视线的位置等。这种眩光产生不舒适感觉，但并不一定降低视觉对象的可见度。

2.0.42 统一眩光值（*UGR*） unified glare rating

国际照明委员会（CIE）用于度量处于室内视觉环境中的照明装置发出的光对人眼引起不舒适感主观反应的心理参量。

【释义与实施要点】

UGR 是评价室内照明不舒适眩光的量化指标，它是由 CIE117 号出版物《室内照明的

不舒适眩光》(1995)，在综合一些国家的眩光计算公式经过折中后提出的，作为 CIE 成员国参照使用。我国也参照采用此评价方法。它是度量处于视觉环境中的照明装置发出的光对人眼引起不舒适感主观反应的心理参量，其值可按 CIE 的 *UGR* 公式计算。*UGR* 值可分为 28、25、22、19、16、13、10 七档值。28 为刚刚不可忍受，25 为不舒适，22 为刚刚不舒适，19 为舒适与不舒适界限，16 为刚刚可接受，13 为刚刚感觉到，10 为无眩光感觉。在本标准中多数采用 25、22、19 的 *UGR* 值。

2.0.43　眩光值（*GR*）　glare rating

国际照明委员会（CIE）用于度量体育场馆和其他室外场地照明装置对人眼引起不舒适感主观反应的心理参量。

【释义与实施要点】

GR 是评价室外照明眩光的量化指标，它是由 CIE112 号出版物《室外体育和区域照明的眩光评价系统》(1994) 提出的，作为 CIE 成员国参照使用。在本标准也采用了此眩光评价方法，它是度量室外体育场和其他室外场地照明装置对人眼引起不舒适感觉主观反应的心理参量。其值可按 CIE 的 *GR* 公式计算。对 *GR* 值的评价可分为 9 档。*GR* 值 90 为不可忍受的，80 介于不可忍受与干扰之间，70 为干扰的，60 为介于干扰与刚刚可接受之间，50 为刚刚可接受的，40 为介于刚刚可接受与可见之间，30 为可见的，20 为介于可见与不可察觉之间，10 为不可察觉的。经过实践与主观评价，发现该评价系统也适用于室内体育场馆，但评价标尺与室外有所不同。

2.0.44　光幕反射　veiling reflection

视觉对象的镜面反射，使视觉对象对比降低，以致部分地或全部难以看清细部。

【释义与实施要点】

光幕反射是一种反射眩光，它是视觉对象的镜面反射与漫反射重叠出现的现象，它使视觉对象的亮度对比降低，即可见度降低，造成部分或全部难以看清视觉作业的细部。如在学校光泽度高的黑板面上从某一个角度观看黑板面，或在办公桌前面设有台灯或桌正上方部分有灯，在阅读有光泽的纸面的字时，常出现光幕反射现象。

2.0.45　反射眩光　glare by reflection

由视野中反射引起的眩光，特别是在靠近视线方向看见反射像所产生的眩光。

【释义与实施要点】

反射眩光是从反射比高的表面，特别是像光亮的油漆、光泽的金属这类镜面反射表面反射的高亮度造成的。

2.0.46　灯具遮光角　shielding angle of luminaire

灯具出光口平面与刚好看不见发光体的视线之间的夹角。

【释义与实施要点】

为防止灯具所产生的直接眩光，通常对灯具的遮光角大小加以限制，它是光源发光体最边缘一点和灯具出光口的连线与灯具出光口水平面之间的夹角。灯具的遮光角越大，则限制眩光越好，但光的利用效率降低；反之，则有与之相反的效果。对灯具遮光角的要求取决于光源的平均亮度，光源的平均亮度越大，则要求遮光角越大；反之，则要求遮光角越小。

2.0.47　闪烁　flicker

在亮度或光谱分布随时间波动的光照射下，静态环境中静止观测者观察到的视觉不稳定现象。

2.0.48 频闪效应 stroboscopic effect

在亮度或光谱分布随时间波动的光照射下，静止观测者观察到物体运动显现出不同于实际运动的现象。

【释义与实施要点】

当电光源光通量波动的频率，与运动（旋转）物体的速度（转速）成整倍数关系时，运动（旋转）物体的运动（旋转）状态，在人的视觉中就会产生静止、倒转、运动（旋转）速度缓慢，以及上述三种状态周期性重复的错误视觉，轻则导致视觉疲劳、偏头痛和工作效率的降低，重则引发工伤事故。光通量波动的深度越大，频闪深度越大，负效应越大，危害越严重。

2.0.49 （光）闪变指数（P_{st}^{LM}） short-term flicker indicator of illuminance

短期内低频（80Hz 以内）光输出闪烁影响程度的度量。

【释义与实施要点】

国际电工委员会（IEC）标准《一般照明用设备 电磁兼容抗扰度要求 第 1 部分：一种光闪烁计和电压波动抗扰度测试方法 *Equipment for general lighting purposes-EMC immunity requirements-Part* 1：*An objective light flickermeter and voltage fluctuation immunity test method*》IEC TR 61547－1：2017 中提出的指标，用于评价照明产品可见闪烁影响，覆盖频率为 0.05～80Hz。该指标的典型观察时间为 10min，通过模拟人眼对照度波动的主观视感和对瞬时闪变视感度进行分级概率计算，评估该段时间内的闪变严重程度。以 $P_{st}^{LM}=1$ 为限值，它表示在标准实验条件下，50％的实验者（概率）刚好感知到闪烁现象；当 $P_{st}^{LM}>1$ 时，50％以上的观察者会感知到闪烁现象。

2.0.50 频闪效应可视度（*SVM*） stroboscopic effect visibility measure

光输出频率范围为 80Hz～2000Hz 时，短期内频闪效应影响程度的度量。

【释义与实施要点】

国际照明委员会（CIE）技术文件《随时间波动的照明系统的视觉现象 定义及测量模型 *Visual Aspects of Time-Modulated Lighting Systems-Definitions and Measurement Models*》CIE TN 006：2016 中推荐的用于评价频闪效应的指标，覆盖频率为 80～2000Hz，物体中速移动（≤4m/s）。以 SVM 值判断频闪效应的可见性：$SVM=1$ 时，刚好可见；$SVM<1$ 时，不可见；$SVM>1$ 时，可见。其计算公式为：

$$SVM=\left[\sum_{m=1}^{\infty}\left(\frac{C_m}{T_m}\right)^n\right]^{\frac{1}{n}} \tag{2-2-7}$$

式中：C_m——第 m 阶傅里叶分量的幅值；

T_m——第 m 阶傅里叶分量的频率处波形频闪效应的可见阈值；

n——Minkowski 标准参数。

2.0.51 显色性 colour rendering

与参考标准光源相比较，光源显现物体颜色的特性。

【释义与实施要点】

显色性是与参比的标准光源相比较时，光源显现物体颜色的特性，即光源对照射的物体色表的影响，该影响是由于观察者有意识或无意识地将它与参比的标准光源下的色表相比较而产生的相符合程度的度量。在数量上以显色指数来定量，与参比的标准光源的色表完全一致时，则其显色指数为100。在小于5000K时用普朗克辐射体作为参比的标准光源；大于5000K时用组合昼光作为参比的标准光源。

2.0.52 显色指数 colour rendering index

光源显色性的度量。以被测光源下物体颜色和参考标准光源下物体颜色的相符合程度来表示。

【释义与实施要点】

显色指数是评价识别物体显色性的数量指标。它是被测光源照明物体的心理物理色与参比标准光源照明同一物体的心理物理色符合程度的度量。显色指数分为特殊显色指数和一般显色指数。

2.0.53 一般显色指数（R_a） general colour rendering index

光源对国际照明委员会（CIE）规定的第1～8种标准颜色样品显色指数的平均值。通称显色指数。

【释义与实施要点】

一般显色指数是光源对八个一组色样（CIE1974色样）的特殊显色指数的平均值。符号用R_a表示，与参比标准光源相比较显色性完全一致时为100，否则为小于100的数，即有显色失真的表现。在照明工程中，常应用一般显色指数R_a。

2.0.54 特殊显色指数（R_i） special colour rendering index

光源对国际照明委员会（CIE）规定的某一标准颜色样品的显色指数。

【释义与实施要点】

国际照明委员会除规定计算一般显色指数用的8种色样外，还补充规定了6种计算特殊显色指数用的颜色样品，包括彩度较高的红、黄、绿、蓝、欧美青年妇女的肤色和叶绿色。我国光源显色评价方法另外又增加了中国青年妇女肤色的标准色样。特殊显色指数可根据需要采用上述任何一种颜色样品来计算。也允许采用自选的颜色样品计算需要的特殊显色指数，但必须准确地确定所选色样的光谱辐亮度因数。

2.0.55 色温 colour temperature

当光源的色品与某一温度下黑体的色品相同时，该黑体的绝对温度为此光源的色温。亦称“色度”，单位为开（K）。

【释义与实施要点】

完全辐射体（黑体）的辐射光谱仅与其温度相关，因此可以利用黑体的温度来描述完全辐射体的色表。当某一种光源（热辐射光源）的色品与某一温度下的完全辐射体（黑体）的色品完全相同时，完全辐射体（黑体）的温度就是该光源的色温。符号为T_c，单位为开（K）。热辐射光源通常是指白炽灯或卤钨灯。根据光源色温的不同，光源色表可分为暖色、中间色和冷色三种特征，见《标准》第4.5.1条。

2.0.56 相关色温 correlated colour temperature

当光源的色品点不在黑体轨迹上，且光源的色品与某一温度下的黑体的色品最接近时，该黑体的绝对温度为此光源的相关色温。单位为开（K）。

【释义与实施要点】

由于非热辐射光源其色品往往不能落在普朗克曲线上，此时光源色温已无法作为描述这类光源色表的指标。当某一种光源（如气体放电光源、LED光源）在 uv 色品偏离普朗克曲线的距离小于 5.4×10^{-2} 时，该光源的色品与某一温度下的完全辐射体（黑体）的色品最接近时，则该完全辐射体（黑体）的温度即是该气体放电光源的相关色温。符号为 T_{cp}，单位为开（K）。气体放电光源包括各种荧光灯和高强度气体放电灯等。

2.0.57 色品坐标 chromaticity coordinates

每个三刺激值与其总和之比。在 X、Y、Z 色度系统中，由三刺激值可算出色品坐标 x、y、z。

2.0.58 色容差 chromaticity tolerances

表征一批光源中各光源与光源额定色品的偏离，用颜色匹配标准偏差 SDCM 表示。

【释义与实施要点】

颜色匹配标准偏差 SDCM 的英文全称为 Standard Deviation of Color Matching。

色容差是用来表征光源的色品与光源额定色品之间的差异，它是基于 1942 年麦克亚当（MacAdam）开展的颜色比对实验提出的色度学评价指标。其计算公式为：

$$g_{11}\Delta x^2+g_{12}\Delta x\Delta y+g_{22}\Delta y^2=n^2 \tag{2-2-8}$$

式中：Δx，Δy——光源色品坐标与额定坐标值的差，可根据额定色温查表确定；

g_{11}，g_{12}，g_{22}——MacAdam 椭圆计算系数，可根据额定色温查表确定。

2.0.59 非视觉效应 non-visual effects

进入人眼的光辐射通过内在光敏视网膜神经节细胞（ipRGC）所引起的不同于视觉感知的生理和心理反应。

【释义与实施要点】

非视觉效应是由位于视网膜中的内在光敏视网膜神经节细胞（intrinsically photosensitive Retinal Ganglion Cell，ipRGC）控制的。光线进入人眼后，通过 ipRGC 将环境照明信息传到视交叉上核（Suprachiasmatic Nucleus，SCN）等区域，其中视交叉上核控制松果体调节褪黑素分泌水平，从而调节昼夜节律和其他生物效应。CIE 标准《内在光敏视网膜神经节细胞光响应的光辐射度量系统 *System for Metrology of Optical Radiation for ipRGC-Influenced Responses to Light*》CIE S 026－2018，定义了非视觉效应的方法和原则，并给出了相应的光谱响应曲线，如图 2-2-2 所示。

其中，sc（S 型视锥蛋白）、mc（M 型视锥蛋白）和 lc（L 型视锥蛋白）代表主导明视觉的锥状细胞的三种感光蛋白；rh（视杆蛋白）是主导暗视觉的杆状细胞的感光蛋白；mel（黑视蛋白）是与 ipRGC 有关的感光蛋白，影响非视觉效应。黑视蛋白光谱响应曲线偏向于短波，其响应的峰值在 480nm 附近，因此 ipRGC 所主导的非视觉效应的光谱响应与锥状体细胞所主导的（明）视觉有较大差异。

2.0.60 反射比 reflectance

在入射辐射的光谱组成、偏振状态和几何分布给定状态下，反射的辐射通量或光通量与入射的辐射通量或光通量之比。

2.0.61 照明功率密度（*LPD*） lighting power density

正常照明条件下，单位面积上一般照明的额定功率（包括光源、镇流器、驱动电源或

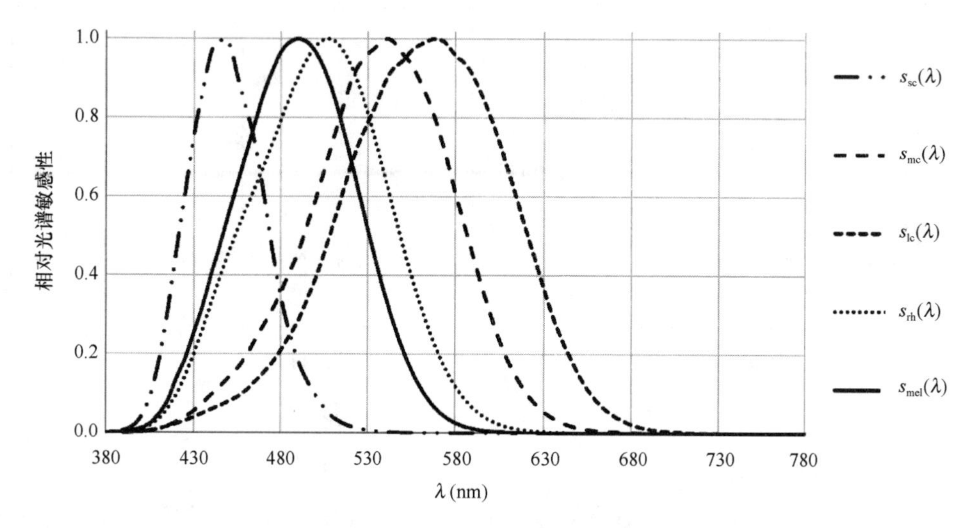

图 2-2-2　五种感光蛋白的光谱响应曲线

λ—波长；s_{sc}—S型视锥蛋白光谱响应曲线；s_{mc}—M型视锥蛋白光谱响应曲线；
s_{lc}—L型视锥蛋白光谱响应曲线；s_{rh}—视杆蛋白光谱响应曲线；s_{mel}—黑视蛋白光谱响应曲线

变压器等附属用电器件）。单位为瓦特每平方米（W/m^2）。

【释义与实施要点】

照明功率密度是评价建筑照明节能的指标，它是房间单位面积上的一般照明额定功率（包括光源、镇流器、驱动电源或变压器的功率），单位为瓦特每平方米（W/m^2）。房间的总功率不得大于规定的 *LPD*。*LPD* 是目前许多国家所采用的照明节能评价指标。可规定整栋建筑或该类建筑逐个房间的 *LPD* 值。本标准只规定该类建筑逐个房间的 *LPD* 值。

2.0.62　室形指数（*RI*）　room index

表示房间几何形状的数值。其计算式为：

$$RI = 2S/(h \times L) \tag{2.0.62}$$

式中：RI——室形指数；

S——房间面积（m^2）；

L——房间水平面周长（m）；

h——灯具计算高度（m）。

【释义与实施要点】

本公式适用于矩形、圆形和各内角均不小于90°的多边形房间。灯具计算高度为安装高度与工作面高度之差，如图 2-2-3 所示。

2.0.63　年曝光量　annual lighting exposure

度量物体年累积接受光照度的值，用物体接受的照度与年累积小时的乘积表示。单位为每年勒克斯小时（lx・h/a）。

【释义与实施要点】

本条引自 IESNA 手册第十版第九章照明计算部分。表示物体年累计接受光照度的值，在博物馆对于对光敏感的展品或藏品通过限制年曝光量，达到保护文物的目的。

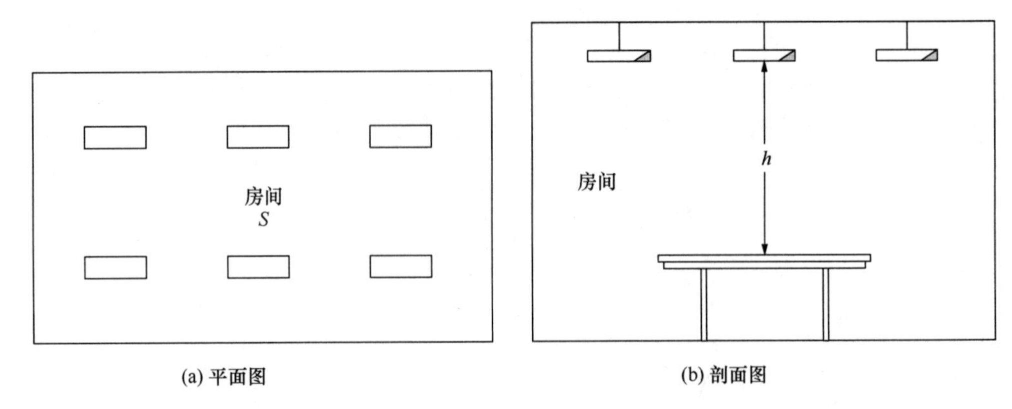

图 2-2-3　室形指数计算参数示意

2.0.64　智能照明控制系统　Intelligent lighting control system

利用计算机、网络通信、自动控制等技术，通过对环境信息和用户需求信息进行分析和处理，实施特定的控制策略，对照明系统进行整体控制和管理，以达到预期照明效果的控制系统。

【释义与实施要点】

智能照明控制系统一般由控制管理设备、输入设备、输出设备和通信网络构成；控制管理设备包括中央控制管理设备，也可包括中间控制管理设备和现场控制管理设备，如图 2-2-4所示。

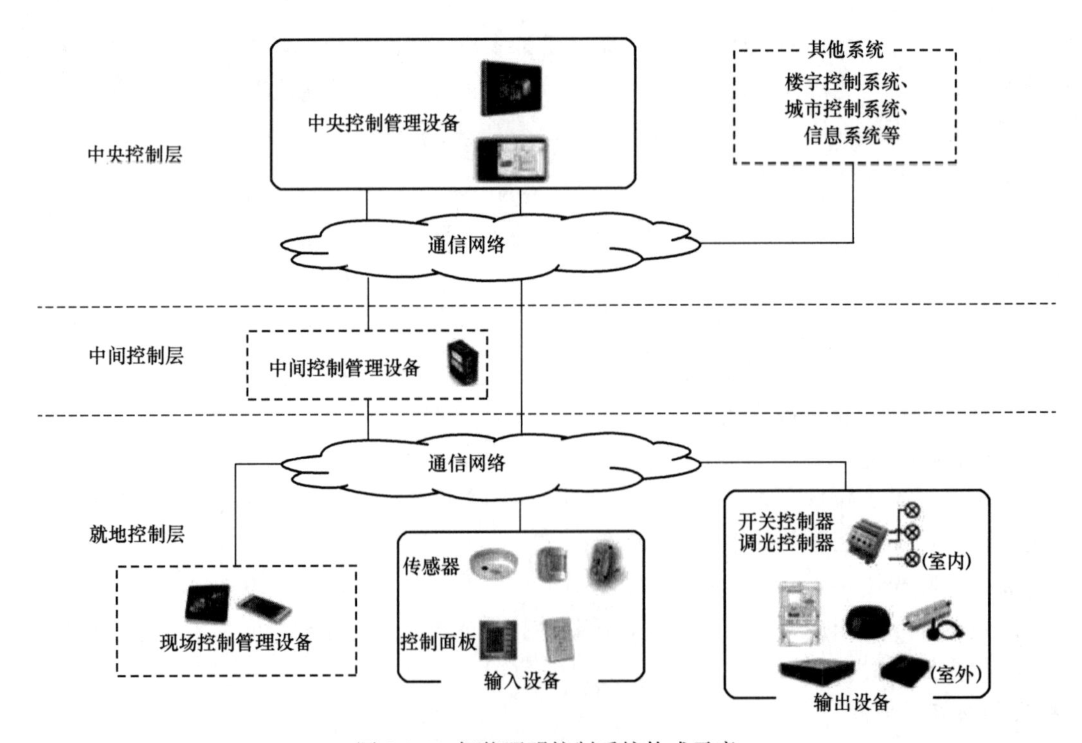

图 2-2-4　智能照明控制系统构成示意

对于不同的智能照明控制系统，可能会存在多种形式，例如多级控制等。图2-2-4中实线框部分为智能照明控制系统的基本构成部分，虚线框部分对于不同项目可根据实际需求选用。

3 基 本 规 定

修订简介

本章修订的主要内容如下：

（1）照明方式中增加了氛围照明；

（2）增加了LED光源的使用场所建议，增加了LED灯（见3.2）和LED灯具（见3.2）的电气性能和光度性能要求；

（3）增加了灯具光生物安全性要求；增加了灯具与建筑一体化安装、调光、控制接口等要求；

（4）增加了LED驱动电源和LED恒压直流电源的技术要求；

（5）对部分技术内容进行了调整。

实施指南

3.1 照明方式和种类

3.1.1 照明方式的确定应符合下列规定：

1 工作场所应设置一般照明；

2 当同一场所内的不同区域有不同照度要求时，应采用分区一般照明；

3 对于作业面照度要求较高，只采用一般照明不合理的场所，宜采用混合照明；

4 在一个工作场所内不应只采用局部照明；

5 当需要提高特定区域或目标的照度时，宜采用重点照明；

6 当需要通过光色和亮度变化等实现特定需求时，可采用氛围照明。

【释义与实施要点】

照明方式可分为：一般照明、局部照明、混合照明、重点照明和氛围照明。本条规定了确定照明方式的原则。

1 为照亮整个场所，采用一般照明。

为照亮整个场地而设置的均匀照明称为一般照明，对于工作位置密度很大而照明方向无特殊要求的场所，或生产技术条件不适合装设局部照明或采用混合照明不合理的场地，则可单独装设一般照明。采用一般照明在照度较高时，需要较高的安装功率，对节能不利。

一般照明方式的照明器在被照空间多采用均匀布置。在办公室、学校教室、商店、机场、车站、港口的旅客站及层高较低的工业车间等公共场所的房间内，常采用一般照明方式。

一般照明的灯具布置是按照灯具的配光特性给出最大允许的灯具安装间距 S 和高度 H 之比，简称距高比（S/H），小于这个比值布置灯具，能保证照度的均匀度要求。通常情况下，低矮房间用宽配光灯具，高大房间用窄配光灯具。直接型照明灯具的最大允许距高比和配光的关系如下：

宽配光　　$S/H=1.5\sim2.5$；

中配光　　$S/H=0.8\sim1.5$；

窄配光　　$S/H=0.5\sim1.0$。

2　同一场所的不同区域有不同照度要求时，为节约能源，贯彻照度该高则高、该低则低的原则，采用分区一般照明。

同一场所内的不同区域有不同照度要求时，应采用分区一般照明。分区一般照明特别适合于大空间的照明，比如大型商业空间的照明，由于空间大，商品种类多、往往将大空间分割成若干售货区。各个售货区销售的商品特征不一，对照明的照度水平（包括：水平面照度与垂直面照度）、照明用光的方向性与扩散性（包括商品的立体感、光泽与商品表面的质感等）、照明光源的亮度、颜色（包括色温与显色性）的要求各不相同。如果统一使用一般照明，则难表现出商业空间照明特征，而且也不利于照明节能；又如大型办公空间的照明，对工作区、交通区和休息区，特别是工作区的类别繁多，应根据办公的类别，如一般办公区、高级办公区、VDT办公区、制图设计区以及文献资料区等，按分区一般照明方式分别对照明的照度、均匀度、垂直面照度以及光色（色温与显色性）加以设计，改变以往使用单一的一般照明的作法，从而为办公人员创造一个工作效率高、环境舒适的光环境，具有重要的节能与经济意义。

3　对于部分作业面照度要求高，但作业面密度又不大的场所，若只采用一般照明，会大大增加安装功率，因而是不合理的，故采用混合照明方式，即增加局部照明来提高作业面照度，以节约能源，这样做在技术经济方面是合理的。

当工作地点附近因生产条件限制无法固定局部照明器时，不能采用混合照明；在室内工作位置密度很大采用混合照明不合理时，宜单独设置一般照明而不用混合照明。混合照明常用于工业车间中，如机床加工车间，车间上方有一般照明，形成均匀的一般照明照度，而在工作的车床上安装局部照明灯，既可产生较高照度，又节约电能便属于此例。混合照明中局部照明与一般照明的照度数值应有一定的比例。一般照明照度不应低于混合照明照度的10%，如果一般照明照度很低，房间内形成亮度分布不均、感觉昏暗会影响视觉工作。

4　在一个工作场所内，如果只采用局部照明会造成亮度分布不均匀，从而影响视觉作业，故不应只采用局部照明。

对于特定的视觉工作用的，为照亮某个局部而设置的照明称为局部照明。局部照明只能照射有限的面积，对于局部地点需较高照度，而且对照射方向有特殊要求时，应采用局部照明。有些情况下，工作地点受遮挡以及工作区及其附件产生光幕反射时，也宜采用局部照明。《标准》规定在工作场所内不应只设局部照明，这是因为工作地点很亮，而周围环境很暗，易造成明暗不适应，而产生视觉疲劳或事故。

国际照明委员会（CIE）建议下列情况使用局部照明：

（1）与很费眼睛的作业有关的工作，特别是仅在有限范围需要增加照明的地方；

(2) 需要很强的指向性灯光来辨认物体的形状和质地时；

(3) 因为遮挡，一般照明照不到的地方；

(4) 视力下降需要较高照度时；

(5) 必须补偿由于一般照明造成的对比减弱时。

通常情况下，工厂内使用局部照明时，混合照明中的一般照明的照度值应按该等级混合照明照度的5%～15%选取，不宜低于20lx，以保证照明质量。

局部照明灯的形式很多，如机床灯、地面上可移动的支架灯、无棚墙壁上安装的直接型照明灯、独立安装的投光灯、嵌入顶内的筒形投射灯、展示画面照明的移动导轨投光灯等。

检验用工作照明是一种典型而又特殊的局部照明，它主要用来检查制品的缺陷、颜色的均匀性、光泽的均匀性、弯度、污点、异物、裂纹等产品质量。

5 在商场建筑、博物馆建筑、美术馆建筑等的一些场所，需要突出显示某些特定的目标，采用重点照明提高该目标的照度。它通常被用于强调空间的特定部件或陈设，例如需要突出或显示建筑要素、构架、衣橱、收藏品、装饰品及艺术品等。

6 在特定场所，可根据需求采用氛围照明来调节环境气氛，以适应特定环境变换场景或实现健康照明等需求。

3.1.2 照明种类的确定应符合下列规定：

1 室内工作及相关辅助场所，均应设置正常照明；

2 应急照明、值班照明、警卫照明和障碍照明的设置应符合现行强制性工程建设规范《建筑环境通用规范》GB 55016 的规定。

【释义与实施要点】

照明种类可分为正常照明、应急照明、值班照明、警卫照明以及障碍照明。本条规定了确定照明种类的原则。

1 在正常情况下使用的、固定安装的室内外的人工照明。它是电气照明的基本种类，在照明场所，对产生照度标准指定的照度指标起主要的作用。标准要求工作场所均应设置正常照明。正常照明装设在如办公、会议、图书阅览、电厂主厂房、辅助生产用建筑物和生活福利建筑物的所有室内外场所，以及在夜间有人工作的露天场所、有运输和有人通行的露天场地等。

正常照明可以单独使用，也可以与应急照明、值班照明同时使用，但控制线路必须分开。

2 本款规定了应急照明、值班照明、警卫照明和障碍照明的设置要求。

1) 备用照明是在当正常照明因电源失效后，在易产生爆炸、火灾和人身伤亡等严重事故的场所，或停止工作将造成很大影响或经济损失的场所而设的继续工作用的应急照明，或在发生火灾时为了保证消防作业能正常进行而设置的照明。

2) 安全照明是在正常照明因电源失效后，为确保处于潜在危险状态下的人员安全而设置的应急照明，如使用圆盘锯等作业场所。

3) 疏散照明是在正常照明因电源失效后，为了避免发生意外事故，而需要对人员进行安全疏散时，在出口和通道设置的指示出口位置及方向的疏散标志灯和为照亮疏散通道而设置的应急照明。目的是确保安全出口、通道能有效辨认和提供人员行进时能看清道路。一般在大型建筑和工业建筑中设置。

4）值班照明是在非工作时间里，为需要夜间值守或巡视值班的车间、商店营业厅、展厅等场所提供的照明，如在非三班制生产的重要车间、非营业时间的大型商店的营业厅、仓库等通常设置值班照明。它对照度要求不高，可以利用工作照明中能单独控制的一部分，也可利用应急照明，对其电源没有特殊要求。

5）在夜间为改善对人员、财产、建筑物、材料和设备的保卫，在重要的厂区、库区等有警戒任务的场所，为了防范的需要，需根据警戒范围的要求设置警卫照明。警卫照明的设置，要按保安部门的要求，在警卫范围内装设。

6）在飞行区域建设的高楼、烟囱、水塔以及在飞机起飞和降落的航道上等，对飞机的安全起降可能构成威胁，应按民航部门的规定，装设障碍标志灯；船舶在夜间航行时航道两侧或中间的建（构）筑物等，可能危及航行安全，应按交通部门有关规定，在有关建（构）筑物或障碍物上装设障碍标志灯。

3.2 照明光源

3.2.1 光源应根据使用场所光色、启动时间、电磁干扰等要求进行选择。

【释义与实施要点】

本条是对照明光源选择的基本原则，选择的光源应能满足房间或场所的使用功能对照明的要求，另外还需考虑启动时间、电磁干扰等因素。

3.2.2 照明设计应按下列条件选择光源：

1 灯具安装高度较低的房间宜采用LED光源、细管径直管形三基色荧光灯；

2 灯具安装高度较高的场所宜采用LED光源、金属卤化物灯、高压钠灯或大功率细管径形直管荧光灯；

3 重点照明宜采用LED光源、小功率陶瓷金属卤化物灯；

4 室外照明场所宜采用LED光源、金属卤化物灯、高压钠灯；

5 照明设计不应采用普通照明白炽灯，对电磁干扰有严格要求，且其他光源无法满足的特殊场所除外。

【释义与实施要点】

本条是选择光源的一般原则。

1 LED光源、细管径（≤26mm）直管形三基色荧光灯光效高、寿命长、显色性较好，适用于灯具安装高度较低（通常情况灯具安装高度低于8m）的房间，如办公室、教室、会议室、诊室等房间，以及轻工、纺织、电子、仪表等生产场所。

2 灯具安装高度较高的场所（通常情况灯具安装高度高于8m）比较适合采用LED灯具、金属卤化物灯、高压钠灯或高频大功率细管径直管荧光灯。LED灯具能够发挥高显色性、高光效、长寿命等优势，同时其具有的瞬时启动特点，克服了金属卤化物灯或高压钠灯再启动时间过长的缺点。金属卤化物灯能够做到高显色性、高光效、长寿命等，因而得到普遍应用；而高压钠灯光效高，寿命长，价格较低，但其显色性差，可用于辨色要求不高的场所，如锻工车间、炼铁车间、材料库、成品库等。

3 LED灯或LED灯具有光线集中、光束角小、光效高、寿命长、可做到高显色性等特点，适合用于重点照明。小功率（100W 及以下）的陶瓷金属卤化物灯因其光效高、寿命长和显色性好，也可用于重点照明。

4 居住、公共和工业建筑的室外公共场所主要有道路、小型广场等，对光源没有特殊要求，LED 光源、金属卤化物灯或高压钠灯均能满足使用要求。

5 国家发展和改革委员会等五部门 2011 年发布了“中国逐步淘汰白炽灯路线图”，要求：2011 年 11 月 1 日至 2012 年 9 月 30 日为过渡期，2012 年 10 月 1 日起禁止进口和销售 100W 及以上普通照明白炽灯，2014 年 10 月 1 日起禁止进口和销售 60W 及以上普通照明白炽灯，2015 年 10 月 1 日至 2016 年 9 月 30 日为中期评估期，2016 年 10 月 1 日起禁止进口和销售 15W 及以上普通照明白炽灯，或视中期评估结果进行调整。路线图实施以来有力促进了中国照明电器行业健康发展，取得良好的节能减排效果。故建筑照明一般场所不采用普通照明白炽灯，但在特殊情况下，其他光源无法满足要求时方可采用白炽灯。

3.2.3 照明设计应根据识别光色要求和场所特点，选用相应显色指数的光源。

【释义与实施要点】

显色性要求高的场所，应采用显色指数高的光源，如采用 $R_a>80$ 的 LED 灯、三基色稀土荧光灯等；显色指数要求低的场所，可采用显色指数较低而光效更高、寿命更长的光源。

3.2.4 应急照明应选用能快速点亮的光源。

【释义与实施要点】

应急照明用电光源要求瞬时点燃且很快达到标准流明值，常采用 LED 光源、荧光灯等，因其在正常照明断电时可在几秒内达到标准流明值；对于疏散标志灯可采用 LED 光源，而采用高强度气体放电灯达不到上述要求。

3.2.5 选用的 LED 灯的电气性能应符合下列规定：

1 LED 灯输入功率与额定值之差应符合下列规定：

1) 额定功率小于或等于 5W 时，其偏差不应大于 0.5W；

2) 额定功率大于 5W 时，其偏差不应大于额定值的10%。

2 LED 灯的功率因数不应低于表 3.2.5 的规定。

表 3.2.5 LED 灯的功率因数

额定功率（W）		功率因数限值
≤5		0.5
>5	家居用	0.7
	非家居用	0.9

3 正常工作条件下，LED 灯在距离 1m 处噪声的 A 计权等效声级不应大于 24dB。

4 LED 灯的谐波应符合现行国家标准《电磁兼容　限值　第 1 部分：谐波电流发射限值（设备每相输入电流≤16A）》GB 17625.1 的有关规定。

5 LED 灯的启动冲击电流峰值不应大于 40A，持续时间应小于 1ms。

【释义与实施要点】

本条规定了LED灯的电气性能。

1　为了保证光输出的稳定性，同时避免LED灯功率参数出现虚标的情况，本款规定了LED灯的实际输入功率与额定功率的偏差范围，该要求与国家标准《LED室内照明应用技术要求》GB/T 31831－2015保持一致。

2　在一定的电压下向负载输送一定的有功功率时，负载的功率因数越低，通过输电线的电流越大，导线电阻的能量损耗和导线阻抗的电压降越大，因此功率因数是电力经济中的一个重要指标。对照明产品的功率因数提出要求，是电气节能的措施之一。本款要求参考国家标准《LED室内照明应用技术要求》GB/T 31831－2015制定。

家居用LED灯是指住宅建筑套内空间采用的LED光源，非家居用LED灯是指除住宅建筑套内空间以外的场所采用的LED光源。

3　产品设计不合理或生产质量问题，可能会引起噪声过大的现象，从而降低人们的工作效率和休息质量，因此本款对LED灯产生的噪声进行限制。本款参考美国能源之星光源标准V2.1版制定。

4　LED灯由于采用电子器件，容易产生电磁干扰和高次谐波。照明产品目前用量大，生产企业众多，产品质量良莠不齐，导致对无线电、通信系统和测量仪表的骚扰以及其他不良后果，因此对其限值进行规定。国家标准《电磁兼容　限值　第1部分：谐波电流发射限值（设备每相输入电流≤16A）》GB 17625.1－2022中规定了照明产品的谐波限值和测试要求，适用的照明设备包括气体放电灯、LED灯、LED驱动电源等照明产品。对有条件或对谐波要求高的场合，当此类产品使用量较大时，25W及以下的LED灯可参照《标准》第3.3.6条第2款的规定。

5　LED灯启动时的峰值电流较大，会对供电系统及保护装置产生不利影响，甚至影响正常工作，有必要对驱动电源的启动冲击电流进行限制。启动冲击电流的影响主要取决于两方面因素，冲击电流的峰值大小和持续时间，而这两个参数与功率大小是直接相关的。冲击电流通常随功率增大而增大，但因LED灯功率相对比较小（75W以下），过小功率的冲击电流限制，技术上有一定难度。因此本款主要是对75W以下的LED灯，当功率大于75W时，可参照《标准》第3.3.7条执行。

3.2.6　选用的LED灯的光度性能应符合下列规定：

1　LED灯的初始光通量不应低于额定光通量的90%，且不应高于额定光通量的120%；其工作3000h的光通量维持率不应小于96%，6000h的光通量维持率不应小于92%。

2　LED灯的初始光效应符合下列规定：

1）非定向LED灯的初始光效值不应低于表3.2.6-1的规定。

表3.2.6-1　非定向LED灯的初始光效值（lm/W）

额定相关色温	2700K/3000K	3500K/4000K/5000K
初始光效值	85	95

注：当LED灯一般显色指数 R_a 不低于90时，其初始光效值可降低10lm/W。

2）定向LED灯的初始光效值不应低于表3.2.6-2的规定。

表 3.2.6-2　定向 LED 灯的初始光效值（lm/W）

规格	额定相关色温	
	2700K/3000K	3500K/4000K/5000K
PAR16/PAR20	80	85
PAR30/PAR38	85	90

注：当 LED 灯一般显色指数 R_a 不低于 90 时，其初始光效值可降低 10lm/W。

【释义与实施要点】

本条规定了 LED 灯的光度性能。

1　光通量的大小直接决定照度的高低，照度计算时是依据额定光通量计算的。由于制造工艺的限制，即使是同一批次的 LED 灯的初始光通量也有一定差异，为了确保计算照度不至于产生过大偏差，要求其初始光通量与额定光通量偏差不应过大。根据 LED 灯输出光通衰减特性，规定 3000h 和 6000h 的光通量维持率分别为 96%和 92%，基本能够保证 LED 灯整个寿命期内的光通输出满足要求。

2　光效是衡量照明节能性的重要指标，对于照明设计，应遵循选择高效照明产品的原则。本款规定与国家标准《室内照明用 LED 产品能效限定值及能效等级》GB 30255－2019 规定的能效等级 2 级相一致。其中，非定向 LED 灯是指在 120°圆锥立体角范围内的有效光通量少于整个灯具光输出的 80%的照明灯具；反之为定向 LED 灯。

3.3　照明灯具及附属装置

3.3.1　灯具选择应根据供电条件，配用光源、镇流器、LED 驱动电源等的效率或效能，寿命等进行综合技术经济分析后确定。

【释义与实施要点】

在选择灯具时，不单是比较灯具价格，更应进行全寿命周期的综合经济分析比较，因为一些高效、长寿命灯具，虽价格较高，但使用数量减少，运行维护费用降低，经济上和技术上是合理的。可根据下式计算照明产品的全寿命周期成本：

$$C_{lc} = C_{in} + \frac{1-(1+p)^{-t}}{p}C_{op} - \frac{1}{(1+p)^{t}}V_r \tag{2-3-1}$$

式中：C_{lc}——全寿命周期成本的现值（元）；

C_{in}——照明设备成本（元）；

C_{op}——每一年的照明运行成本（元）；

p——年利率；

t——分析周期（年）；

V_r——残值，一般取安装成本的 3%～5%。

设备成本可按下式计算：

$$C_{in} = \sum_{m} nC_{lu} + SC_{ps} \tag{2-3-2}$$

式中：m——灯具类型；

n——第 m 种灯具类型的灯具数量（含附件）；

C_{lu} ——每个灯具的成本（传统照明产品含安装的首个光源成本）（元）；

C_{ps} ——供电线路成本（元）。

运行成本可按下式计算：

$$C_{op} = WC_{en} + \sum_{m} qnC_{ir} + \sum_{m} q_{aux}nC_{aux} \tag{2-3-3}$$

式中：W ——根据《绿色照明检测及评价标准》GB/T 51268－2017 确定的照明系统年用电量（kW·h）；

C_{en} ——用电成本（元/kWh）；

q ——第 m 种灯具类型每年中个别更换灯具的百分比（%）；

C_{ir} ——第 m 种灯具类型个别更换灯具的成本（元）；

q_{aux} ——第 m 种灯具类型每年中个别更换灯具附件的百分比（%）；

C_{aux} ——第 m 种灯具类型个别更换灯具附件的成本（元）。

3.3.2 灯具、镇流器、LED 驱动电源、LED 恒压直流电源等应符合国家现行安全标准的相关规定。

【释义与实施要点】

本条规定的安全标准主要包括 GB 7000 系列标准、灯的控制装置相关标准等，当产品符合 CCC 认证的规定时，可认为符合本条的要求。国家为保护广大消费者人身和动植物生命安全、保护环境、保护国家安全，提出了强制性产品认证制度，是依照法律法规实施的一种产品合格评定制度，它要求产品必须符合国家标准、规范和技术法规。强制性产品认证，是通过制定强制性产品认证的产品目录和实施强制性产品认证程序，对列入《目录》中的产品实施强制性的检测和审核。凡列入强制性产品认证目录内的产品，没有获得指定认证机构的认证证书，没有按规定标明认证标志，一律不得进口、不得出厂销售和在经营服务场所使用。我国把室内普通照明灯具、镇流器都列入强制性产品认证目录内。

根据《强制性产品认证实施规则 照明电器》CNCA-C10-01：2014，我国 CCC 认证的产品范围包括电源电压大于 36V 不超过 1000V 的固定式通用灯具、嵌入式灯具、可移式通用灯具、水族箱灯具、电源插座安装的夜灯、地面嵌入式灯具、儿童用可移式灯具。电源电压大于 36V 不超过 1000V 的荧光灯用镇流器、放电灯（荧光灯除外）用镇流器、荧光灯用交流电子镇流器、放电灯（荧光灯除外）用直流或交流电子镇流器、LED 模块用直流或交流电子控制装置。本标准中的 LED 驱动电源、LED 恒压直流电源的主要作用分别是为 LED 光源或 LED 灯具提供电源，保证其正常工作。该功能与 LED 模块用直流或交流电子控制装置相同，既是 CCC 认证中的“LED 模块用直流或交流电子控制装置”，应按照 LED 模块用直流或交流电子控制装置进行相关产品的强制性认证。

3.3.3 灯具的安全性能应符合现行国家标准《灯具　第 1 部分：一般要求与试验》GB 7000.1的有关规定。

【释义与实施要点】

现行国家标准《灯具　第 1 部分：一般要求与试验》GB 7000.1 等同采用国际电工委员会（IEC）标准《灯具　第 1 部分：一般要求与试验 *Luminaires-Part* 1：*General requirements and tests*》IEC 60598－1，标准中规定内容包括灯具的标记，结构，外部接线和内部接线，接地规定，防触电保护，防尘、防固体异物和防水，绝缘电阻和电气强度、接触电流和保护导体电流，爬电距离和电气间隙，耐久性试验和热试验，螺纹接线端子，无螺纹接线端子和电气连接件等均为强制性，必须遵照执行。需要注意的是，当所选灯具属于 GB 7000 系列标准中的特殊灯具时，还应满足相应标准的特殊要求，包括固定式通用灯具、嵌入式灯具、道路与街路照明灯具、可移式通用灯具、带内装式钨丝灯变压器或转换器的灯具、庭园用可移式灯具、电源插座安装的夜灯、地面嵌入式灯具、游泳池和类似场所用灯具、通风式灯具、灯串、应急照明灯具、医院和康复大楼诊所用灯具等。

此外，出于安全考虑，强制性工程建设规范《建筑环境通用规范》GB 55016－2021 第 3.1.5 条规定：各种场所严禁使用防电击类别为 0 类的灯具。

3.3.4 灯具的光生物安全性应符合下列规定：

1 儿童及青少年长时间学习或活动场所选用灯具的光生物安全性应符合现行强制性工程建设规范《建筑环境通用规范》GB 55016 的规定；

2 其他室内场所应选用无危险类（RG0）或 1 类危险（RG1）灯具或满足灯具标记的视看距离要求的 2 类危险（RG2）的灯具；

3 不应使用 3 类危险（RG3）的灯具。

【释义与实施要点】

本条是对照明产品光生物安全性的要求。现行国家标准《灯和灯系统的光生物安全性》GB/T 20145 规定了照明产品不同危险级别的光生物安全指标及相关测试方法。根据该标准对灯具的分类，可将灯分为四类，包括无危险类（RG0）、1 类危险（RG1）、2 类危险（RG2）和 3 类危险（RG3）。

（1）无危险类（RG0）

无危险类是指灯在标准极限条件下也不会造成任何光生物危害，满足此要求的灯应当满足以下条件：在 8h（约 30000s）内不造成对皮肤和眼睛的光化学紫外危害；在 10000s 内不造成对视网膜的蓝光危害；在 1000s 内不造成对眼睛的近紫外和红外辐射危害；在 10s 内不造成对视网膜的热危害。

（2）1 类危险（RG1）

该分类是指在光接触正常条件限定下，灯不产生危害，满足此要求的灯应当满足以下条件：在 10000s 内不造成对皮肤和眼睛的光化学紫外危害；在 300s 内不造成对眼睛的近紫外危害；在 100s 内不造成对视网膜的蓝光和对眼睛的红外辐射危害；在 10s 内不造成对视网膜的热危害。

（3）2 类危险（RG2）

该分类是指灯不产生对强光和温度的不适反应的危害，满足此要求的灯应当满足以下条件：在 1000s 内不造成对皮肤和眼睛的光化学紫外危害；在 100s 内不造成对眼睛的近紫外危害；在 10s 内不造成对眼睛的红外辐射危害；在 0.25s 内不造成对视网膜的蓝光和热危害。

（4）3 类危险（RG3）

该分类是指灯在更短瞬间造成光生物危害，当限制量超过 2 类危险的要求时，即为 3 类危险。

在进行照明设计时，应当根据使用功能的需求选择光生物安全性能满足要求的照明产品。由于青少年儿童正处于视觉发育的重要阶段，同时其眼睛的光谱透过率明显高于成人，因此中小学校、托儿所、幼儿园建筑的教室、活动室、阅览室、寝室、休息室等主要功能房间，应采用无危险类的灯具；对于其他建筑室内场所，须采用无危险类或1类危险的低风险灯具或满足灯具标记的视看距离要求的2类危险（RG2）的灯具，特别是对高大空间等视看距离较远的场所。

对于RG2灯具，国家标准《灯具　第1部分：一般要求与试验》GB 7000.1－2015第3.2.23条规定，当灯具与观察者眼睛之间的距离不小于X_m（X_m为辐照度E_{thr}刚好达到RG1与RG2临界点时的距离，通常标示在产品上）时，可以使用。

3.3.5　荧光灯功率因数不应低于0.9，高强气体放电灯功率因数不应低于0.85，LED灯具功率因数不应低于0.9。

【释义与实施要点】

气体放电灯配电感镇流器时，通常其功率因数很低，一般仅为0.4～0.5，所以需要设置电容补偿，以提高功率因数。值得注意的是，光源功率250W以上的大功率气体放电灯使用电感镇流器时，从经济性和可行性方面综合考虑，功率因数不低于0.85较合理，也符合国家标准《灯用附件　放电灯（管形荧光灯除外）用镇流器　性能要求》GB/T 15042－2008（idt IEC 60293－2006）的规定。对供电系统功率因数有更高要求时，宜在配电系统中设置集中补偿装置进行补充。LED灯具的功率因数要求参考国家标准《LED室内照明应用技术要求》GB/T 31831－2015制定。

3.3.6　选用灯具的谐波应符合下列规定：

1　气体放电灯及25W以上LED灯具的谐波电流应符合现行国家标准《电磁兼容　限值　第1部分：谐波电流发射限值（设备每相输入电流≤16A）》GB 17625.1的有关规定。

2　功率5W～25W的LED灯具的谐波电流限值应符合表3.3.6的规定。

表3.3.6　5W～25W的LED灯具的谐波电流限值

谐波要求	谐波电流与基波频率下输入电流之比（%）
THD	≤70
2次谐波	≤5
3次谐波	≤35
5次谐波	≤25
7次谐波	≤30
9次谐波	≤20
11次谐波	≤20
n次谐波（13≤n≤39）	—

【释义与实施要点】

本条是对灯具谐波的要求。

1　照明产品目前用量大，生产企业众多，产品质量良莠不齐，导致对无线电、通信系统和测量仪表的骚扰以及其他不良后果，因此对其限值进行规定。现行国家标准《电磁兼容 限值 第1部分：谐波电流发射限值（设备每相输入电流≤16A）》GB 17625.1中规定了照明产品的谐波限值和测试要求，适用的照明设备包括气体放电灯、LED灯具、LED驱动电源等照明产品。

2 国家标准《电磁兼容 限值 第1部分：谐波电流发射限值（设备每相输入电流≤16A)》GB 17625.1－2022 对 25W 及以下 LED 照明产品的谐波要求较为宽松。在室内照明应用中，25W 及以下的 LED 灯具应用较为普遍，如不限制其谐波会对电路造成不利影响。IEC 标准《电磁兼容 限值 谐波电流发射限值（设备每相输入电流≤16A)》IEC 61000-3-2：2018 对 5～25W 照明产品的谐波限制要求见表 2-3-1。表 2-3-1 中条件 2 未作限制，不适合用于评价 LED，条件 3 对于 3 次、5 次以及总谐波含量的要求要高于条件 1，更有利于提高 LED 照明产品的质量，降低对电路的不利影响。因此，本款在国家标准《电磁兼容 限值 第 1 部分：谐波电流发射限值（设备每相输入电流≤16A)》GB 17625.1－2022 的基础上，采用了 IEC 标准《电磁兼容 限值 第 3-2 部分：谐波电流发射限值（设备每相输入电流≤16A)》IEC 61000-3-2：2018 条件 3 作为 5～25W LED 灯具的谐波电流限制要求。通过调研，目前 5W 以下 LED 灯具满足条件 3 的要求在技术等方面存在一定难度，故仅对功率在 5～25W 的 LED 灯具提出限制要求。对于 5W 以下的也应该选用谐波含量低的产品，有条件或对谐波要求高的场合，当此类产品使用量较大时，可参照表 1 中条件 1 或者条件 3 提出要求。

照明产品谐波限值要求（5～25W） **表 2-3-1**

谐波要求	条件 1 每瓦允许的最大 谐波电流（mA/W）	条件 2（满足特殊波形） 最大允许谐波电流与 基波频率下输入 电流之比（%）	条件 3 最大允许谐波电流与 基波频率下输入 电流之比（%）
THD	—	—	70
2 次谐波	—	—	5
3 次谐波	3.4	86	35
5 次谐波	1.9	61	25
7 次谐波	1.0	—	30
9 次谐波	0.5	—	20
11 次谐波	0.35	—	20
n 次谐波（13≤n≤39）	3.85/n	—	—

3.3.7 选用 LED 灯具的启动冲击电流限值应符合表 3.3.7 的规定。

表 3.3.7 LED 灯具的启动冲击电流限值

功率范围 P (W)	启动冲击电流峰值 (A)	启动峰值电流与 额定工作电流之比	持续时间 (ms)
P<75	≤40	—	<1
75≤P<200	≤65	—	
200≤P<400	—	≤40	<5
400≤P<800	—	≤30	
P≥800	—	≤15	

注：持续时间按照峰值的 50%计算。

【释义与实施要点】

对于交流供电LED灯具，由于其AC/DC转换单元中的电容启动时的充电过程，导致峰值电流较大，会对供电系统及保护装置产生不利影响，甚至影响正常工作，有必要对LED驱动电源的启动冲击电流进行限制。启动冲击电流的影响主要取决于两方面因素，冲击电流的峰值大小和持续时间，而这两个参数与功率大小是直接相关的。国家标准《LED体育照明应用技术要求》GB/T 38539－2020规定了200W及以上LED灯具的冲击电流峰值和持续时间的限值要求，其中电流峰值以其与额定工作电流之比来表示。由于电解电容值规格并不是线性的，LED驱动电源功率小到一定程度时，稳压电容不能再小了，否则会影响电源寿命，冲击电流也就不会再随着功率减小而变小，因而小功率的LED驱动电源，不适合用启动冲击电流峰值与额定电流的倍数关系去限定，而直接限定冲击电流峰值的绝对值。通过调研国内外主要LED驱动电源的产品性能数据，确定了200W以下的LED灯及LED驱动电源的启动冲击的电流峰值，为了尽量减小对电路的不利影响，在限定峰值电流的基础上，从持续时间上适当提高了对小功率电源的要求。对于持续时间，按照灯具启动后电流值上升到峰值电流的50%时开始计时，到电流值下降到峰值电流的50%时停止计时。

3.3.8　选用LED灯具的输入功率与额定值之差应符合下列规定：

1　额定功率小于或等于5W时，其偏差不应大于0.5W；

2　额定功率大于5W时，其偏差不应大于额定值的10%。

【释义与实施要点】

为了保证光输出的稳定性，同时避免灯具功率参数出现虚标的情况，本条规定了LED灯具的实际输入功率与额定功率的偏差范围，该要求与国家标准《LED室内照明应用技术要求》GB/T 31831－2015保持一致。

3.3.9　选用LED灯具的初始光通量不应低于额定光通量的90%，且不应高于额定光通量的120%；其工作3000h的光通量维持率不应小于96%，6000h的光通量维持率不应小于92%。

【释义与实施要点】

因为光通量的大小直接决定照度的高低，所以照度计算时是依据额定光通量计算的。由于制造工艺的限制，即使是同一批次的LED灯具的初始光通量也有一定差异，为了确保计算照度不至于产生过大偏差，要求其初始光通量与额定光通量偏差不应过大。根据LED灯具输出光通衰减特性，规定3000h和6000h的光通量维持率分别为96%和92%，基本能够保证LED灯具整个寿命期内的光通输出满足要求。

3.3.10　在满足眩光限制和配光要求条件下，应选用灯具效率或灯具效能值高的灯具，并应符合下列规定：

1　直管形荧光灯的灯具初始效率不应低于表3.3.10-1的规定。

表3.3.10-1　直管形荧光灯的灯具初始效率（%）

灯具出光口形式	开敞式	保护罩		格栅
		透明	棱镜	
灯具效率	75	70	55	65

2 紧凑型荧光灯筒灯的灯具初始效率不应低于表 3.3.10-2 的规定。

表 3.3.10-2 紧凑型荧光灯筒灯的灯具初始效率（%）

灯具出光口形式	开敞式	保护罩	格栅
灯具效率	55	50	45

3 小功率金属卤化物灯筒灯的灯具初始效率不应低于表 3.3.10-3的规定。

表 3.3.10-3 小功率金属卤化物灯筒灯的灯具初始效率（%）

灯具出光口形式	开敞式	保护罩	格栅
灯具效率	60	55	50

4 高强度气体放电灯的灯具初始效率不应低于表 3.3.10-4 的规定。

表 3.3.10-4 高强度气体放电灯的灯具初始效率（%）

灯具出光口形式	开敞式	格栅或透光罩
灯具效率	75	60

5 LED 筒灯的灯具初始效能不应低于表 3.3.10-5 的规定。

表 3.3.10-5 LED 筒灯的灯具初始效能值（lm/W）

额定相关色温		2700K/3000K		3500K/4000K/5000K	
灯具出光口形式		格栅	保护罩	格栅	保护罩
灯具功率	≤5W	75	80	80	85
	>5W	85	90	90	95

注：当灯具一般显色指数 R_a 不低于 90 时，灯具初始效能值可降低 10lm/W。

6 LED 平板灯的灯具初始效能不应低于表 3.3.10-6 的规定。

表 3.3.10-6 LED 平板灯的灯具初始效能值（lm/W）

额定相关色温	2700K/3000K	3500K/4000K/5000K
灯具初始效能值	95	105

注：当灯具一般显色指数 R_a 不低于 90 时，灯具初始效能值可降低 10lm/W。

7 LED 高天棚灯的灯具初始效能不应低于表 3.3.10-7 的规定。

表 3.3.10-7 LED 高天棚灯的灯具初始效能值（lm/W）

额定相关色温	3000K	3500K	4000K/5000K
灯具初始效能值	90	95	100

注：当灯具一般显色指数 R_a 不低于 90 时，灯具初始效能值可降低 10lm/W。

8 LED 草坪灯具、LED 台阶灯具的灯具初始效能不应低于表 3.3.10-8 的规定。

表 3.3.10-8 LED 草坪灯具、LED 台阶灯具的灯具初始效能值（lm/W）

额定相关色温	3000K	3500K	4000K/5000K
灯具初始效能值	60	70	80

【释义与实施要点】

本条规定了荧光灯灯具、高强度气体放电灯和LED灯具的最低效率或初始效能值，以利于节能，这些规定仅是最低允许值。传统的荧光灯灯具、高强度气体放电灯能够单独检测出光源和整个灯具所发出的总光通量，这样可以计算出灯具的效率；但LED灯不能单独检测出发光体发出的光通量，只能计算出整个灯具所发出的总光通量，因此总光通量除以系统消耗的功率就得到了效能。现有国家产品标准一般将效能分为三个等级：3级（能效限定值，必须达到）、2级（节能评价值）、1级（目标值）。为推进照明节能，本条以现行国家标准中的2级（节能评价值）作为效能值基准，并结合我国现有灯具效率或效能水平制定。

3.3.11 灯具选择应满足场所环境的要求，并应符合下列规定：

1 特别潮湿场所，应采用相应防护措施的灯具；

2 有腐蚀性气体或蒸汽场所，应采用相应防腐蚀要求的灯具；

3 有盐雾腐蚀场所，应采用相应防盐雾腐蚀要求的灯具；

4 有杀菌消毒要求的场所，可设置紫外线消毒灯具，并应满足紫外使用安全要求；

5 高温场所，宜采用散热性能好、耐高温的灯具；

6 多尘埃的场所，应采用防护等级不低于IP5X的灯具；

7 在室外的场所，应采用防护等级不低于IP54的灯具；

8 装有锻锤、大型桥式吊车等振动、摆动较大场所应有隔振和防脱落措施；

9 易受机械损伤、光源自行脱落可能造成人员伤害或财物损失场所应有防护措施；

10 有爆炸危险场所灯具选择应符合国家现行标准的有关规定；

11 有洁净度要求的场所，应采用不易积尘且易于擦拭的洁净灯具，并应满足洁净场所的相关要求。其中三级和四级生物安全实验室、检测室和传染病房宜采用吸顶式密闭洁净灯，并宜具有防水功能；

12 需防止紫外线辐射的场所，应采用隔紫外线灯具或无紫外线光源。

【释义与实施要点】

本条为几种特殊照明场所分别规定了采用灯具的要求，其依据是：

1　在特别潮湿的场所，当光源点燃时由于温度升高，在灯具内产生正压，而光源熄灭后，由于灯具冷却，内部产生负压，将潮气吸入，容易使灯具内积水。因此，规定在特别潮湿场所应采用相应要求的灯具。

2　不同腐蚀性物质的环境，灯具选择可参照现行行业标准《化工企业腐蚀环境电力设计规程》HG/T 20666的规定，该规程规定了不同腐蚀环境的灯具类型。

3　在盐雾腐蚀场所使用的灯具应采用使用涂层和表面处理防止盐对基体金属腐蚀及使用缓蚀剂和钝化剂抑制盐雾腐蚀等措施，增强产品抗盐雾能力或减弱盐雾腐蚀作用。

4　在有杀菌消毒要求的场所，可设置紫外线消毒灯具进行消毒，但同时紫外线对人体可能产生伤害，因此使用过程中要满足使用安全要求。

5　在高温场所，宜采用带散热构造和措施的灯具，或带散热孔的开敞式灯具。

6　在多尘埃的场所，应选择防尘型灯具（IP5X）或尘密型灯具（IP6X）。

7　在室外的雨篷等场所既要防尘埃，也要防水，应选择防护等级不低于IP54的灯具。

8　在振动和摆动较大的场所，由于振动对光源寿命影响较大，甚至可能使光源或附件自动松脱掉下，既不安全，又增加了维修工作量和费用。因此，在此种场所应采用防振型软性连接的灯具或防振的安装措施，并在灯具上加保护网或灯罩防护膜等措施，以防止光源或附件掉下。

9　光源可能受到机械损伤或自行脱落，而导致人员伤害和财物损失的，应采用有保护网的灯具，如高大工业厂房等场所。

10　在有爆炸危险的场所使用的灯具，应符合现行国家标准《爆炸危险环境电力装置设计规范》GB 50058 的规定；在有火灾危险场所使用的灯具，应符合现行国家标准《建筑设计防火规范》GB 50016 的规定。

11　在有洁净要求的场所，应安装不易积尘和易于擦拭的洁净灯具，以有利于保持场所的洁净度，并减少维护工作量和费用。对于三级和四级生物安全实验室、检测室和传染病房及类似场所，还需要考虑对灯具进行消毒等操作，吸顶式防水洁净照明灯表面光洁、不易积尘、耐消毒，适合于此类场所的照明。

12　在博物馆展室或陈列柜等场所，对于需防止紫外线作用的彩绘、织品等展品，需采用能隔紫外线的灯具或无紫外线光源。

本条中，存在爆炸危险的场所、有洁净度要求的场所，以及有腐蚀性气体的场所的灯具选用要求，已列入强制性工程建设规范《建筑环境通用规范》GB 55016－2021 强制性要求。

3.3.12　对人员可触及的室外照明设备，应对其表面温度进行限制，当表面温度高于 70℃时，应按现行强制性工程建设规范《建筑环境通用规范》GB 55016 的要求进行隔离保护。

【释义与实施要点】

出于对可能伤及人员安全的考虑，特制定此条。国家标准《灯具　第 1 部分：一般要求与试验》GB 7000.1－2015 第 12.4.2 条规定，对于电源插座安装的灯具和插头式镇流器/变压器，打算徒手握住的外壳部件温度不应超过 75℃；国家标准《低压电气装置　第 4-42 部分：安全防护　热效应保护》GB/T 16895.2－2017 表 42.1 规定，对于有意触及的但非手握的部分，金属表面温度不应超过 70℃，非金属表面温度不应超过 80℃。为避免灯具表面温度过高引起烫伤等安全风险，《标准》规定在人员可触及的室外照明设备表面温度高于 70℃时，应当采取隔离保护措施。

本条内容已列入强制性工程建设规范《建筑环境通用规范》GB 55016－2021 强制性要求。

3.3.13　选用具备调光功能的灯具应符合下列规定：

1　灯具调光过程中其闪烁应符合本标准第 4.4.1 条的规定；

2　灯具宜在调光范围内保持光通量线性输出，其实测光通值与设定值偏差不应超过 5%；

3　灯具宜具备恒光通输出控制功能。

【释义与实施要点】

本条是对具备调光灯具的特殊要求。

1　对于调光型灯具而言，随着光通输出量的调整，光输出波形会产生一定的变化，从而引起相关性能指标数值的变化。在这种情况下，为避免对人员视觉活动产生干扰，要求在调光过程中都要符合本标准第4.4.1条对于闪烁的限值要求，即闪变指数（P_{st}^{LM}）不应大于1。

2　具备调光功能的灯具主要是为了满足视觉功能以及灵活控制实现节能的需要，其调光输出等级与光通输出成线性对应关系，便于使用者根据需要确定调光等级。同时灯具控制精度对于控制系统运行的可靠性具有重要影响，因此规定实测光通值与设定值偏差不应超过5%。

3　《标准》规定的照度标准值均为维持平均照度值，照明设计计算时，应根据光源光通量的衰减和灯具维护周期等因素合理确定维护系数。引入维护系数后，所有照明系统的初始照度均比标准值高20%左右，因此可以通过恒光通输出控制调低或提高灯具光通输出比例，从而保证作业面照度在整个使用周期内维持不变。这种控制方式可以有效降低照明系统初始运行能耗，延长灯具使用寿命。

3.3.14　需单灯控制的灯具应根据使用要求、现场条件预留相应的控制接口。

【释义与实施要点】

智能照明控制系统主要通过两种方式实现控制，一种是通过回路控制，而另一种则是通过单灯控制。回路控制的方式其系统更为简单、投资成本也相对较低；而单灯控制则可以使得控制系统具有更大控制灵活性，从而能够更好地满足照明系统使用过程中不断变化的照明需求，提高照明控制系统的精细化管理水平，预留相应的控制接口，便于系统功能目标的实现。

3.3.15　选用与建筑一体化安装的灯具应符合下列规定：

1　安装在人员可触及场所的灯具，其输入电压应为安全特低电压（SELV）；

2　正常工作条件下，人员可触及灯具表面的温度不应超过45℃；

3　安装于地面及潮湿场所的灯具，其防护等级不应低于IP67；

4　灯具应易于安装和维护。

【释义与实施要点】

照明与建筑一体化是针对建筑功能需求和空间特征，将照明装置与室内界面和构件有机结合，在满足传统照明要求和美学要求基础上，具备光环境提升、空间功能强化、空间利用优化、用能效率提高、施工工业化的能力，实现室内照明的健康、舒适与高效，以及为照明空间提供氛围塑造和互动体验的创新性照明方式。特别是LED具有体积小、布置灵活等技术优势。LED与建筑一体化安装已经成为一种新形态的照明方式，为室内空间的照明设计提供了更大灵活度。相较于传统的灯具安装形式，与建筑一体化安装的灯具往往位于人员可触及的范围内，因此应通过使用安全电压、严格控制灯具表面温度以及提高防护等级等措施保障使用者的安全。本条依据国家标准《LED室内照明应用技术要求》GB/T 31831－2015规定。

3.3.16　镇流器的选择应符合下列规定：

1　荧光灯应配用电子镇流器或节能电感镇流器；

2　对频闪效应有限制的场合，应采用高频电子镇流器；

3　高压钠灯、金属卤化物灯应配用节能电感镇流器；在电压偏差较大的场所，宜配用恒功率镇流器；功率较小者可配用电子镇流器。

【释义与实施要点】

本条说明选择镇流器的原则：

1　荧光灯应配用电子镇流器或节能电感镇流器，不应配用功耗大的传统电感镇流器，以提高能效。应满足现行国家标准《普通照明用气体放电灯用镇流器能效限定值及能效等级》GB 17896 的要求。

2　采用高频电子镇流器可减少频闪的影响，高频电子镇流器，通常用几十千赫兹频率的电流供给灯管，其频闪影响大大降低。

3　高压钠灯和金属卤化物灯配用节能型电感镇流器的功耗比普通电感镇流器低很多，其节能效果明显。这类光源的电子镇流器尚不够稳定，暂不宜普遍推广应用，对于功率较小的高压钠灯和金属卤化物灯，可配用电子镇流器，目前这种产品的质量多数能满足要求。在电压偏差大的场所采用高压钠灯和金属卤化物灯时，为了节能和保持光输出稳定，延长光源寿命，宜配用恒功率镇流器。

3.3.17　高强度气体放电灯的触发器与光源的安装距离应满足现场使用的要求。

【释义与实施要点】

高强度气体放电灯的触发器，一般是与灯具装在一起的，但有时由于安装、维修上的需要或其他原因，也有分开设置的。此时，触发器与灯具的间距越小越好。当两者间距大时，触发器不能保证气体放电灯正常启动，这主要是由于线路加长后，导线间分布电容增大，从而触发脉冲电压衰减而造成的，故触发器与光源的安装距离应符合制造厂家对产品的要求。

3.3.18　LED 驱动电源的选择应符合下列规定：

1　LED 驱动电源的性能应符合现行国家标准《LED 模块用直流或交流电子控制装置性能规范》GB/T 24825 的规定；

2　当 LED 驱动电源外置时，应满足使用场所环境的要求，且与 LED 模组的安装距离应满足现场使用的要求；

3　人员可触及灯具的场所采用非安全特低电压供电时，应采用隔离式 LED 驱动电源；

4　调光变色要求高的场所，宜采用调电流占空比型 LED 驱动电源。

【释义与实施要点】

照明用 LED 驱动电源作为 LED 灯具供电和控制部件，具有调节、控制、转换等功能，是影响 LED 照明产品可靠性的核心部件，本条对 LED 驱动电源提出了相应规定。但在照明实际应用中，LED 驱动电源应与 LED 灯或 LED 灯具匹配使用，其功率因数、谐波、启动冲击电流、骚扰特性、电磁兼容抗扰度等性能亦应与匹配使用的 LED 灯或 LED 灯具进行整体评价，满足相应要求，故《标准》不再对 LED 驱动电源的这些性能指标进行单独要求。《标准》根据照明场所的应用要求，提出如下规定：

1　照明用 LED 驱动电源的性能应符合《LED 模块用直流或交流电子控制装置 性能规范》GB/T 24825 的规定。

2　照明用 LED 驱动电源，一般是与灯具装在一起的；有些产品也有分开设置情况，此时，驱动电源与灯具的间距越小越好。但有时由于安装、维修上的需要或其他原因导致驱动电源与灯具的间距较大时，应合理进行设备选型以确保满足现场使用要求。

3　对于人员可触及灯具，为了保证人员安全采用安全特低电压供电是最理想的措施和手段；当条件不允许时应采用隔离式 LED 驱动电源，从而减少人员的触电风险。

4　LED 灯具具有良好的调光特性，当前 LED 灯具调光的方式主要包括两种：

（1）调输出电流占空比型（图 2-3-1）：LED 芯片只有在额定的驱动电流下才能使其光色参数达到最优性能。因此占空比调光主要是在给定的调制频率下，通过控制电路接通时间占整个电路工作周期的百分比，来调节光通输出。这种调光方式下，能够确保 LED 芯片在额定工作电流下工作，从而确保在调光过程中灯具光色参数的稳定性，对于多通道颜色的精准调节控制具有重要作用。然而这种调光方式必然会引起频闪问题的发生，因此需要对其调制频率提出严格要求，而很高的调制频率必然导致电源成本的增加，不利于其广泛推广。因此需要根据不同场所的需求提出适宜的频闪指标，对调输出电流占空比型的调光方式加以引导。

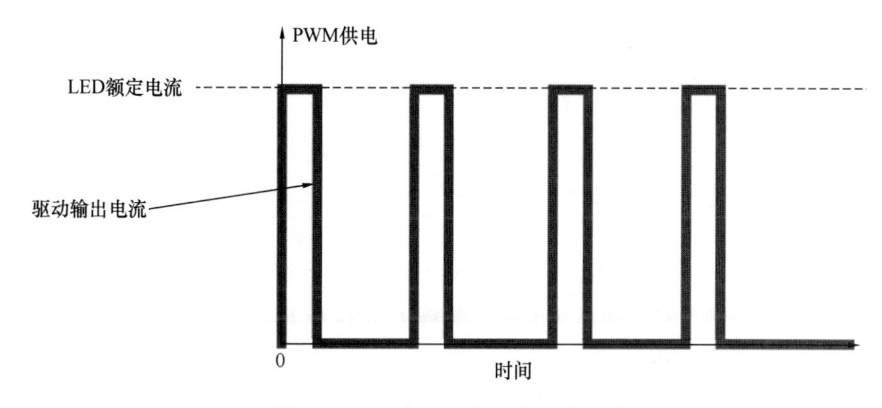

图 2-3-1　调占空比的调光方式示意

（2）调输出电流大小型（图 2-3-2）：这种调光方式通过调节通过 LED 芯片的连续驱动电流大小来实现调光控制。它具有调节方式简单，调光过程中不会产生频闪等优势，然而由于在调光过程中，通过 LED 芯片的驱动电流大小发生变化，从而导致灯具光输出的变化呈现非线性，且会出现光色漂移等问题，因此需要在灯具设计中对灯具可以实施调节电流大小的范围加以科学设计，方可保证调光的实施质量。

因此，对于光色参数一致性和精确度要求高的场所，应采用调电流占空比型 LED 驱动电源。

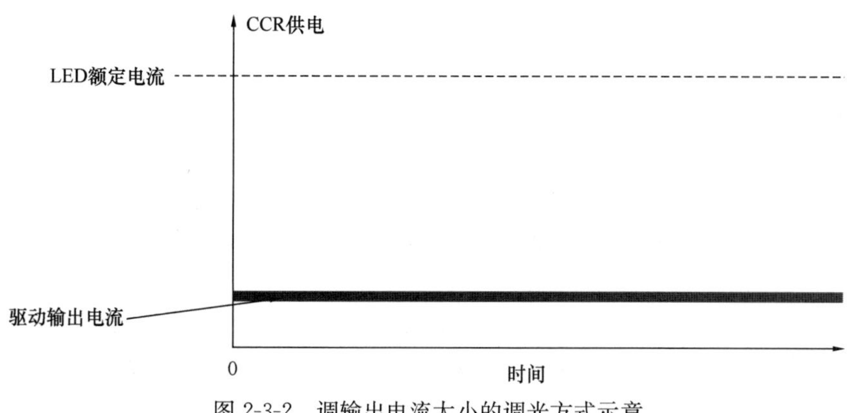

图 2-3-2　调输出电流大小的调光方式示意

3.3.19 LED恒压直流电源的选择应符合下列规定：

1 直流输出电压允许偏差应为±5％；

2 启动后1s内应达到稳定工作状态，启动时输出电压最大瞬时峰值不应大于额定值的110％，且带载启动冲击电流应符合本标准表3.3.7的规定；

3 输出电压纹波系数不应超过3％；

4 负载率宜为60％～80％；

5 功率因数不应低于0.90，电流总谐波畸变率不应超过15％，隔离式LED恒压直流电源的效率不应低于85％，非隔离式LED恒压直流电源的效率不应低于90％；

6 LED恒压直流电源应具有输出过电流保护、过电压保护和过温保护等功能；

7 LED恒压直流电源与LED灯或LED灯具的安装距离应符合现场使用的要求；

8 LED恒压直流电源应满足使用场所环境的要求，且外壳最高温度不超过75℃时寿命不应低于50000h。

【释义与实施要点】

具有交直流转换功能的LED恒压直流电源是连接直流供电型LED灯或LED灯具与交流供电端的重要设备，其性能对于电网以及照明系统能效、光环境质量等都具有重要影响，因此本条对LED恒压直流电源的选择原则和要求作出明确规定。

1 输出电压偏差对LED灯或LED灯具的光度、色度、电气等性能都具有重要影响，电压偏差过大甚至可能会导致LED灯或LED灯具无法正常工作。因此，当采用LED恒压直流电源为LED灯或LED灯具供电时，需要对其输出电压偏差作出规定，其内容主要是参考国家标准《LED模块用直流或交流电子控制装置 性能规范》GB/T 24825－2022第7.2条，并在广泛调研LED恒压直流电源相关生产企业数据的基础上确定的。

2 LED恒压直流电源启动时间会直接影响照明系统的开关响应时间，为确保其满足使用要求，作出本款规定。其内容是在参考国家标准《LED模块用直流或交流电子控制装置 性能规范》GB/T 24825－2022第7.1条，并广泛调研LED恒压直流电源相关生产企业数据的基础上确定的。当前主流LED恒压直流电源从电源直流电导通到达到稳定工作状态的时间可小于0.5s；其中部分产品需要在交流电导通后、直流电导通前先进行设备自检，对输出端是否存在短路或故障等进行排查，从而导致启动时间会相应延长，但也可在1s内达到稳定工作状态。

LED恒压直流电源启动时输出电压超过额定值的最大瞬时峰值过大有可能会损坏连接的LED灯或LED灯具，因此应严格限制。本款参考行业标准《LED驱动电源　第1部分：通用规范》SJ/T 11558.1－2016第5.4.2条，对LED恒压直流电源启动时输出电压超过额定值的最大瞬时幅度作出规定。

与交流输入型LED灯具相似，LED恒压直流电源启动时也会对其内部电解电容进行充电，从而导致输入端产生较大的启动冲击电流。如不加以限制，可能会对供电系统及保护装置产生冲击，甚至影响其正常工作。因此，有必要按照《标准》表3.3.7对LED恒压直流电源的启动冲击电流进行限制。

3 LED恒压直流电源的输出电压纹波系数是影响灯具频闪的重要因素，用电流波峰谷间差值与直流分量绝对值之比表示。本款是在广泛调研LED恒压直流电源相关生产企业数据的基础上制定的。

4　随着LED恒压直流电源负载率的下降，会出现功率因数和电源效率下降、谐波含量增加等问题。因此，从技术经济合理性角度来看，LED恒压直流电源的负载率不宜过低，建议不小于60%。同时考虑到LED恒压直流电源安装环境的不确定性，为避免因散热条件不佳而导致LED恒压直流电源表面温度过高，建议LED恒压直流电源的负载率上限不大于80%，从而进一步提升LED恒压直流电源工作的安全性和可靠性。

5　LED恒压直流电源的功率因数、电流总谐波畸变率和电源效率对于电网以及照明系统能效都具有十分重要的影响，因此对其作出规定。此外，电源输入电路和输出电路之间的连接方式（包括隔离式与非隔离式）会对电源效率产生显著影响，其中隔离式LED恒压直流电源效率相对更低一些，但其安全性更高。因此对两种连接方式的LED恒压直流电源效率分别规定。本款技术要求是基于负载率不低于60%，并在广泛调研LED恒压直流电源相关生产企业数据的基础上制定的。

现有LED恒压直流电源的功率因数、电流总谐波畸变率和效率等性能参数的主要影响因素包括电源的额定功率、负载率以及电源输入电路和输出电路之间的连接方式，设计人员可以参照表2-3-2根据工程实际合理选择LED恒压直流电源，更好地提升照明系统的性能和能效。

LED恒压直流电源的功率因数和效率　　　　**表2-3-2**

功率 P（W）	负载率（%）	功率因数	电流总谐波畸变率（%）	效率（%）	
				隔离式	非隔离式
$25<P\leqslant75$	80	≥0.92	≤15	≥85	≥92
	60	≥0.90	≤20	≥83	≥90
	50	≥0.90	≤25	≥80	≥87
$75<P\leqslant200$	80	≥0.96	≤10	≥88	≥95
	60	≥0.94	≤15	≥85	≥92
	50	≥0.90	≤20	≥83	≥90
$P>200$	80	≥0.96	≤10	≥90	≥96
	60	≥0.94	≤15	≥88	≥94
	50	≥0.90	≤20	≥85	≥91

6　为避免因为线路短路和过负荷导致输出电流过大带来的安全隐患，以及电源故障导致的输出电压过大对供电设备造成损坏，需要在LED恒压直流电源的输出端设置直流过电流保护（过负荷和短路保护）以及过电压保护等。同时，电源设备故障或环境散热条件不适当均可能引起电源温度过高，从而带来安全隐患，因此还需设置过温保护功能。

7　LED恒压直流电源与LED灯或LED灯具间的安装距离对于供电电压的压降具有重要影响，国际电工委员会（IEC）标准《电气安装指南　第101部分：用于非公共配电网络的特低压直流电气装置应用指南 *Electrical installation guide—Part* 101：*Application guidelines on extra-low-voltage direct current electrical installations not intended to be connected to a public distribution network*》IEC TS 61200－101：2018建议采用非公网供电的低压直流照明系统线缆允许电压降控制在不大于6%范围内。设计人员可以按照设计供电电压的压降要求，参照表2-3-3和表2-3-4，根据供电电压、负载功率以及连接线缆截面积等条件，合理确定LED恒压直流电源与LED灯或LED灯具的安装距离。

DC48V线路电压损失百分数（%）　　表 2-3-3

序号	建议截面面积（mm^2）	负载功率（W）	供电距离						
			20m	40m	50m	100m	150m	200m	250m
1	2.5	50	0.72	1.43	1.79	3.58	5.38	7.17	8.96
2	2.5	100	1.43	2.87	3.58	7.17	10.75	14.33	17.92
3	4	200	1.79	3.58	4.48	8.96	13.44	17.92	22.40
4	4	300	2.69	5.38	6.72	13.44	20.16	26.88	33.59
5	6	400	2.39	4.78	5.97	11.94	17.92	23.89	29.86
6	6	500	2.99	5.97	7.47	14.93	22.40	29.86	37.33

注：计算条件为铜导体，电线工作温度70℃，电压偏差限值6%。

DC110V线路电压损失百分数（%）　　表 2-3-4

序号	建议截面面积（mm^2）	负载功率（W）	供电距离				
			50m	100m	150m	200m	250m
1	2.5	300	2.05	4.09	6.14	8.19	10.23
2	4	500	2.13	4.26	6.40	8.53	10.66
3	6	1000	2.84	5.69	8.53	11.37	14.21
4	10	1500	2.56	5.12	7.68	10.23	12.79
5	16	2000	2.13	4.26	6.40	8.53	10.66
6	25	3000	2.05	4.09	6.14	8.19	10.23
7	25	4000	2.73	5.46	8.19	10.92	13.65
8	35	5000	2.44	4.87	7.31	9.75	12.18
9	50	8000	2.73	5.46	8.19	10.92	13.65
10	70	10000	2.44	4.87	7.31	9.75	12.18
11	95	14000	2.51	5.03	7.54	10.06	12.57
12	120	18000	2.56	5.12	7.68	10.23	12.79
13	120	20000	2.84	5.69	8.53	11.37	14.21
14	150	22000	2.50	5.00	7.51	10.01	12.51
15	185	30000	2.77	5.53	8.30	11.06	13.83
16	240	36000	2.56	5.12	7.68	10.23	12.79

注：计算条件为铜导体，电线工作温度70℃，电压偏差限值6%。

8　场所环境对于LED恒压直流电源的安全、可靠运行具有重要影响，因此应根据使用场所环境的潮湿、温度、腐蚀等特征，合理选择LED恒压直流电源。

此外，LED恒压直流电源的寿命也是照明系统可靠运行的重要影响因素，而它与工作温度关系密切，温度越高，寿命越短。为便于实施，一般采用LED恒压直流电源外壳温度来作为评价LED恒压直流电源寿命的基准条件。根据对相关生产企业的调研，当前LED恒压直流电源寿命主要是采用外壳最高温度75℃作为温度基准来评价LED恒压直流电源的寿命，因此作出本款规定。

4 照明数量和质量

修订简介

本章修订的主要内容如下：

(1) 增加了闪烁与频闪效应限制（4.4节）、非视觉效应（4.6节）的要求；

(2) 第4.2节“照度均匀度”修改为“照度分布”，并调整了相应条文技术要求；

(3) 增加了“氛围照明”照明方式；

(4) 增加了室外空间的照明设计维护系数要求；

(5) 增加了灯具表面亮度要求；

(6) 增加了室外照明光污染限制要求；

(7) 增加了室外照明光源色温和色容差要求。

实施指南

4.1 照 度

4.1.1 照度标准值应按0.5lx、1lx、2lx、3lx、5lx、10lx、15lx、20lx、30lx、50lx、75lx、100lx、150lx、200lx、300lx、500lx、750lx、1000lx、1500lx、2000lx、3000lx、5000lx分级。

【释义与实施要点】

照度是照明的数量指标。照度标准值是在照明设计时所选用的照度值，不能随意选用照度标准值，必须按照《标准》规定的照度标准值分级选用，不能选用《标准》照度标准值分级中未规定的照度值，如250lx、400lx等。该分级是参照国际照明委员会（CIE）标准《室内工作场所照明 *Lighting of Indoor Work Places*》CIE S 008/E-2001确定的。在主观效果上明显感觉到照度最小变化的照度差大约为1.5倍，即在主观效果上明显感觉到的最小变化。为了适合我国情况，照度分级向低延伸到0.5lx，与原标准的分级一致。

4.1.2 当符合下列一项或多项条件时，作业面或参考平面的照度标准值可按本标准第4.1.1条的分级提高一级：

1 视觉要求高的精细作业场所，眼睛至识别对象的距离大于500mm；

2 连续长时间紧张的视觉作业，对视觉器官有不良影响；

3 识别移动对象，识别时间短促而辨认困难；

4 视觉作业对操作安全有重要影响；

5 识别对象与背景辨认困难；

6 作业精度要求高，且产生差错会造成很大损失；

7 视觉能力显著低于正常能力；

8　建筑等级和功能要求高。

【释义与实施要点】

《标准》虽然规定了一个固定的照度标准值，但也有相当的灵活性，本条根据视觉条件等要求列出了需要提高照度的条件，但不论符合几个条件，为了节约电能、确保视觉安全和提高工效，只能提高一级。设计人员应根据项目的实际情况，综合考虑技术经济成本等因素，合理选择照度标准值，提高照度标准值要有充分的理由，不宜一味追求高照度。提高一级照度标准值条件如下：

1　识别对象最小尺寸不大于0.6mm的视觉要求高的精细作业场所，当眼睛至识别对象距离大于500mm时。

2　连续长时间紧张的视觉作业是指视觉注视工作面的时间占全班工作时间大于70%时，因为时间过长而且紧张，提高照度有利于缓解视疲劳及提高工作安全和工作效率。

3　识别移动对象、要求识别时间短促（一刹那），而且辨认又困难时，如在验布机上识别移动布上的极小疵点等。

4　识别作业对操作安全有重要影响时，如切割作业等。

5　识别对象与背景辨认困难时。

6　作业精度要求较高，且产生差错会造成重大财产经济损失时，如宝石以及贵重金属加工等。

7　视觉能力低于正常视觉能力的，如近视人群、老年人视力降低等。

8　建筑等级和功能要求高的，如国家级及其他重要的大型公共建筑照明等。

4.1.3　当符合下列一项或多项条件时，作业面或参考平面的照度标准值可按本标准第4.1.1条的分级降低一级：

1　进行很短时间的作业；

2　作业精度或速度无要求；

3　建筑等级和功能要求较低。

【释义与实施要点】

本条根据视觉条件等要求列出了需要降低照度的条件，但不论符合几个条件，只能降低一级。

1　进行很短时间作业的，如作业时间小于全班工作时间的30%时。

2　作业精度或速度无关紧要的，如只是一般作业、巡视和观察作业等。

3　建筑等级和功能要求较低的，如在一般县级城市以下的建筑照明等。

4.1.4　照明设计的维护系数应按表4.1.4选用。

表4.1.4　维护系数

环境污染特征		房间或场所举例	灯具最少擦拭次数（次/年）	维护系数值
室内	清洁	卧室、办公室、影院、剧场、餐厅、阅览室、教室、病房、客房、仪器仪表装配间、电子元器件装配间、检验室、商店营业厅、体育馆、体育场等	2	0.80
	一般	机场候机厅、候车室、机械加工车间、机械装配车间、农贸市场等	2	0.70
	污染严重	公用厨房、锻工车间、铸工车间、水泥车间等	3	0.60
室外		雨篷、站台、道路、广场、活动场地等	2	0.65

【释义与实施要点】

为使照明场所的实际照度水平不低于规定的维持平均照度值，照明设计计算时，应考虑因光源光通量的衰减、灯具和房间表面污染引起的照度降低，为此应计入《标准》表4.1.4的维护系数。

灯具污染的维护系数取值与灯具擦拭周期有关。美国、俄罗斯等国家规定擦拭周期为1～4次/年，《标准》规定了2～3次/年。

与上一版相比，《标准》将“开敞空间”延伸为“室外”，并增加道路、广场、活动场地等场所的维护系数选择要求。

4.1.5 设计照度计算值与照度标准值的允许偏差应为＋20％。

【释义与实施要点】

考虑到照明设计时布灯的需要和光源功率及光通量的变化不是连续的这一实际情况，根据我国国情，规定了设计照度计算值与照度标准值比较，可有＋20％的偏差。由于标准照度值为维持照度，属于最低值，不应该有负偏差，因此本次修订改为只允许正偏差，将原±10％调整为＋20％的偏差。此偏差适用于装10个灯具以上的照明场所；当小于或等于10个灯具时，允许适当超过此偏差。

4.2 照度分布

4.2.1 工作场所一般照明照度均匀度应符合下列规定：

1 一般场所不应低于0.4；

2 长时间工作的场所不应低于0.6；

3 对视觉要求高的场所不应低于0.7。

【释义与实施要点】

照度均匀度在某种程度上关系到照明的节能，在不影响视觉需求的前提下，强调工作区域和作业区域内的均匀度，而不要求整个房间的均匀度。本标准一般照明照度均匀度是参照欧盟标准《光与照明　工作场所照明　第1部分：室内工作场所 *Light and lighting-Lighting of work places-Part 1：Indoor work places*》EN 12464－1制定的。

4.2.2 作业面邻近周围照度可低于作业面照度，但不宜低于表4.2.2规定的数值。

表4.2.2　作业面邻近周围照度

作业面照度（lx）	作业面邻近周围照度（lx）
≥750	500
500	300
300	200
≤200	与作业面照度相同

注：作业面邻近周围指作业面外宽度为0.5m的区域。

【释义与实施要点】

作业面邻近周围的照度与作业面的照度有关，若作业面周围照度分布迅速下降，会引起视觉困难和不舒适，为了提供视野内亮度（照度）分布的良好平衡，邻近周围的照度值不得低于表4.2.2的数值。此表参照国际照明委员会（CIE）标准《室内工作场所照明 *Lighting of Indoor Work Places*》CIE S 008/E－2001确定。在作业面照度300lx、500lx和750lx时，在数量上分别只低于该作业面照度一级。在作业面照度≤200lx时，作业面邻近周围照度值与作业面照度相同。

作业面区域、作业面邻近周围区域、通道和其他非作业区域见图2-4-1。

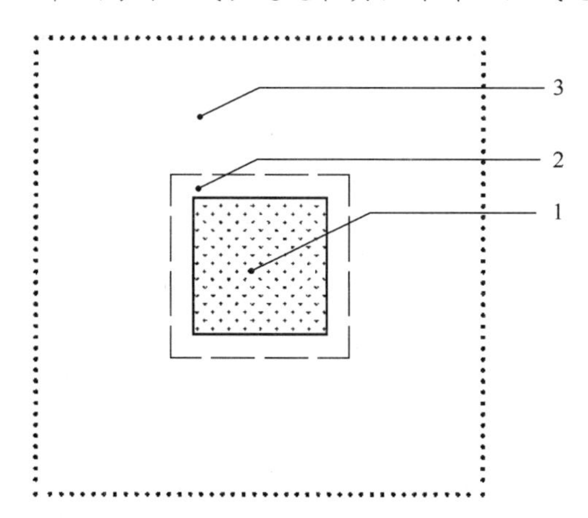

图2-4-1　作业面区域、作业面邻近周围区域、通道和其他非作业区域关系

1—作业面区域；2—作业面邻近周围区域（作业面外宽度为0.5m的区域）；

3—通道和其他非作业区域（作业面邻近周围区域外宽度不小于3m的区域）

4.2.3　通道和其他非作业区域一般照明的照度不宜低于作业面邻近周围照度的1/3。

【释义与实施要点】

房间内的通道和其他非作业区域的一般照明的照度不宜低于作业面邻近周围照度值的1/3的规定是参照欧盟标准《光与照明　工作场所照明　第1部分：室内工作场所 *Light and lighting-Lighting of work places-Part* 1：*Indoor work places*》EN 12464－1制定的。

4.2.4　墙面、顶棚的平均照度宜符合下列规定：

1　墙面的平均照度不宜低于50lx，顶棚的平均照度不宜低于30lx；

2　人员长期工作并停留场所墙面的平均照度不宜低于作业面或参考平面平均照度的30%，顶棚的平均照度不宜低于作业面或参考平面平均照度的20%。

【释义与实施要点】

为了得到合适的室内亮度分布，同时避免因为过分考虑节能或使用LED照明系统而造成的室内亮度分布过于集中，对墙面和顶棚的平均照度有所要求：一方面可以改善空间亮度提高视觉舒适度，另一方面可以防止或减少眩光。通常在人员行走和工作的场所需要提供足够的空间亮度，因此对墙壁和顶棚的照度提出了要求。欧盟标准《光与照明　工作场所照明　第1部分：室内工作场所 *Light and lighting-Lighting of work places-Part* 1：*Indoor work places*》EN12464－1还提出了场所平均柱面照度的要求，其目的也是提高空间亮度，便于视觉的沟通和物体的辨认，因此一些特殊场所可以适当增加柱面照度的要求。

4.2.5　在有电视转播要求的体育场馆，其比赛时场地照明应符合下列规定：

1　比赛场地水平照度最小值与最大值之比不应小于0.5，最小值与平均值之比不应小于0.7；

2 比赛场地主摄像机方向垂直照度最小值与最大值之比不应小于 0.4，最小值与平均值之比不应小于 0.6；

3 比赛场地辅摄像机方向的垂直照度最小值与最大值之比不应小于 0.3，最小值与平均值之比不应小于 0.5；

4 比赛场地平均水平照度与平均垂直照度之比宜为 0.75～2.00；

5 观众席前 12 排和主席台面向场地方向的平均垂直照度不应低于比赛场地主摄像机方向平均垂直照度的 10%。

【释义与实施要点】

有电视转播要求的体育场馆的照度均匀度是参照国际照明委员会（CIE）出版物《体育赛事中用于彩电和摄影照明的实用设计指南 *Practical design guidelines for the lighting of sport events for colour television and filming*》No.169（2005）制定的，并与现行行业标准《体育场馆照明设计及检测标准》JGJ 153 保持一致。

一般计算场地各计算点中的水平照度最小值与最大值之比不应小于 0.5；场地上面向主摄像方向各点的垂直面是垂直照度最小值与最大值之比不应小于 0.4；对于观众席，与上一版相比，《标准》明确对前 12 排提出了垂直照度要求。

4.2.6 在无电视转播要求的体育场馆，其场地照明应符合下列规定：

1 健身、业余训练时，场地水平照度最小值与平均值之比不宜小于 0.3；

2 业余比赛或专业训练时，场地水平照度最小值与最大值之比不宜小于 0.4，最小值与平均值之比不宜小于 0.6；

3 专业比赛时，场地水平照度最小值与最大值之比不应小于 0.5，最小值与平均值之比不应小于 0.7。

【释义与实施要点】

无电视转播要求的体育场馆可进行健身、业余训练、专业训练及业余比赛、专业比赛等。本条是参照国际照明委员会（CIE）出版物《体育赛事中用于彩电和摄影照明的实用设计指南 *Practical design guidelines for the lighting of sport events for colour television and filming*》No.169（2005）制定的，并与现行行业标准《体育场馆照明设计及检测标准》JGJ 153 保持一致。

4.3 眩光限制

4.3.1 长期工作或停留的房间或场所，灯具遮光角或表面亮度应符合下列规定：

1 选用开敞式或格栅式灯具的遮光角不应小于表 4.3.1-1 的规定。

表 4.3.1-1 开敞式或格栅式灯具的遮光角

发光体平均亮度（kcd/m²）	遮光角（°）
1～20	10
20～50	15
50～500	20
≥500	30

2　选用带保护罩灯具的表面亮度不应大于表 4.3.1-2 的规定。

表 4.3.1-2　带保护罩灯具的表面亮度

与灯具中垂线的夹角（°）	规定角度范围内灯具表面平均亮度的最大值（kcd/m²）
75～90	20
70～75	50
60～70	500

【释义与实施要点】

本条为限制视野内过高亮度或亮度对比引起的直接眩光，对于开敞式或格栅式灯具规定了灯具的遮光角，其角度值参照国际照明委员会（CIE）标准《室内工作场所照明 *Lighting of indoor work places*》CIE S 008/E－2001 的规定制定。遮光角示意见图 2-4-2，其中 γ 角为遮光角。带保护罩灯具中垂线夹角示意见图 2-4-3，其中 α 角为与灯具中垂线的夹角。

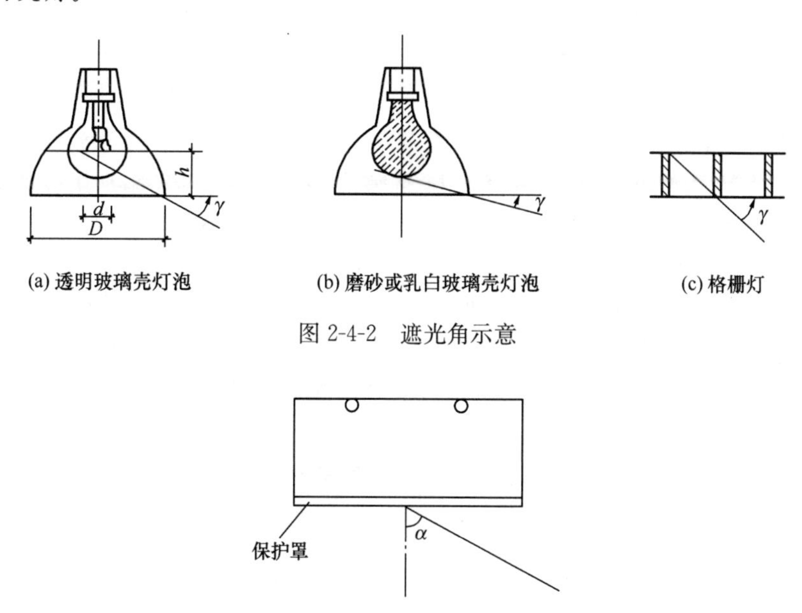

图 2-4-2　遮光角示意

图 2-4-3　带保护罩灯具中垂线夹角示意

而对于带保护罩的灯具，如 LED 平面灯具等，不适用遮光角进行评价，因此对其不同方向的灯具表面亮度限值进行规定，其数值参照欧盟标准《光与照明　工作场所照明　第 1 部分：室内工作场所 *Light and lighting-Lighting of work places-Part 1: Indoor work places*》EN 12464－1 的规定制定。

4.3.2　防止或减少光幕反射和反射眩光应采用下列措施：

1　应将灯具安装在不易形成眩光的区域内；

2　可采用低光泽度的表面装饰材料；

3　应限制灯具出光口表面发光亮度。

【释义与实施要点】

由特定表面产生的反射而引起的眩光，通常称为光幕反射和反射眩光。它将会改变作业面的可见度，往往是有害的，可采取下列措施来减少光幕反射和反射眩光：

1 从灯具和作业面的布置方面考虑，避免将灯具安装在易形成眩光的区域内。

2 从房间表面装饰方面考虑，采用低光泽度的表面装饰材料。

3 从限制眩光的方面考虑，应限制灯具表面亮度，不宜过高。

本条是参照欧盟标准《光与照明　工作场所照明　第 1 部分：室内工作场所 *Light and lighting-Lighting of work places-Part* 1：*Indoor work places*》EN 12464－1 制定的。

4.3.3 有视觉显示终端的工作场所，在与灯具中垂线成 65°～90°内的灯具平均亮度限值应符合表 4.3.3 的规定。

表 4.3.3 灯具平均亮度限值（cd/m²）

屏幕分类	灯具平均亮度限值	
	屏幕亮度大于 200cd/m²	屏幕亮度小于或等于 200cd/m²
亮背景暗字体或图像	3000	1500
暗背景亮字体或图像	1500	1000

【释义与实施要点】

由于计算机显示器质量的不断提高，在显示器上的反射眩光限制要求有所降低，因此本条参照欧盟标准《光与照明　工作场所照明　第 1 部分：室内工作场所 *Light and lighting-Lighting of work places-Part* 1：*Indoor work places*》EN 12464－1 中的要求，根据显示器屏幕的亮度对灯具的平均亮度限值作出了规定。

4.3.4 室外功能性照明灯具的上射光通比、室外标识面照明亮度，以及人行道照明灯具对行人的干扰光限制要求应符合现行国家标准《室外照明干扰光限制规范》GB/T 35626 的规定。

【释义与实施要点】

光污染问题带来了巨大的能源浪费，更会导致星空消失，给生态环境以及人的身心健康带来巨大威胁。为限制室外照明干扰光，营造安全舒适的室外光环境，并防止光污染，制定本条。

4.4 闪烁与频闪效应限制

随着 LED 照明技术的快速发展和广泛应用，与之相关的频闪问题也倍受关注。频闪不仅会影响人们对光质量的感知导致不舒适，也会对人视觉神经造成刺激并影响认知作业甚至造成生产安全事故。此外频闪还会引发视觉疲劳、诱发青少年近视、偏头痛、眼花和癫痫等生理及健康问题。

国际照明委员会（CIE）于 2016 年提出了技术文件《随时间波动的照明系统的视觉现象：定义及测量模型 *Visual Aspects of Time-Modulated Lighting Systems-Definitions and Measurement Models*》CIE TN 006：2016，该文件分别从基础研究和模型以及现有标准两个方面对于评价频闪的方法和指标进行了梳理，定义频闪（Temporal Light Artefacts，TLA）为因亮度或光谱分布随时间快速波动引起的感知变化，并给定了三种不同类型的频闪，分别是闪烁、频闪效应和幻影效应。幻影效应定义为对于静态环境中的非静态观察者，因光刺激的亮度或光谱随时间波动而引起的对物体形状或空间位置的感知变化。幻影效应只会在光源与环境亮度具有强烈对比，且光源立体角小于 2°时才可能发生。而这种条件更多的会发生在夜间的室外环境中，在室内照明环境中一般不用考虑。

4.4.1 光源和灯具的闪变指数（P_{st}^{LM}）不应大于 1。

【释义与实施要点】

人眼可直接观察到的光的明暗波动可能导致视觉性能的下降，引起视觉疲劳甚至如癫痫、偏头痛等严重的健康问题。国际电工委员会（IEC）标准《一般照明用设备　电磁兼容抗扰度要求　第 1 部分：一种光闪烁计和电压波动抗扰度测试方法 *Equipment for general lighting purposes-EMC immunity requirements-Part 1：An objective light flickermeter and voltage fluctuation immunity test method*》IEC TR 61547－1：2017 提出光源和灯具的可见闪烁可采用闪变指数（P_{st}^{LM}）进行评价，其数值等于 1 表示 50%的实验者刚好感觉到闪烁（图 2-4-4）。闪变指数（P_{st}^{LM}）的限值参考美国标准《瞬态光伪影：验收测试方法和指南 Temporal Light Artifacts：Test Methods and Guidance for Acceptance Criteria》NEMA 77－2017 制定。

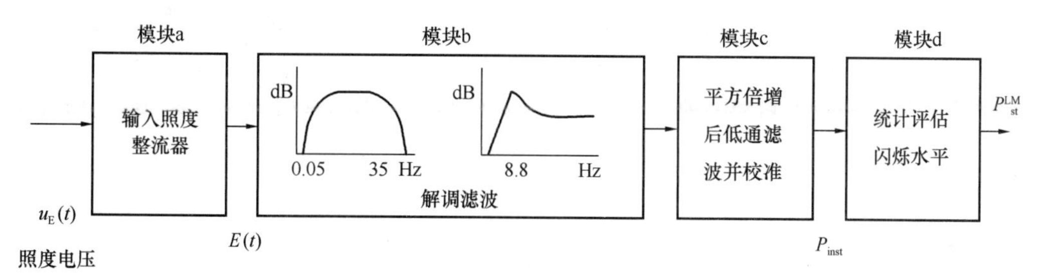

图 2-4-4　P_{st}^{LM}计算过程

本条相关内容已列入强制性工程建设规范《建筑环境通用规范》GB 55016－2021 强制性要求。

4.4.2 人员长期工作的房间或场所采用的照明光源和灯具，其频闪效应可视度（*SVM*）不应大于 1.3；儿童及青少年长时间学习或活动的场所采用的照明光源和灯具，其 *SVM* 值应符合现行强制性工程建设规范《建筑环境通用规范》GB 55016 的规定。

【释义与实施要点】

频闪效应是除短时可见闪烁外的另一类非可见频闪，频率范围在 80Hz 以上，可能引起身体不适及头痛，对人体健康有潜在的不良影响。

对于 LED 照明产品，电气和电子工程师协会（IEEE）于 2015 年发布标准《基于减轻对观察者健康风险的高亮度 LED 调制电流建议准则 *Recommended Practices for Modulating Current in High-Brightness LEDs for Mitigating Health Risks to viewers*》IEEE Std 1789－2015，提出了频闪比指标。频闪比也称波动深度，是基于通信等领域中调制深度概念提出的，定义为在某一频率下，光输出最大值与最小值的差与两者之和的比，以百分比表示，可按下式计算：

$$频闪比 = 100\% \times (A - B)/(A + B) \quad (2\text{-}4\text{-}1)$$

式中：A——在一个波动周期内光输出的最大值；

B——在一个波动周期内光输出的最小值。

在该标准中，考虑到频闪对人体健康的潜在影响，分别规定了不同频率条件下的无风险和低风险的频闪比限值。目前我国的读写作业台灯性能要求和教室照明灯具产品标准均以该限值作为频闪的限制要求，作为控制 LED 照明产品质量的重要指标。表 2-4-1 为无风险的频闪比限值要求。

频闪比限值要求 **表 2-4-1**

光输出波形频率 f	频闪比限值（%）
$f \leqslant 10$Hz	$\leqslant 0.1$
10Hz$< f \leqslant$90Hz	$\leqslant 0.01f$
90Hz$< f \leqslant$3125Hz	$\leqslant 0.032f$
$f >$3125Hz	无限制

然而频闪比指标存在两个主要问题，一是没有考虑照明产品波形的可变性和多样性，相关研究表明，如图 2-4-5 所示，在正弦波频闪光源条件下，频闪效应感知敏感度最高的频率为 75Hz，而在方波条件下则为 250Hz。因此除了光源频闪频率，其波形也对人的频闪效应感知具有重要影响；二是该标准主要适用于 LED 照明产品，对于传统照明产品该限值过于严苛，即使是白炽灯也处于低风险的范围内。LED 照明产品可根据实际情况参考使用频闪比指标。

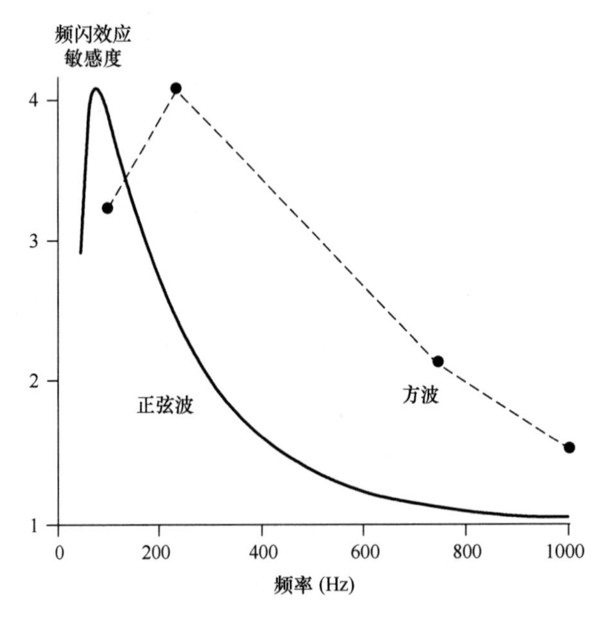

图 2-4-5 频闪效应敏感度曲线

因此，国际照明委员会（CIE）提出了频闪效应可视度（Stroboscopic Effect Visibility Measure），即 SVM 指标。SVM 的频率分析范围在 80～2000 Hz，其原理是对测量到的光波形进行傅里叶分析，并对每一个不同频率的波幅度（C_m）和对应的归一化的可见度曲线（S_m）加权，其中可见度曲线是经过大量实验得出的不同频率正弦波下人眼对光的变化感知阈值。该指标考虑了光输出波形变化产生的频闪影响，其适用条件为中速移动（≤4m/s），覆盖普通的工作环境，适用于调光和非调光的各类照明产品，是目前 CIE 和 IEC 主要推荐的频闪评价指标（图 2-4-6）。

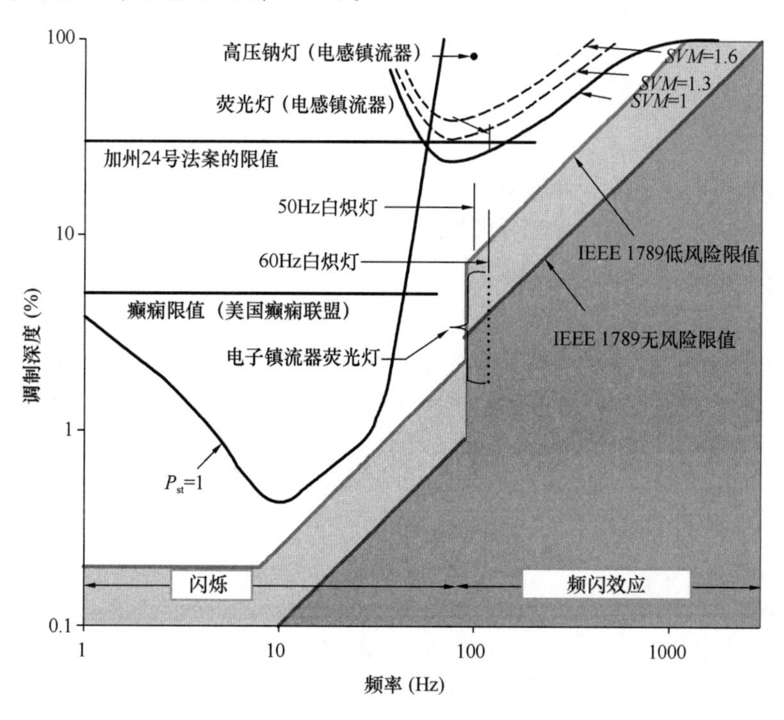

图 2-4-6　不同频闪评价指标的对比

美国《瞬态光伪影：验收测试方法和指南 Temporal Light Artifacts: Test Methods and Guidance for Acceptance Criteria》NEMA 77－2017 规定了照明光源和灯具的 *SVM* 限值不大于 1.6。相关研究表明，*SVM* 不大于 1.34 不会对健康带来不利影响，且主观评价为可接受。因此，《标准》将 *SVM* 限值确定为 1.3。对于采用电感镇流器的高强气体放电灯产品，该要求可适当放宽，如工业厂房使用的金卤灯和高压钠灯。考虑到幼儿和中小学生的视力尚未发育成熟，需要更严格地控制频闪，因此适当提高了该类场所的 *SVM* 限值要求。*SVM* 等于 1.0 是理论上可以感觉到的限值，也是欧盟法规中拟定的下一阶段目标，因此本条规定儿童、青少年学习和长期停留的场所应符合现行强制性工程建设规范《建筑环境通用规范》GB 55016 的规定，即不大于 1.0，有助于保护儿童青少年的视力健康。

需要进一步说明的是，房间或场所在正常视觉作业条件下，其光源或灯具可能长期处于非满负荷的调光状态，对于这种调光状态下的光源或灯具，其频闪效应可视度也应满足要求。如为保持恒照度或恒光通输出，在初始安装时光输出为 80%左右，也应满足上述限值的要求。

4.5　光源颜色质量

4.5.1　室内照明光源色表特征及适用场所宜符合表 4.5.1 的规定。

表 4.5.1　光源色表特征及适用场所

相关色温（K）	色表特征	适用场所
＜3300	暖	客房、卧室、病房、酒吧
3300～5300	中间	办公室、教室、阅览室、商场、诊室、检验室、实验室、控制室、机械加工车间、仪表装配
＞5300	冷	热加工车间、高照度场所

【释义与实施要点】

本条是根据国际照明委员会（CIE）标准《室内工作场所照明 *Lighting of Indoor Work Places*》CIE S 008/E－2001 的规定制定的。光源的颜色外貌是指灯发射的光的表观颜色（灯的色品），即光源的色表，它用光源的相关色温来表示。色表的选择与心理学、美学问题相关，它取决于照度、室内各表面和家具的颜色、气候环境和应用场所条件等因素。通常在低照度场所宜用暖色表，中等照度用中间色表，高照度用冷色表；另外在温暖气候条件下喜欢冷色表；而在寒冷条件下喜欢暖色表；一般情况下，采用中间色表。适用场所仅列举了部分房间及工作场所，其他可参照执行。

4.5.2　室内夜间长期工作或停留的房间或场所，相关色温不宜高于 4000K；室外照明相关色温不宜高于 5000K。

【释义与实施要点】

研究表明，人的昼夜节律会受到光环境因素的影响，包括光照强度、峰值波长、人暴露在光环境中的时间点以及时间长度。不适当的光环境可以扰乱人体的褪黑素分泌以及身体内在的昼夜节律，进而对人体健康产生若干负面影响，诱发诸如肥胖、糖尿病、抑郁、代谢紊乱、生殖系统疾病等慢性疾病。根据国际标准化组织（ISO）标准《光与照明　综合照明　非视觉效应 *Light and lighting-Integrative lighting-Non-visual effects*》ISO TR 21783：2022，过量的不适当光照射会影响褪黑激素的分泌，从而影响入睡时间和睡眠觉醒周期，这是导致很多身体疾病的因素之一。而采用色温较高的光源对于褪黑激素的抑制作用要强于色温较低的光源。因此，长期工作或停留的房间或场所在晚上（19：00 以后），应限制入眼的昼夜节律有效光照水平，采用光源色温不宜高于 4000K；而对于室外功能性照明，根据照度水平，色温同样不宜过高，否则会影响舒适性，综合考虑室外人与光源的距离、停留时间以及节能等因素，建议室外采用光源色温不高于 5000K。

ISO 标准《光与照明　综合照明　非视觉效应 *Light and lighting-Integrative lighting-Non-visual effects*》ISO TR 21783：2022 同时也指出在一些新兴领域，基于一些动物模型的证据，色温较高的光源可以激活和提高认知能力并减少白天的困倦，有助于提高学习成绩和注意力。因此有条件的照明场所，可以采用光源色温 3000～6500K，如光谱可调照明技术，实现白天较高色温，在晚上 7 点（不同时区按真太阳时进行调整）以后光源色温调至不高于 4000K 或更低，有利于身心健康。

本条规定不适用于夜间值班以及三班倒的房间或场所。

4.5.3　室内长期工作或停留的房间或场所，照明光源的一般显色指数（R_a）和特殊显色指数 R_9 应符合现行强制性工程建设规范《建筑环境通用规范》GB 55016 的规定。在灯具安装高度大于 8m 的工业建筑场所，R_a 可低于 80，但必须能够辨别安全色。

【释义与实施要点】

本条是根据国际照明委员会（CIE）标准《室内工作场所照明 *Lighting of Indoor Work Places*》CIE S 008/E－2001 的规定制定的。该标准的 R_a取值为 90、80、60、40 和 20。如果光谱中红色部分较为缺乏，会导致光源复现的色域大大减小，也会导致照明场景呆板、枯燥，从而影响照明环境质量。而这一问题对于蓝光激发黄光荧光粉发光的 LED 灯问题尤为突出。如果不加限制势必会影响室内光环境质量，美国对于用于室内照明的 LED 灯也限定其一般显色指数 R_a不低于 80，特殊显色指数 R_9不应为负数。

安全色是表达安全信息的颜色，包括红、蓝、黄、绿四种颜色。正确使用安全色，可以使人员能够对威胁安全和健康的物体和环境尽快作出反应；迅速发现或分辨安全标志，及时得到提醒，以防止事故、危害发生。根据国家标准《安全色》GB 2893－2008，红色表示传递禁止、停止、危险或提示消防防备、设施的信息，蓝色表示传递必须遵守规定的指令性信息，黄色表示传递注意、警告的信息，绿色表示传递安全的提示性信息。

灯具安装高度大于 8m 的工业建筑场所，R_a可低于 80 主要还是基于传统的高强气体放电灯考虑，如果选用 LED 照明产品，一般显色指数（R_a）不应小于 80。

4.5.4　室内选用同类灯或灯具的色容差不应大于 5SDCM；室外选用同类灯或灯具的色容差不应大于 7SDCM。

【释义与实施要点】

人工作生活中主要使用白光光源进行照明，因此照明产品在建筑照明中应用，首先需要解决的问题就是其光色是否满足白光定义及范围，因此很多国家标准也对白光进行了明确定义。

相同光源间存在较大色差的话势必影响视觉环境的质量。《标准》主要依据 IEC 标准中 MacAdam 椭圆方法评判产品颜色的一致性，同时由于该方法是基于光源与标准色坐标点之间的色容差，因此也对白光定义做明确要求。

选用同类灯或灯具的颜色偏差应尽量小，以达到最佳照明效果。参考美国国家标准研究院（ANSI）C78.376《荧光灯的色度要求》要求的荧光灯的色容差小于 4 SDCM，美国能源部（DOE）紧凑型荧光灯（CFL）能源之星要求的荧光灯的色容差小于 7 SDCM，以及美国国家标准研究院（ANSI）C38.377《固态照明产品的色度要求》的 LED 产品色容差小于 7 SDCM，而现行国家标准《单端荧光灯　性能要求》GB/T 17262 及《双端荧光灯　性能要求》GB/T 10682 等均要求荧光灯光源色容差小于 5 SDCM。根据国内已经完成的光源在照明项目的使用情况，色容差 7 SDCM 是能够觉察出颜色偏差的界限。因此，为提高照明质量，在《标准》中规定室内照明色容差不应大于 5 SDCM，室外照明可以适当放松，但不应大于 7 SDCM。

长时间工作或停留的室内场所色容差要求，已列入强制性工程建设规范《建筑环境通用规范》GB 55016－2021 强制性要求。

4.5.5　当室内选用 LED 灯或 LED 灯具时，其色偏差应满足下列要求：

1　在寿命期内 LED 灯或 LED 灯具的色品坐标与初始值的偏差在国家标准《均匀色空间和色差公式》GB/T 7921－2008 规定的 CIE 1976 均匀色度标尺图中，不应超过 0.007；

2　LED 灯或 LED 灯具在不同方向上的色品坐标与其加权平均值偏差在国家标准《均匀色空间和色差公式》GB/T 7921－2008 规定的 CIE 1976 均匀色度标尺图中，不应超过 0.004。

【释义与实施要点】

LED 灯或 LED 灯具用于室内照明具有很多特点和优势，在未来将有更大的发展。为了确保室内照明环境的质量，对应用于室内照明的 LED 灯或 LED 灯具规定了特殊技术要求。

1 根据国家标准《均匀色空间和色差公式》GB/T 7921－2008 规定，在视觉上 CIE 1976 均匀色度标尺图比 CIE 1931 色品图颜色空间更均匀，为控制和衡量 LED 灯或 LED 灯具在寿命期内的颜色漂移和变化，参考美国能源部（DOE）《LED 灯具能源之星认证的技术要求》的规定，要求 LED 灯或 LED 灯具寿命期内的色偏差应在 CIE 1976 均匀色度标尺图的 0.007 以内。目前寿命周期暂按照点燃 6000h 考核，随着半导体照明产品性能的不断发展或有所不同。

2 为控制和衡量 LED 灯或 LED 灯具在空间的颜色一致性，参考美国能源部（DOE）《LED 灯具能源之星认证的技术要求》的规定。

4.6 非视觉效应

4.6.1 照明设计宜基于视觉和非视觉效应，注重光环境质量改善，构建健康照明。

【释义与实施要点】

天然光是人类百万年来感知世界和昼夜变化的主要光源，也是数百万年来人类进化过程中形成生命节律的重要基础，无疑也是人类工作、生活的最佳照明光源。然而伴随着工业化社会的发展和照明技术的广泛应用，导致人们 80%～90%的时间都是在室内度过，这也导致人们在白天无法接受充足的光照；而在夜间由于室内外照明产品的广泛应用，又导致人们夜间生活的环境亮度远高于自然环境，这就造成昼夜间的环境亮度很难形成显著差异。根据非视觉领域最新的研究进展，照明的光谱、强度、分布、照射时间和时长对于人的生理、心理影响已经得到了研究的广泛共识。因此，CIE 158（CIE 2004/2009）指出健康照明除了需要接受更多的日间光照射外，还需要在夜晚有足够的时间不受光线干扰。因此当前建筑照明领域亟须利用照明技术与智能控制技术的有机结合，以因人、因时、因地合理控制照度及其分布作为控制策略，根据人的节律和健康需求，创造“安全、舒适、有益身心”的健康照明光环境。因此在照明设计中除了关注传统的照明工效和舒适，还应考虑 ipRGC 细胞的非视觉效应对于人身心健康的影响。

国际照明委员会（CIE）标准《内在光敏视网膜神经节细胞光响应的光辐射度量系统 *System for Metrology of Optical Radiation for ipRGC-Influenced Responses to Light*》CIE S 026－2018，定义了非视觉效应的方法和原则，对人眼视网膜上的三类五种感光细胞的光谱响应曲线作出了规定；并定义了黑视素日光光效比（Melanopic Daylight Efficacy Ratio，melanopic DER），（日光）生理等效照度（Melanopic Equivalent Daylight Illuminance，melanopic EDI，也称黑视素等效日光照度）等，给出了黑视素光谱响应曲线（Melanopic spectral weighting function），规定了在观察者眼睛位置测量视野范围内产生的垂直照度来评估非视觉光效的方法等，为以人为本的健康照明的发展提供了关键的技术基础。其中，黑视素日光光效比表示达到相同（光）照度时，光源光谱对黑视蛋白的刺激与标准日光（D65）之比。（日光）生理等效照度代表了照明光环境对人体褪黑素刺激能力的高低，该值越高代表照明对褪黑素刺激能力越高。

4.6.2　人员长期工作的场所宜根据非视觉需求有效利用天然光。

【释义与实施要点】

从光谱和强度变化角度而言，天然光无疑是在昼间实现动态照明理念的高效照明光源的最佳选择。大量证据表明，足够的采光对于保持人的良好生理、情绪状态以及社交、认知行为具有十分重要的意义；另外天然光的光合作用，有助于产生维生素，并帮助合成其他微量元素。研究还发现，天然光更容易使人们专注于工作，而且创造力更强并对工作感觉更快乐。从窗户侧面进入的光更易于提高垂直照度，利于满足人们的非视觉需求。

因此要创造健康照明光环境，首先就要利用新型的采光照明技术、智能控制技术与照明技术有机结合，实现采光照明一体化实施目标，在满足人的非视觉需求的同时，有效避免由于天然光变化的不确定性和分布的不均匀性给用户带来不舒适性，从而真正实现建筑采光的最大应用。

4.6.3　照明设计宜根据非视觉需求调节色温、空间亮度及其分布。

【释义与实施要点】

照明可以对人的生物节律系统起到维持和调节作用，通过调节色温、空间亮度及其分布从而影响昼夜节律调节睡眠；照明还能影响其他激素分泌调节人的情绪、认知功能、决策形式和社会行为，如白天需要抑制褪黑色素分泌，提高警醒度，则可通过照明设计提高色温和空间亮度；夜间需要促进褪黑色素分泌，则可降低色温和人眼垂直方向的照度。因此，照明设计应通过调节色温、空间亮度及其分布，满足非视觉需求，改善人的生理和心理状态，实现健康照明。

4.6.4　有条件时，在人员长期室内活动的场所宜采用可调节光色与亮度的照明控制系统。

【释义与实施要点】

照明场所的色温及亮度可调是当前室内光环境研究的热点，其与长时间处于非完全天然采光环境中的人们的生物节律有着比较密切的关系，会对人体健康产生直接影响。因此在有条件时，设置必要的措施以适应技术发展的需求，并满足非视觉需求。

4.6.5　照明动态调节过程中，照明水平应满足视觉作业的要求。

【释义与实施要点】

保证照明安全和功能是实现健康照明的前提。因此在通过照明动态调节满足非视觉需求的过程中，照明水平还需要满足所在工作场所的视觉功能需求，确保视觉作业正常进行。

4.6.6　休息场所宜采用低照度、低色温，并应控制睡眠时的光线干扰。

【释义与实施要点】

根据国际照明委员会（CIE）标准《人眼照明对于人体生理和行为的影响 *Ocular lighting effects on human physiology and behaviour*》CIE 158：2009、CIE标准《室内健康照明应用研究路线图 *Research roadmap for healthful interior lighting application*》CIE 218：2016及ISO《光与照明　综合照明　非视觉效应 *Light and lighting-Integrative lighting-Non-visual effects*》ISO TR 21783：2022，照明可以对人的节律系统起到维持和调节作用。低照度、低色温有助于放松；而保持正常的明暗节律，对于维持正常生命节律，调节和促进睡眠具有重要作用，否则对人的健康将产生不利影响：

（1）灯光会抑制褪黑激素的夜间分泌；

（2）灯光会增加人们夜间的警醒度，从而导致失眠，并进一步会带来后续的认知功能下降和免疫功能降低；

（3）失眠和生理节律紊乱会产生情绪和认知功能问题，并导致肥胖、癌症、心脑血管疾病和抑郁发生；

因此为了保持良好的生理节律，应该尽量减少因灯光使用而给非视觉系统的干扰，特别是需要严格控制居住区附近的光污染，从而为居民创造良好的生活环境。

4.6.7 有条件时，在医疗建筑的术前准备室、病房、分娩室、理疗室等场所宜设置氛围照明。

【释义与实施要点】

研究表明，光不仅能通过不同的照度、色温及显色性影响人的视觉，还可以通过提高注意力、传递情绪感受等途径影响人的生理和心理状态。医院的术前准备室、病房、分娩室、理疗室等场所可以通过合理的照明设计营造健康、舒适的照明空间，缓解患者紧张、焦虑的情绪，有益于病人的治疗和康复。同时对处于高强度、长时间工作的医护人员，也非常有益。

4.6.8 工作状态下宜提高人眼位高度的垂直面照度。

【释义与实施要点】

视觉效应的照明设计宜以作业面照度为基准（通常为水平面照度）。CIE 158（CIE 2004/2009）指出人的非视觉效应受到眼部接收到的光的强弱影响，因此健康照明的评价指标应该是眼睛位置的垂直表面，而不是作业面的照射强度。应在保证视觉舒适性的前提下，综合考虑人员位置和光线入射方向的影响，适当提高人眼位高度的垂直面照度。

与此同时相关研究表明，相同生理照度条件下，发光面积小、高亮度光源对于褪黑激素的抑制效果要低于大发光面积、低亮度的光源，其可能原因是 ipRGC 信号达到饱和，这也对控制眩光具有良好效果，而建筑一体化照明方式可以较好地实现以上照明效果。

4.7 反　射　比

4.7.1 长时间工作的房间，其作业面的反射比宜为 0.2～0.6。

4.7.2 长时间工作的房间，其内表面的反射比宜按表 4.7.2 选取。

表 4.7.2 长时间工作的房间内表面反射比

表面名称	反射比
顶棚	0.6～0.9
墙面	0.3～0.8
地面	0.1～0.5

【释义与实施要点】

本条规定的房间各个表面反射比是完全参照国际照明委员会（CIE）标准《室内工作场所照明 *Lighting of Indoor Work Places*》CIE S 008/E－2001 的规定制定的。制定本条规定的目的在于创造一良好的室内光环境，与上一版标准相同。

同时，制定本条规定的目的也在于使视野内亮度分布控制在眼睛能适应的水平上，良好平衡的适应亮度可以提高视觉敏锐度、对比灵敏度和眼睛的视功能效率。视野内不同亮度分布也影响视觉舒适度，应当避免由于眼睛不断适应调节引起视疲劳的过高或过低的亮度对比。

5 照明标准值

修订简介

本章修订的主要内容如下：

（1）增加了居住建筑、公共建筑和工业建筑室外照明标准值；

（2）居住建筑中增加了公共机动车库和宿舍建筑部分场所照明标准值，删除了老年人活动场所照明标准值；

（3）公共建筑中，增加了老年人照料设施照明标准值，医疗建筑和体育建筑部分场所的照明标准值进行了调整；

（4）工业建筑中增加了水处理工业和汽车工业建筑照明标准值；

（5）对应急照明技术条款进行了调整。

实施指南

5.1 一 般 规 定

5.1.1 本标准规定的照度除标明外均应为作业面或参考平面上的维持平均照度，各类房间或场所的维持平均照度不应低于本章规定的照度标准值。

【释义与实施要点】

本条规定的照度标准值是指维持平均照度。是在照明装置必须进行维护的时刻，在规定表面上的平均照度，这是为确保视觉安全和视觉工效所需要的照度。

需要注意的是，强制性工程建设规范《建筑环境通用规范》GB 55016－2021 将照明计算列为强制性要求，因此在进行照明设计时，需要提供照明计算报告。

5.1.2 公共建筑和工业建筑常用房间或场所的不舒适眩光应采用统一眩光值（*UGR*）评价，并应按本标准附录 A 计算。各场所 *UGR* 的最大允许值不宜超过本章的规定 。

【释义与实施要点】

各类照明场所的统一眩光值（*UGR*）是参照国际照明委员会（CIE）标准《室内工作场所照明 *Lighting of Indoor Work Places*》CIE S 008/E－2001 的规定制定的。此计算方法根据 CIE 117 号出版物《室内照明的不舒适眩光 *Discomfort Glare in Interior Lighting*》（1995）和 CIE 147 号出版物《小光源、特大光源及复杂光源的眩光 *Glare from small, large and complex sources*》（2002）的公式制定。

对于长时间视觉作业的场所，强制性工程建设规范《建筑环境通用规范》GB 55016－2021 强制要求其室内统一眩光值（*UGR*）不应高于 19。

5.1.3 公共建筑和工业建筑常用房间或场所的一般照明照度均匀度（U_0）不应低于本章

的规定。

【释义与实施要点】

照度均匀度在某程度上关系到照明的节能，在不影响视觉需求的前提下，强调工作区域和作业区域内的均匀度，而不要求整个房间的均匀度。《标准》一般照明照度均匀度参照欧盟标准《光与照明　工作场所照明　第1部分：室内工作场所 *Light and lighting-Lighting of work places-Part 1: Indoor work places*》EN12464－1制定。

对于连续长时间视觉作业的场所，强制性建设规范《建筑环境通用规范》GB 55016－2021强制要求其照度均匀度不应低于0.6。

5.1.4　体育场馆场地的不舒适眩光应采用眩光值（*GR*）评价，并应按本标准附录B计算，其最大允许值不宜超过本标准表5.3.13-1和表5.3.13-2的规定。

【释义与实施要点】

此计算方法依据CIE 112号出版物《室外体育和区域照明的眩光评价系统》的公式确定。对于室内体育馆眩光计算，主编单位在编制行业标准《体育场馆照明设计及检测标准》JGJ 153－2016时，对体育场馆照明室内眩光评价系统进行了充分的研究和论证，研究得出用于体育场的眩光值（*GR*）计算公式也可用于室内体育馆的眩光值（*GR*）计算，但通过实验研究证实，当室外体育场眩光评价系统用于室内体育馆眩光评价系统时，需采用适用于室内体育馆的眩光评价分级及眩光值限值，而且在室内体育馆眩光值计算时其反射比宜取0.35～0.40。

5.1.5　常用房间或场所的显色指数（R_a）不应低于本章的规定。

【释义与实施要点】

本条是根据国际照明委员会（CIE）标准《室内工作场所照明 *Lighting of Indoor Work Places*》CIE S 008/E－2001的规定制定的。该标准的R_a值分为90、80、60、40和20五个等级。

照明光源的显色指数分为一般显色指数（R_a）和特殊显色指数（R_i）。R_a是由规定的8个有代表性的色样（CIE 1974色样）在被测光源和标准的参照光源照射下逐一进行对比，确定每种色样在两种光源照射下的色差ΔE_i，然后按下式计算特殊显色指数：

$$R_i = 100 - 4.6\Delta E_i \quad (2\text{-}5\text{-}1)$$

而一般显色指数R_a是8个色样的特殊显色指数的平均值，按下式确定：

$$R_a = \frac{1}{8}\sum_{i=1}^{8} R_i \quad (2\text{-}5\text{-}2)$$

人工照明一般用R_a作为评价光源的显色性指标。光源显色性指数越高，其显色性越好，颜色失真小，最高值为100，即被测光源的显色性与标准的参照光源的显色性完全相同，一般认为R_a为80～100显色性优良，R_a为50～79显色性一般，R_a小于50显色性较差。

为改善和提高照明环境的质量，《标准》按CIE规定，长期有人工作或停留的房间或场所，照明光源的显色指数（R_a）不宜小于80。在灯具安装高度大于8m的工业建筑场所的照明，R_a可低于80，但必须能够识别安全色。常用房间或场所的显色指数的最小允许值应符合《标准》第5章的规定。

5.2 居住建筑

5.2.1 住宅建筑照明标准值宜符合表 5.2.1 规定。

表 5.2.1 住宅建筑照明标准值

房间或场所		参考平面及其高度	照度标准值（lx）	R_a
起居室	一般活动	0.75m 水平面	100	80
	书写、阅读		300*	
卧室	一般活动	0.75m 水平面	75	80
	床头、阅读		200*	
餐厅		0.75m 餐桌面	150	80
厨 房	一般活动	0.75m 水平面	100	80
	操作台	台面	300*	
卫生间	一般活动	0.75m 水平面	100	80
	化妆台	台面	300*	90
走廊、楼梯间		地面	100	60
电梯前厅		地面	75	60

注：* 指混合照明照度。

【释义与实施要点】

本条与《标准》2013 版相比，提高了床头、阅读、厨房操作台面、走廊、楼梯间、电梯前厅的照度值要求，增加了卫生间化妆台的照度标准值，其与国外照度标准值对比如表 2-5-1 所示。

住宅建筑国内外照度标准值对比（lx） **表 2-5-1**

房间或场所		美国 IESNA－2011	日本 JIS Z 9110－2010	俄罗斯 СНиП23－05－95	欧盟 EN12464－1：2021	《标准》
起居室	一般活动	30	50（一般） 500（书写、阅读） 1000（手工）	100	—	100
	书写、阅读	200（一般） 400（桌面）				300*
卧室	一般活动	50	20（一般） 500（读书、化妆）	100	—	75
	床头、阅读	200（一般） 400（桌面）				200*
餐厅		50～100	50（一般） 300（餐桌）	—	—	150
厨房	一般活动	50（一般） 300（操作台、水槽）	100（一般） 300（烹调、水槽）	100	—	100
	操作台					300*

续表

房间或场所		美国 IESNA - 2011	日本 JIS Z 9110 - 2010	俄罗斯 СНиП23 - 05 - 95	欧盟 EN12464 - 1：2021	《标准》
卫生间	一般活动	50（洗浴） 100（厕所）	100	50	200	100
	化妆台	300	300	—	—	300
走廊、楼梯间		50～100	50～150	—	100	100
电梯前厅		50	300	—	200	75

注：* 指混合照明照度。

（1）目前我国绝大多数起居室照度在100～200lx之间，平均照度可达152lx。美国、日本较低；俄罗斯为100lx。根据我国实际情况，《标准》定为100lx。而起居室的书写、阅读，参照原标准，《标准》定为300lx，这可用混合照明来达到。

（2）目前我国绝大多数卧室的照度在100lx以下，平均照度为71lx，美国标准一般较低，阅读为200lx；日本标准一般活动太低，阅读太高；俄罗斯为100lx。根据我国实际情况，卧室的一般活动照度略低于起居室，取75lx为宜。床头阅读比起居室的书写阅读降低，取200lx。一般活动照明由一般照明来达到，床头阅读照明可由混合照明来达到。

（3）餐厅照度根据我国的实测调查结果，多数在100lx左右，美国较低，而日本在50～300lx之间，《标准》定为150lx。

（4）目前我国厨房大多数只设一般照明，操作台未设局部照明。根据实际调研结果，一般活动多数在100lx以下，平均照度为93lx，而国外多在50～100lx之间，根据我国实际情况，《标准》定为100lx。而国外在操作台上的照度均较高，为300 lx，这是为了操作安全和便于识别。《标准》根据我国实际情况定为150lx，可由混合照明来达到。

（5）卫生间一般照明的照度，国外标准均在50～100lx之间。我国根据调查结果，多数为100lx左右，平均照度为121lx，故《标准》定为100lx。至于洗脸、化妆、刮脸，可用镜前灯照明，照度可在300lx左右。

（6）电梯前厅一般照明的照度，美国标准为50lx，欧洲和日本标准均较高，根据我国实际情况，定为75lx。

（7）走廊和楼梯间的照度，国外标准为50～100lx之间。根据我国的实际情况，本次提高到100lx。

（8）显色指数（Ra）值是参照CIE标准《室内工作场所照明 *Lighting of Indoor Work Places*》CIE S 008/E - 2001制定的，符合我国经济发展和生活水平提高的需要，同时，当前光源产品也具备这种条件。

5.2.2　居住建筑公共机动车库照明标准值应符合表5.2.2规定。

表5.2.2　居住建筑公共机动车库照明标准值

房间或场所		参考平面及其高度	照度标准值（lx）	R_a
公共机动车库	车道	地面	50	60
	车位	地面	30	60

【释义与实施要点】

在《标准》2013 版的基础上，将车库进一步明确为住宅公共机动车库，并按照车位和车道分别规定照明标准值。

对于居住建筑车库，美国 IESNA－2011 要求为 50lx，日本 JIS Z 9110－2010 为 30～150lx，欧盟 EN 12464－1（2019）为 75lx（坡道为 300lx），《标准》对车道和车位分别作出规定（车道 50lx，车位 30lx）。

5.2.3 宿舍建筑照明标准值宜符合表 5.2.3 规定。

表 5.2.3 宿舍建筑照明标准值

房间或场所		参考平面及其高度	照度标准值（lx）	R_a
居 室		0.75m 水平面	150	80
卫生间		0.75m 水平面	100	80
公用厕所、盥洗室、浴室		地面	150	60
公共活动室（空间）		地面	300	80
公用厨房	一般活动	0.75m 水平面	100	80
	操作台	台面	300*	
走廊		地面	100	60

注：* 指混合照明照度。

【释义与实施要点】

根据居住建筑类型，增加宿舍建筑各场所的照明标准值。宿舍建筑各照明场所的划分与行业标准《宿舍建筑设计规范》JGJ 36－2016 相一致。

宿舍居室当需要书写或阅读时，可另加局部照明。

5.2.4 居住建筑室外公共区域照明标准值应符合表 5.2.4 的规定。

表 5.2.4 居住建筑室外公共区域照明标准值

场所		平均水平照度 $E_{h,av}$（lx）	最小水平照度 $E_{h,min}$（lx）	最小垂直照度 $E_{v,min}$（lx）	最小半柱面照度 $E_{sc,min}$（lx）	R_a
道路	主要道路	15	3	5	3	60
	次要道路	10	2	3	2	60
	健身步道	20	5	10	5	60
人行出入口		15	5	5	—	60
车行出入口		20	5	5	—	60
门卫值班室		200	—	—	—	80
活动场地		30	10	10	5	60

注：对于道路、出入口和活动场地，水平照度的参考平面为地面，垂直照度和半柱面照度的计算点或测量点高度为 1.5m；对于门卫值班室，水平照度的参考平面为 0.75m 水平面。

【释义与实施要点】

根据建筑用地红线范围，增加居住建筑室外公共区域的照明标准值要求。各场所照明标准值根据人流量、视觉活动特点及相应安全要求确定。

5.3 公共建筑

5.3.1 图书馆建筑照明标准值应符合表 5.3.1 的规定。

表 5.3.1　图书馆建筑照明标准值

房间或场所	参考平面及其高度	照度标准值（lx）	*UGR*	U_0	R_a
普通阅览室、开放式阅览室	0.75m 水平面	300	19	0.60	80
多媒体阅览室	0.75m 水平面	300	19	0.60	80
老年阅览室	0.75m 水平面	500	19	0.70	80
珍善本、舆图阅览室	0.75m 水平面	500	19	0.60	80
陈列室、目录厅（室）、出纳厅	0.75m 水平面	300	19	0.60	80
档案库	0.75m 水平面	200	19	0.60	80
书库、书架	0.25m 垂直面	50	—	0.40	80
工作间	0.75m 水平面	300	19	0.60	80
采编、修复工作间	0.75m 水平面	500	19	0.60	80

【释义与实施要点】

本条与《标准》2013 版相同，参照国际照明委员会（CIE）标准《室内工作场所照明 *Lighting of Indoor Work Places*》CIE S 008/E－2001 制定，其与国外照度标准值对比如表 2-5-2所示。

图书馆建筑国内外照度标准值对比（lx）　　表 2-5-2

房间或场所	CIE S 008/E－2001	美国 IESNA－2011	日本 JIS Z 9110－2010	俄罗斯 СНиП23－05－95	欧盟 EN12464－1：2021	《标准》
普通阅览室、开放式阅览室	500	500	500	300（一般）	500（一般照明 300）	300
多媒体阅览室	—	150～300	—	—	—	300
老年阅览室	—	1000	—	—	—	500
珍善本、舆图阅览室	—	—	—	—	—	500
陈列室、目录厅（室）、出纳厅	500（柜台）	500（柜台）	200（一般陈列）	200	500（柜台）	300
档案库	—	300	—	—	—	200
书库、书架	200（书架）	100～200（垂直）	200	75	200	50
工作间	—	200	—	200	—	300
采编、修复工作间	—	1000	—	—	—	500

（1）目前我国阅览室大部分为省市图书馆和部分大学图书馆，半数以上阅览室照度在 200～300lx 之间，平均照度在 339lx，CIE 和美国、日本标准均为 500lx，俄罗斯为

300lx。根据视觉满意度实验，对荧光灯在 300lx 时，其满意度基本可以。又据现场评价，150～250lx 基本满足视觉要求。根据我国现有情况，《标准》普通阅览室定为 300lx，老年阅览室、珍善本、舆图阅览室的照度提高一级，定为 500lx。

（2）目前我国陈列室、目录厅（室）、出纳厅的照度多数在 200lx 以上，国外标准在 200～500lx 之间，《标准》定为 300lx。

（3）CIE、美国和日本的照度较高，是指整个书架垂直面的照度为 100～200lx；俄罗斯规定为 50～100lx 之间。《标准》定为距离地面 0.25cm 的垂直照度为 50lx。

（4）工作间的照度，目前我国多数在 200～300lx 之间，考虑图书馆的工作需要，《标准》定为 300lx 为宜。采编、修复工作间由于精细工作的需要，照度提高一级，定为 500lx。

5.3.2 办公建筑照明标准值应符合表 5.3.2 的规定。

表 5.3.2 办公建筑照明标准值

房间或场所	参考平面及其高度	照度标准值（lx）	UGR	U_0	R_a
普通办公室	0.75m 水平面	300	19	0.60	80
高档办公室	0.75m 水平面	500	19	0.60	80
会议室	0.75m 水平面	300	19	0.60	80
视频会议室	0.75m 水平面	750	19	0.60	80
接待室、前台	0.75m 水平面	200	—	0.40	80
服务大厅、营业厅	0.75m 水平面	300	22	0.40	80
设计室	实际工作面	500	19	0.60	80
文件整理、复印、发行室	0.75m 水平面	300	—	0.40	80
资料、档案存放室	0.75m 水平面	200	—	0.40	80

注：此表适用于所有类型建筑的办公室和类似用途场所的照明。

【释义与实施要点】

本条与《标准》2013 版相同。另外在其他类建筑中同样会有办公室、会议室等场所，如科研办公室、财务室、会计室、工艺室、经营室等对这些场所的照明设计也同样适用，其与国外照度标准值对比如表 2-5-3 所示。

办公建筑国内外照度标准值对比（lx） **表 2-5-3**

<table>
<tr><th>房间或场所</th><th>CIE
S008/E－
2001</th><th>美国
IESNA－
2011</th><th>日本
JIS Z 9110－
2010</th><th>德国
DIN5035－
1990</th><th>俄罗斯
CHиП23－
05－95</th><th>欧盟
EN12464－
1：2021</th><th>《标准》</th></tr>
<tr><td>普通办公室</td><td rowspan="2">500</td><td rowspan="2">500</td><td rowspan="2">750</td><td>300</td><td>300</td><td rowspan="2">500</td><td>300</td></tr>
<tr><td>高档办公室</td><td>500</td><td>—</td><td>500</td></tr>
<tr><td>会议室</td><td>500</td><td>300</td><td>500</td><td>300</td><td>300</td><td>500</td><td>300</td></tr>
<tr><td>视频会议室</td><td>—</td><td>300</td><td>—</td><td>—</td><td>—</td><td>—</td><td>750</td></tr>
<tr><td>接待室、前台</td><td>300</td><td>200
400（桌面）</td><td>500</td><td>300</td><td>200
300（前台）</td><td>300</td><td>200</td></tr>
</table>

续表

房间或场所	CIE S008/E-2001	美国 IESNA-2011	日本 JIS Z 9110-2010	德国 DIN5035-1990	俄罗斯 СНиП23-05-95	欧盟 EN12464-1：2021	《标准》
服务大厅、营业厅	—	300 500（书写）	—	—	—	—	300
设计室	750	750	750	750	500	工程制图：750 CAD制作：500	500
文件整理、复印、发行室	300	100 300（操作）	500	—	400	300	300
资料、档案存放室	200	—	200	—	75	200	200

（1）办公室分普通和高档两类，分别制定照度标准，这样做比较适合我国不同建筑等级以及不同地区差别的需要。目前我国办公室的平均照度多数在200～400lx之间。CIE、美国、德国、欧盟办公室照度均为500lx，日本为750lx，只有俄罗斯为300lx，根据我国情况，《标准》将普通办公室定为300lx，高档办公室定为500lx。

（2）根据我国目前会议室、接待室、前台的照度现状，多数在200～400lx之间，平均照度为358lx，而CIE标准及一些国家多在200～500lx之间，《标准》中会议室定为300lx，操作室、前台定为200lx。

（3）根据目前我国营业厅的照度现状，多数在200～300lx之间，而美国为300～500lx，《标准》定为300lx。

（4）设计室的照度与高档办公室的照度一致，《标准》定为500lx。

（5）根据目前我国文件整理、复印、发行室的照度现状，多数照度在250～350lx之间，平均为324lx。CIE标准为300lx，美国标准为100～300lx，日本为500lx，《标准》定为300lx。

（6）资料室和档案室的CIE、日本和欧盟标准均为200lx，《标准》定为200lx。

5.3.3　商店建筑照明标准值应符合表5.3.3的规定。

表5.3.3　商店建筑照明标准值

房间或场所	参考平面及其高度	照度标准值（lx）	UGR	U_0	R_a
一般商店营业厅	0.75m水平面	300	22	0.60	80
一般室内商业街	地面	200	22	0.60	80
高档商店营业厅	0.75m水平面	500	22	0.60	80
高档室内商业街	地面	300	22	0.60	80
一般超市营业厅	0.75m水平面	300	22	0.60	80
高档超市营业厅	0.75m水平面	500	22	0.60	80
仓储式超市	0.75m水平面	300	22	0.60	80
专卖店营业厅	0.75m水平面	300	22	0.60	80
农贸市场	0.75m水平面	200	25	0.40	80
收款台	台面	500*	—	0.60	80

注：* 指混合照明照度。

【释义与实施要点】

本条与《标准》2013 版相同，其与国外照度标准值对比如表 2-5-4 所示。

商业建筑国内外照度标准值对比（lx）　　表 2-5-4

房间或场所	CIE S008/E－ 2001	美国 IESNA－ 2011	日本 JIS Z 9110－ 2010	德国 DIN5035－ 1990	俄罗斯 СНиП23－ 05－95	欧盟 EN12464－ 1：2021	《标准》
一般商店 营业厅	300（小型） 500（大型）	400	500（一般） 750～2000 （重要）	300	300	300	300
一般室内商业街	—	—	—	—	—	—	200
高档商店 营业厅	300（小型） 500（大型）	400	500（一般） 750～2000 （重要）	300	300	—	500
高档室内商业街	—	—	—	—	—	300	300
一般超市营业厅	—	500	300（一般） 500～750 （重要）	—	400	300	300
高档超市营业厅							500
仓储式超市	—	500	—	—	—	—	300
专卖店营业厅	500	400	300（一般） 500～2000 （重要）	—	—	300	300
农贸市场	—	—	—	—	—	—	200
收款台	500	—	750	500	—	500	500

（1）由于商业建筑等级和地区差异，《标准》将商店分为一般和高档两类，比较符合中国的实际情况。我国目前多数商店照度均大于 500lx，CIE 标准将营业厅按大小分类，大营业厅照度为 500lx，小营业厅为 300lx，而美、德、俄等国均为 300～400lx，日本稍高，重要区域和重点陈列部位达 750～2000lx。据此，《标准》从节能及视觉需求的角度考虑，将一般商店营业厅定为 300lx，高档商店营业厅定为 500lx。

（2）根据中国实际情况，将超市分为两类，一类是一般超市营业厅，另一类是高档超市营业厅。根据我国目前现状，照度大多数在 300～500lx，平均照度达 567lx。而美国不分何种超市均定为 500lx，日本为 300lx，俄罗斯为 400lx。《标准》将一般超市营业厅定为 300lx，而高档超市营业厅定为 500lx。

（3）仓储式超市参照一般超市，《标准》定为 300lx；专卖店参照一般商店，《标准》定为 300lx；农贸市场相对超市而言，照度要求偏低，《标准》定为 200lx。

（4）收款台要进行大量现金及票据工作，精神集中，避免差错，照度要求较高，《标准》定为 500lx。

5.3.4　观演建筑照明标准值应符合表 5.3.4 的规定。

表 5.3.4　观演建筑照明标准值

房间或场所		参考平面及其高度	照度标准值（lx）	*UGR*	U_0	R_a
门厅		地面	200	22	0.40	80
观众厅	影院	0.75m 水平面	100	22	0.40	80
	剧场、音乐厅	0.75m 水平面	150	22	0.40	80
观众休息厅	影院	地面	150	22	0.40	80
	剧场、音乐厅	地面	200	22	0.40	80
排演厅		地面	300	22	0.60	80
化妆室	一般活动区	0.75m 水平面	150	22	0.60	80
	化妆台	1.1m 高处垂直面	500*	—	—	90

注：* 指混合照明照度。

【释义与实施要点】

本条与《标准》2013 版相同，其与国外照度标准值对比如表 2-5-5 所示。

观演建筑国内外照度标准值对比（lx）　　　　**表 2-5-5**

房间或场所		CIE S 008/E-2001	美国 IESNA-2011	日本 JIS Z 9110-2010	俄罗斯 CHиП23-05-95	欧盟 EN12464-1：2021	《标准》
门厅		100	100～150	500	500	100	200
观众厅	影院	—	100	200	75	200	100
	剧场、音乐厅	200	—	200	300～500	200	150
观众休息厅	影院	—	100	100	150	—	150
	剧场、音乐厅	—			—	—	200
排演厅		300	—	300	—	300	300
化妆室	一般活动区	—	200	500	—	300	150
	化妆台		500				500

（1）我国目前影剧院各类场所照度标准值除排演厅外，其他都相对比较低，考虑到与国际接轨，因此参考 CIE 及其他国家的标准确定。

（2）影剧院建筑门厅反映一个影剧院风格和档次，且是观众的主要入口，其照度要求较高。CIE 标准为 100lx，美国为 150lx，日本和俄罗斯为 500lx，照度差异较大，根据我国实际情况，《标准》定为 200lx。

（3）影院和剧场观众厅照度稍有不同，剧场需看剧目单及说明书等，故需照度高些，影院比剧场稍低。CIE 标准剧场为 200lx，《标准》对观众厅，剧场定为 150lx，影院定为 100lx。

（4）影院和剧场的观众休息厅，我国目前照度在 100～200lx 之间。美国和日本为 100lx，俄罗斯为 150lx。《标准》将影院定为 150lx，剧场定为 200lx，以满足观众休息的需要。

（5）我国目前排演厅的照度多数在 300lx 以上，CIE 标准为 300lx，参照 CIE 标准的规定，《标准》定为 300lx。

(6) 化妆室美国定为 200～500lx（一般照明位 200lx，重点区域 500lx），日本规定为 500lx，欧盟标准为 300lx。《标准》考虑我国实际，将一般活动区照度定为 150lx，而将化妆台照度提高到 500lx，考虑采用局部照明。

5.3.5 旅馆建筑照明标准值应符合表 5.3.5 的规定。

表 5.3.5 旅馆建筑照明标准值

房间或场所		参考平面及其高度	照度标准值（lx）	*UGR*	U_0	R_a
客房	一般活动区	0.75m 水平面	75	—	—	80
	床头	0.75m 水平面	150	—	—	80
	写字台	台面	300*	—	—	80
	卫生间	0.75m 水平面	150	—	—	80
中餐厅		0.75m 水平面	200	22	0.60	80
西餐厅		0.75m 水平面	150	—	0.60	80
酒吧间、咖啡厅		0.75m 水平面	75	—	0.40	80
多功能厅、宴会厅		0.75m 水平面	300	22	0.60	80
会议室		0.75m 水平面	300	19	0.60	80
大堂		地面	200	—	0.40	80
总服务台		台面	300*	—	—	80
休息厅		地面	200	22	0.40	80
客房层走廊		地面	50	—	0.40	80
厨房		台面	500*	—	0.70	80
游泳池		水面	200	—	0.60	80
健身房		0.75m 水平面	200	22	0.60	80
洗衣房		0.75m 水平面	200	—	0.40	80

注：* 指混合照明照度。

【释义与实施要点】

本条与《标准》2013 版相同，其与国外照度标准值对比如表 2-5-6 所示。

旅馆建筑国内外照度标准值对比（lx） **表 2-5-6**

<table>
<tr><th colspan="2">房间或场所</th><th>CIE
S008/E－
2001</th><th>美国
IESNA－
2011</th><th>日本
JIS Z 9110－
2010</th><th>德国
DIN5035－
1990</th><th>俄罗斯
CHиП23－
05－95</th><th>欧盟
EN12464－
1：2021</th><th>《标准》</th></tr>
<tr><td rowspan="4">客房</td><td>一般活动区</td><td rowspan="4">—</td><td>100</td><td>100</td><td rowspan="4">—</td><td>100</td><td rowspan="4">—</td><td>75</td></tr>
<tr><td>床头</td><td>200</td><td>—</td><td>—</td><td>150</td></tr>
<tr><td>写字台</td><td>200</td><td>750</td><td>—</td><td>300</td></tr>
<tr><td>卫生间</td><td>50～200</td><td>100(浴室)
200(厕所)
500(化妆)</td><td>—</td><td>150</td></tr>
</table>

续表

<table>
<tr><th>房间或场所</th><th>CIE
S008/E-
2001</th><th>美国
IESNA-
2011</th><th>日本
JIS Z 9110-
2010</th><th>德国
DIN5035-
1990</th><th>俄罗斯
CHиП23-
05-95</th><th>欧盟
EN12464-
1：2021</th><th>《标准》</th></tr>
<tr><td>中餐厅</td><td rowspan="2">200</td><td rowspan="2">200</td><td rowspan="2">300</td><td rowspan="2">200</td><td rowspan="2">—</td><td rowspan="2">200～300</td><td>200</td></tr>
<tr><td>西餐厅</td><td>150</td></tr>
<tr><td>酒吧间、咖啡厅</td><td>—</td><td>50～100</td><td>—</td><td>—</td><td>—</td><td>—</td><td>75</td></tr>
<tr><td>多功能厅、宴会厅</td><td>200</td><td>500</td><td>200～500</td><td>200</td><td>200</td><td>—</td><td>300</td></tr>
<tr><td>会议室</td><td>500</td><td>300</td><td>500</td><td>—</td><td>—</td><td>500</td><td>300</td></tr>
<tr><td>大堂</td><td>—</td><td>—</td><td>200</td><td>—</td><td>—</td><td>—</td><td>200</td></tr>
<tr><td>总服务台</td><td>300</td><td>300</td><td>—</td><td>—</td><td>—</td><td>300</td><td>300</td></tr>
<tr><td>休息厅</td><td>—</td><td>100
300(阅读处)</td><td>100</td><td>—</td><td>—</td><td>200</td><td>200</td></tr>
<tr><td>客房层走廊</td><td>100</td><td>50</td><td>100～150</td><td>—</td><td>—</td><td>100</td><td>50</td></tr>
<tr><td>厨房</td><td>500</td><td>500</td><td>500</td><td>500</td><td>200</td><td>500</td><td>500</td></tr>
<tr><td>游泳池</td><td>—</td><td>100</td><td>—</td><td>—</td><td>—</td><td>—</td><td>200</td></tr>
<tr><td>健身房</td><td>—</td><td>150～400</td><td>—</td><td>—</td><td>—</td><td>300</td><td>200</td></tr>
<tr><td>洗衣房</td><td>—</td><td>300</td><td>—</td><td>—</td><td>200</td><td>—</td><td>200</td></tr>
</table>

（1）目前绝大多数宾馆客房无一般照明，按一般活动区、床头、写字台、卫生间四项制定标准。美国等一些国家一般活动区为100lx，根据我国情况，《标准》定为75lx；床头的照度《标准》定为150lx。写字台的照度美国为200lx，日本为750lx；《标准》定为300lx。卫生间的照度我国目前多数在100～200lx之间，而美国为50～200lx，日本为100～500lx，《标准》定为150lx。

（2）中餐厅照度多数在100～200lx之间，CIE和国外标准为200～300lx，《标准》定为200lx。西餐厅照度应略低些，《标准》定为150lx。

（3）酒吧间、咖啡厅照度不宜太高，以创造宁静、优雅的气氛，《标准》定为75lx。

（4）多功能厅我国多数照度在300～400lx之间，CIE标准、德国、俄罗斯均为200lx，而美国和日本为500lx，《标准》取各国标准的中间值，定为300lx。

（5）大堂、总服务台、休息厅是旅馆的重要枢纽，是人流集中分散的场所，目前我国多数在200～300lx之间，国外标准在100～300lx之间，结合我国实际情况，本标准将大堂、休息厅定为200lx，将总服务台定为300lx。

（6）客房层走廊我国多数在50lx左右，国外多为50～150lx之间，《标准》定为50lx。

（7）厨房的操作对照度要求较高，除俄罗斯外，其余国家标准均为500lx，《标准》定为500lx。

（8）游泳池、健身房的标准参考了国外相关标准，结合我国实际情况，《标准》定为200lx。

（9）洗衣房美国标准为300lx，俄罗斯标准为200lx，《标准》定为200lx。

5.3.6 医疗建筑照明标准值应符合表 5.3.6 的规定。

表 5.3.6 医疗建筑照明标准值

房间或场所	参考平面及其高度	照度标准值（lx）	*UGR*	U_0	R_a
治疗室、检查室	0.75m 水平面	300	19	0.70	80
化验室	0.75m 水平面	500	19	0.70	80
手术室*	0.75m 水平面	750	19	0.70	90
诊室	0.75m 水平面	300	19	0.60	80
候诊室、挂号厅	地面	200	22	0.40	80
病房	0.75m 水平面	200	19	0.60	80
走廊	地面	100	22	0.60	80
护士站	0.75m 水平面	300	—	0.60	80
药房	0.75m 水平面	500	19	0.60	80
重症监护室	0.75m 水平面	300	19	0.60	90

注：* 手术室应设手术专用无影灯。

【释义与实施要点】

本条在《标准》2013 版的基础上，根据实际需求对病房的照度进行了调整，其与国外照度标准值对比如表 2-5-7 所示。

医院建筑国内外照度标准值对比（lx） **表 2-5-7**

房间或场所	CIE S 008/E－2001	美国 IESNA－2011	日本 JIS Z 9110－2010	德国 DIN5035－1990	欧盟 EN12464－1：2021	《标准》
治疗室、检查室	500(一般) 1000(工作台)	300(一般) 500(工作台)	500	300	500(一般)	300
化验室	500	300(一般) 1000(工作台)	500	500	500(一般) 1000(工作台)	500
手术室	1000	2000(一般) 25000(工作台)	1000	1000	1000(一般)	750
诊室	500	300(一般) 500(工作台)	500	500 1000	500(一般) 1000(工作台)	300
候诊室、挂号厅	200	100(一般) 200(阅读)	200	—	200	200
病房	100(一般) 300(检查、阅读)	50(一般) 200(阅读) 500(诊断)	100	100(一般) 200(阅读) 300(检查)	100(一般) 300(检查、阅读)	200
走廊	50～200	50～200	150～200	—	50～200	100
护士站	—	500	500	300	500	300
药房	—	300(存储) 500～1000 (工作台)	500	500	500(一般) 1000(颜色辨识)	500
重症监护室	100(一般) 300(观察) 1000(检查和治疗)	500(一般) 1000(检查)	—	300	100(一般) 300(观察) 1000(检查和治疗) 20(夜间看护)	300

（1）治疗室的照度我国目前大多数在200～300lx之间，而美国、日本和德国的照度标准均在300～500lx之间，CIE和欧盟的标准高达1000lx。考虑我国实际情况，定为300lx还是现实可行的，故《标准》定为300lx。

（2）化验室的照度大多数在300lx以上，而国外标准多在500lx，考虑到化验的视觉工作精细，参照国外标准，《标准》也定为500lx。

（3）手术室一般照明的照度多在300lx以上，而国外平均在1000lx左右，美国高达2000lx以上，而《标准》采用国外的最低标准，定为750lx。

（4）诊室的照度在100～200lx之间，而国外在300～1000lx之间。针对现有诊室照度水平，医生反映均偏低，故《标准》定为300lx。

（5）候诊室的照度多数在100～200lx之间，而国外标准基本为200lx。考虑候诊室可比诊室照度低一级，《标准》定为200lx。挂号厅的照度与候诊室的照度相同。

（6）走廊的照度国外多在50～200lx之间，结合我国实际情况，《标准》定为100lx。

（7）病房的照度多数在100～200lx之间，而国外一般照明多数为100lx，只有在检查和阅读时要求照度为200～500lx，此时多可用局部照明来实现，根据实际需要，《标准》定为200lx。

（8）护士站的照度多在100～200lx之间，护士人员反映偏低，医护人员多在此处书写记录，而国外多在300～500lx之间，《标准》将照度定为300lx。

（9）药房的照度多在200～300lx之间，而国外一般照明为500lx，工作台高达1000lx，考虑到药房视觉工作要求较高，需较高的照度才能识别药品名，《标准》定为500lx。

（10）重症监护室是医疗抢救重地，参照CIE标准，《标准》定为300lx。

其中手术室的照度及照度均匀度要求，已列入强制性工程建设规范《建筑环境通用规范》GB 55016－2021强制性要求。

5.3.7　老年人照料设施建筑照明标准值应符合表5.3.7的规定。

表5.3.7　老年人照料设施建筑照明标准值

房间或场所	参考平面及其高度	照度标准值（lx）	UGR	U_0	R_a
起居室	0.75m水平面	150	—	—	80
阅览室、书画室	0.75m水平面	500	19	0.60	80
单元起居室（厅）、餐厅	0.75m水平面	200	—	0.60	80
卫生间、浴室、盥洗室	0.75m水平面	200	—	0.60	80
棋牌室、健身用房	0.75m水平面	300	19	0.60	80
康复与医疗用房	0.75m水平面	300	19	0.70	80
护理站	0.75m水平面	300	—	0.60	80
药房	0.75m水平面	500	19	0.60	80
清洁间、污物间	0.75m水平面	75	—	0.40	60
门厅	地面	200	—	0.60	80
走廊	地面	150	22	0.60	80
楼梯间	地面	100	—	0.60	80

【释义与实施要点】

根据公共建筑类型划分，增加老年人照料设施各场所的照明标准值。老年人照料设施照明场所划分与行业标准《老年人照料设施建筑设计标准》JGJ 450－2018 相一致。

5.3.8 教育建筑照明标准值应符合表 5.3.8 的规定。

表 5.3.8 教育建筑照明标准值

房间或场所		参考平面及其高度	照度标准值（lx）	*UGR*	U_0	R_a
教室、阅览室		课桌面	300	19	0.60	80
实验室		实验桌面	300	19	0.60	80
美术教室		桌面	500	19	0.60	90
多媒体教室		0.75m 水平面	300	19	0.60	80
电子信息机房		0.75m 水平面	500	19	0.60	80
计算机教室、电子阅览室		0.75m 水平面	500	19	0.60	80
楼梯间		地面	100	22	0.40	80
教室黑板		黑板面	500*	—	0.80	80
学生宿舍		0.75m 水平面	150	22	0.40	80
幼儿园、托儿所	活动室	地面	300	19	0.60	80
	寝室、睡眠区	0.5m 水平面	100	19	0.60	80

注：* 指混合照明照度。

【释义与实施要点】

本条在《标准》2013 版的基础上，增加了幼儿园、托儿所主要场所的照明标准值，其与国外照度标准值对比如表 2-5-8 所示。

教育建筑国内外照度标准值对比（lx） **表 2-5-8**

房间或场所	CIE S 008/E－2001	美国 IESNA－2011	日本 JIS Z 9110－2010	德国 DIN5035－1990	俄罗斯 СНиП23－05－95	欧盟 EN12464－1：2021	《标准》
教室、阅览室	300 500(夜校、成人教育)	400	300(教室) 500(阅览室)	300(教室) 500(阅览室)	300	300(小学) 500(初高中)	300
实验室	500	500 1000(演示)	500(一般) 1000(工作台)	500	300	500	300
美术教室	500 750	500	750	500	—	500 750	500
多媒体教室	500	150 300	500	500	400	300	300
电子信息机房	—	—	—	—	—	300	500
计算机教室、电子阅览室	500	150 300	500	—	—	300	500

续表

<table>
<tr><th colspan="2">房间或场所</th><th>CIE
S 008/E-
2001</th><th>美国
IESNA-
2011</th><th>日本
JIS Z 9110-
2010</th><th>德国
DIN5035-
1990</th><th>俄罗斯
CHиП23-
05-95</th><th>欧盟
EN12464-
1：2021</th><th>《标准》</th></tr>
<tr><td colspan="2">楼梯间</td><td>—</td><td>100</td><td>150</td><td>—</td><td>—</td><td>150</td><td>100</td></tr>
<tr><td colspan="2">教室黑板</td><td>500</td><td>400</td><td>500</td><td>—</td><td>500</td><td>500</td><td>500</td></tr>
<tr><td colspan="2">学生宿舍</td><td>—</td><td>200(阅读)
400(桌面)</td><td>—</td><td>—</td><td>—</td><td>—</td><td>150</td></tr>
<tr><td rowspan="2">幼儿园、托儿所</td><td>活动室</td><td>—</td><td>—</td><td>—</td><td>—</td><td>—</td><td>300</td><td>300</td></tr>
<tr><td>寝室、睡眠区</td><td>—</td><td>—</td><td>—</td><td>—</td><td>—</td><td>—</td><td>100</td></tr>
</table>

(1) 我国目前多数新建教室平均照度值超过300lx，CIE标准规定普通教室为300lx，夜间使用的教室，如成人教育教室等，照度为500lx。美国为400lx，德国与CIE标准相同，日本教室为300lx。《标准》参照CIE标准的规定，教室定为300lx，包括夜间使用的教室，比较符合或接近符合国际标准。

(2) 我国实验室的照度目前多数在200～300lx之间，多数国家为300～500lx，《标准》定为300lx。

(3) 美术教室的照度目前多数在200～300lx之间，而国外标准多为500～750lx，因美术教室视觉工作精细，《标准》定为500lx。

(4) 多媒体教室的照度多数在200～300lx之间，而国外照度标准为150～500lx之间，考虑因有视屏视觉作业，照度不宜太高，《标准》定为300lx。

(5) 电子信息机房和计算机教室照度要求较高，《标准》定为500lx。

(6) 楼梯间国外标准为100～150lx，《标准》定为100lx。

(7) 目前还有部分教室无专用的黑板照明灯，必须专门设置。黑板垂直面的照度至少应与桌面照度相同，为保护学生视力，《标准》将教室黑板照度定为500lx，同时需要注意防止眩光。

(8) 学生宿舍主要为休息场所，照度不宜过高，《标准》定为150lx。如有阅读需要可增加局部照明。

教室黑板面的照度及照度均匀度要求，已列入强制性工程建设规范《建筑环境通用规范》GB 55016-2021强制性要求。

5.3.9 博览建筑照明标准值应符合下列规定：

1 美术馆建筑照明标准值应符合表5.3.9-1的规定。

2 科技馆建筑照明标准值应符合表5.3.9-2的规定。

3 博物馆建筑照明标准值应符合下列规定：

1) 陈列室的展品照度标准值及年曝光量限值应符合表5.3.9-3的规定；一般照明照度值应按展品照度值的20%～30%选取；一般照明*UGR*不宜大于19；一般场所R_a不应低于80，辨色要求高的场所，R_a不应低于90。

2) 博物馆建筑其他场所照明标准值应符合表5.3.9-4的规定。

表 5.3.9-1　美术馆建筑照明标准值

房间或场所	参考平面及其高度	照度标准值（lx）	UGR	U_0	R_a
会议报告厅	0.75m 水平面	300	22	0.60	80
休息厅	地面	150	22	0.40	80
美术品售卖区	0.75m 水平面	300	19	0.60	80
公共大厅	地面	200	22	0.40	80
绘画展厅	地面	100	19	0.60	80
雕塑展厅	地面	150	19	0.60	80
藏画库	地面	150	22	0.60	80
藏画修理	0.75m 水平面	500	19	0.70	90

注：1　绘画、雕塑展厅的照明标准值中不含展品陈列照明；
　　2　展览对光敏感要求的展品时应符合表 5.3.9-3 的规定。

表 5.3.9-2　科技馆建筑照明标准值

房间或场所	参考平面及其高度	照度标准值（lx）	UGR	U_0	R_a
科普教室、实验区	0.75m 水平面	300	19	0.60	80
会议报告厅	0.75m 水平面	300	22	0.60	80
纪念品售卖区	0.75m 水平面	300	22	0.60	80
儿童乐园	地面	300	22	0.60	80
公共大厅	地面	200	22	0.40	80
球幕、巨幕、3D、4D 影院	地面	100	19	0.40	80
常设展厅	地面	200	22	0.60	80
临时展厅	地面	200	22	0.60	80

注：常设展厅和临时展厅的照明标准值中不含展品陈列照明。

表 5.3.9-3　博物馆建筑陈列室展品照度标准值及年曝光量限值

类别	参考平面及其高度	照度标准值（lx）	年曝光量（lx·h/a）
对光特别敏感的展品：纺织品、织绣品、绘画、纸质物品、彩绘、陶（石）器、染色皮革、动物标本等	展品面	≤50	≤50000
对光敏感的展品：油画、蛋清画、不染色皮革、角制品、骨制品、象牙制品、竹木制品和漆器等	展品面	≤150	≤360000
对光不敏感的展品：金属制品、石质器物、陶瓷器、宝玉石器、岩矿标本、玻璃制品、搪瓷制品、珐琅器等	展品面	≤300	不限制

表 5.3.9-4　博物馆建筑其他场所照明标准值

房间或场所	参考平面及其高度	照度标准值（lx）	UGR	U_0	R_a
门厅	地面	200	22	0.40	80
序厅	地面	100	22	0.40	80
会议报告厅	0.75m 水平面	300	22	0.60	80
美术制作室	0.75m 水平面	500	22	0.60	90
编目室	0.75m 水平面	300	22	0.60	80
摄影室	0.75m 水平面	100	22	0.60	80
熏蒸室	实际工作面	150	22	0.60	80
实验室	实际工作面	300	22	0.60	80
保护修复室	实际工作面	750*	19	0.70	90
文物复制室	实际工作面	750*	19	0.70	90
标本制作室	实际工作面	750*	19	0.70	90
周转库房	地面	50	22	0.40	80
藏品库房	地面	75	22	0.40	80
藏品提看室	0.75m 水平面	150	22	0.60	80

注：* 指混合照明的照度标准值。其一般照明的照度值应按混合照明照度的 20%～30%选取。

【释义与实施要点】

本条与《标准》2013 版相同。博览建筑包含：美术馆、科技馆、博物馆，本条是参照国际照明委员会（CIE）标准《室内工作场所照明 *Lighting of Indoor Work Places*》CIE S 008/E－2001 制定的，其与国外照度标准值对比如表 2-5-9 所示。

博物馆陈列室展品国内外照度标准值对比（lx）　　表 2-5-9

类别	博物馆行业国家标准 GB/T 23863－2009	CIE 博物馆标准 1984	美国 IESNA－2011	英国 CIBS－1984	日本 JIS Z 9110－2010	俄罗斯 CHиП23－05－95	《标准》
对光特别敏感展品	≤50	50	50	50	200	50～75	≤50
对光敏感展品	≤150	150	200	150	500	150	≤150
对光不敏感展品	≤300	300	1000	无限制	1000	200～500	≤300

（1）国家文物局 2009 年 12 月实施的《博物馆照明设计规范》GB/T 23863－2009 规定的照度标准为：对光特别敏感的展品，≤50lx；对光敏感的展品，≤150lx；对光不敏感的展品，≤300lx；陈列室一般照明按展品照度值的 10%～20%选取。实测的结果表明，无论是这三类展品的照明，还是陈列室的一般照明，大多数博物馆都能符合要求，平均起来说，对光敏感展品照度（179lx）、对光不敏感展品照度（355lx）和标准要求接近，而一般照明照度（207lx）和对光特别敏感的展品照度（513lx）则超过标准许多，一些陈列室展品照度和一般照明照度均可以降低。总之，目前我国的博物馆陈列室执行国家文物局现行设计标准（基本上也是 CIE、国际博物馆协会的标准）是没有问题的。

（2）根据陈列室一般照明的照度低于展品照度的原则，一般照明的照度按展品照度的

20%～30%选取。

其中对光敏感和对光特别敏感展品的展厅照度和展品年曝光量要求，已列入强制性工程建设规范《建筑环境通用规范》GB 55016－2021 强制性要求。此外，对于对光敏感及特别敏感的展品或藏品的存放区域，该强制性工程建设规范规定使用光源的紫外线相对含量应小于 20μW/lm。

5.3.10 会展建筑照明标准值应符合表 5.3.10 的规定。

表 5.3.10 会展建筑照明标准值

房间或场所	参考平面及其高度	照度标准值（lx）	*UGR*	U_0	R_a
会议室、洽谈室	0.75m 水平面	300	19	0.60	80
宴会厅	0.75m 水平面	300	22	0.60	80
多功能厅	0.75m 水平面	300	22	0.60	80
公共大厅	地面	200	22	0.40	80
一般展厅	地面	200	22	0.60	80
高档展厅	地面	300	22	0.60	80

【释义与实施要点】

本条与《标准》2013 版相同，其与国外照度标准值对比如表 2-5-10 所示。

会展建筑国内外照度标准值对比（lx） **表 2-5-10**

<table>
<tr><th>房间或场所</th><th>美国
IESNA－2011</th><th>日本
JIS Z 9110－2010</th><th>俄罗斯
СНиП23－05－95</th><th>欧盟
EN12464－1：2021</th><th>《标准》</th></tr>
<tr><td>会议室、洽谈室</td><td>300</td><td>500</td><td>300</td><td>300</td><td>300</td></tr>
<tr><td>宴会厅</td><td>500</td><td>200</td><td>200</td><td>—</td><td>300</td></tr>
<tr><td>多功能厅</td><td>—</td><td>—</td><td>—</td><td>—</td><td>300</td></tr>
<tr><td>公共大厅</td><td></td><td>300</td><td>—</td><td>200</td><td>200</td></tr>
<tr><td>一般展厅</td><td rowspan="2">150</td><td>500</td><td>200</td><td>300</td><td>200</td></tr>
<tr><td>高档展厅</td><td>1000</td><td>—</td><td>—</td><td>300</td></tr>
</table>

（1）展厅照明标准，主要是参考欧盟和俄罗斯的照度标准制定的。根据不同建筑等级以及不同地区的差别，将展厅分为一般和高档两类。一般展厅定为 200lx，而高档展厅定为 300lx，某些新建会展建筑的展厅照度偏高，应引起注意，不宜过高。

（2）会议室、宴会厅、多功能厅和公共大厅等场所的照度标准参照其他建筑的同类场所制定。

5.3.11 交通建筑照明标准值应符合表 5.3.11 的规定。

表 5.3.11 交通建筑照明标准值

<table>
<tr><th colspan="2">房间或场所</th><th>参考平面及其高度</th><th>照度标准值（lx）</th><th>UGR</th><th>U_0</th><th>R_a</th></tr>
<tr><td colspan="2">售票台</td><td>台面</td><td>500*</td><td>—</td><td>—</td><td>80</td></tr>
<tr><td colspan="2">问讯处</td><td>0.75m 水平面</td><td>200</td><td>—</td><td>0.60</td><td>80</td></tr>
<tr><td rowspan="2">候车（机、船）室</td><td>普通</td><td>地面</td><td>150</td><td>22</td><td>0.40</td><td>80</td></tr>
<tr><td>高档</td><td>地面</td><td>200</td><td>22</td><td>0.60</td><td>80</td></tr>
</table>

续表 5.3.11

房间或场所		参考平面及其高度	照度标准值（lx）	UGR	U_0	R_a
中央大厅、售票大厅		地面	200	22	0.40	80
贵宾室休息室		0.75m 水平面	300	22	0.60	80
海关、护照检查		工作面	500*	—	0.70	80
安全检查		地面	300	—	0.60	80
换票、行李托运		0.75m 水平面	300	19	0.60	80
行李认领、到达大厅、出发大厅		地面	200	22	0.40	80
通道、连接区、扶梯、换乘厅		地面	150	—	0.40	80
有棚站台		地面	75	—	0.60	60
无棚站台		地面	50	—	0.40	20
走廊、楼梯、平台、流动区域	普通	地面	75	25	0.40	60
	高档	地面	150	25	0.60	80
地铁站厅	普通	地面	100	25	0.60	80
	高档	地面	200	22	0.60	80
地铁进出站门厅	普通	地面	150	25	0.60	80
	高档	地面	200	22	0.60	80

注：* 指混合照明照度。

【释义与实施要点】

本条与《标准》2013 版相同，与其国外照度标准值对比如表 2-5-11 所示。

交通建筑国内外照度标准值对比（lx）　　**表 2-5-11**

房间或场所		CIE S 008/E-2001	美国 IESNA-2011	日本 JIS Z 9110-2010	欧盟 EN12464-1：2021	《标准》
售票台		—	—	—	300	500
问讯处		500（台面）	150	—	500	200
候车（机、船）室	普通	200	150	500（A） 300（B） 100（C）	200	150
	高档					200
贵宾休息室		—	—	—	—	300
中央大厅、售票大厅		200	300	—	200	200
海关、护照检查		500	300	—	500	500
安全检查		300	200	—	300	300
换票、行李托运		300	200	—	300	300
行李认领、到达大厅、出发大厅		200	200	1000（A） 500（B） 200（C）	200	200

续表

房间或场所		CIE S 008/E－2001	美国 IESNA－2011	日本 JIS Z 9110－2010	欧盟 EN12464－1：2021	《标准》
通道、连接区、扶梯、换乘厅		150	—	200（A） 100（B） 75（C）	150	150
有棚站台		—	—	150～300（A）	50～200	75
无棚站台		—	—	75～150（B）	—	50
走廊、楼梯、平台、流动区域	普通	—	50	200（A） 100（B） 75（C）	50～200	75
	高档	—	100			150
地铁站厅	普通	—	—	—	—	100
	高档	—	—	—	—	200
地铁进出站门厅	普通	—	—	—	—	150
	高档	—	—	—	—	200

（1）售票台台面因工作精神集中，收现金、发票，故《标准》定为 500lx。

（2）CIE 问讯处台面为 500lx，美国为 150lx，根据我国情况，《标准》定为 200lx。

（3）候车（机、船）室的照度目前我国多数在 150lx 以上。CIE 标准规定为 200lx；而日本根据客流量分为三级，A 级为 500lx，B 级为 300lx，C 级为 100lx；美国标准规定为 150lx。《标准》将候车（机、船）室（厅）分为普通和高档两类，普通定为 150lx，高档定为 200lx。贵宾休息室的照度适当提高，定为 300lx。

（4）中央大厅和售票厅的照度目前我国多数场所较高。CIE 标准规定为 200lx，美国为 300lx，参照 CIE 标准规定，《标准》定为 200lx；

（5）海关、护照检查参照 CIE 标准规定，《标准》定为 500lx。

（6）安全检查的照度多数大于 200lx。CIE 标准规定为 300lx，美国为 200lx，《标准》定为 300lx。

（7）换票和行李托运的照度多数大于 200lx。而 CIE 标准为 300lx，美国规定为 200lx，《标准》定为 300lx。

（8）行李认领、到达大厅和出发大厅的照度多数在 200lx 左右。而 CIE 和美国标准均为 200lx，日本分为 A、B、C 三级，《标准》参照 CIE 标准，定为 200lx。

（9）通道、连接区、扶梯的照度为 175～190lx。而 CIE 标准规定为 150lx，日本分为三级，《标准》定为 150lx。

（10）《标准》有棚站台定为 75lx，无棚站台定为 50lx，符合现今的实际情况。

（11）地铁站厅和门厅的照度标准分为普通和高档两类，参照同类场所的照度标准制定。

5.3.12 金融建筑照明标准值应符合表 5.3.12 的规定。

表 5.3.12　金融建筑照明标准值

房间或场所		参考平面及其高度	照度标准值（lx）	*UGR*	U_0	R_a
营业大厅		地面	200	22	0.60	80
营业柜台		台面	500	—	0.60	80
客户服务中心	普通	0.75m 水平面	200	22	0.60	60
	贵宾室	0.75m 水平面	300	22	0.60	80
交易大厅		0.75m 水平面	300	22	0.60	80
数据中心主机房		0.75m 水平面	500	19	0.60	80
保管库		地面	200	22	0.40	80
信用卡作业区		0.75m 水平面	300	19	0.60	80
自助银行		地面	200	19	0.60	80

注：本表适用于银行、证券、期货、保险、电信、邮政等行业，也适用于供电、供水、供气等类似用途的营业厅、柜台和客服中心。

【释义与实施要点】

本条与《标准》2013 版相同。金融建筑通常指为银行业及其衍生品交易、证券交易、商品及期货交易、保险业等金融业务服务的建筑，其内部场所主要为服务于金融业务的营业大厅、交易大厅、数据中心等。

5.3.13　体育建筑照明标准值应符合下列规定：

1　无电视转播的体育建筑照明标准值应符合表 5.3.13-1 的规定；

2　有电视转播的体育建筑照明标准值应符合表 5.3.13-2 的规定。

表 5.3.13-1　无电视转播的体育建筑照明标准值

运动项目		参考平面及其高度	照度标准值（lx）			R_a	眩光值（*GR*）	
			健身、业余训练	业余比赛、专业训练	专业比赛	训练、比赛	训练	比赛
篮球、排球、手球、室内足球		地面	300	500	750	65	35	30
体操、艺术体操、技巧、蹦床、举重		台面						
羽毛球		地面	300	750/500	1000/500	65	35	30
乒乓球、柔道、摔跤、跆拳道、武术		台面	300	500	1000	65	35	30
速度滑冰、冰壶、冰球、花样滑冰、冰上舞蹈、短道速滑		冰面						
拳击		台面	500	1000	2000	65	35	30
游泳、跳水、水球、花样游泳		水面	200	300	500	65	—	—
马术		地面						
射击、射箭	射击区、弹（箭）道区	地面	200	300	300	65	—	—
	靶心	靶心垂直面	1000	1000	1000			

续表 5.3.13-1

<table>
<tr><th colspan="2" rowspan="2">运动项目</th><th rowspan="2">参考平面及其高度</th><th colspan="3">照度标准值（lx）</th><th>R_a</th><th colspan="2">眩光值（GR）</th></tr>
<tr><th>健身、业余训练</th><th>业余比赛、专业训练</th><th>专业比赛</th><th>训练、比赛</th><th>训练</th><th>比赛</th></tr>
<tr><td colspan="2" rowspan="2">击剑</td><td>地面</td><td>300</td><td>500</td><td>750</td><td rowspan="2">65</td><td rowspan="2">—</td><td rowspan="2">—</td></tr>
<tr><td>垂直面</td><td>200</td><td>300</td><td>500</td></tr>
<tr><td rowspan="2">网球</td><td>室外</td><td rowspan="2">地面</td><td rowspan="2">300</td><td rowspan="2">500/300</td><td rowspan="2">750/500</td><td rowspan="2">65</td><td>55</td><td>50</td></tr>
<tr><td>室内</td><td>35</td><td>30</td></tr>
<tr><td rowspan="2">场地自行车</td><td>室外</td><td rowspan="2">地面</td><td rowspan="2">200</td><td rowspan="2">500</td><td rowspan="2">750</td><td rowspan="2">65</td><td>55</td><td>50</td></tr>
<tr><td>室内</td><td>35</td><td>30</td></tr>
<tr><td colspan="2">足球、田径、橄榄球</td><td>地面</td><td>200</td><td>300</td><td>500</td><td>65</td><td>55</td><td>50</td></tr>
<tr><td colspan="2">曲棍球</td><td>地面</td><td>300</td><td>500</td><td>750</td><td>65</td><td>55</td><td>50</td></tr>
<tr><td colspan="2">棒球、垒球</td><td>地面</td><td>300/200</td><td>500/300</td><td>750/500</td><td>65</td><td>55</td><td>50</td></tr>
</table>

注：1 当表中同一格有两个值时，“/”前为主赛区（PA）的值，“/”后为总赛区（TA）的值；

2 表中规定的照度应为比赛场地参考平面上的使用照度。

表 5.3.13-2 有电视转播的体育建筑照明标准值

<table>
<tr><th colspan="2" rowspan="2">运动项目</th><th rowspan="2">参考平面及其高度</th><th colspan="3">照度标准值（lx）</th><th colspan="2">R_a</th><th rowspan="2">眩光值（GR）</th></tr>
<tr><th>国家、国际比赛</th><th>重大国家、国际比赛</th><th>HDTV</th><th>国家、国际比赛重大国家、国际比赛</th><th>HDTV</th></tr>
<tr><td colspan="2">篮球、排球、手球、室内足球、乒乓球</td><td>地面 1.5m</td><td rowspan="5">1000</td><td rowspan="5">1400</td><td rowspan="5">2000</td><td rowspan="11">80</td><td rowspan="9">90</td><td rowspan="2">30</td></tr>
<tr><td colspan="2">体操、艺术体操、技巧、蹦床、柔道、摔跤、跆拳道、武术、举重</td><td>台面 1.5m</td></tr>
<tr><td colspan="2">击剑</td><td>台面 1.5m</td><td>—</td></tr>
<tr><td colspan="2">游泳、跳水、水球、花样游泳</td><td>水面 0.2m</td><td>—</td></tr>
<tr><td colspan="2">冰球、花样滑冰、冰上舞蹈、短道速滑、速度滑冰、冰壶</td><td>冰面 1.5m</td><td>30</td></tr>
<tr><td colspan="2">羽毛球</td><td>地面 1.5m</td><td>1000/750</td><td>1400/1000</td><td>2000/1400</td><td>30</td></tr>
<tr><td colspan="2">拳击</td><td>台面 1.5m</td><td>1000</td><td>2000</td><td>2500</td><td>30</td></tr>
<tr><td rowspan="2">场地自行车</td><td>室内</td><td rowspan="2">地面 1.5m</td><td rowspan="4">1000</td><td rowspan="4">1400</td><td rowspan="4">2000</td><td>30</td></tr>
<tr><td>室外</td><td>50</td></tr>
<tr><td colspan="2">足球、田径、曲棍球、橄榄球</td><td>地面 1.5m</td><td rowspan="2">90</td><td>50</td></tr>
<tr><td colspan="2">马术</td><td>地面 1.5m</td><td>—</td></tr>
</table>

续表 5.3.13-2

<table>
<tr><th colspan="2" rowspan="2">运动项目</th><th rowspan="2">参考平面及其高度</th><th colspan="3">照度标准值（lx）</th><th colspan="2">R_a</th><th rowspan="2">眩光值（GR）</th></tr>
<tr><th>国家、国际比赛</th><th>重大国家、国际比赛</th><th>HDTV</th><th>国家、国际比赛重大国家、国际比赛</th><th>HDTV</th></tr>
<tr><td rowspan="2">网球</td><td>室内</td><td rowspan="2">地面 1.5m</td><td rowspan="3">1000/750</td><td rowspan="3">1400/1000</td><td rowspan="3">2000/1400</td><td rowspan="5">80</td><td rowspan="5">90</td><td>30</td></tr>
<tr><td>室外</td><td>50</td></tr>
<tr><td colspan="2">棒球、垒球</td><td>地面 1.5m</td><td>50</td></tr>
<tr><td rowspan="2">射箭</td><td>射击区、箭道区</td><td>地面 1.0m</td><td>500</td><td>500</td><td>750</td><td rowspan="2">—</td></tr>
<tr><td>靶心</td><td>靶心垂直面</td><td>1500</td><td>1500</td><td>2000</td></tr>
<tr><td rowspan="2">射击</td><td>射击区、弹道区</td><td>地面 1.0m</td><td>500</td><td>500</td><td>600</td><td rowspan="2">80</td><td rowspan="2">80</td><td rowspan="2">—</td></tr>
<tr><td>靶心</td><td>靶心垂直面</td><td>1500</td><td>1500</td><td>2000</td></tr>
</table>

注：1　有电视转播的体育建筑场地照明特殊显色指数 R_9 不应小于 0；
2　HDTV 指高清晰度电视，除射击馆场地外，其特殊显色指数 R_9 应大于 20；
3　当表中同一格有两个值时，“/”前为主赛区（PA）的值，“/”后为总赛区（TA）的值；
4　表中规定的照度除射击、射箭外其他应为比赛场地主摄像机方向的使用照度值。

【释义与实施要点】

本条与《标准》2013 版相近，部分指标根据行业标准《体育场馆照明设计及检测标准》JGJ 153－2016 的相关技术内容进行修改。

5.3.14　公共建筑室外公共区域照明标准值应符合表 5.3.14 的规定。

表 5.3.14　公共建筑室外公共区域照明标准值

场所		平均水平照度 $E_{h,av}$（lx）	最小水平照度 $E_{h,min}$（lx）	最小垂直照度 $E_{v,min}$（lx）	最小半柱面照度 $E_{sc,min}$（lx）	R_a
道路		15	3	5	3	60
机动车停车场		30	10	—	—	60
广场	一般区域	15	5	—	—	60
	出入口	30	10	—	—	60

注：水平照度的参考平面为地面，垂直照度和半柱面照度的计算点或测量点高度为 1.5m。

【释义与实施要点】

根据建筑用地红线范围，增加公共建筑室外公共区域照明标准值要求。各场所照明标准值根据人流量、视觉活动特点及相应安全要求确定。

5.4 工业建筑

5.4.1 工业建筑一般照明标准值应符合表 5.4.1 的规定。

表 5.4.1 工业建筑一般照明标准值

房间或场所		参考平面及其高度	照度标准值(lx)	*UGR*	U_0	R_a	备注
1 机电工业							
机械加工	粗加工	0.75m 水平面	200	22	0.40	60	可另加局部照明
	一般加工 公差≥0.1mm	0.75m 水平面	300	22	0.60	60	应另加局部照明
	精密加工 公差<0.1mm	0.75m 水平面	500	19	0.70	60	应另加局部照明
机电仪表装配	大件	0.75m 水平面	200	25	0.60	80	可另加局部照明
	一般件	0.75m 水平面	300	25	0.60	80	可另加局部照明
	精密	0.75m 水平面	500	22	0.70	80	应另加局部照明
	特精密	0.75m 水平面	750	19	0.70	80	应另加局部照明
电线、电缆制造		0.75m 水平面	300	25	0.60	60	—
线圈绕制	大线圈	0.75m 水平面	300	25	0.60	80	—
	中等线圈	0.75m 水平面	500	22	0.70	80	可另加局部照明
	精细线圈	0.75m 水平面	750	19	0.70	80	应另加局部照明
线圈浇注		0.75m 水平面	300	25	0.60	80	—
焊接	一般	0.75m 水平面	200	—	0.60	60	—
	精密	0.75m 水平面	300	—	0.70	60	—
钣金		0.75m 水平面	300	—	0.60	60	—
冲压、剪切		0.75m 水平面	300	—	0.60	60	—
热处理		地面至 0.5m 水平面	200	—	0.60	20	—
铸造	熔化、浇铸	地面至 0.5m 水平面	200	—	0.60	20	—

续表 5.4.1

房间或场所		参考平面及其高度	照度标准值(lx)	*UGR*	U_0	R_a	备注
铸造	造型	地面至0.5m水平面	300	25	0.60	60	—
精密铸造的制模、脱壳		地面至0.5m水平面	500	25	0.60	60	—
锻工		地面至0.5m水平面	200	—	0.60	20	—
电镀		0.75m水平面	300	—	0.60	80	—
喷漆	一般	0.75m水平面	300	—	0.60	80	—
	精细	0.75m水平面	500	22	0.70	80	—
酸洗、腐蚀、清洗		0.75m水平面	300	—	0.60	80	—
抛光	一般装饰性	0.75m水平面	300	22	0.60	80	应防频闪
	精细	0.75m水平面	500	22	0.70	80	应防频闪
复合材料加工、铺叠、装饰		0.75m水平面	500	22	0.60	80	—
机电修理	一般	0.75m水平面	200	—	0.60	60	可另加局部照明
	精密	0.75m水平面	300	22	0.70	60	可另加局部照明
2　电子工业							
整机类	计算机及外围设备	0.75m水平面	300	19	0.60	80	应另加局部照明
	电子测量仪器	0.75m水平面	200	19	0.60	80	应另加局部照明
元器件类	微电子产品及集成电路	0.75m水平面	500	19	0.70	80	
	显示器件	0.75m水平面	500	19	0.70	80	
	电真空器件	0.75m水平面	300	19	0.60	80	
	其他元器件	0.75m水平面	300	19	0.60	80	
	阻容元件及特种器件	0.75m水平面	300	19	0.70	80	
	印制线路板	0.75m水平面	500	19	0.70	80	
	机电组件	0.75m水平面	200	19	0.60	80	可另加局部照明
	电源	0.75m水平面	200	19	0.60	80	
	新能源	0.75m水平面	300	19	0.60	80	

续表 5.4.1

房间或场所		参考平面及其高度	照度标准值(lx)	UGR	U_0	R_a	备注
电子材料类	玻璃、陶瓷	0.75m 水平面	200	22	0.60	60	—
	电声、电视、录音、录像	0.75m 水平面	150	19	0.60	60	—
	光纤、电线、电缆	0.75m 水平面	200	22	0.60	60	—
	其他电子材料	0.75m 水平面	200	22	0.60	60	
3 纺织、化纤工业							
纺织	选毛	0.75m 水平面	300	22	0.70	80	可另加局部照明
	清棉、和毛、梳毛	0.75m 水平面	150	22	0.60	80	—
	前纺：梳棉、并条、粗纺	0.75m 水平面	200	22	0.60	80	—
	纺纱	0.75m 水平面	300	22	0.60	80	—
	织布	0.75m 水平面	300	22	0.60	80	—
	加工	0.75m 水平面	150	22	0.60	80	—
	准备	0.75m 水平面	150	22	0.60	80	—
织袜	穿综筘、缝纫、量呢、检验	0.75m 水平面	300	22	0.70	80	可另加局部照明
	修补、剪毛、染色、印花、裁剪、熨烫	0.75m 水平面	300	22	0.70	80	可另加局部照明
化纤	投料	0.75m 水平面	100	—	0.60	80	—
	纺丝	0.75m 水平面	150	22	0.60	80	—
	卷绕	0.75m 水平面	200	22	0.60	80	—
	平衡间、中间贮存、干燥间、废丝间、油剂高位槽间	0.75m 水平面	75	—	0.60	60	—
	集束间、后加工间、打包间、油剂调配间	0.75m 水平面	100	25	0.60	60	—
	组件清洗间	0.75m 水平面	150	25	0.60	60	—
	拉伸、变形、分级包装	0.75m 水平面	150	25	0.70	80	操作面可另加局部照明

续表 5.4.1

房间或场所		参考平面及其高度	照度标准值(lx)	UGR	U_0	R_a	备注
化纤	化验、检验	0.75m 水平面	200	22	0.70	80	可另加局部照明
	聚合车间、原液车间	0.75m 水平面	100	22	0.60	60	—
4　制药工业							
制药生产：配制、清洗灭菌、超滤、制粒、压片、混匀、烘干、灌装、轧盖等		0.75m 水平面	300	22	0.60	80	—
制药生产流转通道		地面	200	—	0.40	80	—
更衣室		地面	200	—	0.40	80	—
技术夹层		地面	100	—	0.40	40	—
5　橡胶工业							
炼胶车间		0.75m 水平面	300	—	0.60	80	—
压延压出工段		0.75m 水平面	300	—	0.60	80	—
成型裁断工段		0.75m 水平面	300	22	0.60	80	—
硫化工段		0.75m 水平面	300	—	0.60	80	—
6　电力工业							
火电厂锅炉房		地面	100	—	0.60	60	—
发电机房		地面	200	—	0.60	60	—
主控室		0.75m 水平面	500	19	0.60	80	—
7　钢铁工业							
炼铁	高炉炉顶平台、各层平台	平台面	30	—	0.60	60	—
	出铁场、出铁机室	地面	100	—	0.60	60	—
	卷扬机室、碾泥机室、煤气清洗配水室	地面	50	—	0.60	60	—
炼钢及连铸	炼钢主厂房和平台	地面、平台面	150	—	0.60	60	需另加局部照明

续表 5.4.1

房间或场所		参考平面及其高度	照度标准值(lx)	*UGR*	U_0	R_a	备注
炼钢及连铸	连铸浇注平台、切割区、出坯区	地面	150	—	0.60	60	需另加局部照明
炼钢及连铸	精整清理线	地面	200	25	0.60	60	—
轧钢	棒线材主厂房	地面	150	—	0.60	60	—
轧钢	钢管主厂房	地面	150	—	0.60	60	—
轧钢	冷轧主厂房	地面	150	—	0.60	60	需另加局部照明
轧钢	热轧主厂房、钢坯台	地面	150	—	0.60	60	—
轧钢	加热炉周围	地面	50	—	0.60	20	—
轧钢	垂绕、横剪及纵剪机组	0.75m 水平面	150	25	0.60	80	—
轧钢	打印、检查、精密分类、验收	0.75m 水平面	200	22	0.70	80	—
8 制浆造纸工业							
备料		0.75m 水平面	150	—	0.60	60	—
蒸煮、选洗、漂白		0.75m 水平面	200	—	0.60	60	—
打浆、纸机底部		0.75m 水平面	200	—	0.60	60	—
纸机网部、压榨部、烘缸、压光、卷取、涂布		0.75m 水平面	300	—	0.60	60	—
复卷、切纸		0.75m 水平面	300	25	0.60	60	—
选纸		0.75m 水平面	500	22	0.60	60	—
碱回收		0.75m 水平面	200	—	0.60	60	—
9 食品及饮料工业							
食品	糕点、糖果	0.75m 水平面	200	22	0.60	80	—
食品	肉制品、乳制品	0.75m 水平面	300	22	0.60	80	—
饮料		0.75m 水平面	300	22	0.60	80	—
啤酒	糖化	0.75m 水平面	200	—	0.60	80	—
啤酒	发酵	0.75m 水平面	150	—	0.60	80	—
啤酒	包装	0.75m 水平面	150	25	0.60	80	—
10 玻璃工业							
备料、退火、熔制		0.75m 水平面	150	—	0.60	60	—
窑炉		地面	100	—	0.60	20	—
11 水泥工业							
主要生产车间（破碎、原料粉磨、烧成、水泥粉磨、包装）		地面	100	—	0.60	20	—

续表 5.4.1

房间或场所	参考平面及其高度	照度标准值（lx）	*UGR*	U_0	R_a	备注
储存	地面	75	—	0.60	60	—
输送走廊	地面	30	—	0.40	20	—
粗坯成型	0.75m 水平面	300	—	0.60	60	—
12　皮革工业						
原皮、水浴	0.75m 水平面	200	—	0.60	60	—
转毂、整理、成品	0.75m 水平面	200	22	0.60	60	可另加局部照明
干燥	地面	100	—	0.60	20	—
13　卷烟工业						
制丝车间　一般	0.75m 水平面	200	—	0.60	80	—
制丝车间　较高	0.75m 水平面	300	—	0.70	80	—
卷烟、接过滤嘴、包装、滤棒成型车间　一般	0.75m 水平面	300	22	0.60	80	—
卷烟、接过滤嘴、包装、滤棒成型车间　较高	0.75m 水平面	500	22	0.70	80	—
膨胀烟丝车间	0.75m 水平面	200	—	0.60	60	—
贮叶间	1.0m 水平面	100	—	0.60	60	—
贮丝间	1.0m 水平面	100	—	0.60	60	—
14　化学、石油工业						
厂区内经常操作的区域，如泵、压缩机、阀门、电操作柱等	操作位高度	100	—	0.60	20	—
装置区现场控制和检测点，如指示仪表、液位计等	测控点高度	75	—	0.70	60	—
人行通道、平台、设备顶部	地面或台面	30	—	0.60	20	—
装卸站　装卸设备顶部和底部操作位	操作位高度	75	—	0.60	20	—
装卸站　平台	平台	30	—	0.60	20	—
电缆夹层	0.75m 水平面	100	—	0.40	60	—
避难间	0.75m 水平面	150	—	0.40	60	—
压缩机厂房	0.75m 水平面	150	—	0.60	60	—
15　木业和家具制造						
一般机器加工	0.75m 水平面	200	22	0.60	60	应防频闪
精细机器加工	0.75m 水平面	500	19	0.70	80	应防频闪
锯木区	0.75m 水平面	300	25	0.60	60	应防频闪

续表 5.4.1

房间或场所		参考平面及其高度	照度标准值(lx)	UGR	U_0	R_a	备注
模型区	一般	0.75m 水平面	300	22	0.60	60	—
	精细	0.75m 水平面	750	22	0.70	60	—
胶合、组装		0.75m 水平面	300	25	0.60	60	—
磨光、异形细木工		0.75m 水平面	750	22	0.70	80	—
16　水处理工业							
室外水处理构筑物		构筑物走道板	50	—	0.4	—	—
水处理车间		地面	100	—	0.6	60	—
脱水机间		地面	150	—	0.6	60	—
加药间、加氯间		地面	150	—	0.6	60	—
重要水泵房、风机房		地面	150	—	0.6	60	—
水质监测间		0.75m 水平面	300	22	0.6	80	—
车间控制室		0.75m 水平面	200	22	0.6	80	—
厂级主控制室		0.75m 水平面	300	19	0.6	80	—
公司调度室		0.75m 水平面	500	19	0.6	80	—
17　汽车工业							
冲压车间	生产区	0.75m 水平面	300	22	0.4	60	另加局部照明
	物流区	地面	150	—	0.4	60	
焊接车间	生产区	0.75m 水平面	200	—	0.6	60	
	物流区	地面	150	—	0.4	60	
涂装车间	输调漆间	0.75m 水平面	300	19	0.6	90	另加局部照明
	生产区	地面	200	22	0.6	80	
总装车间	装配线区	0.75m 水平面	200	25	0.6	80	另加局部照明
	物流区	地面	150	—	0.4	60	
	质检间	0.75m 水平面	500	22	0.6	90	
发动机工厂	机加工区	0.75m 水平面	200	—	0.4	60	另加局部照明
	装配区	0.75m 水平面	200	25	0.6	60	另加局部照明
发动机试验	性能试验室	0.75m 水平面	500	22	0.6	80	另加局部照明
	试验车间	0.75m 水平面	300	22	0.4	60	另加局部照明
铸造工厂	熔化工部	0.75m 水平面	200	—	0.4	40	
	清理、造型、制芯、砂处理工部	0.75m 水平面	300	—	0.4	60	另加局部照明
检测		0.75m 水平面	1000	19	0.7	90	另加局部照明

注：需增加局部照明的作业面，增加的局部照明照度值宜按该场所一般照明照度值的 1.0～3.0 倍选取。

【释义与实施要点】

本条与《标准》2013 版相比，增加了部分工作场所及其照度标准值，包括水处理工业场所和汽车工业场所等，其与国外照度标准值对比如表 2-5-12 所示。

工业建筑国内外照度标准值对比（lx）　　表 2-5-12

房间或场所		CIE S 008/E-2001	德国 DIN5035-1990	美国 IESNA-2011	日本 JIS Z 9110-2010	俄罗斯 СНиП 23-05-95	欧盟 EN12464-1：2021	《标准》
1　机、电工业								
机械加工	粗加工	—	—	300	200	200（1000）	—	200
	一般加工 公差≥0.1mm	300	300	500	500	200（1500）	300	300
	精密加工 公差<0.1mm	500	500	3000	1500	200（2000）	500	500
机电仪表装配	大件	200	200	300	200	200（500）	200	200
	一般件	300	300	500	500	300（750）	300	300
	精密	500	500	3000	1500	—	500	500
	特精密				2000			750
电线、电缆制造		300	300	—	500	—	300	300
线圈绕制	大线圈	300	300	—	200	—	300	300
	中等线圈	500	500	—	500	—	500	500
	精细线圈	750	1000	—	750	—	750	750
线圈浇注		300	300	—	—	—	300	300
焊接	一般	300	300	300	200	200	300	200
	精密	300	300	3000	500	200	300	300
钣金		300	300	—	—	—	300	300
冲压、剪切		300	200	300，500，1000	—	—	300	300
热处理		—	—	—	—	—	—	200
铸造	熔化、浇铸	200	300 200	—	—	—	200	200
	造　型	500	500	—	—	—	500	300
精密铸造的制模、脱壳		—	—	—	750	—	—	500
锻工		300 200	200	—	—	200	300 200	200
电镀		300	300	—	—	200（500）	300	300
喷漆	一般	750	500	300～500 1000	500	200	750	300
	精细				750	300		500
酸洗、腐蚀、清洗		—	—	—	—	—	—	300
抛光	一般装饰性	—	500	300～500 1000	500 750	—	—	300
	精　细							500

续表

<table>
<tr><th colspan="2">房间或场所</th><th>CIE S 008/E-2001</th><th>德国 DIN5035-1990</th><th>美国 IESNA-2011</th><th>日本 JIS Z 9110-2010</th><th>俄罗斯 СНиП 23-05-95</th><th>欧盟 EN12464-1：2021</th><th>《标准》</th></tr>
<tr><td colspan="2">复合材料加工、铺叠、装饰</td><td>—</td><td>—</td><td>—</td><td>—</td><td>—</td><td>—</td><td>500</td></tr>
<tr><td rowspan="2">机电修理</td><td>一般</td><td>—</td><td>200</td><td rowspan="2">500</td><td>750</td><td rowspan="2">300（750）</td><td>—</td><td>200</td></tr>
<tr><td>精密</td><td>—</td><td>500</td><td>1500</td><td>—</td><td>300</td></tr>
<tr><td colspan="9">2　电子工业</td></tr>
<tr><td rowspan="2">整机类</td><td>整机厂</td><td>—</td><td>—</td><td>—</td><td>—</td><td>—</td><td>—</td><td>300</td></tr>
<tr><td>装配厂房</td><td>—</td><td>—</td><td>—</td><td>—</td><td>—</td><td>—</td><td>300</td></tr>
<tr><td rowspan="9">元器件类</td><td>微电子产品及集成电路</td><td>1500</td><td>1000</td><td>—</td><td rowspan="2">1500～2000</td><td>—</td><td>1500</td><td>500</td></tr>
<tr><td>显示器件</td><td>1500</td><td>1000</td><td>—</td><td>—</td><td>1500</td><td>500</td></tr>
<tr><td>电真空器件</td><td>—</td><td>—</td><td>—</td><td>—</td><td>—</td><td>—</td><td>300</td></tr>
<tr><td>其他元器件</td><td>—</td><td>—</td><td>—</td><td>—</td><td>—</td><td>—</td><td>300</td></tr>
<tr><td>阻容元件及特种器件</td><td>—</td><td>—</td><td>—</td><td>—</td><td>—</td><td>—</td><td>300</td></tr>
<tr><td>印制线路板</td><td>—</td><td>—</td><td>—</td><td>—</td><td>—</td><td>—</td><td>500</td></tr>
<tr><td>机电组件</td><td>—</td><td>—</td><td>—</td><td>—</td><td>—</td><td>—</td><td>200</td></tr>
<tr><td>电源</td><td>—</td><td>—</td><td>—</td><td>—</td><td>—</td><td>—</td><td>200</td></tr>
<tr><td>新能源</td><td>—</td><td>—</td><td>—</td><td>—</td><td>—</td><td>—</td><td>300</td></tr>
<tr><td rowspan="2">电子材料类</td><td>半导体材料</td><td>—</td><td>—</td><td>—</td><td>—</td><td>—</td><td>—</td><td>300</td></tr>
<tr><td>光纤、光缆</td><td>—</td><td>—</td><td>—</td><td>—</td><td>—</td><td>—</td><td>300</td></tr>
<tr><td colspan="2">酸、碱、药液及粉配制</td><td>—</td><td>—</td><td>—</td><td>—</td><td>—</td><td>—</td><td>300</td></tr>
<tr><td colspan="9">3　纺织、化纤工业</td></tr>
<tr><td rowspan="5">纺织</td><td>选毛</td><td rowspan="3">300</td><td rowspan="8">200～1000</td><td>—</td><td>—</td><td>—</td><td rowspan="3">300</td><td>300</td></tr>
<tr><td>清棉、和毛、梳毛</td><td>—</td><td>—</td><td>—</td><td>150</td></tr>
<tr><td>前纺：梳棉、并条、粗纺</td><td>—</td><td>—</td><td>—</td><td>200</td></tr>
<tr><td>纺纱</td><td rowspan="2">500</td><td>—</td><td>—</td><td>—</td><td rowspan="2">500</td><td>300</td></tr>
<tr><td>织布</td><td>—</td><td>—</td><td>—</td><td>300</td></tr>
<tr><td rowspan="2">织袜</td><td>穿棕筘、缝纫、量呢、检验</td><td>750</td><td>—</td><td>—</td><td>—</td><td>750</td><td>300</td></tr>
<tr><td>修补、剪毛、染色、印花、裁剪、熨烫</td><td>500～1000</td><td>—</td><td>—</td><td>—</td><td>500～1000</td><td>300</td></tr>
<tr><td rowspan="3">化纤</td><td>投料</td><td>200</td><td>—</td><td>—</td><td>—</td><td>200</td><td>100</td></tr>
<tr><td>纺丝</td><td>300</td><td>—</td><td>—</td><td>—</td><td>—</td><td>300</td><td>150</td></tr>
<tr><td>卷绕</td><td>500</td><td>—</td><td>—</td><td>—</td><td>—</td><td>500</td><td>200</td></tr>
</table>

续表

房间或场所		CIE S 008/E-2001	德国 DIN5035-1990	美国 IESNA-2011	日本 JIS Z 9110-2010	俄罗斯 CHиП 23-05-95	欧盟 EN12464-1:2021	《标准》
化纤	平衡间、中间贮存、干燥间、废丝间、油剂高位槽间	—	—	—	—	—	—	75
	集束间、后加工间、打包间、油剂调配间	—	—	—	—	—	—	100
	组件清洗间	—	—	—	—	—	—	150
	拉伸、变形、分级包装	—	—	—	—	—	—	150
	化验、检验	—	—	—	—	—	—	200
	聚合车间、原液车间	—	—	—	—	—	—	100
4 制药工业								
制药生产：配制、清洗灭菌、超滤、制粒、压片、混匀、烘干、灌装、轧盖等		500	—	—	—	—	500	300
制药生产流转通道			—	—	—	—		200
更衣室		—	—	—	—	—	—	200
技术夹层		—	—	—	—	—	—	100
5 橡胶工业								
炼胶车间		500	—	—	—	—	500	300
压延压出工段			—	500	—	—		300
成型裁断工段			—	500	—	—		300
硫化工段			—	—	—	—		300
6 电力工业								
火电厂锅炉房		200	100	150	—	75	200	100
发电机房		200	100	300	—	—	200	200
主控制室		500	300	300	—	150～300	500	500
7 钢铁工业								
炼铁	高炉炉顶平台、各层平台	—	50～200	100	—	—	—	30
	出铁场、出铁机室	—	—	—	—	—	—	100
	卷扬机室、碾泥机室、煤气清洗配水室	—	—	—	—	—	—	50

续表

房间或场所		CIE S 008/E-2001	德国 DIN5035-1990	美国 IESNA-2011	日本 JIS Z 9110-2010	俄罗斯 CHиП 23-05-95	欧盟 EN12464-1：2021	《标准》
炼钢及连铸	炼钢主厂房和平台	—	50～200	—	—	—	—	150
	连铸浇注平台、切割区、出坯区	—	—	—	—	—	—	150
	精整清理线	300	50～200	—	—	—	—	200
轧钢	棒线材主厂房	—	50～200	500	—	—	—	150
	钢管主厂房	—	—	500	—	—	—	150
	冷轧主厂房	—	—	300	—	—	—	150
	热轧主厂房、钢坯台	—	—	300	—	—	—	150
	加热炉周围	—	—	—	—	—	—	50
	垂绕、横剪及纵剪机组	300	—	—	—	—	300	150
	打印、检查、精密分类、验收	500	—	1000～2000	—	—	500	200
8　制浆造纸工业								
备料		200	200～500	—	—	—	200	150
蒸煮、选洗、漂白		300	—	300	—	—	300	200
打浆、纸机底部		300	—	300	—	—	300	200
纸机网部、压榨部、烘缸、压光、卷取、涂布		300	—	750	—	—	300	300
复卷、切纸		300	—	750	—	—	300	300
选纸		300	—	—	—	—	300	500
碱回收		—	—	—	—	—	—	200
9　食品及饮料工业								
食品	糕点、糖果	200～300	—	300	—	—	200～300	200
	肉制品、乳制品	500	—	300	—	—	500	300
饮料		—	—	—	—	—	—	300
啤酒	糖化	200	—	—	—	—	200	200
	发酵	200	—	—	—	—	200	150
	包装	300	—	—	—	—	300	150
10　玻璃工业								
备料、退火、熔制		300	300	150	—	—	300	150
窑炉		50	200	150	—	—	50	100
11　水泥工业								
主要生产车间（破碎、原料粉磨、烧成、水泥粉磨、包装）		200～300	200	—	—	—	200～300	100

续表

房间或场所		CIE S 008/E-2001	德国 DIN5035-1990	美国 IESNA-2011	日本 JIS Z 9110-2010	俄罗斯 CHиП 23-05-95	欧盟 EN12464-1:2021	《标准》
储存		—	—	—	—	—	—	75
输送走廊		—	—	—	—	—	—	30
粗坯成型		300	200	—	—	—	300	300
12　皮革工业								
原皮、水浴		200	200	—	—	—	200	200
转毂、整理、成品		300	300	—	—	—	300	200
干燥		—	—	—	—	—	—	100
13　卷烟工业								
制丝车间	一般	200～300	200～300	300	—	—	200～300	200
	较高	—	—		—	—	—	300
卷烟、接过滤嘴、包装、滤棒成型车间	一般	500	500	1500	—	—	500	300
	较高	—	—	—	—	—	—	500
膨胀烟丝车间		—	—	—	—	—	—	200
贮叶间		—	—	—	—	—	—	100
贮丝间		—	—	—	—	—	—	100
14　化学、石油工业								
厂区内经常操作的区域，如泵、压缩机、阀门、电操作柱等		50～300	50～200	—	200	—	50～300	100
装置区现场控制和检测点，如指示仪表、液位计等		—	—	—	—	—	—	75
人行通道、平台、设备顶部		—	—	—	150	—	—	30
装卸站	装卸设备顶部和底部操作位	—	—	—	—	—	—	75
	平台	—	—	—	—	—	—	30
电缆夹层		—	—	—	—	—	—	100
避难层		—	—	—	—	—	—	150
压缩机厂房		—	—	—	200	—	—	150
15　木业和家具制造								
一般机器加工		—	300	300	—	200（1000）	—	200
精细机器加工		500	500	500～1000	—		500	500
锯木区		300	200	—	—		300	300

续表

房间或场所		CIE S 008/E-2001	德国 DIN5035-1990	美国 IESNA-2011	日本 JIS Z 9110-2010	俄罗斯 СНиП 23-05-95	欧盟 EN12464-1：2021	《标准》
模型区	一般	750	500	—	—	200（1000）	750	300
	精细							750
胶合、组装		300	300	—	—	200（1000）	300	300
磨光，异形细木工		750	—	—	—		750	750
16　水处理工业								
室外水处理构筑物		—	—	—	—	—	—	50
水处理车间		—	—	—	—	—	—	100
脱水机间		—	—	—	—	—	—	150
加药间、加氯间		—	—	—	—	—	—	150
重要水泵房、风机房		—	—	—	—	—	—	150
水质监测间		—	—	—	—	—	—	300
车间控制室		—	—	—	—	—	—	200
厂级主控制室		—	—	—	—	—	—	300
公司调度室		—	—	—	—	—	—	500
17　汽车工业								
冲压车间	生产区	—	—	—	—	—	—	300
	物流区	—	—	—	—	—	—	150
焊接车间	生产区	—	—	—	—	—	—	200
	物流区	—	—	—	—	—	—	150
涂装车间	输调漆间	—	—	—	—	—	—	300
	生产区	—	—	—	—	—	—	200
总装车间	装配线区	—	—	—	—	—	—	200
	物流区	—	—	—	—	—	—	150
	质检间	—	—	—	—	—	—	500
发动机工厂	机加工区	—	—	—	—	—	—	200
	装配区	—	—	—	—	—	—	200
发动机试验	性能试验室	—	—	—	—	—	—	500
	试验车间	—	—	—	—	—	—	300
铸造工厂	熔化工部	—	—	—	—	—	—	200
	清理、造型、制芯、砂处理工部	—	—	—	—	—	—	300
检测		—	—	—	—	—		1000

注：1. 本表工业建筑场所规定的照度都是一般照明的平均照度值，部分场所需要另外增设局部照明，其照度值按作业的精细程度不同，可按一般照明照度的1.0～3.0倍选取。
2. 表中数值后带“（　）”中的数值，系指包括局部照明在内的混合照明照度值。
3. 表中CIE标准及各国标准数值有一部分系参照同类车间的相同工作场所的照度值，而不是标准实际规定的数值。

5.4.2　工业建筑室外公共区域照明标准值应符合表5.4.2的规定。

表5.4.2　工业建筑室外公共区域照明标准值

场所		参考平面及其高度	照度标准值	GR	U_0	R_a
厂区道路和广场	主要道路	地面	10	—	0.40	20
	次要道路	地面	5	—	0.25	20
	厂前区	地面	15	—	0.40	20
装卸区	一般区域	地面	50	—	0.40	20
	装卸点	地面	100	—	0.40	20

【释义与实施要点】

根据建筑用地红线范围，增加工业建筑室外公共区域照明标准值。本条参考国际照明委员会（CIE）标准《室外工作场所照明》CIE S 015：2005制定。

5.5　通用房间或场所

5.5.1　公共建筑和工业建筑通用房间或场所照明标准值应符合表5.5.1的规定。

表5.5.1　公共建筑和工业建筑通用房间或场所照明标准值

房间或场所		参考平面及其高度	照度标准值(lx)	UGR	U_0	R_a	备注
门厅	普通	地面	100	—	0.40	60	—
	高档	地面	200	—	0.60	80	—
走廊、流动区域、楼梯间	普通	地面	50	25	0.40	60	—
	高档	地面	100	25	0.60	80	—
自动扶梯		地面	150	—	0.60	60	—
厕所、盥洗室、浴室	普通	地面	75	—	0.40	60	—
	高档	地面	150	—	0.60	80	—
电梯前厅	普通	地面	100	—	0.40	60	—
	高档	地面	150	—	0.60	80	—
休息室		地面	100	22	0.40	80	—
更衣室		地面	150	22	0.40	80	—
储藏室		地面	100	—	0.40	60	—
餐厅		0.75m水平面	200	22	0.60	80	—
公共机动车库（含地下）	车道	地面	50	—	0.60	60	—
	车位	地面	30	—	0.60	60	—
公共车库检修间		地面	200	25	0.60	80	可另加局部照明
试验室	一般	0.75m水平面	300	22	0.60	80	可另加局部照明

续表 5.5.1

房间或场所		参考平面及其高度	照度标准值(lx)	UGR	U_0	R_a	备注
试验室	精细	0.75m 水平面	500	19	0.60	80	可另加局部照明
检验	一般	0.75m 水平面	300	22	0.60	80	可另加局部照明
	精细，有颜色要求	0.75m 水平面	750	19	0.60	80	可另加局部照明
计量室，测量室		0.75m 水平面	500	19	0.70	80	可另加局部照明
电话站、网络中心		0.75m 水平面	500	19	0.60	80	—
计算机站		0.75m 水平面	500	19	0.60	80	防光幕反射
变、配电站	配电装置室	0.75m 水平面	200	—	0.60	80	—
	变压器室	地面	100	—	0.60	60	—
电源设备室、发电机室		地面	200	25	0.60	80	—
电梯机房		地面	200	25	0.60	80	—
控制室	一般控制室	0.75m 水平面	300	22	0.60	80	—
	主控制室	0.75m 水平面	500	19	0.60	80	—
动力站	风机房、空调机房	地面	100	—	0.60	60	—
	泵房	地面	100	—	0.60	60	—
	冷冻站	地面	150	—	0.60	60	—
	压缩空气站	地面	150	—	0.60	60	—
	锅炉房、煤气站的操作层	地面	100	—	0.60	60	锅炉水位表照度不小于 50lx
一般水泵房、风机房		地面	100	—	0.6	60	—
仓库	大件库	1.0m 水平面	50	—	0.40	20	—
	一般件库	1.0m 水平面	100	—	0.60	60	—
	半成品库	1.0m 水平面	150	—	0.60	80	—
	精细件库	1.0m 水平面	200	—	0.60	80	货架垂直照度不小于 50lx
车辆加油站		地面	100	—	0.60	60	油表表面照度不小于 50lx

【释义与实施要点】

本条与《标准》2013 版基本相同，只是将公共车库分为车道和车位两项。本条所指的公用场所是指公共建筑和工业建筑的公用场所，它们的照度标准值是参考 CIE 标准以及一些国家标准经综合分析研究后制定的。除公用楼梯、厕所、盥洗室、浴室、车库的照度比CIE标准的照度值有所降低外，其他均与CIE标准的规定照度相同，电梯前厅是参照CIE标准自动扶梯的照度值制定的。此外，将门厅、走廊、流动区域、楼梯、厕所、盥洗室、浴室、电梯前厅，根据不同要求，分为普通和高档两类，便于应用和节约能源。公用场所国内外照度标准值对比如表2-5-13所示。

公用场所国内外照度标准值对比（lx）　　表2-5-13

房间或场所		CIE S 008/E-2001	德国 DIN5035-1990	美国 IESNA-2011	日本 JIS Z 9110-2010	俄罗斯 CHиП 23-05-95	欧盟 EN12464-1：2021	《标准》
门厅		100	相邻房间照度的2倍	100～150	200～500	30～150	30	100（普通） 200（高档）
走廊、流动区域、楼梯间		100	50	150	100～200	20～75	100	50（普通） 100（高档）
自动扶梯		150	100	150	500～750（商店）	—	100	150
厕所、盥洗室、浴室		200	100	50～150	100～200	50～75	200	75（普通） 150（高档）
电梯前厅		—	—	50	200～500	—	200	100（普通） 150（高档）
休息室		100	100	50～100	75～150	50～75	100	100
更衣室		—	—	300	200	—	200	150
储藏室		100	50～200	50～100	75～150	75	100	100
餐厅		200	—	100～200	300	—	200	200
公共车库		75	—	—	30～150	—	75	50(车位30)
公共车库检修间		—	—	—	—	—	—	200
试验室	一般	500	300	—	500	—	750	300
	精细				1000	—		500
检验	一般	750～1000	750	300	500	200	750～1000	300
	精细、有颜色要求		—	1000	1000	—		750
计量室、测量室		500	—	—	500	—	500	500
电话站、网络中心		—	300	200	500	150，200	500	500
计算机站		500	—	200	500	—	500	500
变、配电站	配电装置室	200～500	100	200	150～300	150，200	200	200
	变压器室	—				75	200	100
电源设备室、发电机室		200	100	200	150～300	150，200	200	200
电梯机房		200		200	150	—	200	200
控制室	一般控制室	300	—	100	300	150（300）	300	300
	主控制室	500	—	—	750	—	500	500

续表

<table>
<tr><th colspan="2">房间或场所</th><th>CIE
S 008/E-
2001</th><th>德国
DIN5035-
1990</th><th>美国
IESNA-
2011</th><th>日本
JIS Z 9110-
2010</th><th>俄罗斯
CHиП
23-05-95</th><th>欧盟
EN12464-
1：2021</th><th>《标准》</th></tr>
<tr><td rowspan="5">动力站</td><td>风机房、空调机房</td><td>200</td><td>100</td><td rowspan="5">200</td><td rowspan="5">150～300</td><td>50</td><td>200</td><td>100</td></tr>
<tr><td>泵房</td><td>200</td><td>100</td><td>150，200</td><td>200</td><td>100</td></tr>
<tr><td>冷冻站</td><td>200</td><td>100</td><td>—</td><td>200</td><td>150</td></tr>
<tr><td>压缩空气站</td><td>200</td><td>—</td><td>150，200</td><td>200</td><td>150</td></tr>
<tr><td>锅炉房、煤气站的操作层</td><td>200</td><td>100</td><td>50～150</td><td>200</td><td>100</td></tr>
<tr><td rowspan="4">仓 库</td><td>大件库</td><td rowspan="4">100</td><td>50</td><td rowspan="4">50～100</td><td rowspan="4">100</td><td>50</td><td rowspan="4">100</td><td>50</td></tr>
<tr><td>一般件库</td><td>100</td><td>75</td><td>100</td></tr>
<tr><td>半成品库</td><td>—</td><td>—</td><td>150</td></tr>
<tr><td>精细件库</td><td>200</td><td>200</td><td>200</td></tr>
<tr><td colspan="2">车辆加油站</td><td>—</td><td>100</td><td>—</td><td>—</td><td>—</td><td>—</td><td>100</td></tr>
</table>

5.5.2 应急照明在火灾情况下应符合现行国家标准《消防应急照明和疏散指示系统技术标准》GB 51309 和《建筑设计防火规范》GB 50016 的有关规定。

【释义与实施要点】

现行国家标准《消防应急照明和疏散指示系统技术标准》GB 51309 和《建筑设计防火规范》GB 50016 规定了消防疏散照明和备用照明，火灾、地震等紧急状态下都需要启动疏散照明。

5.5.3 备用照明的照度标准值应符合下列规定：

1 医院 2 类场所中的重症监护室、早产儿室、心血管造影检查室等应维持正常照明的照度；

2 医院的急诊通道、化验室、药房、产房、血库、病理实验与检验室等需确保医疗工作正常进行的场所，不应低于一般照明照度值的 50%；

3 除另有规定外，其他场所的照度值不应低于该场所一般照明照度标准值的 10%。

【释义与实施要点】

《标准》第 3.1.2 条规定了应急照明的设置条件，当设置备用照明时应符合本条规定。

本条第 1 款和第 2 款是针对医疗场所一般照明的规定，以尽量保证医疗抢救工作不受大的干扰。

本条第 3 款是对《标准》第 3.1.2 条的进一步规定。毕竟正常照明的失效会导致大部分场所的正常活动受到较大干扰且很难有效维持下去，在场所内关键部位设置一定数量的备用照明，主要是保证可以进行必要的处置措施以避免造成较大的损失。

本条第 1 款和第 3 款的相关内容，已列入了强制性工程建设规范《建筑环境通用规范》GB 55016－2021 强制性要求。与此同时，该强制性工程建设规范还规定了高危险性体育项目场地备用照明的照度值不应低于该场所一般照明照度标准值的 50%。

5.5.4 安全照明的照度标准值应符合下列规定：

1　医院2类场所中的手术室、抢救室等应维持正常照明的照度；

2　体育场馆观众席和运动场地安全照明的平均水平照度不应低于20lx；

3　生物安全实验室、核物理实验室等特殊场所应符合相关标准的规定；

4　除另有规定外，其他场所的照度值不应低于该场所一般照明照度标准值的10%，且不应低于15lx。

【释义与实施要点】

《标准》第3.1.2条规定了应急照明的设置条件。人员处于危险区域时应保证较高的平均水平照度以满足作业要求，本条规定参照欧盟标准《应急照明（*Lighting applications—Emergency lighting*）》EN 1838制定。2类场所是指医疗电气设备接触部件需要与患者体内（例如心内诊疗术）接触、手术室以及电源中断或故障后将危及患者生命的医疗场所。

人员处于潜在危险区域时应保证较高的水平照度（相对疏散照明而言）以满足人员对周围环境的迅速辨识。对于手术室和抢救室，在医疗手术进行过程中，手术台上的操作照明是由不中断供电的手术无影灯来保证的，但在周围区域进行的，如供血、供氧、麻醉和器械准备等辅助工作，是在手术室一般照明下进行的，尽管设置了100%的备用照明，但因备用照明允许中断的时间较长，仍然可能存在某些未知的变化。因此应设置部分几乎不中断的安全照明（允许中断时间不大于0.25s），以降低其危险性。

本条第1款和第4款的相关内容，已列入强制性工程建设规范《建筑环境通用规范》GB 55016－2021强制性要求。与此同时，该强制性工程建设规范还规定了大型活动场地及观众席安全照明的平均水平照度值不应小于20lx。

5.5.5　疏散照明的地面平均水平照度值应符合下列规定：

1　水平疏散通道不应低于1lx，人员密集场所、避难层（间）不应低于3lx；

2　垂直疏散区域不应低于5lx；

3　疏散通道地面中心线的最大值与最小值之比不应大于40∶1；

4　寄宿制幼儿园和小学的寝室、老年公寓、医院等需要救援人员协助疏散的场所不应低于5lx。

【释义与实施要点】

疏散照明的地面水平照度值对于提高人员疏散速度是至关重要的。在通道内，疏散照明范围的宽度不宜小于1.5m；在大面积场所内，应根据使用状况设置方便的疏散路线并保证其连续不中断的水平照度值。

1　与疏散照明照度值相关的标准还包括现行国家标准《建筑防火通用规范》GB 55037、《建筑设计防火规范》GB 50016和《消防应急照明和疏散指示系统技术标准》GB 51309，均应严格执行。人员密集场所“是指公众聚集场所，医院的门诊楼、病房楼，学校的教学楼、图书馆、食堂和集体宿舍，养老院，福利院，托儿所，幼儿园，公共图书馆的阅览室，公共展览馆、博物馆的展示厅，劳动密集型企业的生产加工车间和员工集体宿舍，旅游、宗教活动场所等”（摘自《中华人民共和国消防法》第七十三条）。

2　垂直疏散区域是指建筑物内所有疏散楼梯间以及该楼梯间首层门口至室外安全区域的水平通道，较高的照度便于提高在楼梯间安全通行的速度。

3　疏散通道内地面水平照度值的变化不宜过大，以避免出现视觉失能而延缓疏散速度。

4　孩子在灾害状态下易于受惊吓，较高照度可以适度平缓紧张情绪；老人视力下降、动作迟缓，病人行动困难或需要救援，提高照度有利于提高救援工作效率。

6 照 明 节 能

修订简介

本章修订的主要内容如下：

（1）调整了照明节能措施；

（2）提高了照明功率密度限值要求，增加了汽车工业照明功率密度限值要求。

实施指南

6.1 一 般 规 定

6.1.1 照明节能应在满足规定的照度和照明质量要求的前提下，进行综合评价。

【释义与实施要点】

以人为本是照明的目的，照明节能应该是在满足基本光环境的基础上，包括规定的照度和照明质量要求，并确保照明安全、舒适的前提下进行考核。在对照明节能进行测评时，应首先核实光环境指标是否满足要求，不可单独只对照明节能效果进行核查。同时，光环境与照明节能的综合评价，需针对同一场所或区域同步进行。

6.1.2 照明节能应采用一般照明的照明功率密度（LPD）作为评价指标。

【释义与实施要点】

目前美国、日本、俄罗斯等国家均采用照明功率密度（LPD）作为建筑照明设计节能评价指标，其单位为 W/m^2，《标准》也采用此评价指标，其值应符合《标准》第 6.3 节的规定。不应使用照明功率密度限值作为设计计算照度的依据。设计中应采用平均照度、点照度等计算方法先计算照度，在满足照度标准值的前提下计算所用的灯数数量及照明负荷（包括光源、镇流器、变压器或 LED 驱动电源等灯的附属用电设备），再用 LPD 值作校验和评价。需要特别强调的：一是这里考核的是在满足一般照明照度标准值的照明功率密度值；二是原则上仅考虑《标准》第 6.3 节表中所列的场所，因为他们在该类建筑中量大面广，考核节能有实际价值；三是照明功率密度限值不应按照计算照度值进行折减；四是 LED 灯和 LED 灯具计算 LPD 值时功率按照产品标称的输入功率计算；五是对多通道的可调光输出、可调色温灯具，按运行时的灯具最大输入功率计算照明功率密度值；六是对设计有 LED 恒压直流电源、照明控制设备或系统的照明场所，LED 恒压直流电源、照明控制设备或传感器的功耗不应计入照明功率密度的计算。

6.1.3 房间或场所的照明功率密度应满足本标准第 6.3 节规定的现行值的要求。

【释义与实施要点】

本标准规定了两种照明功率密度值，即现行值和目标值。现行值是根据对国内各类建筑的照明能耗现状调研结果、我国建筑照明设计标准以及光源、灯具等照明产品的现有水平并参考国内外有关照明节能标准，经综合分析研究后制定的，其在《标准》实施时执行。而目标值则是预测到几年后随着照明科学技术的进步、光源灯具等照明产品能效水平的提高，从而照明能耗会有一定程度的下降而制定的。目标值比现行值降低约 10%～20%。目标值是否实施以及实施范围等执行要求，可以由相关标准（如节能建筑、绿色建筑评价标准）规定，也可由全国或行业，或地方主管部门作出相关规定。

6.2 照明节能措施

6.2.1 选用的照明光源、灯具、镇流器或驱动电源的能效不应低于国家现行相关能效标准的节能评价值或 2 级值。

【释义与实施要点】

高效的照明产品是节能的基础要求。“能效（*energy efficiency*）”一词来源于国外，是“能源利用效率”的简称。能效与能耗是两个不同的概念，能耗反映了能源消耗量的大小，而能效则是指消耗单位能源所达到的输出效果，是评价产品用能性能的一种较为科学的方法。到目前为止，我国已正式发布的照明产品能效标准如表 2-6-1 所示，其各照明产品能效等级如表 2-6-2～表 2-6-15 所示。为推进照明节能，设计中应选用符合这些标准的“节能评价值”或“2 级”的产品。

我国已制定的照明产品能效标准　　表 2-6-1

序号	产品类型	标准名称
1	气体放电灯用镇流器	《普通照明用气体放电灯用镇流器能效限定值及能效等级》GB 17896
2	荧光灯	《普通照明用荧光灯能效限定值及能效等级》GB 19044
3	高压钠灯	《高压钠灯能效限定值及能效等级》GB 19573
4	金属卤化物灯	《金属卤化物灯能效限定值及能效等级》GB 20054
5	LED 驱动电源	《LED 模块用直流或交流电子控制装置　性能规范》GB/T 24825
6	室内照明用 LED 产品	《室内照明用 LED 产品能效限定值及能效等级》GB 30255
7	LED 平板灯	《普通照明用 LED 平板灯能效限定值及能效等级》GB 38450

管形荧光灯用电子镇流器能效等级　　表 2-6-2

类别	标称功率（W）	镇流器效率（%）		
		1 级	2 级	3 级
T8	15	87.8	84.4	75.0
	18	87.7	84.2	76.2
	30	82.1	77.4	72.7
	36	91.4	88.9	84.2
	38	87.7	84.2	80.0
	58	93.0	90.9	84.7
	70	90.9	88.2	83.3

续表

类别	标称功率（W）	镇流器效率（%）		
		1级	2级	3级
TC-L	18	87.7	84.2	76.2
	24	90.7	88.0	81.5
	36	91.4	88.9	84.2
TCF	18	87.7	84.2	76.2
	24	90.7	88.0	81.5
	36	91.4	88.9	84.2
TC-D/DE	10	89.4	86.4	73.1
	13	91.7	89.3	78.1
	18	89.8	86.8	78.6
	26	91.4	88.9	82.8
TC-T/TE	13	91.7	89.3	78.1
	18	89.8	86.8	78.6
TC-T/TC-TE	26	91.4	88.9	82.8
TC-DD/DDE	10	86.4	82.6	70.4
	16	87.0	83.3	75.0
	21	89.7	86.7	78.0
	28	89.1	86.0	80.3
	38	92.0	89.6	85.2
TC	5	72.7	66.7	58.8
	7	77.6	72.2	65.0
	9	78.0	72.7	66.7
	11	83.0	78.6	73.3
T5	4	64.9	58.1	50.0
	6	71.3	65.1	58.1
	8	69.9	63.6	58.6
	13	84.2	80.0	75.3
T9-C	22	89.4	86.4	79.2
	32	88.9	85.7	81.1
	40	89.5	86.5	82.1
T2	6	72.7	66.7	58.8
	8	76.5	70.9	65.0
	11	81.8	77.1	72.0
	13	84.7	80.6	76.0
T5-E	14	84.7	80.6	72.1
	21	89.3	86.3	79.6

续表

类别	标称功率（W）	镇流器效率（%）		
		1级	2级	3级
T5-E	24	89.6	86.5	80.4
	28	89.8	86.9	81.8
	35	91.5	89.0	82.6
	39	91.0	88.4	82.6
	49	91.6	89.2	84.6
	54	92.0	89.7	85.4
	80	93.0	90.9	87.0
T8	16	87.4	83.2	78.3
	23	89.2	85.6	80.4
	32	90.5	87.3	82.0
	45	91.5	88.7	83.4
T5-C	22	88.1	84.8	78.8
	40	91.4	88.9	83.3
	55	92.4	90.2	84.6
	60	93.0	90.9	85.7
TC-LE	40	91.4	88.9	83.3
	55	92.4	90.2	84.6
	80	93.0	90.9	87.0
TC-TE	32	91.4	88.9	82.1
	42	93.5	91.5	86.0
	57	91.4	88.9	83.6
	70	93.0	90.9	85.4
	60	92.3	90.0	84.0
	62	92.2	89.9	83.8
	82	92.4	90.1	83.7
	85	92.8	90.6	84.5
	120	92.6	90.4	84.7

单端无极荧光灯用电子镇流器能效等级　　表 2-6-3

配套灯的额定功率	效率（%）		
	1级	2级	3级
30	93.0	89.7	85.1
40	93.1	89.8	85.2
45	93.2	89.9	85.3
48	93.2	90.0	85.4
50	93.3	90.1	85.5
55	93.4	90.2	85.6

续表

配套灯的额定功率	效率（%）		
	1级	2级	3级
70	93.5	90.3	85.7
75	93.6	90.4	85.8
80	93.7	90.5	85.9
85	93.8	90.6	86.1
100	93.9	90.8	86.2
120	94.0	90.9	86.3
125	94.0	91.0	86.4
135	94.1	91.1	86.5
150	94.2	91.2	86.6
165	94.3	91.3	86.7
180	94.4	91.4	86.8
200	94.5	91.5	86.9
220	94.6	91.6	87.0
250	94.7	91.7	87.2
300	94.8	91.8	87.3
400	94.9	91.9	87.4

双端荧光灯各能效等级的初始光效　　**表2-6-4**

工作类型	标称管径（mm）	额定功率（W）	初始光效（lm/W）					
			RR、RZ			RL、RB、RN、RD		
			1级	2级	3级	1级	2级	3级
工作于交流电源频率带启动器的预热阴极灯	26	18	70	64	50	75	69	52
		30	75	69	53	80	73	57
		36	87	80	62	93	85	63
		58	84	77	59	90	82	62
工作于高频线路预热阴极灯	16	14	80	77	69	86	82	75
		21	84	81	75	90	86	83
		24	68	66	65	73	70	67
		28	87	83	77	93	89	82
		35	88	84	75	94	90	82
		39	74	71	67	79	75	71
		49	82	79	75	88	84	79
		54	77	73	67	82	78	72
		80	72	69	63	77	73	67
	26	16	81	75	66	87	80	75
		23	84	77	76	89	86	85
		32	97	89	78	104	95	84
		45	101	93	85	108	99	90

自镇流荧光灯各能效等级的初始光效值　　**表2-6-5**

额定功率（W）	初始光效（lm/W）					
	RR、RZ			RL、RB、RN、RD		
	1级	2级	3级	1级	2级	3级
3	54	46	33	57	48	34
4	57	49	37	60	51	39

续表

额定功率（W）	初始光效（lm/W）					
	RR、RZ			RL、RB、RN、RD		
	1级	2级	3级	1级	2级	3级
5	58	51	40	61	54	42
6	60	53	43	63	56	45
7	61	55	45	64	57	47
8	62	56	47	65	59	49
9	63	57	48	66	60	51
10	63	58	50	66	61	52
11	64	59	51	67	62	53
12	64	59	52	67	62	54
13	65	60	53	68	63	55
14	65	61	53	68	64	56
15	65	61	54	69	64	57
16	66	61	55	69	64	58
17	66	62	55	69	65	58
18	66	62	56	70	65	59
19	67	62	56	70	66	59
20	67	63	57	70	66	60
21	67	63	57	70	66	60
22	67	63	57	70	66	60
23	67	63	58	71	67	61
24	67	64	58	71	67	61
25	68	64	58	71	67	61
26	68	64	59	71	67	62
27	68	64	59	71	67	62
28	68	64	59	71	68	62
29	68	64	59	71	68	62
30	68	65	60	72	68	63
31	68	65	60	72	68	63
32	68	65	60	72	68	63
33	68	65	60	72	68	63
34	68	65	60	72	68	63
35	68	65	60	72	68	63
36	69	65	60	72	68	64
37	69	65	61	72	68	64
38	69	65	61	72	68	64
39	69	65	61	72	68	64
40	69	65	61	72	69	64
41	69	65	61	72	69	64
42	69	65	61	72	69	64
43	69	65	61	72	69	64
44	69	65	61	72	69	64
45	69	65	61	72	69	64
46	69	65	61	72	69	64

续表

额定功率（W）	初始光效（lm/W）					
	RR、RZ			RL、RB、RN、RD		
	1级	2级	3级	1级	2级	3级
47	69	65	61	72	69	65
48	69	65	61	72	69	65
49	69	65	62	72	69	65
50	69	65	62	72	69	65
51	69	65	62	72	69	65
52	69	65	62	72	69	65
53	69	65	62	72	69	65
54	69	65	62	72	69	65
55	69	65	62	72	69	65
56	69	65	62	72	69	65
57	69	65	62	72	69	65
58	69	65	62	72	69	65
59	69	65	62	72	69	65
60	69	65	62	72	69	65

注：额定功率为整数。

单端荧光灯能效限定值及节能评价值　　表2-6-6

灯的类型	标称功率（W）	初始光效（lm/W）			
		RR、RZ		RL、RB、RN、RD	
		能效限定值	节能评价值	能效限定值	节能评价值
双管类	5	42	51	44	54
	7	46	53	50	57
	9	55	62	59	67
	11	69	75	74	80
	18	57	63	62	67
	24	62	70	65	75
	27	60	64	63	68
	28	63	69	67	73
	30	63	69	67	73
	36	67	76	70	81
	40	67	79	70	83
	55	67	77	70	82
	80	69	75	72	78
四管类	10	52	60	55	64
	13	60	65	63	69
	18	57	63	62	67
	26	60	64	63	67
	27	52	56	54	59

续表

灯的类型		标称功率（W）	初始光效（lm/W）			
			RR、RZ		RL、RB、RN、RD	
			能效限定值	节能评价值	能效限定值	节能评价值
多管类		13	60	61	54	65
		18	57	63	63	67
		26	60	64	62	67
		32	55	68	63	75
		42	55	67	60	74
		57	59	68	60	75
		60	59	65	62	69
		62	59	65	62	69
		70	59	68	62	74
		82	59	69	62	75
		85	59	66	62	71
		120	59	68	62	75
方形		10	54	60	58	65
		16	56	63	61	67
		56	56	61	61	65
		57	57	63	62	67
		62	62	69	66	73
		62	62	69	66	73
		63	63	69	66	73
环形	ϕ29（卤粉）	22	44	—	51	—
		32	48	—	57	—
		40	52	—	60	—
	ϕ29（三基色粉）	22	55	62	59	64
		32	64	70	68	74
		40	64	72	68	76
	ϕ16	20	72	76	75	81
		22	72	74	75	78
		27	72	79	75	84
		34	72	81	75	87
		40	69	75	74	80
		41	69	81	74	87
		55	63	70	66	75
		60	63	75	66	80

高压钠灯能效等级　　**表 2-6-7**

额定功率（W）	最低平均初始光效值（lm/W）		
	能效等级		
	1级	2级	3级
50	78	68	61
70	85	77	70
100	93	83	75
150	103	93	85
250	110	100	90
400	120	110	100
1000	130	120	108

高压钠灯用镇流器的能效限定值和节能评价值　　**表 2-6-8**

额定功率（W）	BEF		
	能效限定值	目标能效限定值	节能评价值
70	1.16	1.21	1.26
100	0.83	0.87	0.91
150	0.57	0.59	0.61
250	0.340	0.354	0.367
400	0.214	0.223	0.231
1000	0.089	0.092	0.095

金属卤化物灯用镇流器能效等级　　**表 2-6-9**

标称功率（W）	效率（%）		
	1级	2级	3级
20	86	79	72
35	88	80	74
50	89	81	76
70	90	83	78
100	90	84	80
150	91	86	82
175	92	88	84
250	93	89	86
320	93	90	87
400	94	91	88
1000	95	93	89
1500	96	94	89

钪钠系列金属卤化物灯能效等级　　表 2-6-10

	标称功率（W）	初始光效（lm/W）		
		1 级	2 级	3 级
单端	50	84	66	56
	70	90	79	67
	100	96	84	72
	150	100	88	76
	175	102	90	64
	250	104	92	70
	400	107	96	76
	1000	110	99	85
	1500	127	121	87
双端	70	85	75	61
	100	95	88	72
	150	93	85	71
	250	90	82	68

LED 模块控制装置的能效等级　　表 2-6-11

能效等级	自耦式			隔离输出式		
	$P\leqslant5$W	5W$<P\leqslant$25W	$P>25$W	$P\leqslant5$W	5W$<P\leqslant$25W	$P>25$W
1 级（%）	84.5	89.0	92.0	78.5	84.0	88.0
2 级（%）	80.5	85.0	87.0	75.0	80.5	85.0
3 级（%）	75.0	80.0	82.0	67.0	72.0	76.0

LED 筒灯能效等级　　表 2-6-12

额定功率（W）	额定相关色温（K）	光效（lm/W）		
		1 级	2 级	3 级
≤5	＜3500	95	80	60
	≥3500	100	85	65
＞5	＜3500	105	90	70
	≥3500	110	95	75

注：一般显色指数大于等于 90 时，其各等级光效规定值在本表的基础上降低 10lm/W。

定向集成式 LED 灯能效等级　　表 2-6-13

灯类型	额定相关色温（K）	光效（lm/W）		
		1 级	2 级	3 级
PAR16/PAR20	＜3500	95	80	65
	≥3500	100	85	70
PAR30/PAR38	＜3500	100	85	70
	≥3500	105	90	75

注：一般显色指数大于等于 90 时，其各等级光效规定值在本表的基础上降低 10lm/W。

非定向自镇流LED灯能效等级　　表2-6-14

配光类型	额定相关色温（K）	光效（lm/W）		
		1级	2级	3级
全配光	＜3500	105	85	60
	≥3500	115	95	65
半配光/准半配光	＜3500	110	90	70
	≥3500	120	100	75

注：一般显色指数大于等于90时，其各等级光效规定值在本表的基础上降低10lm/W。

LED平板灯能效等级　　表2-6-15

额定相关色温（K）	光效（lm/W）		
	1级	2级	3级
＜3500	110	95	60
≥3500	120	105	70

注：对于额定一般显色指数大于等于90的LED平板灯，其各等级光效规定值应相应降低10lm/W。

6.2.2　照明场所应以用户为单位计量和考核照明用电量。

【释义与实施要点】

实行能源资源消耗分户、分区、分项计量，是实现精细化管理和能耗目标管控的基础。对于商业楼宇，以用户为单位计量和考核照明用电量，有利于更细致地掌握照明用电的情况，通过横向和纵向的对比分析，从而提供更有针对性的节能措施，促进管理节能。

6.2.3　除美术馆、博物馆等对显色要求高的场所的重点照明可采用卤钨灯外，一般场所不应选用卤钨灯。

【释义与实施要点】

卤钨灯是白炽灯的改进产品，比白炽灯光效稍高，但和现在的高效光源——LED灯、LED灯具、荧光灯、陶瓷金属卤化物灯等相比，其光效仍低得太多，因此，不能广泛使用。本条规定可应用于商场中高档商品的重点照明（其显色性、定向性、光谱特性等条件优于其他光源）外，不应在旅馆客房的酒吧、床头、卫生间以及宾馆走廊、餐厅、电梯厅、大堂、电梯轿厢、厕所等场所应用。

6.2.4　一般照明不应采用荧光高压汞灯。

【释义与实施要点】

和其他高强气体放电灯相比，荧光高压汞灯（包括自镇流荧光高压汞灯）光效较低，寿命也不长，显色指数也不高，故不应采用。

6.2.5　一般照明在满足照度均匀度条件下，宜选择单灯功率较大、光效较高的光源。

【释义与实施要点】

通常同类光源中单灯功率较大者，光效高，所以应选单灯功率较大的，但前提是应满足照度均匀度的要求。对于直管荧光灯，根据现今产品资料，长度为1200mm左右的灯管光效比长度600mm左右（即T8型18W，T5型14W）的灯管效率高，再加上其镇流器损耗差异，前者的节能效果十分明显。所以除特殊装饰要求者外，应选用前者（即28～45W灯管），而不应选用后者（14～18W灯管）。

6.2.6 照明系统宜根据使用需求采取调光或降低照度的控制措施。

【释义与实施要点】

对于利用天然光的场所、人员短时逗留的场所（不含人员短时频繁使用的场所）、部分区域部分时段使用的场所等，照明系统在场所天然光充足或无人使用（或使用需求降低）时进行调节，如采用调光或分组控制等措施，降低照度或关闭灯具，可以有效减少照明用电。

强制性工程建设规范《建筑节能与可再生能源利用通用规范》GB 55015－2021 规定：建筑的走廊、楼梯间、门厅、电梯厅及停车库照明应能够根据照明需求进行节能控制；大型公共建筑的公用照明区域应采取分区、分组及调节照度的节能控制措施。有天然采光的场所，其照明应根据采光状况和建筑使用条件采取分区、分组、按照度或按时段调节的节能控制措施。

6.3 照明功率密度限值

6.3.1 住宅建筑每户照明功率密度限值宜符合表 6.3.1 的规定。

表 6.3.1 住宅建筑每户照明功率密度限值

<table>
<tr><th rowspan="2">房间或场所</th><th colspan="2">照明功率密度限值（W/m²）</th></tr>
<tr><th>现行值</th><th>目标值</th></tr>
<tr><td>起居室</td><td rowspan="5">≤5.0</td><td rowspan="5">≤4.0</td></tr>
<tr><td>卧室</td></tr>
<tr><td>餐厅</td></tr>
<tr><td>厨房</td></tr>
<tr><td>卫生间</td></tr>
</table>

6.3.2 居住建筑公共机动车库照明功率密度限值的现行值应符合现行强制性工程建设规范《建筑节能与可再生能源利用通用规范》GB 55015 的规定，目标值应符合表 6.3.2 的规定。

表 6.3.2 居住建筑公共机动车库照明功率密度限值的目标值

<table>
<tr><th>房间或场所</th><th>照明功率密度限值的目标值（W/m²）</th></tr>
<tr><td>车道</td><td rowspan="2">≤1.4</td></tr>
<tr><td>车位</td></tr>
</table>

6.3.3 宿舍建筑照明功率密度限值宜符合表 6.3.3 的规定。

表 6.3.3 宿舍建筑照明功率密度限值

<table>
<tr><th rowspan="2">房间或场所</th><th colspan="2">照明功率密度限值（W/m²）</th></tr>
<tr><th>现行值</th><th>目标值</th></tr>
<tr><td>居室</td><td rowspan="2">≤5.0</td><td rowspan="2">≤4.0</td></tr>
<tr><td>卫生间</td></tr>
</table>

续表 6.3.3

房间或场所	照明功率密度限值（W/m^2）	
	现行值	目标值
公共厕所、盥洗室、浴室	≤5.0	≤3.5
公共活动室	≤8.0	≤6.5
公用厨房	≤5.0	≤4.0
走廊	≤3.5	≤2.5

6.3.4　图书馆建筑照明功率密度限值应符合表 6.3.4 的规定。

表 6.3.4　图书馆建筑照明功率密度限值

房间或场所	照明功率密度限值（W/m^2）	
	现行值	目标值
普通阅览室、开放式阅览室	≤8.0	≤6.5
多媒体阅览室	≤8.0	≤6.5
老年阅览室	≤13.5	≤9.5
目录厅（室）、出纳厅	≤10.0	≤8.0

6.3.5　办公建筑和其他类型建筑中具有办公用途场所的照明功率密度限值的现行值应符合现行强制性工程建设规范《建筑节能与可再生能源利用通用规范》GB 55015 的规定，目标值应符合表 6.3.5 的规定。

表 6.3.5　办公建筑和其他类型建筑中具有办公用途场所照明功率密度限值的目标值

房间或场所	照明功率密度限值的目标值（W/m^2）
普通办公室、会议室	≤6.5
高档办公室、设计室	≤9.5
服务大厅	≤8.0

6.3.6　商店建筑照明功率密度限值的现行值应符合现行强制性工程建设规范《建筑节能与可再生能源利用通用规范》GB 55015 的规定，目标值应符合表 6.3.6 的规定。当一般商店营业厅、高档商店营业厅、专卖店营业厅需装设重点照明时，该营业厅的照明功率密度限值应增加 5W/m^2。

表 6.3.6　商店建筑照明功率密度限值的目标值

房间或场所	照明功率密度限值的目标值（W/m^2）
一般商店营业厅	≤7.0
高档商店营业厅	≤11.0
一般超市营业厅	≤8.0
高档超市营业厅	≤12.0
仓储式超市	≤8.0
专卖店营业厅	≤8.0

6.3.7 旅馆建筑照明功率密度限值的现行值应符合现行强制性工程建设规范《建筑节能与可再生能源利用通用规范》GB 55015 的规定，目标值应符合表 6.3.7 的规定。

表 6.3.7 旅馆建筑照明功率密度限值的目标值

<table>
<tr><td colspan="2">房间或场所</td><td>照明功率密度限值的目标值（W/m²）</td></tr>
<tr><td rowspan="3">客房</td><td>一般活动区</td><td rowspan="3">≤4.5</td></tr>
<tr><td>床头</td></tr>
<tr><td>卫生间</td></tr>
<tr><td colspan="2">中餐厅</td><td>≤6.0</td></tr>
<tr><td colspan="2">西餐厅</td><td>≤4.0</td></tr>
<tr><td colspan="2">多功能厅</td><td>≤9.5</td></tr>
<tr><td colspan="2">客房层走廊</td><td>≤2.5</td></tr>
<tr><td colspan="2">会议室</td><td>≤6.5</td></tr>
<tr><td colspan="2">大 堂</td><td>≤6.0</td></tr>
</table>

6.3.8 医疗建筑照明功率密度限值的现行值应符合现行强制性工程建设规范《建筑节能与可再生能源利用通用规范》GB 55015 的规定，目标值应符合表 6.3.8 的规定。

表 6.3.8 医疗建筑照明功率密度限值的目标值

房间或场所	照明功率密度限值的目标值（W/m²）
治疗室、诊室	≤6.5
化验室	≤9.5
候诊室、挂号厅	≤4.0
病房	≤4.0
护士站	≤6.5
走 廊	≤3.0
药房	≤9.5

6.3.9 教育建筑照明功率密度限值的现行值应符合现行强制性工程建设规范《建筑节能与可再生能源利用通用规范》GB 55015 的规定，目标值应符合表 6.3.9 的规定。

表 6.3.9 教育建筑照明功率密度限值的目标值

房间或场所	照明功率密度限值的目标值（W/m²）
教室、阅览室	≤6.5
实验室	≤6.5
美术教室	≤9.5
多媒体教室	≤6.5
计算机教室、电子阅览室	≤9.5
学生宿舍	≤3.5

6.3.10 博览建筑照明功率密度限值应符合下列规定：

1　美术馆建筑照明功率密度限值应符合表6.3.10-1的规定；

表6.3.10-1　美术馆建筑照明功率密度限值

房间或场所	照明功率密度限值（W/m²）	
	现行值	目标值
会议报告厅	≤8.0	≤6.5
美术品售卖区	≤8.0	≤6.5
公共大厅	≤8.0	≤6.0
绘画展厅	≤4.5	≤3.5
雕塑展厅	≤5.5	≤4.0

2　科技馆建筑照明功率密度限值应符合表6.3.10-2的规定；

表6.3.10-2　科技馆建筑照明功率密度限值

房间或场所	照明功率密度限值（W/m²）	
	现行值	目标值
科普教室	≤8.0	≤6.5
会议报告厅	≤8.0	≤6.5
纪念品售卖区	≤8.0	≤6.5
儿童乐园	≤8.0	≤6.5
公共大厅	≤8.0	≤6.0
常设展厅	≤8.0	≤6.0

3　博物馆建筑其他场所照明功率密度限值应符合表6.3.10-3的规定。

表6.3.10-3　博物馆建筑其他场所照明功率密度限值

房间或场所	照明功率密度限值（W/m²）	
	现行值	目标值
会议报告厅	≤8.0	≤6.5
美术制作室	≤13.5	≤9.5
编目室	≤8.0	≤6.5
藏品库房	≤3.5	≤2.5
藏品提看室	≤4.5	≤3.5

6.3.11　会展建筑照明功率密度限值的现行值应符合现行强制性工程建设规范《建筑节能与可再生能源利用通用规范》GB 55015的规定，目标值应符合表6.3.11的规定。

表6.3.11　会展建筑照明功率密度限值的目标值

房间或场所	照明功率密度限值的目标值（W/m²）
会议室、洽谈室	≤6.5
宴会厅、多功能厅	≤9.5
一般展厅	≤6.0
高档展厅	≤9.5

6.3.12 交通建筑照明功率密度限值的现行值应符合现行强制性工程建设规范《建筑节能与可再生能源利用通用规范》GB 55015 的规定，目标值应符合表 6.3.12 的规定。

表 6.3.12 交通建筑照明功率密度限值的目标值

<table>
<tr><th colspan="2">房间或场所</th><th>照明功率密度限值的目标值（W/m²）</th></tr>
<tr><td rowspan="2">候车（机、船）室</td><td>普通</td><td>≤4.5</td></tr>
<tr><td>高档</td><td>≤6.0</td></tr>
<tr><td colspan="2">中央大厅、售票大厅</td><td>≤6.0</td></tr>
<tr><td colspan="2">行李认领、到达大厅、出发大厅</td><td>≤6.0</td></tr>
<tr><td rowspan="2">地铁站厅</td><td>普通</td><td>≤3.5</td></tr>
<tr><td>高档</td><td>≤6.0</td></tr>
<tr><td rowspan="2">地铁进出站门厅</td><td>普通</td><td>≤4.0</td></tr>
<tr><td>高档</td><td>≤6.0</td></tr>
</table>

6.3.13 金融建筑照明功率密度限值的现行值应符合现行强制性工程建设规范《建筑节能与可再生能源利用通用规范》GB 55015 的规定，目标值应符合表 6.3.13 的规定。

表 6.3.13 金融建筑照明功率密度限值的目标值

房间或场所	照明功率密度限值的目标值（W/m²）
营业大厅	≤6.0
交易大厅	≤9.5

6.3.14 工业建筑非爆炸危险场所照明功率密度限值的现行值应符合现行强制性工程建设规范《建筑节能与可再生能源利用通用规范》GB 55015 的规定，目标值应符合表 6.3.14 的规定。

表 6.3.14 工业建筑非爆炸危险场所照明功率密度限值的目标值

<table>
<tr><th colspan="2">房间或场所</th><th>照明功率密度限值的目标值（W/m²）</th></tr>
<tr><td colspan="3">1　机电工业</td></tr>
<tr><td rowspan="3">机械加工</td><td>粗加工</td><td>≤5.0</td></tr>
<tr><td>一般加工公差≥0.1mm</td><td>≤8.0</td></tr>
<tr><td>精密加工公差<0.1mm</td><td>≤11.5</td></tr>
<tr><td rowspan="4">机电、仪表装配</td><td>大件</td><td>≤5.0</td></tr>
<tr><td>一般件</td><td>≤8.0</td></tr>
<tr><td>精密</td><td>≤11.5</td></tr>
<tr><td>特精密</td><td>≤16.0</td></tr>
<tr><td colspan="2">电线、电缆制造</td><td>≤8.0</td></tr>
<tr><td rowspan="3">线圈绕制</td><td>大线圈</td><td>≤8.0</td></tr>
<tr><td>中等线圈</td><td>≤11.5</td></tr>
<tr><td>精细线圈</td><td>≤16.0</td></tr>
<tr><td colspan="2">线圈浇注</td><td>≤8.0</td></tr>
</table>

续表 6.3.14

房间或场所		照明功率密度限值的目标值（W/m²）
焊接	一般	≤5.0
	精密	≤8.0
钣金		≤8.0
冲压、剪切		≤8.0
热处理		≤5.0
铸造	熔化、浇铸	≤6.0
	造型	≤9.5
精密铸造的制模、脱壳		≤11.5
锻工		≤5.5
电镀		≤9.5
酸洗、腐蚀、清洗		≤10.0
抛光	一般装饰性	≤9.0
	精细	≤12.5
复合材料加工、铺叠、装饰		≤11.5
机电修理	一般	≤5.0
	精密	≤8.0
2　电子工业		
整机类	计算机及外围设备	≤8.0
	电子测量仪器	≤5.0
元器件类	微电子产品及集成电路	≤12.5
	显示器件	≤12.5
	电真空器件	≤8.0
	印制线路板	≤12.5
	机电组件	≤5.0
	新能源	≤8.0
电子材料类	玻璃、陶瓷	≤5.0
	电声、电视、录音、录像	≤4.0
	光纤、电线、电缆	≤5.0
	其他电子材料	≤5.0
3　汽车工业		
冲压车间	生产区	≤8.0
	物流区	≤4.0
焊接车间	生产区	≤5.0
	物流区	≤4.0
涂装车间	输调漆间	≤8.0
	生产区	≤5.5

续表 6.3.14

房间或场所		照明功率密度限值的目标值（W/m^2）
总装车间	装配线区	≤5.5
	物流区	≤4.0
	质检间	≤11.5
发动机工厂	机加工区	≤5.0
	装配区	≤5.0
铸造车间	熔化工部	≤5.0
	清理/造型/制芯工部	≤8.0

6.3.15 公共建筑和工业建筑非爆炸危险场所通用房间或场所照明功率密度限值的现行值应符合现行强制性工程建设规范《建筑节能与可再生能源利用通用规范》GB 55015 的规定，目标值应符合表 6.3.15 的规定。

表 6.3.15 公共建筑和工业建筑非爆炸危险场所通用房间或场所照明功率密度限值的目标值

房间或场所		照明功率密度限值的目标值（W/m^2）
走廊	普通	≤1.5
	高档	≤2.5
厕所	普通	≤2.0
	高档	≤3.5
试验室	一 般	≤6.5
	精 细	≤9.5
检验	一 般	≤6.5
	精细，有颜色要求	≤16.0
计量室、测量室		≤9.5
控制室	一般控制室	≤6.5
	主控制室	≤9.5
电话站、网络中心、计算机站		≤9.5
动力站	风机房、空调机房	≤2.5
	泵房	≤2.5
	冷冻站	≤3.5
	压缩空气站	≤3.5
	锅炉房、煤气站的操作层	≤3.5
仓库	大件库	≤1.5
	一般件库	≤2.5
	半成品库	≤3.5
	精细件库	≤4.5
公共机动车库	车道	≤1.4
	车位	
车辆加油站		≤3.5

【释义与实施要点】

LPD是照明节能的重要评价指标，目前国际上采用LPD作为节能评价指标的国家和地区有美国、日本、新加坡以及中国香港等。在《标准》2013版中，依据大量的照明重点实测调查和普查的数据结果，经过论证和综合经济分析后制定了LPD限值标准，并根据照明产品和技术的发展趋势，同时给出了目标值。本次修订是在2013版的基础上降低了照明功率密度限值。

经过多年的工程实践，调查验证认为实行目标值的时机已经成熟，因此在《标准》中，拟将2013版中的目标值作为基础，结合对各类建筑场所进行广泛和大量的调查，同时参考国外相关标准，以及对现有照明产品性能分析，确定新的LPD限值。

参照国外经验，以美国为例，其照明节能标准是 *Energy Standard for Buildings Except Low-rise Residential Buildings* ANSI/ASHRAE/IES 90.1，该标准在近10年来经过两次修订，每次修订其LPD限值平均约降低10%～20%。而从这些年来照明产品性能的发展来看，产品能效均有不同程度的提高（以LED灯具为例，其效能平均提高约30%）。因此，照明产品性能的提高也为降低LPD限值提供了可能性。

需要特殊说明的是：

（1）对于住宅内的各居住空间，其空间分隔有时难以区分，故照明功率密度应按照户进行核算；

（2）对于其他类型建筑中具有办公用途的场所很多，其量大面广，节能潜力大，因此也列入照明节能考核的范畴；

（3）教育建筑中照明功率密度限值的考核不包括专门为黑板提供照明的专用黑板灯的负荷；

（4）在有爆炸危险的工业建筑及其通用房间或场所需要采用特殊的灯具，而且这部分的场所也比较少，因此不考核照明功率密度限值。

在照明设计阶段，设计单位应在图纸中注明所选用灯具产品的型号、数量、功率等信息，并给出各房间的设计照度值。施工图审图机构应对上述建筑房间或场所中照明功率密度值进行核算，同时检查其设计照度值是否满足照明标准值要求。竣工验收阶段，工程质量监督机构应委托有相关资质和能力的第三方工程检测机构，对各场所的各项光环境指标和照明功率密度进行现场检测。以设计计算文件或检验报告作为判定依据。

强制性工程建设规范《建筑节能与可再生能源通用规范》GB 55015－2021规定了全装修居住建筑、居住建筑公共机动车库、办公建筑及其他类型建筑中具有办公用途场所、商店建筑、旅馆建筑、医疗建筑、教育建筑、会展建筑、交通建筑、金融建筑、工业建筑非爆炸危险场所，以及公共建筑和工业建筑非爆炸危险场所通用房间或场所的照明功率密度限值（见本篇末参考资料），作为《标准》相应场所照明功率密度限值的现行值。

6.3.16　当房间或场所的室形指数值等于或小于1时，其照明功率密度限值应进行修正，并应符合现行强制性工程建设规范《建筑节能与可再生能源利用通用规范》GB 55015的规定。

【释义与实施要点】

灯具的利用系数与房间的室形指数密切相关，不同室形指数的房间，满足LPD要求的难易度也不相同。在实践中发现，当各类房间或场所的面积很小，或灯具安装高度大，而导致利用系数过低时，LPD 限值的要求确实不易达到。因此，当室形指数 RI 低于一定值时，应考虑根据其室形指数对 LPD 限值进行修正。为此，编制组从 LPD 的基本公式出发，结合大量的计算分析，对 LPD 限值的修正方法进行了研究。本条与《标准》2013 版一致。考虑到实际工作中，为了便于审图机构和设计院进行统一和协调，因此当房间或场所的室形指数值等于或小于 1 时，其照明功率密度限值应允许增加，根据强制性工程建设规范《建筑节能与可再生能源利用通用规范》GB 55015－2021 第 3.3.7 条规定，其增加值不应超过限值的 20％。

设计单位在进行照明功率密度计算时，对于室形指数小于或等于 1 的房间应特别注明，其对应的照明功率密度限值可增加 20％。审图机构应对设计图纸或计算书进行复核，对于室形指数小于或灯具 1 的房间应采用同样的修正方法。现场检测时应根据实际测试结果进行修正。以设计计算文件或检验报告作为判定依据。

6.3.17 当房间或场所的照度标准值提高或降低一级时，其照明功率密度限值应进行修正，并应符合现行强制性工程建设规范《建筑节能与可再生能源利用通用规范》GB 55015 的规定。

【释义与实施要点】

《标准》第 4.1.2 条、第 4.1.3 条规定了一些特定的场所，其照度标准值可提高或降低一级，在这种情况下，相应的 LPD 限值也应进行相应调整。根据强制性工程建设规范《建筑节能与可再生能源利用通用规范》GB 55015－2021 第 3.3.7 条规定，当房间或场所的照度标准值提高或降低一级时，其照明功率密度限值应按比例提高或折减。但调整照明功率密度值的前提是按照《标准》第 4.1.2 条、第 4.1.3 条的规定对照度标准值进行调整，而不是按照设计照度值随意的提高或降低。设计应用举例如下：

设某工业场所根据其通用使用功能设计照度值应选择 500lx，相应的照明功率密度限值为 15.0W/m^2。但实际上该作业精度要求很高，且产生差错会造成很大损失，满足《标准》第 4.1.2 条第 6 款的规定，设计照度值需要提高一级为 750lx。按本条规定，LPD 限值应进行调整，则该场所调整后的 LPD 限值应为：

$$LPD_{限值}=\frac{750}{500}\times 15.0=22.5\text{W/m}^2$$

设计单位在图纸或计算书中对于有特殊要求的场所，应给出其提高或降低照度标准值的理由，并给出相应的照明功率密度计算值。审图机构应根据《标准》第 4.1.2 条、第 4.1.3 条的规定判定其是否满足改变照度标准值的条件。检测机构应根据审图机构的意见，并结合场所的特点和实际情况进行判定。

6.3.18 设有装饰性灯具场所，可将实际采用的装饰性灯具总功率的 50％计入照明功率密度值的计算。

【释义与实施要点】

有些场所为了加强装饰效果，安装了枝形花灯、壁灯、艺术吊灯、暗槽灯等装饰性灯具，这种场所可以增加照明安装功率。增加的数值按实际采用的装饰性灯具总功率的 50％计算 LPD 值，这是考虑到装饰性灯具的利用系数较低，所以假定它有一半左右的光通量起到提高作业面照度的效果。设计应用举例如下：

设某场所的面积为 100m^2，照明灯具总安装功率为 2000W（含镇流器功耗），其中装饰性灯具的安装功率为800W，其他灯具安装功率1200W。按本条规定，装饰性灯具的安装功率按50%计入LPD值的计算，则该场所的计算LPD值应为：

$$LPD = \frac{1200 + 800 \times 50\%}{100} = 16\text{W/m}^2$$

6.4 天然光利用

6.4.1 房间的采光系数或采光窗地面积比应符合现行国家标准《建筑采光设计标准》GB 50033的有关规定。

【释义与实施要点】

天然光是清洁能源，取之不尽，用之不竭，充分利用天然光是实现照明节能的重要技术措施。现行国家标准《建筑采光设计标准》GB 50033中规定了各类场所的采光标准值，以及相应的窗地面积比。满足采光系数的要求，意味着当室外照度达到设计照度时，室内天然光照度值就能基本满足照明的要求，按Ⅲ类光气候区考虑，全年天然光利用时数可达每天8h以上，这将为节约照明用电奠定良好的基础条件。

6.4.2 当技术经济合理时，宜利用导光或反光装置将天然光引入室内进行照明。

【释义与实施要点】

在技术经济条件允许条件下，宜采用各种导光装置，如导光管、光导纤维等，将光引入室内进行照明。或采用各种反光装置，如利用安装在窗上的反光板和棱镜等使光折向房间的深处，提高照度，节约电能。在节能的同时，由于天然光的引入，还将显著改善室内的光环境质量。

6.4.3 当技术经济合理时，宜利用太阳能作为照明能源。

【释义与实施要点】

太阳能是绿色无污染的能源，虽一次性投资大，但维护和运行费用很低，符合节能和环保要求，是转变能源结构和减碳的重要举措。随着成本的进一步降低，光伏在建筑中的应用也越来越广泛，光伏发电所占比例也不断提高。相对于其他设备系统，照明只能采用电力作为能源，且电相对稳定，宜优先利用太阳能作为照明能源。

7 照明配电与控制

修订简介

本章修订的主要内容如下：

（1）对交流电源和直流电源的电压要求分别进行了规定，增加了直流供电照明系统电压降等要求；

（2）增加了LED灯和LED灯具、直流配电系统、以太网供电系统的配电要求，对配电系统防护进行了补充；

（3）增加了特定场所的照明控制措施要求，完善了智能照明控制系统功能要求。

实施指南

7.1 照 明 电 压

7.1.1 当照明采用交流（AC）电源供电时，应符合下列规定：

1 光源额定功率1500W以下宜采用AC220V供电，1500W及以上的高强度气体放电灯的电源电压宜采用AC380V供电；

2 安装在有人接触的水下灯具应采用安全特低电压（SELV）供电，其电压值不应大于AC12V；

3 当移动式和手提式灯具采用防电击类别为Ⅲ类灯具时，应采用安全特低电压供电，在干燥场所不大于AC50V，在潮湿场所不大于AC25V。

【释义与实施要点】

由于本次修订增加了照明系统采用直流配电的相关内容，因此在《标准》第7.1节、第7.2节的条文编写上将交流配电与直流配电的相关规定进行了分类归纳，以方便设计人员使用。

1 根据国家标准《标准电压》GB/T 156－2017（IEC 60038：2009，IEC Standard Voltages，MOD）的规定，一般照明光源采用220V电压；对于大功率（1500W及以上）的高强度气体放电灯有单相220V供电及相间380V供电两种，采用380V电压可以降低传输电流，减少线路损耗。

2 我国关于水池中电气装置所使用安全特低电压（SELV）的规定，可查阅国家标准《低压电气装置 第7-702部分：特殊装置或场所的要求 游泳池和喷泉》GB/T 16895.19－2017（Low-voltage electrical installations-Part 7-702：Requirements for special installations or locations-Swimming pools and fountains，IEC 60364-7-702：2010，IDT）。同时该标准还规定水下灯具的防护等级为IPX8。

3 我国关于特殊装置或场所照明装置、移动及手提式照明装置所使用安全特低电压

（SELV）的规定，可查阅下列国家标准：《建筑物电气装置　第7-715部分：特殊装置或场所的要求　特低电压照明装置》GB/T 16895.30－2008（Electrical Installations of Buildings-Part 7-715：Requirements for special installations or locations—Extra-low-voltage lighting installations，IEC 60364-7-715：1999，IDT），《建筑物电气装置　第7-717部分：特殊装置或场所的要求　移动的或可搬运的单元》GB/T 16895.31－2008（Electrical Installations of Buildings-Part 7-717：Requirements for special installations or locations—Mobile or transportable units，IEC 60364-7-717：2001，IDT）等。

对于交流供电且采用LED恒压直流电源的LED灯具，其直流输出回路宜符合《标准》第7.1.2条的规定。

7.1.2　当照明灯具采用直流（DC）电源供电时，应符合下列规定：

1　直流回路功率500W及以下时宜采用DC48V，500W以上时宜采用DC220V（或DC±110）；

2　使用单灯功率1500W及以上的大功率灯具的电源电压宜采用DC375V；

3　安装在有人接触的水下灯具应采用安全特低电压供电，其电压值不应大于DC30V；

4　当移动式和手提式灯具采用防电击类别为Ⅲ类的灯具时，应采用安全特低电压供电，在干燥场所不大于DC120V，在潮湿场所不大于DC60V。

【释义与实施要点】

1　本条参照国家标准《标准电压》GB/T 156－2017（IEC 60038：2009，IEC Standard Voltages，MOD）及《中低压直流配电电压导则》GB/T 35727－2017制定。以回路功率500W作为电压选择的分界线是基于目前室内照明回路配线一般采用铜芯2.5mm绝缘导线。若确有需要，经计算后适当放大导线规格可考虑放宽此限制。DC±110V三线制直流系统的优点是可以在末端通过简单的手段同时使用两个DC110V电压，常用于大型变电站直流系统，目前在民用供电中较少。

2　同交流供电系统一样，当配电回路要承担较大容量的单台（或整组）照明负荷时，宜采用较高的供电电压以降低传输电流，减少线路损耗。

3　我国关于水池中电气装置所使用安全特低电压（SELV）的规定，可查阅国家标准《低压电气装置　第7-702部分：特殊装置或场所的要求　游泳池和喷泉》GB/T 16895.19－2017（Low-voltage electrical installations-Part 7-702：Requirements for special installations or locations-Swimming pools and fountains，IEC 60364-7-702：2010，IDT）。

4　我国关于特殊装置或场所照明装置、移动及手提式照明装置所使用安全特低电压（SELV）的规定，可查阅下列国家标准：《建筑物电气装置　第7-715部分：特殊装置或场所的要求　特低电压照明装置》GB/T 16895.30－2008（Electrical Installations of Buildings-Part 7-715：Requirements for special installations or locations—Extra-low-voltage lighting installations，IEC 60364-7-715：1999，IDT），《建筑物电气装置　第7-717部分：特殊装置或场所的要求　移动的或可搬运的单元》GB/T 16895.31－2008（Electrical Installations of Buildings-Part 7-717：Requirements for special installations or locations—Mobile or transportable units，IEC 60364-7-717：2001，IDT）等。

7.1.3　交流供电照明灯具的端电压不宜大于其额定电压的105%，且宜符合下列规定：

1 一般工作场所不宜低于其额定电压的95%；

2 当远离变电所的小面积一般工作场所难以满足第1款要求时，可为90%；

3 应急照明和采用安全特低电压供电的照明不宜低于其额定电压的90%。

【释义与实施要点】

本条是对照明器具实际端电压的规定。电压过高会导致光源使用寿命的缩短和能耗的过分增加，电压过低将使照度大幅度降低，影响照明质量。以卤钨灯为例，当端电压升高10%时，光源耗电量增加10%，发光效率提高约11%，但使用寿命则会下降至50%以下；当端电压下降10%时，虽然耗电量也下降10%，但卤钨灯的发光效率下降了约30%，将对照明效果和视觉健康产生严重影响。另外，本条规定的电压偏差值与国家标准《供配电系统设计规范》GB 50052－2009 的规定一致。

若在设计过程中出现末端用电负荷端电压低于要求时，可采取下列相应措施：

(1) 加大传输线缆的导体截面积以降低传输阻抗；

(2) 对于多个负载的供电回路，可根据实际情况考虑拆分从而降低每个回路的电流；

(3) 对于单个负载或不易拆分的成组负载，在经济合理的情况下选装末端调压装置。

7.1.4 直流供电照明系统允许电压降应满足灯具允许最低运行电压值的要求，其允许电压降应按电源出口端最低计算电压值和灯具本身允许最低运行电压值之差选取。

【释义与实施要点】

国家标准《中低压直流配电电压导则》GB/T 35727－2017 第6.3条规定："1500V以下等级的直流供电电压偏差范围为标称电压的－20%～＋5%"。

行业标准《电力工程直流电源系统设计技术规程》DL/T 5044－2014 第6.3.5条第2款规定："（直流柜与直流负荷之间的）电缆允许电压降应按蓄电池出口端最低计算电压值和负荷本身允许最低运行电压值之差选取，宜取直流电源系统标称电压的3%～6.5%"。

团体标准《直流照明系统技术规程》T/CECS 705－2020 第5.4.5条规定："直流输出配电线路允许电压降不宜大于10%"。团体标准《民用建筑直流配电设计标准》T/CABEE 030－2022 第6.5.1条规定："在额定电压和功率条件下，线路压降不应大于5%额定电压"。

可以看出，由于直流配电系统的应用并未普及，也缺乏针对不同类型直流用电负荷运行特性的数据分析，因此国家标准《中低压直流配电电压导则》GB/T 35727－2017 给出了较为宽泛的系统传输压降要求。行业标准《电力工程直流电源系统设计技术规程》DL/T 5044－2014 给出了基于蓄电池组的直流供电系统的传输压降要求，协会标准是针对基于低压AC/DC变流或蓄电池组的直流照明供电系统，因此基本采用了行业标准《电力工程直流电源系统设计技术规程》DL/T 5044－2014 的规定。

《标准》作为国家标准要考虑各个地区的可执行性，因此综合以上各标准提出灯具端电源电压（系统标称电压＋系统传输压降）≥灯具允许最低运行电压值，给出了压降指标选取原则。

7.2 照 明 配 电

7.2.1 供照明用的配电变压器的设置应符合下列规定：

1 当电力设备无大功率冲击性负荷时，照明和电力可共用变压器；

2　当电力设备有大功率冲击性负荷时，照明宜与冲击性负荷接自不同变压器；当需接自同一变压器时，照明应由专用馈电线供电；

3　当照明安装功率较大或谐波含量较大时，宜采用照明专用变压器。

【释义与实施要点】

照明设施安装功率不大，电力设备又没有大功率冲击性负荷，共用变压器比较经济。通常大功率电力设备在启动时会导致变压器输出端产生较大的瞬时压降，并引起照明设施的光源光通量产生较大变化，影响照明质量，因此应分别接入不同的变压器。当变压器台数受限或照明设施安装功率很小、单独设置照明变压器很不经济时，可以接自同一变压器，但照明最好由独立馈电干线供电，以保持相对稳定的电压。照明设施安装功率大，采用专用变压器，有利于电压稳定，以保证照度的稳定和光源的使用寿命。另外，当照明设施使用电子调光设备可能产生大量高次谐波时，宜采用专用变压器以避免对其他负荷的干扰。

7.2.2　交流照明配电系统应符合下列规定：

1　三相配电干线的各相负荷宜平衡分配，最大相负荷不宜大于三相负荷平均值的115%，最小相负荷不宜小于三相负荷平均值的85%；

2　正常照明单相分支回路的电流不宜大于16A，所接光源数或LED灯具数不宜超过25个；当连接建筑装饰性组合灯具时，回路电流不宜大于20A，光源数不宜超过60个；连接高强度气体放电灯的单相分支回路的电流不宜大于25A；

3　电源插座不宜和照明灯接在同一分支回路；

4　在电压偏差较大的场所，宜设置稳压装置；

5　LED灯、LED灯具、LED恒压直流电源以及气体放电灯的骚扰特性和电磁兼容抗扰度应符合现行国家标准《电气照明和类似设备的无线电骚扰特性的限值和测量方法》GB/T 17743和《一般照明用设备电磁兼容抗扰度要求》GB/T 18595的有关规定；

6　当采用Ⅰ类灯具时，灯具的外露可导电部分应与保护导体可靠连接；

7　当LED灯或LED灯具采用安全特低电压供电时，应采用独立隔离式或满足隔离要求的等效安全特低电压控制装置为LED灯或LED灯具供电；当其他照明装置采用安全特低电压供电时，应采用安全隔离变压器，且二次侧不应接地；

8　主要供给气体放电灯的三相配电线路，其中性线截面应满足不平衡电流及谐波电流的要求，且不应小于相线截面；

9　当3次谐波电流超过基波电流的33%时，应按中性线电流选择线路截面，并应符合现行国家标准《低压配电设计规范》GB 50054的规定。

【释义与实施要点】

本条是对采用交流供电系统时的若干具体要求：

1　将负荷均衡分配到各相上可以减少各相的电压偏差；在三相四线制中，如果三相负荷分布不均（相导体对中性导体），将产生电源中性点偏移，负荷大的相电压降低，负荷小的相电压升高，增大了电压偏差。同样，线间负荷不平衡，也会引起线间电压不平衡，造成电压偏差增大。同时，三相负荷分布不均还会导致中性线产生电流及线路损耗增加、变压器损耗增加和变压器能效下降等。参见国家标准《电能质量 三相电压不平衡》GB/T 15543－2008。

2 限制每分支回路的电流值和所接灯数，是为了使分支线路或灯内发生短路或过负载等故障时，断开电路影响的范围不致太大，故障发生后检查维修较方便。对于以 LED 灯或 LED 灯具为主的照明分支回路，由于其单个灯具功率明显较传统光源小，故所接数量可以 LED 灯或 LED 灯具的数量来计算；高强气体放电灯由于单个光源的设备功率大，因此改为直接限制分支回路的电流值。

3 由于电源插座的分支供电回路通常需要设置剩余电流保护，因此当与普通照明灯接在同一分支回路时，会导致照明设施受插座使用的影响而频繁熄灭并导致检修不便。但对于同时满足以下条件的少数小型场所，允许普通照明与插座共用同一分支回路：

(1) 经比较，插座与普通照明共用支路更加经济合理，如远离建筑主体的大门传达室、岗亭等；

(2) 该分支回路或该插座处应具有剩余电流保护功能，最好是采用配备剩余电流保护功能的插座，否则应在回路上设置剩余电流保护；

(3) 该插座对应的使用功能不会对照明功能产生不利影响，如可能使用导致端电压大幅度下降的用电设备等。

4 保持灯的电压稳定，可以使光源的使用寿命比较长，同时使照度相对稳定。对于卤钨灯、气体放电灯等传统光源而言，端电压过高会导致使用寿命大幅缩短，而端电压过低会导致发光效率降低。因此在电压偏差较大的场所，照明配电系统宜设置稳压装置来保持灯的电压稳定，以保证光源的使用寿命和保持场所照度值的相对稳定。

5 为避免干扰周围电子产品的正常工作，LED 灯、LED 灯具、LED 恒压直流电源、气体放电灯等照明产品的无线电骚扰特性需符合现行国家标准《电气照明和类似设备的无线电骚扰特性的限值和测量方法》GB/T 17743 的有关规定；为保证电子器件正常工作，LED 灯、LED 灯具、LED 恒压直流电源、气体放电灯等照明产品的电磁兼容抗扰度需通过现行国家标准《一般照明用设备电磁兼容抗扰度要求》GB/T 18595 中的测试。对于 LED 驱动电源、气体放电灯镇流器来讲，其性能同样也非常重要，但在评价时应与匹配使用的 LED 灯或 LED 灯具或气体放电灯光源进行整体评价，因此在此不做要求。

6 按灯具国家标准《灯具　第 1 部分：一般要求与试验》GB 7000.1-2015 关于防电击分类的规定，Ⅰ类灯具的接地要求，见《标准》第 3.3.3 条的释义。本条规定在于提醒设计者在设计照明供电线路时，应为Ⅰ类灯具提供用于外露可导电部分可靠接地的专用保护线。

7 LED 自耦式控制装置（驱动电源）的输出电压虽然也可以做到与安全特低输出电压相同的电压水平，但是由于其内部的非隔离输出特性，所以每一输出端子的对地电压有可能在各种使用场合不满足安全特低电压（SELV）的要求，因此应采用独立隔离式或满足隔离要求的等效安全特低电压控制装置（详见国家标准《灯的控制装置 第 14 部分：LED 模块用直流或交流电子控制装置的特殊要求》GB 19510.14-2009）。其他照明装置用安全特低电压（SELV）时，其降压变压器的初级和次级应予隔离，二次侧不应作保护接地，以免高电压侵入到特低电压（交流 50V 及以下）侧而导致不安全。相关规定可参见国家标准《低压电气装置　第 4-41 部分：安全防护　电击防护》GB/T 16895.21-2020 (low-voltage electrical installations—Part 4-41：Protection for safety—Protection against electric shock，IEC 60364-4-41：2017，IDT)。

8　气体放电灯及其镇流器均含有一定量的谐波，特别是使用电子镇流器，或者使用电感镇流器配置有补偿电容时，有可能使谐波含量较大，从而使线路电流加大，特别是3次谐波以及3的奇倍数次谐波在三相四线制线路的中性线上叠加，使中性线电流大大增加，所以本款规定中性线导体截面不应小于相线截面；

9　当3次谐波电流大于33%时，则中性线电流将大于相线电流，此时，则应按中性线电流选择截面，并应按国家标准《低压配电设计规范》GB 50054－2011第3.2.9条计算。

7.2.3　直流照明配电系统应符合下列规定：

1　直流配电保护应按直流特性选择相应的保护电器；

2　每个直流配电回路起始端均应装设直流过负荷及短路保护电器作为过电流防护措施；

3　直流配电回路的接地形式宜采用TN或IT形式，当采用IT形式时，应在正负母线上安装绝缘监测装置，实时监测线路绝缘状态；

4　选择的直流集中控制柜及柜内元件应符合现行国家标准《电力工程直流电源设备通用技术条件及安全要求》GB/T 19826的有关规定；

5　直流供电回路宜采用两芯或三芯线缆。

【释义与实施要点】

本条是对采用直流供电系统时的若干具体要求。

直流供电系统最常见的故障是绝缘下降，也是导致发生极间短路和接地故障的直接原因。以对系统危害最为严重的极间短路为例，由于不能像交流系统那样利用电流过零熄弧，因此必须使用专用的保护电器。直流过负荷及短路保护电器可以为直流断路器、直流熔断器等。另外，直流系统短路电流上升速率极快（初始上升率可达20kA/ms），目前部分传统机械式保护电器分断时间很难满足要求，有些机械与半导体混合式开关设备也在尝试达到直流过负荷及短路保护的作用。

采用直流电源对地绝缘，可兼顾设备供电持续性和人身安全防护要求。根据IEC LVDC工作组的技术报告，各成员国中采用IT系统是最多的，其次是TN系统。我国各相关标准中以IT系统为首选的原因是目前使用的低压直流系统以独立直流电源（如蓄电池组）供电为主，由于与其他系统隔离，故采用IT系统对保证供电连续性有较大优势。但对于采用变流器而与交流系统无法有效隔离的系统，还是建议采用TN系统以适应交流电源的接地系统和保护配置的影响。

常用的直流供电回路方式有单电压与双电压两种。单电压供电回路用于电力系统柜内电源时一般采用正极单芯线缆供电，用于建筑场所照明时宜采用正极与负极两芯线缆供电；双电压供电回路宜采用2正极1负极的三芯线缆供电。三线制直流系统的优点是可以在末端通过简单的手段同时使用2个电压，常用于大型变电站直流系统，目前在民用供电中较少。

7.2.4　以太网供电系统应符合下列规定：

1　输出电压范围应为DC44V～57V；

2　输出电流应为300mA、600mA或960mA，输出功率应按15W、25W、45W、60W、75W，90W分级；

3 供电线缆应采用以太网线缆，且回路线缆长度不应大于 90m；

4 以太网交换机的设置应考虑散热防火措施。

【释义与实施要点】

本条是对采用以太网供电系统时的若干具体要求。

目前以太网供电的供电端设备主要是以太网供电交换机。在设计使用时，应该按照市场可以提供的以太网交换机输出功率情况选择功率分级和配套的灯具。

以太网供电技术参考电气和电子工程师协会（IEEE）标准制定，IEEE802.3af 、IEEE802.3at 和 IEEEP802.3bt 对以太网供电参数的规定见表 2-7-1。

以太网供电参数要求 **表 2-7-1**

分级	0～3	0～4	0～6
直流输出电压（V）	44～57	50～57	50～57
缆线	非结构	五类线或以上	五类线或以上
对线数	2	2	4
负载功率（W）	13～15.4	25.5～30	类型 3：60 类型 4：90
电流（mA）	350	600	类型 3：600 类型 4：960
参照标准	IEEE802.3af	IEEE802.3at	IEEEP802.3bt

标准的五类网线有四对双绞线，在 IEEE802.3af 和 IEEE802.3at 中用到了其中的两对线进行供电。IEEE802.3bt 用到了 4 对线进行供电。

以太网供电系统使用的专用交换机对环境温度有较高要求，应采取增加空气对流散热等措施，保证设备正常工作及消防安全。

7.2.5 以气体放电灯和 LED 灯或 LED 灯具为主的配电回路，应根据启动冲击电流的影响选择配电保护及启动方式。

【释义与实施要点】

大功率气体放电灯以及大容量荧光灯的配电回路应考虑启动冲击电流的影响，通过核算启动冲击电流值以确定是否需要采取分组启动控制等措施。对于 LED 灯或 LED 灯具为主的配电回路，根据《标准》第 3.2.5 条、第 3.3.7 条或第 3.3.19 条，LED 灯或 LED 灯具在启动时会产生较大的冲击电流。为避免整个回路的 LED 灯或 LED 灯具同时启动对供电系统及保护装置产生不利影响，应将其分组启动，且尽量选择瞬时脱扣形式为 C 型或 D 型的保护电器。经查询，小功率（400W 以下）LED 灯、LED 灯具及 LED 恒压直流电源电源的启动冲击电流持续时间较短，故在计算时应注意不是简单地将 LED 启动冲击电流进行算术叠加。以 S201 型断路器为例：

图 2-7-1 为 S201-B16 在毫秒级时间范围的脱扣特性曲线。可以看出，当电流持续时间小于 0.6ms 时，其约定不脱扣电流为：$4.2\times3I_n=12.6\times16=201.6$A；同理对于 C 型或 D 型，分别为：C16，$4.2\times5I_n=21\times16=336$A；D16，$4.2\times10I_n=42\times16=672$A。

对应《标准》表 3.3.7，时长 1ms 时 k 可以取为 2.5，S201-C16 的不脱扣电流为 200A，故可允许 5 个 75W 的 LED 负荷同时启动。当该照明回路所接 LED 总负载大于

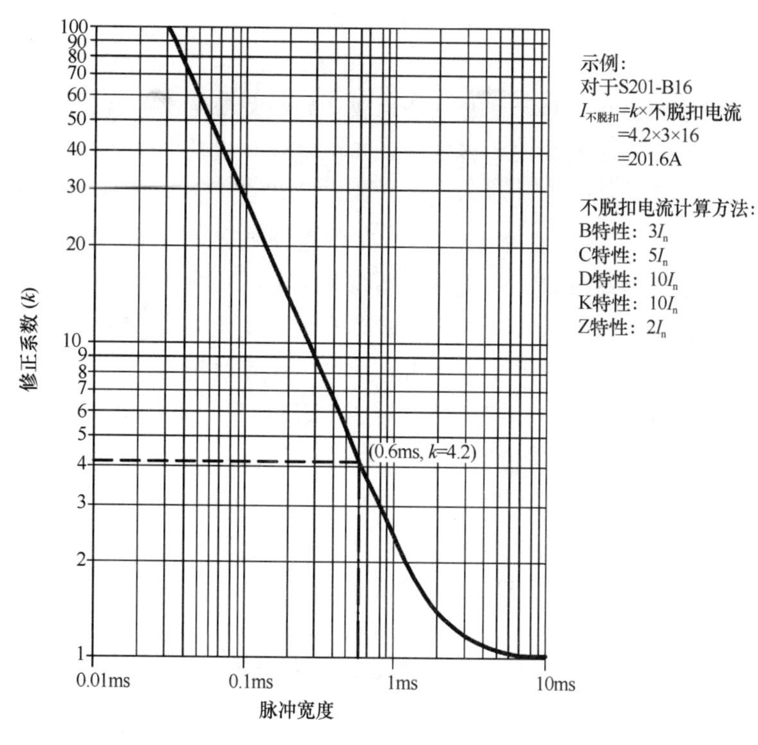

图 2-7-1 S201-B16 在毫秒级时间范围的脱扣特性曲线

375W 时，则应对负载进行分组启动，并确保启动冲击电流不引起保护动作。

在实际项目中，应按照各断路器生产厂商产品样本中断路器与 LED 灯具匹配表进行选型，表 2-7-2 列出了采用几种常用规格 MCB 应用于 LED 照明负载时允许同时启动的最大负荷，供设计应用参考。

选择不同特性曲线和额定电流的 MCB 保护 LED 照明负荷的参考值　　表 2-7-2

额定电流（A）	负载功率（W）	
	C 特性	D 特性
16	440	690
20	630	980
25	750	1200

另有研究称 LED 启动冲击电流有可能引起剩余电流保护的误动作，故非必要时不建议在 LED 供电回路上装设剩余电流保护。

7.2.6 当需要对照明系统同时提供交流供电电源和直流供电电源时，应在配电设施内进行有效隔离，供电分支回路应分别敷设。

【释义与实施要点】

根据国际电工委员会（IEC）标准《建筑物的电气设施 第 5-51 部分：电气设备的选择和安装 共同规则》IEC 60364-5-51 等标准所规定的直接接触防护和间接接触防护的措施，线路分别敷设主要是考虑便于维护检修。

7.2.7 照明分支线路应采用铜芯绝缘线缆，室内分支线截面不应小于 1.5mm^2；室外分支线截面不应小于 2.5mm^2。

【释义与实施要点】

在照明分支线路和插座回路，这种接头比较多的小截面绝缘导线铜芯的机械强度和连接可靠性明显优于铝芯，而且按国家标准《低压配电设计规范》GB 50054－2011 第 3.2.2 条规定，按机械强度要求穿管或浅槽内敷设的绝缘导线最小截面：铜导体为 1.5mm^2，铝导体却要 10mm^2。室外区域照明分支线路敷设可选择直埋或穿管，由于室外环境复杂、敷设距离长，因此选用电缆或护套导线可提高供电可靠性。使用护套导线应穿管敷设，选用直埋方式应采用铠装电缆。地下直埋方式散热好，载流能力高，且由于电缆各芯间的分布电容并联在线路上，可提高自然功率因数，同时不受气候影响。

7.2.8 当一个场所需设置多个小功率 LED 灯或 LED 灯具（单灯功率＜25W），且技术经济合理时，可采用 LED 恒压直流电源供电。

【释义与实施要点】

在《标准》第 3.3.6 条释义中已经提到，目前标准中对于 25W 以下的 LED 灯和 LED 灯具的谐波要求较低，然而在室内照明应用中，25W 及以下的 LED 灯具应用较为普遍，如不限制其谐波会对电路造成不利影响。使用 LED 恒压直流电源作为直流电源为多个小功率 LED 灯或 LED 灯具集中供电，可以有效改善低功率 LED 灯或 LED 灯具谐波含量大、功率因数低以及频闪等问题。

7.2.9 游泳池（戏水池）及喷泉池的安全防护措施应符合现行国家标准《低压电气装置 第 7-702部分：特殊装置或场所的要求 游泳池和喷泉》GB/T 16895.19 的相关规定。

【释义与实施要点】

游泳池（戏水池）和喷泉池等场所以及其周边区域在正常使用时由于人体电阻的降低和人体与地电位的接触而增加了电击的危险性，故应按规定设置电击防护措施。

7.2.10 建筑物室外照明设施的配电系统应根据现场情况选择合理的接地形式。

【释义与实施要点】

安装于建筑本体的照明系统应与该建筑配电系统的接地形式相一致。安装于建筑物周边的照明设施中距建筑外墙 20m 以内的，或安装于建筑物地下室顶盖上方的应与建筑物供电系统的接地形式相一致；距建筑物外轮廓 20m 以外的宜使用单独分支配电回路并采用 TT 系统，将全部外露可导电部分连接后直接接地。试验证明，在单根接地极情况下，距接地极 20m 远处才可看成零电位。在接地系统是多根接地极甚至是接地网的情况下，零电位处若按上述 20m 的规定距离可能仍偏小，但对一般工程来说，两接地系统相距 20m 时，相互间的影响已十分微弱，只要处理得当，是可正常工作的。

7.2.11 人员可触及的室外照明设施应采用安全特低电压供电或人身电击防护措施。

【释义与实施要点】

对于人员可触及的室外照明设施，防止人身电击危害的第一选择是采用安全特低电压供电，但由于室外照明设施供电距离长、回路功率大、光源类型不允许使用特低电压或者经济条件不允许等原因，导致在很多场合需要采用非安全电压供电。此时可采用的措施包括采用Ⅱ类设备、外露可导电部分接地、等电位联结和设置自动切断电源（故障电流保护与剩余电流保护）等。

7.3 照明控制

7.3.1 公共建筑和工业建筑的走廊、楼梯间、门厅等共用场所的照明，宜按建筑使用条件和天然采光状况采取分区、分组控制措施。

【释义与实施要点】

本节部分条文内容与绿色照明相关。国家标准《绿色建筑评价标准》GB/T 50378－2019第7.1.4条（控制项）规定："主要功能房间的照明功率密度值不应高于现行国家标准《建筑照明设计标准》GB 50034规定的现行值；公共区域的照明系统应采用分区、定时、感应等节能控制；采光区域的照明控制应独立于其他区域的照明控制"。故当所设计的建筑需满足绿色建筑的相关要求时，应注意符合绿色建筑相关标准的规定。

在白天天然光较强，邻近采光窗的区域与远离采光窗的区域照度差异很大，或者较大的场所可能在下班后仅有少数人员继续工作，对于上述情况若采用分区或分组控制，可以方便地用手动或自动方式关闭一部分或大部分照明，有利于节电。

7.3.2 建筑物公共场所宜采用集中控制，并按需采取调光或降低照度的控制措施。

【释义与实施要点】

公共场所包括：旅馆、商业及服务性营业场所、影剧院及公共娱乐场所、体育场馆、博览建筑、公共交通建筑等。此类场所中大部分顾客或旅客对环境并不熟悉，且同一场所内人群的行为和对光环境的诉求相对一致，因此对照明系统进行集中控制，有利于工作人员专管或兼管。同时采用分组开关方式或调光方式按实际需求控制场所照明，可以更好地实现节电。

7.3.3 旅馆的每间（套）客房应设置节能控制措施；楼梯间、走道的照明，除疏散照明外，宜采用自动降低照度等节能措施。

【释义与实施要点】

通过总开关保证旅客离开客房后能自动切断除空调、冰箱及充电插座之外的其他用电设施的电源，以避免由于旅客疏忽而没有关闭的用电设备继续耗电，从而达到节约电能的目的。另外，由于旅馆的楼梯间和走道人流量很低，特别是在下午或深夜几乎无人走过，适合采用自动调节照度的节能措施。

图2-7-2是一个走道灯自动调节的典型控制曲线。在无人时保持低水平照度（通常为

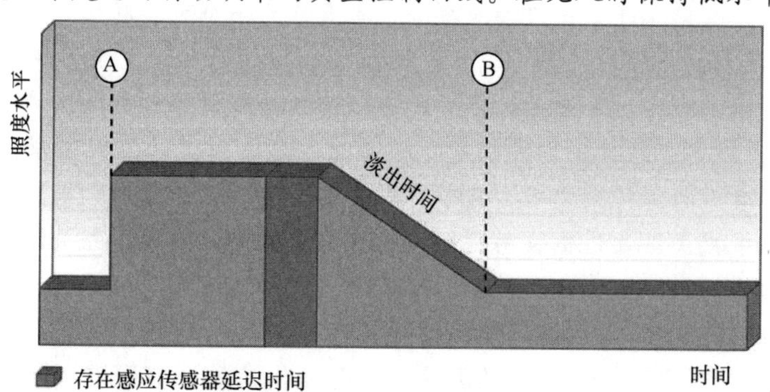

图2-7-2　自动调节控制曲线示意

额定照度的15%左右)，当有人出现时自动控制照明系统达到100%照度额定值；当人员离开监控区域后经过短暂延时，然后逐步降低到原低照度水平。

7.3.4 住宅建筑共用部位的照明，应采用自动降低照度等节能措施。当应急照明采用节能自熄开关时，应采取消防时强制点亮的措施。

【释义与实施要点】

住宅建筑共用部位包括门厅、楼梯间、各层电梯厅和走道、地下停车库等。这类场所在夜间走过的人员不多，深夜更少，但考虑安全因素又需要有灯光，采用感应控制等类似的开关方式，有利于节电。住宅建筑中共用部位设置的照明装置通常兼作为应急疏散照明使用。国家标准《住宅设计规范》GB 50096－2011 第 8.7.5 条规定："住宅的共用部位应设人工照明，应采用高效节能的照明装置（光源、灯具及附件）和节能控制措施。当应急疏散照明采用节能自熄开关时，必须采取消防时应急点亮的措施"。本条规定与其保持一致。

7.3.5 除设置单个灯具的房间外，每个房间灯具的控制分组不宜少于 2 组。

【释义与实施要点】

灯开关应针对灯具数量设置不同的控制模式，有利于节能，也便于运行维护。如某场所一般照明装设了 1、2 两组灯具，其控制至少应具备单独开启某一组灯和同时开启两组灯的模式。具体一点说，2 个以上灯具宜配置各自控制和共同控制等模式；通常靠近出入口的灯具宜单设控制，有 2 个及以上出入口时应分别控制。

7.3.6 当房间或场所装设 2 列或多列灯具时，宜按下列方式分组控制：

1 生产场所宜按车间、工段或工序分组；

2 在有可能分隔的场所，宜按照每个可分隔场所分组；

3 多媒体教室、会议厅、多功能厅、报告厅等场所，宜按靠近或远离讲台分组；

4 除上述场所外，所控灯列宜与侧窗平行。

【释义与实施要点】

本条是分组控制的若干具体要求：

1 工业生产场所宜按车间、工段或工序分组控制，不仅方便使用，当部分工段或工序停止生产作业时，可以整体关闭该区域的灯光，合理地实现照明节能。

2 商业楼宇中存在大量大空间办公场所，以准备客户租用后根据其自身的办公需求灵活进行空间分隔，因此在布置此类场所的照明时应考虑其各种分隔的可能性，以避免对照明线路进行大的改动。通常建议按照每个采光窗作为一个可能独立分隔的区域来考虑。

3 多媒体教室、会议厅、多功能厅、报告厅等场所通常设置投影仪或大型显示屏等设备，为了提高视看效率和舒适性，应考虑可以单独控制讲台和邻近区域的灯光。

4 上述 3 种灯具分组控制方式都是针对场所内可能出现的不同需求而给出的。当一个场所既不需要考虑特殊使用需求，又不存在日后分隔的可能性时，则建议控制灯列与侧窗平行，当天然采光满足靠近侧窗附近区域的视觉需求时，可以分组关闭该区域的人工照明，实现节能的目的。

7.3.7 有条件的场所，宜采用下列照明控制措施：

1 可利用天然采光的场所，宜随天然光照度变化自动调节照度，地下车库宜按使用需求自动调节照度；

2　办公室、阅览室等人员长期活动且照明要求较高的空间宜采用感应调光控制、时钟控制或场景控制；

3　居住建筑及非人员密集的公共建筑的走廊、楼梯间、电梯厅、厕所，地下车库的行车道和停车位以及类似人员短时逗留的场所宜采用红外、声波与超声波、微波等自动感应控制；

4　校园教学楼、学生宿舍楼、图书馆、工业建筑等按时间规律运行的功能空间宜采用时钟控制；

5　酒店大厅、高档走廊、会议室、餐厅、报告厅、个性化居所、体育场馆等多功能用途空间宜采用场景控制；

6　营业大厅、仓储、展厅、超市等大面积单一功能室内空间等宜采用分区或群组控制；

7　高档办公室、高档酒店、精品商店等节能舒适要求高的空间宜采用单灯或分组控制；

8　老年人照料设施、特教建筑、病房等空间可采用语音控制；

9　照明负荷较大以及特定照明效果需要进行照明光源编组和按顺序进行控制的空间宜采用顺序控制；

10　有需求的场所，宜考虑与安全技术防范系统的协同控制；

11　利用导光装置将天然光引入室内的场所，人工照明宜随天然光照度自动调节。

【释义与实施要点】

对于部分中小型高档建筑和智能建筑或其中某些场所，在有条件时可根据现场情况和使用要求采取分组、分时段开启、关闭、调节部分灯具或其他自控措施，可以节约电能并提高人的视觉感受，这统属于照明控制策略问题。

对于天然采光良好的场所，在邻近采光窗的照明支路上设置光感器件等实现自动开关或调光，并协调好整个场所的亮度平衡与照度梯度，同时应注意确保各区域作业面照度不低于设定值；对于较少人员滞留的地下车库等半开敞空间，应根据室外照度的变化自动对照明系统进行调节，以缓解明暗适应并提高视觉舒适性。

对于按照时间规律运行的功能空间，如校园教学楼、学生宿舍楼、图书馆、工业建筑和办公室、阅览室等人员作息时间相对固定的工作空间，宜采用时钟控制；而人员在座情况经常变化时，宜采用人员感应进行调光控制。

非人员密集的公共建筑的楼梯间、走廊、卫生间、电梯厅等场所，在照明支路或灯具上设置人体感应器件等实现自动开关或调光；在地下车库照明支路装设控制装置或在灯具上装设感应装置，可按使用需求分区域、分时段自动调节照度；对于门厅、大堂、电梯厅等场所，在照明支路装设控制装置降低深夜时段的照度等。

多功能厅、报告厅、会议室等针对不同使用功能的场所，往往需要通过不同的灯光变化以满足不同的功能要求，变换室内空间氛围并提供恰当的视觉环境，此时预设多种照明场景预案可有效提高照明控制系统工作效率。

经中国工程建设标准化协会批准发布，由中国建筑科学研究院有限公司等单位编制的团体标准《智能照明控制系统技术规程》T/CECS 612－2019已于2020年1月1日起施行，其中对照明控制策略及其应用场景有较详细的规定。

7.3.8 大型公共建筑宜按使用需求采用适宜的照明控制系统。采用智能照明控制系统宜具备下列功能：

1 宜具备信息采集功能和多种控制方式，并可设置不同场景的控制模式；

2 宜与受控照明装置具备相适应的通信协议；

3 可实时显示和记录所控照明系统的各种相关信息，并可自动生成分析和统计报表；

4 宜具备良好的人机交互界面；

5 宜预留与其他系统的联动接口；

6 当系统断电重新启动时，应恢复为断电前的场景或默认场景。

【释义与实施要点】

大型公共建筑面积大、功能复杂、人流量高，采用自动（智能）照明控制系统可以有效地对照明系统进行合理控制，加强系统对各类不同需求的适应能力，提升建筑物的整体形象，有效节约照明系统的能耗，大幅度降低照明系统的运行维护成本。为了保证能够较好地与各类光源灯具协调运行，并满足不同使用目的的灵活操作，智能照明控制系统宜具备下列功能：

（1）可以接入包括声、光、红外微波、位置等多种传感器进行现场信息采集；

（2）具备手控、电控、遥控、延时、调光、调色等多种控制方式；

（3）可根据不同使用需求预先设置并存储多个不同场景的控制模式；

（4）针对需要控制的不同照明装置，宜具备相适应的接口，以方便与应用于卤钨灯的可控硅电压调制器、应用于气体放电灯的脉冲宽度调制、脉冲频率调制、脉冲相位调制镇流器、应用于 LED 的脉冲宽度调制驱动器等协调运行；

（5）实时显示和记录所控照明系统的各种相关信息并可自动生成分析和统计报表，方便用户对整个照明系统的运行状态、设备完好率、能耗、故障原因等形成完整的掌控；

（6）具备良好的中文人机交互界面，便于满足不同文化程度的使用者进行操控；

（7）预留与其他系统的联动接口，可以作为智能建筑的一个子系统便捷接入智能建筑管理平台（IBMS）。

7.3.9 特定场所的照明控制应符合下列规定：

1 车库出入口、建筑入口等采光过渡区宜采用天然光与人工照明的一体化控制；

2 采用场景控制的会议室或会客空间场景切换的系统响应时间应小于 1s；

3 光感控制和人体感应控制可按需求与场所的遮阳、新风、空调设施联动控制；

4 消防和安防监控等系统对照明有要求的场所，照明控制应符合其要求；

5 当照明采用定时控制时，系统应具有优先级设置功能，以便在非预定时段灵活使用；

6 恒照度控制应采用光电传感器等设备监测光源性能或场所照度水平。

【释义与实施要点】

本条内容为照明控制系统的进阶要求，主要考虑照明控制系统自身多因素协同或与其他控制系统共同工作时的协同，进一步提高建筑智能化水平。

1 车库出入口应考虑车辆驾驶者对于明适应和暗适应的感受性差异，以及不同时段室外天然光的强度变化，通过一体化控制合理调节车库出入口坡道的照度水平。

2 在需要进行多媒体演示的场所，通常建议针对照明系统设置场景的自动转换。考虑到视觉适应的舒适度问题，这个场景转换过程可能持续一定时间，但控制系统的响应时间不宜过长。

3　智能建筑的室内空间应尽量营造令人具有全方位舒适感的物理环境，因此建议通过对现场时间和人员信息的采集来统一协调照明、遮阳、空调等设施的运行。

4　对于设置了自动火灾消防报警与安全技术防范系统的场所，可通过信号联动开启场所一般照明。

5　定时控制（也称时钟控制）用于活动时间和内容比较规则的场所，灯具的运行基本上是按照固定的时间表来进行。但对于超出固定内容的使用需求，应提供优先级较高的现场设置功能，以保证控制系统的灵活性。

6　恒照度控制应不仅要保证照明光源在全寿命期均可提供满足设计要求的光输出，还要兼顾照明场所环境变化对照明效果形成的影响。

附录A　统一眩光值（*UGR*）

修订简介

本附录修订的主要内容如下：

增加了采用发光部分面积大于或等于1.5m²的灯具的场所的眩光要求。

实施指南

A.0.1　室内照明场所的统一眩光值（*UGR*）计算应符合下列规定：

1　当灯具发光部分面积为 $0.005\text{m}^2 < S < 1.5\text{m}^2$ 时，统一眩光值（*UGR*）应按下列公式进行计算：

$$UGR = 8\lg \frac{0.25}{L_b} \sum \frac{L_\alpha^2 \cdot \omega}{p^2} \tag{A.0.1-1}$$

$$L_b = \frac{E_i}{\pi} \tag{A.0.1-2}$$

$$L_\alpha = \frac{I_\alpha}{A_p} \tag{A.0.1-3}$$

$$\omega = \frac{A_p}{r^2} \tag{A.0.1-4}$$

式中：L_b——背景亮度（cd/m^2）；

ω——每个灯具发光部分对观察者眼睛所形成的立体角（图A.0.1-1a）（sr）；

p——每个单独灯具的位置指数，位置指数应按表A.0.1-1确定，其中 X、Y、Z 分别为灯具发光中心相对于观察者眼睛位置的三个直角坐标方向的距离（图A.0.1-2）；

L_α——灯具在观察者眼睛方向的亮度（图A.0.1-1b）（cd/m^2）；

E_i——观察者眼睛方向的间接照度（lx）；

I_α——灯具发光中心与观察者眼睛连线方向的灯具发光强度（cd）；

A_p——灯具发光部分在观察者眼睛方向的表观面积（m^2）；

r——灯具发光部分中心到观察者眼睛之间的距离（m）。

2　当灯具发光部分面积小于 0.005m^2 时，统一眩光值（*UGR*）应按下列公式进行计算：

$$UGR = 8\lg \frac{0.25}{L_b} \sum \frac{200 I_\alpha^2}{r^2 \cdot p^2} \tag{A.0.1-5}$$

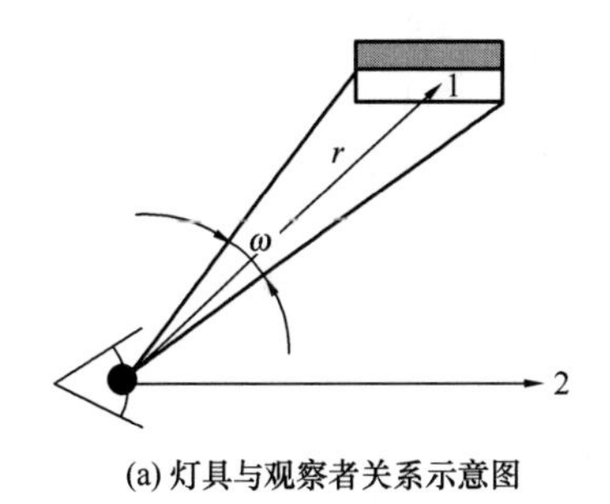

(a) 灯具与观察者关系示意图

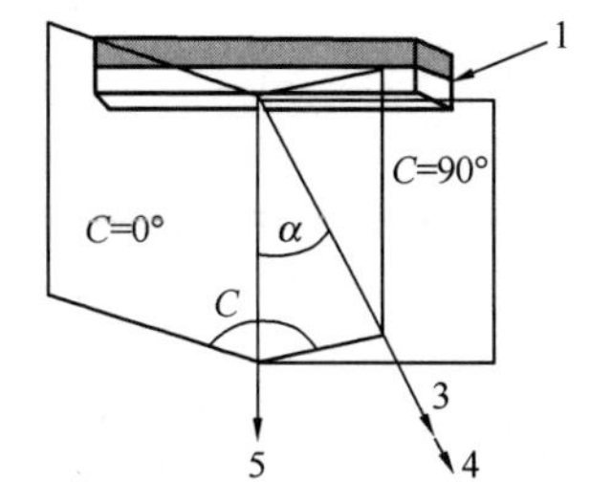

(b) 灯具发光中心与观察者眼睛连线方向示意图

图 A.0.1-1　统一眩光值计算参数示意图

1—灯具发光部分；2—观察者眼睛方向；
3—灯具发光中心与观察者眼睛连线；
4—观察者眼睛位置；5—灯具发光表面法线

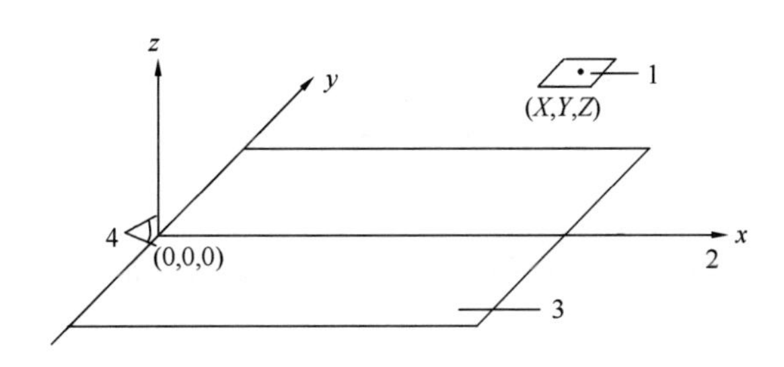

图 A.0.1-2　以观察者眼睛位置为原点的
位置指数坐标系统

1—灯具发光中心；2—视线方向；3—观察者眼睛高度对应的
水平面；4—观察者眼睛

$$L_b = \frac{E_i}{\pi} \quad \text{(A.0.1-6)}$$

式中：L_b——背景亮度（cd/m^2）；

I_α——灯具发光中心与观察者眼睛连线方向的灯具发光强度（cd）；

r——灯具发光部分与观察者眼睛之间的距离（m）；

p——每个单独灯具的位置指数，位置指数应按表 A.0.1-1 确定，其中 X、Y、Z 分别为灯具发光中心相对于观察者眼睛位置的三个直角坐标方向的距离（图 A.0.1-2）；

E_i——观察者眼睛方向的间接照度（lx）；

α——灯具表面法线与其中心和观察者眼睛连线所夹的角度（°）。

3　当灯具发光部分面积不小于 1.5m^2，且统一眩光值（UGR）不大于 19 时，适用照度和发光部分表面亮度限值宜符合表 A.0.1-2 的规定。

表 A.0.1-1 位置指数表

Y/X	Z/X																			
	0.00	0.10	0.20	0.30	0.40	0.50	0.60	0.70	0.80	0.90	1.00	1.10	1.20	1.30	1.40	1.50	1.60	1.70	1.80	1.90
0.00	1.00	1.26	1.53	1.90	2.35	2.86	3.50	4.20	5.00	6.00	7.00	8.10	9.25	10.35	11.70	13.15	14.70	16.20	—	—
0.10	1.05	1.22	1.45	1.80	2.20	2.75	3.40	4.10	4.80	5.80	6.80	8.00	9.10	10.30	11.60	13.00	14.60	16.10	—	—
0.20	1.12	1.30	1.50	1.80	2.20	2.66	3.18	3.88	4.60	5.50	6.50	7.60	8.75	9.85	11.20	12.70	14.00	15.70	—	—
0.30	1.22	1.38	1.60	1.87	2.25	2.70	3.25	3.90	4.60	5.45	6.45	7.40	8.40	9.50	10.85	12.10	13.70	15.00	—	—
0.40	1.32	1.47	1.70	1.96	2.35	2.80	3.30	3.90	4.60	5.40	6.40	7.30	8.30	9.40	10.60	11.90	13.20	14.60	16.00	—
0.50	1.43	1.60	1.82	2.10	2.48	2.91	3.40	3.98	4.70	5.50	6.40	7.30	8.30	9.40	10.50	11.75	13.00	14.40	15.70	—
0.60	1.55	1.72	1.98	2.30	2.65	3.10	3.60	4.10	4.80	5.50	6.40	7.35	8.40	9.40	10.50	11.70	13.00	14.10	15.40	—
0.70	1.70	1.88	2.12	2.48	2.87	3.30	3.78	4.30	4.88	5.60	6.50	7.40	8.50	9.50	10.50	11.70	12.85	14.00	15.20	—
0.80	1.82	2.00	2.32	2.70	3.08	3.50	3.92	4.50	5.10	5.75	6.60	7.50	8.60	9.50	10.60	11.75	12.80	14.00	15.10	—
0.90	1.95	2.20	2.54	2.90	3.30	3.70	4.20	4.75	5.30	6.00	6.75	7.70	8.70	9.65	10.75	11.80	12.90	14.00	15.00	16.00
1.00	2.11	2.40	2.75	3.10	3.50	3.91	4.40	5.00	5.60	6.20	7.00	7.90	8.80	9.75	10.80	11.90	12.95	14.00	15.00	16.00
1.10	2.30	2.55	2.92	3.30	3.72	4.20	4.70	5.25	5.80	6.55	7.20	8.15	9.00	9.90	10.95	12.00	13.00	14.00	15.00	16.00
1.20	2.40	2.75	3.12	3.50	3.90	4.35	4.85	5.50	6.05	6.70	7.50	8.30	9.20	10.00	11.02	12.10	13.10	14.00	15.00	16.00
1.30	2.55	2.90	3.30	3.70	4.20	4.65	5.20	5.70	6.30	7.00	7.70	8.55	9.35	10.20	11.20	12.25	13.20	14.00	15.00	16.00
1.40	2.70	3.10	3.50	3.90	4.35	4.85	5.35	5.85	6.50	7.25	8.00	8.70	9.50	10.40	11.40	12.40	13.25	14.05	15.00	16.00

续表 A. 0. 1-1

Y/X	Z/X																			
	0. 00	0. 10	0. 20	0. 30	0. 40	0. 50	0. 60	0. 70	0. 80	0. 90	1. 00	1. 10	1. 20	1. 30	1. 40	1. 50	1. 60	1. 70	1. 80	1. 90
1. 50	2. 85	3. 15	3. 65	4. 10	4. 55	5. 00	5. 50	6. 20	6. 80	7. 50	8. 20	8. 85	9. 70	10. 55	11. 50	12. 50	13. 30	14. 05	15. 02	16. 00
1. 60	2. 95	3. 40	3. 80	4. 25	4. 75	5. 20	5. 75	6. 30	7. 00	7. 65	8. 40	9. 00	9. 80	10. 80	11. 75	12. 60	13. 40	14. 20	15. 10	16. 00
1. 70	3. 10	3. 55	4. 00	4. 50	4. 90	5. 40	5. 95	6. 50	7. 20	7. 80	8. 50	9. 20	10. 00	10. 85	11. 85	12. 75	13. 45	14. 20	15. 10	16. 00
1. 80	3. 25	3. 70	4. 20	4. 65	5. 10	5. 60	6. 10	6. 75	7. 40	8. 00	8. 65	9. 35	10. 10	11. 00	11. 90	12. 80	13. 50	14. 20	15. 10	16. 00
1. 90	3. 43	3. 86	4. 30	4. 75	5. 20	5. 70	6. 30	6. 90	7. 50	8. 17	8. 80	9. 50	10. 20	11. 00	12. 00	12. 82	13. 55	14. 20	15. 10	16. 00
2. 00	3. 50	4. 00	4. 50	4. 90	5. 35	5. 80	6. 40	7. 10	7. 70	8. 30	8. 90	9. 60	10. 40	11. 10	12. 00	12. 85	13. 60	14. 30	15. 10	16. 00
2. 10	3. 60	4. 17	4. 65	5. 05	5. 50	6. 00	6. 60	7. 20	7. 82	8. 45	9. 00	9. 75	10. 50	11. 20	12. 10	12. 90	13. 70	14. 35	15. 10	16. 00
2. 20	3. 75	4. 25	4. 72	5. 20	5. 60	6. 10	6. 70	7. 35	8. 00	8. 55	9. 15	9. 85	10. 60	11. 30	12. 10	12. 90	13. 70	14. 40	15. 15	16. 00
2. 30	3. 85	4. 35	4. 80	5. 25	5. 70	6. 22	6. 80	7. 40	8. 10	8. 65	9. 30	9. 90	10. 70	11. 40	12. 20	12. 95	13. 70	14. 40	15. 20	16. 00
2. 40	3. 95	4. 40	4. 90	5. 35	5. 80	6. 30	6. 90	7. 50	8. 20	8. 80	9. 40	10. 00	10. 80	11. 50	12. 25	13. 00	13. 75	14. 45	15. 20	16. 00
2. 50	4. 00	4. 50	4. 95	5. 40	5. 85	6. 40	6. 95	7. 55	8. 25	8. 85	9. 50	10. 05	10. 85	11. 55	12. 30	13. 00	13. 80	14. 50	15. 25	16. 00
2. 60	4. 07	4. 55	5. 05	5. 47	5. 95	6. 45	7. 00	7. 65	8. 35	8. 95	9. 55	10. 10	10. 90	11. 60	12. 32	13. 00	13. 80	14. 50	15. 25	16. 00
2. 70	4. 10	4. 60	5. 10	5. 53	6. 00	6. 50	7. 05	7. 70	8. 40	9. 00	9. 60	10. 16	10. 92	11. 63	12. 35	13. 00	13. 80	14. 50	15. 25	16. 00
2. 80	4. 15	4. 62	5. 15	5. 56	6. 05	6. 55	7. 08	7. 73	8. 45	9. 05	9. 65	10. 20	10. 95	11. 65	12. 35	13. 00	13. 80	14. 50	15. 25	16. 00
2. 90	4. 20	4. 65	5. 17	5. 60	6. 07	6. 57	7. 12	7. 75	8. 50	9. 10	9. 70	10. 23	10. 95	11. 65	12. 35	13. 00	13. 80	14. 50	15. 25	16. 00
3. 00	4. 22	4. 67	5. 20	5. 65	6. 12	6. 60	7. 15	7. 80	8. 55	9. 12	9. 70	10. 23	10. 95	11. 65	12. 35	13. 00	13. 80	14. 50	15. 25	16. 00

表 A. 0. 1-2　适用照度与发光部分表面亮度限值

灯具安装高度（m）	发光面积与顶棚面积之比	$UGR=19$	
		适用照度（lx）	最大表面亮度（cd/m²）
2.5	0.15	≤500	900
	0.30		650
	0.50	≤750	450
	0.75	≤1000	400
	1.00		350
3.0	0.15	≤750	1250
	0.30		800
	0.5	≤1000	600
	0.75		500
	1.00		450
5.0	0.15	≤1000	1650
	0.30		1050
	0.50		700
	0.75	≤1500	600
	1.00		500

【释义与实施要点】

本条规定了统一眩光值的计算方法。

3　随着LED照明技术的发展，发光天棚等大面积光源逐渐成为照明应用中的常见形式，而传统的*UGR*方法只适用于发光面积小于1.5m²的光源，间接照明和发光天棚缺少相应的眩光评价方法。

国际照明委员会（CIE）技术文件《小光源、特大光源及复杂光源的眩光 *Glare from small, large and complex*》CIE 147：2002中提供了*GGR*（大面积光源眩光值）的计算方法，用于评价上述大面积光源的眩光。*GGR*可按下列公式进行计算：

$$GGR=8\log\left(\frac{0.785}{E_{\mathrm{i}}}\times\frac{L^{2}\cdot\omega}{p^{2}}\right)\times\left(\frac{0.18}{CC}-0.18\right)+8\log\left[\frac{2\times\left(1+\frac{E_{\mathrm{d}}}{220}\right)}{(E_{\mathrm{i}}+E_{\mathrm{d}})\times\left(\frac{L^{2}\cdot\omega}{p^{2}}\right)}\right]\times\left(1.18-\frac{0.18}{CC}\right) \tag{2-A-1}$$

式中：CC——发光面积与顶棚面积之比；

E_{i}——观察者眼睛方向的间接照度；

E_{d}——观察者眼睛方向从光源得到的直接照度；

p——位置指数；

L——发光体表面亮度；

ω——灯具发光部分对观察者眼睛所形成的立体角。

为便于使用，统一采用*UGR*数值来表示眩光值，即认为*GGR*计算的数值和*UGR*具有相同的眩光感受，如*GGR*=19等同于*UGR*=19。考虑到该计算方法较为复杂，为便于设计人员使用，依据该方法给出了在*UGR*=19的眩光限制条件下，常用房间的适用照度和光源表面亮度上限值。该表中的照度及亮度限值只考虑了发光天棚等大面积光源，未考虑其他灯具或发光装置的贡献，如采用其他方式提高背景亮度，则亮度限值可适当放宽。设计人员可根据场所的照明标准值要求确定合理的照度等级，同时依据该表限制发光体表面亮度，可满足场所内统一眩光值（*UGR*）不大于19。

A.0.2　统一眩光值（*UGR*）的应用条件应符合下列规定：

1　*UGR*适用于简单的立方体形房间的一般照明装置设计；

2　灯具应为双对称配光；

3　坐姿观测者眼睛的高度应取1.2m，站姿观测者眼睛的高度应取1.5m；

4　观测位置宜分别在纵向和横向两面墙的中点，视线水平朝前观测；

5　房间表面应为高出地面0.75m的工作面、灯具安装表面以及此两个表面之间的墙面。

附录B　眩光值（*GR*）

B.0.1　体育场馆的眩光值（*GR*）应按下列公式进行计算：

$$GR = 27 + 24\lg\left(\frac{L_{\mathrm{vl}}}{L_{\mathrm{ve}}^{0.9}}\right) \tag{B.0.1-1}$$

$$L_{\mathrm{vl}} = 10\sum_{i=1}^{n}\frac{E_{\mathrm{eye}i}}{\theta_i^2} \tag{B.0.1-2}$$

$$L_{\mathrm{ve}} = 0.035L_{\mathrm{av}} \tag{B.0.1-3}$$

$$L_{\mathrm{av}} = E_{\mathrm{horav}} \cdot \frac{\rho}{\pi\Omega_{\mathrm{o}}} \tag{B.0.1-4}$$

式中：L_{vl}——由灯具发出的光直接射向眼睛所产生的光幕亮度（cd/m^2）；

L_{ve}——由环境引起直接入射到眼睛的光所产生的光幕亮度（cd/m^2）；

$E_{\mathrm{eye}i}$——观察者眼睛上的照度，该照度是在视线的垂直面上，由第 i 个光源所产生的照度（lx）；

θ_i——观察者视线与第 i 个光源入射在眼上方所形成的角度（°）；

n——光源总数；

L_{av}——可看到的水平照射场地的平均亮度（cd/m^2）；

E_{horav}——照射场地的平均水平照度（lx）；

ρ——漫反射时区域的反射比；

Ω_{o}——1个单位立体角（sr）。

B.0.2　眩光值（*GR*）的应用条件应符合下列规定：

1　视线方向应低于眼睛高度；

2　背景应为被照场地；

3　眩光值计算用的观察者位置可采用计算照度用的网格位置，或采用标准的观察者位置；

4　可按一定数量角度间隔（5°……45°）转动选取一定数量观察方向。

参考资料 1：强制性工程建设规范中有关光环境的条文汇编

《建筑节能与可再生能源利用通用规范》GB 55015－2021

3　新建建筑节能设计

3.3　电气

3.3.1　电力变压器、电动机、交流接触器和照明产品的能效水平应高于能效限定值或能效等级 3 级的要求。

3.3.7　建筑照明功率密度应符合表 3.3.7-1～表 3.3.7-12 的规定；当房间或场所的室形指数值等于或小于 1 时，其照明功率密度限值可增加，但增加值不应超过限值的 20%；当房间或场所的照度标准值提高或降低一级时，其照明功率密度限值应按比例提高或折减。

表 3.3.7-1　全装修居住建筑每户照明功率密度限值

房间或场所	照度标准值（lx）	照明功率密度限值（W/m²）
起居室	100	≤5.0
卧室	75	
餐厅	150	
厨房	100	
卫生间	100	

表 3.3.7-2　居住建筑公共机动车库照明功率密度限值

房间或场所	照度标准值(lx)	照明功率密度限值(W/m²)
车道	50	≤1.9
车位	30	

表 3.3.7-3　办公建筑和其他类型建筑中具有办公用途场所照明功率密度限值

房间或场所	照度标准值(lx)	照明功率密度限值(W/m²)
普通办公室、会议室	300	≤8.0
高档办公室、设计室	500	≤13.5
服务大厅	300	≤10.0

表 3.3.7-4　商店建筑照明功率密度限值

房间或场所	照度标准值(lx)	照明功率密度限值(W/m²)
一般商店营业厅	300	≤9.0
高档商店营业厅	500	≤14.5
一般超市营业厅、仓储式超市、专卖店营业厅	300	≤10.0
高档超市营业厅	500	≤15.5

注：当一般商店营业厅、高档商店营业厅、专卖店营业厅需装设重点照明时，该营业厅的照明功率密度限值可增加 5W/m²。

表 3.3.7-5　旅馆建筑照明功率密度限值

房间或场所		照度标准值（lx）	照明功率密度限值（W/m²）
客房	一般活动区	75	≤6.0
	床头	150	
	卫生间	150	
中餐厅		200	≤8.0
西餐厅		150	≤5.5
多功能厅		300	≤12.0
客房层走廊		50	≤3.5
大堂		200	≤8.0
会议室		300	≤8.0

表 3.3.7-6　医疗建筑照明功率密度限值

房间或场所	照度标准值(lx)	照明功率密度限值(W/m²)
治疗室、诊室	300	≤8.0
化验室	500	≤13.5
候诊室、挂号厅	200	≤5.5
病房	200	≤5.5
护士站	300	≤8.0
药房	500	≤13.5
走廊	100	≤4.0

表 3.3.7-7　教育建筑照明功率密度限值

房间或场所	照度标准值(lx)	照明功率密度限值(W/m²)
教室、阅览室、实验室、多媒体教室	300	≤8.0
美术教室、计算机教室、电子阅览室	500	≤13.5
学生宿舍	150	≤4.5

表 3.3.7-8　会展建筑照明功率密度限值

房间或场所	照度标准值（lx）	照明功率密度限值（W/m²）
会议室、洽谈室	300	≤8.0
宴会厅、多功能厅	300	≤12.0
一般展厅	200	≤8.0
高档展厅	300	≤12.0

表 3.3.7-9　交通建筑照明功率密度限值

房间或场所		照度标准值(lx)	照明功率密度限值(W/m²)
候车(机、船)室	普通	150	≤6.0
	高档	200	≤8.0
中央大厅、售票大厅、行李认领、到达大厅、出发大厅		200	≤8.0

续表 3.3.7-9

房间或场所		照度标准值(lx)	照明功率密度限值(W/m²)
地铁站厅	普通	100	≤4.5
	高档	200	≤8.0
地铁进出站门厅	普通	150	≤5.5
	高档	200	≤8.0

表 3.3.7-10　金融建筑照明功率密度限值

房间或场所	照度标准值(lx)	照明功率密度限值(W/m²)
营业大厅	200	≤8.0
交易大厅	300	≤12.0

表 3.3.7-11　工业建筑非爆炸危险场所照明功率密度限值

房间或场所		照度标准值(lx)	照明功率密度限值(W/m²)
1. 机电工业			
机械加工	粗加工	200	≤6.5
	一般加工 公差≥0.1mm	300	≤10.0
	精密加工 公差<0.1mm	500	≤15.0
机电、仪表装配	大件	200	≤6.5
	一般件	300	≤10.0
	精密	500	≤15.0
	特精密	750	≤22.0
电线、电缆制造		300	≤10.0
线圈绕制	大线圈	300	≤10.0
	中等线圈	500	≤15.0
	精细线圈	750	≤22.0
线圈浇注		300	≤10.0
焊接	一般	200	≤6.5
	精密	300	≤10.0
钣金、冲压、剪切		300	≤10.0
热处理		200	≤6.5
铸造	熔化、浇铸	200	≤8.0
	造型	300	≤12.0
精密铸造的制模、脱壳		500	≤15.0
锻工		200	≤7.0
电镀		300	≤12.0

续表 3.3.7-11

房间或场所		照度标准值（lx）	照明功率密度限值（W/m²）
酸洗、腐蚀、清洗		300	≤14.0
抛光	一般装饰性	300	≤11.0
	精细	500	≤16.0
复合材料加工、铺叠、装饰		500	≤15.0
机电修理	一般	200	≤6.5
	精密	300	≤10.0
2. 电子工业			
整机类	计算机及外围设备	300	≤10.0
	电子测量仪器	200	≤6.5
元器件类	微电子产品及集成电路、显示器件、印制线路板	500	≤16.0
	电真空器件、新能源	300	≤10.0
	机电组件	200	≤6.5
电子材料类	玻璃、陶瓷	200	≤6.5
	电声、电视、录音、录像	150	≤5.0
	光纤、电线、电缆	200	≤6.5
	其他电子材料	200	≤6.5
3. 汽车工业			
冲压车间	生产区	300	≤10.0
	物流区	150	≤5.0
焊接车间	生产区	200	≤6.5
	物流区	150	≤5.0
涂装车间	输调漆间	300	≤10.0
	生产区	200	≤7.0
总装车间	装配线区	200	≤7.0
	物流区	150	≤5.0
	质检间	500	≤15.0
发动机工厂	机加工区	200	≤6.5
	装配区	200	≤6.5
铸造车间	熔化工部	200	≤6.5
	清理/造型/制芯工部	300	≤10.0

表3.3.7-12　公共建筑和工业建筑非爆炸危险场所通用房间或场所照明功率密度限值

房间或场所		照度标准值(lx)	照明功率密度限值(W/m^2)
走廊	普通	50	≤2.0
	高档	100	≤3.5
厕所	普通	75	≤3.0
	高档	150	≤5.0
试验室	一般	300	≤8.0
	精细	500	≤13.5
检验	一般	300	≤8.0
	精细，有颜色要求	750	≤21.0
计量室、测量室		500	≤13.5
控制室	一般控制室	300	≤8.0
	主控制室	500	≤13.5
电话站、网络中心、计算机站		500	≤13.5
动力站	风机房、空调机房	100	≤3.5
	泵房	100	≤3.5
	冷冻站	150	≤5.0
	压缩空气站	150	≤5.0
	锅炉房、煤气站的操作层	100	≤4.5
仓库	大件库	50	≤2.0
	一般件库	100	≤3.5
	半成品库	150	≤5.0
	精细件库	200	≤6.0
公共机动车库	车道	50	≤1.9
	车位	30	
车辆加油站		100	≤4.5

3.3.8　建筑的走廊、楼梯间、门厅、电梯厅及停车库照明应能够根据照明需求进行节能控制；大型公共建筑的公用照明区域应采取分区、分组及调节照度的节能控制措施。

3.3.9　有天然采光的场所，其照明应根据采光状况和建筑使用条件采取分区、分组、按照度或按时段调节的节能控制措施。

3.3.10　旅馆的每间（套）客房应设置总电源节能控制措施。

3.3.11　建筑景观照明应设置平时、一般节日及重大节日多种控制模式。

4　既有建筑节能改造设计

4.3　建筑设备系统

4.3.10　照明系统节能改造设计应在满足用电安全和功能要求的前提下进行；照明系统改造后，走廊、楼梯间、门厅、电梯厅及停车库等场所应能根据照明需求进行节能控制。

6　施工、调试及验收

6.3 建筑设备系统

6.3.2 配电与照明节能工程采用的材料、构件和设备施工进场复验应包括下列内容：

1 照明光源初始光效；

2 照明灯具镇流器能效值；

3 照明灯具效率或灯具能效；

4 照明设备功率、功率因数和谐波含量值；

5 电线、电缆导体电阻值。

《建筑环境通用规范》GB 55016－2021

3 建筑光环境

3.1 一般规定

3.1.1 对光环境有要求的场所应进行采光和照明设计计算，并应符合本规范规定。

3.1.2 光环境设计时应综合协调天然采光和人工照明；人员活动场所的光环境应满足视觉要求，其光环境水平应与使用功能相适应。

3.1.3 照明设置应符合下列规定：

1 当下列场所正常照明供电电源失效时，应设置应急照明：

1） 工作或活动不可中断的场所，应设置备用照明；

2） 人员处于潜在危险之中的场所，应设置安全照明；

3） 人员需有效辨认疏散路径的场所，应设置疏散照明。

2 在夜间非工作时间值守或巡视的场所，应设置值班照明。

3 需警戒的场所，应根据警戒范围的要求设置警卫照明。

4 在可能危及航行安全的建（构）筑物上，应根据国家相关规定设置障碍照明。

3.1.4 对人员可触及的光环境设施，当表面温度高于 70℃时，应采取隔离保护措施。

3.1.5 各种场所严禁使用防电击类别为 0 类的灯具。

3.2 采光设计

3.2.1 采光设计应根据建筑特点和使用功能确定采光等级。

3.2.2 采光设计应以采光系数为评价指标，并应符合下列规定：

1 采光等级与采光系数标准值应符合表 3.2.2-1 的规定。

2 光气候区划应按本规范附录 B 确定。各光气候区的光气候系数应按表 3.2.2-2 确定。

表 3.2.2-1 采光等级与采光标准值

采光等级	侧面采光		顶部采光	
	采光系数标准值（%）	室内天然光照度标准值（lx）	采光系数标准值（%）	室内天然光照度标准值（lx）
Ⅰ	5	750	5	750
Ⅱ	4	600	3	450
Ⅲ	3	450	2	300
Ⅳ	2	300	1	150
Ⅴ	1	150	0.5	75

注：表中所列采光系数标准值适用于我国Ⅲ类光气候区，其他光气候区的采光系数标准值应按本条第 2 款规定的光气候系数进行修正。

表 3.2.2-2　光气候系数

光气候区类别	Ⅰ类	Ⅱ类	Ⅲ类	Ⅳ类	Ⅴ类
光气候系数 K	0.85	0.90	1.00	1.10	1.20
室外天然光设计照度值（lx）	18000	16500	15000	13500	12000

3.2.3　对天然采光需求较高的场所，应符合下列规定：

1　卧室、起居室和一般病房的采光等级不应低于Ⅳ级的要求；

2　普通教室的采光等级不应低于Ⅲ级的要求；

3　普通教室侧面采光的采光均匀度不应低于 0.5。

3.2.4　长时间工作或学习的场所室内各表面的反射比应符合表 3.2.4的规定。

表 3.2.4　反射比

表面名称	反射比
顶棚	0.6～0.9
墙面	0.3～0.8
地面	0.1～0.5

3.2.5　长时间工作或停留的场所应设置防止产生直接眩光、反射眩光、映像和光幕反射等现象的措施。

3.2.6　博物馆展厅室内顶棚、地面、墙面应选择无光泽的饰面材料；对光敏感展品或藏品的存放区域不应有直射阳光，采光口应有减少紫外辐射、调节和限制天然光照度值及减少曝光时间的措施。

3.2.7　主要功能房间采光窗的颜色透射指数不应低于 80。

3.2.8　建筑物设置玻璃幕墙时应符合下列规定：

1　在居住建筑、医院、中小学校、幼儿园周边区域以及主干道路口、交通流量大的区域设置玻璃幕墙时，应进行玻璃幕墙反射光影响分析；

2　长时间工作或停留的场所，玻璃幕墙反射光在其窗台面上的连续滞留时间不应超过 30min；

3　在驾驶员前进方向垂直角 20°、水平角±30°、行车距离 100m 内，玻璃幕墙对机动车驾驶员不应造成连续有害反射光。

3.3　室内照明设计

3.3.1　室内照明设计应根据建筑使用功能和视觉作业要求确定照明水平、照明方式和照明种类。

3.3.2　灯具选择应满足场所环境的要求，并应符合下列规定：

1　存在爆炸性危险的场所采用的灯具应有防爆保护措施；

2　有洁净度要求的场所应采用洁净灯具，并应满足洁净场所的有关规定；

3　有腐蚀性气体的场所采用的灯具应满足防腐蚀要求。

3.3.3　光环境要求较高的场所，照度水平应符合下列规定：

1　连续长时间视觉作业的场所，其照度均匀度不应低于 0.6；

2　教室书写板板面平均照度不应低于 500lx，照度均匀度不应低于 0.8；

3　手术室照度不应低于 750lx，照度均匀度不应低于 0.7；

4　对光特别敏感的展品展厅的照度不应大于 50lx，年曝光量不应大于 50klx · h；对光敏感的展品展厅的照度不应大于 150lx，年曝光量不应大于 360klx · h。

3.3.4　长时间视觉作业的场所，统一眩光值 *UGR* 不应高于 19。

3.3.5　长时间工作或停留的房间或场所，照明光源的颜色特性应符合下列规定：

1　同类产品的色容差不应大于 5SDCM；

2 一般显色指数（R_a）不应低于 80；

3 特殊显色指数（R_9）不应小于 0。

3.3.6 儿童及青少年长时间学习或活动的场所应选用无危险类（RG0）灯具；其他人员长时间工作或停留的场所应选用无危险类（RG0）或 1 类危险（RG1）灯具或满足灯具标记的视看距离要求的 2 类危险（RG2）的灯具。

3.3.7 各场所选用光源和灯具的闪变指数（P_{st}^{LM}）不应大于 1；儿童及青少年长时间学习或活动的场所选用光源和灯具的频闪效应可视度（SVM）不应大于 1.0。

3.3.8 对辨色要求高的场所，照明光源的一般显色指数（R_a）不应低于 90。

3.3.9 对光敏感及特别敏感的展品或藏品的存放区域，使用光源的紫外线相对含量应小于 20μW/lm。

3.3.10 各场所设置的疏散照明、安全标识牌亮度和对比度应满足消防安全的要求。

3.3.11 备用照明的照度标准值应符合下列规定：

1 正常照明失效可能危及生命安全，需继续正常工作的医疗场所，备用照明应维持正常照明的照度；

2 高危险性体育项目场地备用照明的照度不应低于该场所一般照明照度标准值的 50%；

3 除另有规定外，其他场所备用照明的照度值不应低于该场所一般照明照度标准值的 10%。

3.3.12 安全照明的照度标准值应符合下列规定：

1 正常照明失效可能使患者处于潜在生命危险中的专用医疗场所，安全照明的照度应为正常照明的照度值；

2 大型活动场地及观众席安全照明的平均水平照度值不应小于 20lx；

3 除另有规定外，其他场所安全照明的照度值不应低于该场所一般照明照度标准值的 10%，且不应低于 15lx。

3.4 室外照明设计

3.4.1 室外公共区域照度值和一般显色指数应符合表 3.4.1 的规定。

表 3.4.1 室外公共区域照度值和一般显色指数

场所		平均水平照度最低值 $E_{h,av}$（lx）	最小水平照度 $E_{h,min}$（lx）	最小垂直照度 $E_{v,min}$（lx）	最小半柱面照度 $E_{sc,min}$（lx）	一般显色指数最低值
道路	主要道路	15	3	5	3	60
	次要道路	10	2	3	2	60
	健身步道	20	5	10	5	60
活动场地		30	10	10	5	60

注：水平照度的参考平面为地面，垂直照度和半柱面照度的计算点或测量点高度为 1.5m。

3.4.2 园区道路、人行及非机动车道照明灯具上射光通比的最大值不应大于表 3.4.2 的规定值。

表 3.4.2 灯具上射光通比的最大允许值

照明技术参数	应用条件	环境区域			
		E0 区、E1 区	E2 区	E3 区	E4 区
上射光通比	灯具所处位置水平面以上的光通量与灯具总光通量之比（%）	0	5	15	25

3.4.3 当设置室外夜景照明时，对居室的影响应符合下列规定：

1 居住空间窗户外表面上产生的垂直面照度不应大于表 3.4.3-1的规定值。

表 3.4.3-1　居住空间窗户外表面的垂直面照度最大允许值

照明技术参数	应用条件	环境区域			
		E0 区、E1 区	E2 区	E3 区	E4 区
垂直面照度 E_v（lx）	非熄灯时段	2	5	10	25
	熄灯时段	0*	1	2	5

注：* 当有公共（道路）照明时，此值提高到 1lx。

2 夜景照明灯具朝居室方向的发光强度不应大于表 3.4.3-2的规定值。

表 3.4.3-2　夜景照明灯具朝居室方向的发光强度最大允许值

照明技术参数	应用条件	环境区域			
		E0 区、E1 区	E2 区	E3 区	E4 区
灯具发光强度 I（cd）	非熄灯时段	2500	7500	10000	25000
	熄灯时段	0*	500	1000	2500

注：1　本表不适用于瞬时或短时间看到的灯具；
　　2　* 当有公共（道路）照明时，此值提高到 500cd。

3 当采用闪动的夜景照明时，相应灯具朝居室方向的发光强度最大允许值不应大于表 3.4.3-2 中规定数值的 1/2。

3.4.4 建筑立面和标识面应符合下列规定：

1 建筑立面和标识面的平均亮度不应大于表 3.4.4 的规定值。

表 3.4.4　建筑立面和标识面的平均亮度最大允许值

照明技术参数	应用条件	环境区域			
		E0 区、E1 区	E2 区	E3 区	E4 区
建筑立面亮度[1] L_b（cd/m^2）	被照面平均亮度	0	5	10	25
标识亮度[2] L_s（cd/m^2）	外投光标识被照面平均亮度；对自发光广告标识，指发光面的平均亮度	50	400	800	1000

注：本表中 L_s 值不适用于交通信号标识。

2 E1 区和 E2 区里不应采用闪烁、循环组合的发光标识，在所有环境区域这类标识均不应靠近住宅的窗户设置。

3.4.5 室外照明采用泛光照明时，应控制投射范围，散射到被照面之外的溢散光不应超过 20%。

3.5 检测与验收

3.5.1 竣工验收时，应根据建筑类型及使用功能要求对采光、照明进行检测。

3.5.2 采光测量项目应包括采光系数、采光均匀度、反射比和颜色透射指数。

3.5.3 照明测量应符合下列规定：

1 室内各主要功能房间或场所的测量项目应包括照度、照度均匀度、统一眩光值、色温、显色指数、闪变指数和频闪效应可视度；

2 室外公共区域照明的测量项目应包括照度、色温、显色指数和亮度；

3 应急照明条件下，测量项目应包括各场所的照度和灯具表面亮度。

参考资料 2：建筑照明工程碳排放的计算

照明碳排放是指照明工程在与其有关的过程中产生的温室气体排放的总和，以二氧化碳当量表示。基于全生命周期理念，建筑照明工程各阶段的碳排放计算如表 1 所示。

表 1　建筑照明工程各阶段的碳排放计算

<table>
<tr><th>阶段</th><th>计算公式</th></tr>
<tr><td>产品生产阶段</td><td>$$C_{pr}=\sum\frac{C_{p,i}\cdot N_i}{L_i} \quad (1)$$
式中：C_{pr}——照明工程中使用的产品生产过程折合到寿命期内每年的碳排放量（$kgCO_2e/a$）；
$C_{p,i}$——夜景照明工程中第 i 种照明产品生产阶段的碳排放量（$kgCO_2e$）；
N_i——夜景照明工程中第 i 种照明产品的数量；
L_i——夜景照明工程中第 i 种照明产品的使用年限（a）</td></tr>
<tr><td>运输阶段</td><td>$$C_{tr}=\sum\frac{M_i\cdot D_i\cdot T_i}{L_i} \quad (2)$$
式中：C_{tr}——运输过程折合到寿命期内每年的碳排放量（$kgCO_2e/a$）；
M_i——第 i 类产品的质量（t）；
D_i——第 i 类产品的运输距离（km）；
T_i——相应运输方式下，单位质量的第 i 类产品运输距离的碳排放因子［$kgCO_2e/(t\cdot km)$］；
L_i——夜景照明工程中第 i 种照明产品的使用年限（a）</td></tr>
<tr><td>施工阶段</td><td>$$C_{co}=\sum\sum\frac{E_{co,i,j}\cdot EF_j}{L_i} \quad (3)$$
式中：C_{co}——施工阶段折合到寿命期内每年的碳排放量（$kgCO_2e/a$）；
$E_{co,i,j}$——施工阶段第 i 类产品安装采用第 j 种能源总用量（kWh 或 kg）；
EF_j——第 j 类能源的碳排放因子（$kgCO_2e/kWh$ 或 $kgCO_2e/kg$）；
L_i——夜景照明工程中第 i 种照明产品的使用年限（a）</td></tr>
<tr><td>运行阶段</td><td>$$C_{op}=\sum(E_i\cdot EF_e+ER_i\cdot EF_R+EN_i\cdot EF_N) \quad (4)$$
式中：C_{op}——年均照明运行碳排放量（$kgCO_2e/a$）；
E_i——第 i 个照明系统采用公共电网的年均照明能耗（kWh/a）；
EF_e——公共电网电力碳排放因子（$kgCO_2e/kWh$）；
ER_i——第 i 个照明系统每年由本地离网可再生能源提供的电能（kWh/a）；
EF_R——本地离网可再生能源系统的电力碳排放因子（$kgCO_2e/kWh$）；
EN_i——第 i 个照明系统每年由离网不可再生能源系统提供的电能（kWh/a）；
EF_N——本地离网不可再生能源系统的电力碳排放因子（$kgCO_2e/kWh$）</td></tr>
<tr><td>拆除阶段</td><td>$$C_{de}=\sum\left(\sum\frac{E_{de,i,j}\cdot EF_j}{L_i}-\frac{C_{re,i}}{L_i}\right) \quad (5)$$
式中：C_{de}——照明拆除过程折合到寿命期内每年的碳排放量（$kgCO_2e/a$）；
$E_{de,i,j}$——第 i 类产品拆除采用第 j 种能源总用量（kWh 或 kg）；
EF_j——第 j 类能源的碳排放因子（$kgCO_2e/kWh$ 或 $kgCO_2e/kg$）；
L_i——夜景照明工程中第 i 种照明产品的使用寿命（a）；
$C_{re,i}$——第 i 类产品材料回收所能减少的碳排放量（$kgCO_2e$）</td></tr>
<tr><td>合计</td><td>$$C_L=C_{pr}+C_{tr}+C_{co}+C_{op}+C_{de} \quad (6)$$</td></tr>
</table>

第3篇

专 题 研 究

1　国内外建筑照明标准技术指标分析

（建科环能科技有限公司　高雅春）

1.1　国内外建筑照明标准指标设置情况

根据国内外建筑照明标准调研情况，本文对国际照明委员会（CIE）、欧盟（EN）、北美（IESNA）、澳大利亚（ASNZS）、日本（JIS）、中国（GB）等典型国际组织、国家或地区的建筑照明标准指标设置情况进行梳理，如表 3-1-1 所示，下文引用表 3-1-1 中标准时简写为相应标准号。

各地区建筑照明标准指标设置　　表 3-1-1

标准名称	一级标题	二级标题
《室内工作场所照明》 CIE S 008/E：2002 ISO 8995-1：2002（E） （国际照明委员会） （以下简称 CIE S 008/E：2002）	范围、规范性引用文件、术语定义	
	照明设计指标	光环境、亮度分布、照度（含作业面推荐照度、照度分级、周边区域照度、均匀度）、眩光（含遮光角、不舒适眩光、光幕反射和反射眩光）、方向性、颜色质量（含色温、显色指数）、采光、维护、能源消耗、视觉显示终端区域照明、闪烁与频闪效应、应急照明
	照明标准值	维持平均照度、统一眩光值、一般显色指数等
	验收程序	照度、统一眩光值、一般显色指数、色温、维护、灯具亮度、测量误差
《光与照明　工作场所照明　第 1 部分：室内工作场所》 EN 12464-1：2021 （欧盟） （以下简称 EN 12464-1：2021）	范围、规范性引用文件、术语和定义	
	照明设计指标	光环境、亮度分布（含表面反射比、表面照度）、照度（含照度分级、作业面照度、周边区域照度、背景照度、均匀度）、照度网格、眩光（含不舒适眩光、灯具遮光、光幕反射和反射眩光）、室内空间照明（含柱面照度要求、立体感、视觉作业方向性照明）、颜色质量（含色温、显色指数）、闪烁与频闪效应、屏幕显示区域照明
	照明设计	一般规定、照度要求和推荐值（含作业区和周边区域照度、空间照明、照明系统运行）、维护系数、能源消耗、采光、光的变化、房间亮度
	照明标准值	照度限值、照度提升值、照度均匀度、一般显色指数、统一眩光值、柱面照度、墙面照度、顶棚照度、特殊要求
	验收程序	一般规定、照度、统一眩光值、显色指数和色温、灯具亮度、维护时间表

续表

<table>
<tr><th>标准名称</th><th>一级标题</th><th>二级标题</th></tr>
<tr><td rowspan="4">《照明一般要求》
JSA JIS 9110：2010
（日本）
（以下简称
JSA JIS 9110：2010）</td><td colspan="2">范围、规范性引用文件、术语和定义</td></tr>
<tr><td>照明设计标准</td><td>一般规定、照明环境、照度、眩光、光色和显色特性、维护、能耗、视觉显示终端区域照明、环境连续性</td></tr>
<tr><td>照明标准值</td><td>维持平均照度、均匀度、眩光、显色指数等</td></tr>
<tr><td>验收程序</td><td>照度、统一眩光值和眩光指数、一般显色指数、相关色温、维护、测量误差</td></tr>
<tr><td rowspan="11">《室内工作场所照明　第2.1部分：特殊应用　活动区域和其他一般区域》
AS/NZS 1680.2.1：2008
（澳大利亚）
（以下简称
AS/N ZS 1680.2.1：2008）</td><td colspan="2">范围、一般要求</td></tr>
<tr><td colspan="2">作业可见性</td></tr>
<tr><td colspan="2">照明方向性</td></tr>
<tr><td colspan="2">不利反射</td></tr>
<tr><td colspan="2">室内表面</td></tr>
<tr><td colspan="2">光源颜色</td></tr>
<tr><td colspan="2">眩光及相关影响</td></tr>
<tr><td colspan="2">光源、灯具和控制系统</td></tr>
<tr><td colspan="2">照明系统</td></tr>
<tr><td colspan="2">照明设计流程</td></tr>
<tr><td colspan="2">照明系统和设备维护</td></tr>
<tr><td rowspan="6">《建筑照明设计标准》
GB 50034-2013
（中国）
（以下简称
GB 50034-2013）</td><td colspan="2">总则、术语</td></tr>
<tr><td>基本规定</td><td>照明方式和种类、照明光源选择、照明灯具及其附属装置选择</td></tr>
<tr><td>照明数量和质量</td><td>照度（含照度分级、工作面照度、周边区域照度、背景区域照度、维护系数、设计偏差）、照度均匀度、眩光限制（含遮光角、光幕反射和反射眩光、视觉显示终端场所要求）、光源颜色（含色温、显色指数、色容差、色偏差）、反射比</td></tr>
<tr><td>照明标准值</td><td>照度标准值、统一眩光值、均匀度、一般显色指数</td></tr>
<tr><td>照明节能</td><td>一般规定、照明节能措施、照明功率密度限值、天然光利用</td></tr>
<tr><td>照明配电及控制</td><td>照明电压、照明配电系统、照明控制</td></tr>
</table>

1.2 照度

1.2.1 照度标准值

根据调研结果，不同标准对于相同类型场所的照度标准值基本保持一致，部分标准对场所照度等级进行了划分，各主要房间或场所的照度标准值见表3-1-2。

主要房间或场所照度标准值要求　　表 3-1-2

场所名称	CIE S 008/E：2002	EN 12464-1：2021	JSA JIS 9110：2010	GB 50034－2013
办公室	500	500	750	300/500
会议室	500	500	500	300/750
阅览室	500	500	500	300/500
商店营业厅	300/500	300	500	300/500
旅馆客房	—	—	100	75
诊室	—	—	500	300
候诊室	200	200	200	200
病房	100	100	100	100
教室	300	300/500	300	300
教室黑板	500	500	500	500
实验室	500	500	500	300/500
门厅	100	100	100	100/200
通用走廊	100	100	100	50/100
卫生间	200	200	200	75/150
餐厅	200	200	300	200
公共车库	75	75	150/75/30	50

1.2.2　老年人和视觉障碍者照明特殊要求

美国标准《老年人和视觉障碍者照明与视觉环境要求》ANSI/IES RP-28-20 对于老年人和视觉障碍者的照明提出了特殊要求（表 3-1-3）。从国内标准体系来看，老年人居住场所属于老年人照料设施，为公共建筑。随着老年人照料设施建筑的增加，建议在公共建筑照明标准值中单列一条作出相应规定，并与行业标准《老年人照料设施建筑设计标准》JGJ 450－2018 协调一致。

老年人和视觉障碍者照明标准值（ANSI/IES RP-28-20）　　表 3-1-3

区域	环境照明标准值（lx）	备注	作业面照明标准值（lx）	备注
建筑入口、流动区域和一般区域				
室内入口（日间）	1000			
室内入口（夜间）	100			
出口楼梯和平台	100	测量路径中心线		
电梯	100	走廊和楼梯间墙壁的反射比宜为 0.5～0.7		
管理	300		500	
访客等候（日间）	200		500	

续表

区域	环境照明标准值（lx）	备注	作业面照明标准值（lx）	备注
访客等候（夜间）	100		500	
室内流动区域、大堂、休息区（日间）	200		500	
室内流动区域、大堂、休息区（夜间）	100		500	
活动、会议、一般房间	300		500	
办公	300		500	
礼拜堂或安静区域	100～300	亮度可调	300	适用于圣坛、教堂长椅和圣坛
住所、公寓、住宅房间				
入口	200			
起居室	200		750	阅读区
卧室	200		750	阅读区
橱柜、衣柜	100	内部反射比建议为 0.5～0.7，测量 0.76～1.83m 衣架表面的垂直照度	100	
浴室一般照明	300			
台盆	300			
厕所	200～300			
夜间照明	2	测量地面，半径 61cm，到达厕所的路径上连续测点间隔为 122cm		
水槽，梳妆区	300	测量朝向镜子方向的垂直照度，距离镜子 61cm，测量区域为面部区域 152cm	500	
洗浴区作业照明	500			
厨房	300			
准备区			500	桌面
走廊，门廊（活跃时段）	300	测量距离两侧墙壁 61cm 的范围		
走廊，门廊（睡眠时段）	100	测量距离两侧墙壁 61cm 的范围		
餐厅（活跃时段）	200		500	
餐桌			500	桌面
室外入口，活动路径				
室外入口（夜间）	50～100			
室外活动路径	20	测量路径中心线		

注：表中数值均为最小值。

1.2.3 室内表面反射比

表面反射比主要对顶棚、墙壁、地面、工作面、家具进行规定，数值对比结果见表 3-1-4，其中澳大利亚标准对墙面和地面反射比的耦合关系进行了规定。

室内表面反射比要求 表 3-1-4

表面	CIE S 008/E：2002	EN 12464-1：2021	AS/NZS 1680.2.1：2008	GB 50034－2013
顶棚	0.6～0.9	0.7～0.9	—	0.6～0.9
墙壁	0.3～0.8	0.5～0.8	0.4，地面反射比小于 0.2 时，墙面反射比不应小于 0.6	0.3～0.8
地面	0.1～0.5	0.2～0.6	0.1	0.1～0.5
工作面	0.2～0.6	—	—	0.2～0.6
家具	—	0.2～0.7	—	—

1.2.4 照度分布

根据调研结果，对于邻近区域照度分布，各标准均基本保持一致。

（1）欧盟标准 EN 12464-1：2021 对于邻近区域的照度规定如表 3-1-5 所示。

邻近区域照度（EN 12464-1：2021） 表 3-1-5

工作面照度（lx）	周边区域照度（lx）	照度均匀度
≥750	500	≥0.4
500	300	
300	200	
200	150	
≤150	工作面照度	

（2）国家标准 GB 50034－2013 对于作业面邻近区域的照度规定如表 3-1-6 所示。

作业面邻近区域的照度（GB 50034－2013） 表 3-1-6

作业面照度（lx）	作业面邻近周围照度（lx）
≥750	500
500	300
300	200
≤200	与作业面照度相同

注：作业面邻近周围指作业面外宽度为 0.5m 的区域。

对于背景照度，各国家或地区规定如下：

（1）欧盟标准 EN 12464-1：2021 规定其照度值不低于作业面邻近周边照度的 1/3，照度均匀度不低于 0.1；

（2）国家标准 GB 50034－2013 规定作业面背景区域照度不宜低于作业面邻近周围照度的 1/3。

欧盟标准 EN 12464-1：2021 为了保证垂直照度的要求，引入柱面照度的指标。而在现有照明方式下，考虑到现有照明工程的灯具布置方式和设计执行便利性，对墙面照度进行规定，也可以满足对垂直照度的相关要求，因此建议在修订版的标准中分别对墙面照度和顶棚照度的指标数值进行修订。

1.3　颜色质量

1.3.1　色温

各国家或地区标准对于色温的分类基本相同，如表 3-1-7 所示。

色温分类　　**表 3-1-7**

色表	相关色温 T_{CP}
暖色	小于 3300K
中间色	3300～5300K
冷色	大于 5300K

各标准对于色温的具体要求要求见表 3-1-8。

色温要求　　**表 3-1-8**

标准	规定场所	相关色温 T_{CP} (K)
EN 12464-1：2021	夜间护理照明	2200～3000
	医疗活动	4000～5000
	涉及颜色辨别的活动	4000～6500
GB 50034－2013	人员长时间工作或停留场所	宜≤4000

1.3.2　显色指数

一般显色指数的规定主要遵循以下原则：长时间一般视觉作业（80）；颜色质量要求高的场所（90）；室内一般短时活动区域（60）；室外一般短时活动区域（≤40）。

各主要调研标准关于室内照明主要场所一般显色指数要求，见表 3-1-9。

室内照明主要场所一般显色指数要求　　**表 3-1-9**

场所名称	CIE S 008/E：2002	EN 12464-1：2021	JSA JIS 9110：2010	GB 50034－2013
办公室	80	80	80	80
会议室	80	80	80	80
阅览室	80	80	80	80
商店营业厅	80	80	80	80
旅馆客房	—	—	80	80
诊室	—	—	90	80

续表

场所名称	CIE S 008/E：2002	EN 12464-1：2021	JSA JIS 9110：2010	GB 50034－2013
候诊室	80	80	80	80
病房	80	80	80	80
教室	80	80	80	80
教室黑板	80	80	80	80
实验室	80	80	80	80
门厅	60	80	60	60/80
通用走廊	40	40	40	60/80
卫生间	80	80	80	60/80
餐厅	80	80	80	80
公共车库	40	40	40	60

考虑到 LED 灯具光谱特性，其特殊显色指数 R_9 的不同对亚洲人种影响较为明显，因此建议规定人员长期工作或停留的场所，其特殊显色指数 R_9 不应小于 0。

1.4 光生物安全

1.4.1 风险分级

根据国家标准《灯和灯系统的光生物安全性》GB/T 20145－2006/CIE S 009/E：2002 对灯具的分类，从光生物安全的角度可将灯分为 4 类：无危险类（RG0）、Ⅰ类危险（RG1）、Ⅱ类危险（RG2）和Ⅲ类危险（RG3）。

（1）无危险类

无危险类是指灯在标准极限条件下也不会造成任何光生物危害，满足此要求的灯应当满足以下条件：在 8h（30000s）内不造成光化学紫外危害；在 1000s 内不造成近紫外危害；在 10000s 内不造成对视网膜蓝光危害；在 10s 内不造成对视网膜热危害；在 1000s 内不造成对眼睛的红外辐射危害。还有，发射红外辐射但没有强视觉刺激（即小于 10cd/m^2），并且 1000s 内不造成近红外视网膜危害（L_{IR}）的灯也属于无危险类。

（2）Ⅰ类危险

该分类是指在曝光正常条件限定下，灯不产生危害，满足此要求的灯应当满足以下条件：在 10000s 内不造成光化学紫外危害；在 300s 内不造成近紫外危害；在 100s 内不造成对视网膜蓝光危害；在 10s 内不造成对视网膜热危害；在 100s 内不造成对眼睛的红外辐射危害。

（3）Ⅱ类危险

该分类是指灯不产生对强光和温度的不适反应的危害，满足此要求的灯应当满足以下条件：在 1000s 内不造成光化学紫外危害；在 100s 内不造成近紫外危害；在 0.25s 内不造成对视网膜蓝光危害；在 0.25s 内不造成对视网膜热危害；在 10s 内不造成对眼睛的红外辐射危害。

（4）Ⅲ类危险

该分类是指灯在更短瞬间造成光生物危害，当限制量超过Ⅱ类危险的要求时，即为Ⅲ类危险。

1.4.2　光生物安全限值

国家标准《灯具　第1部分：一般要求与试验》GB 7000.1－2015对灯具的蓝光危害组别进行了不应大于RG2的规定，此为对灯具的通用要求。然而根据不同场所及不同年龄段的人员光谱透过率特点，建议进行区别规定，即分为儿童青少年活动场所（RG0）、一般长时间停留或工作的场所（RG1）以及其他场所（RG2）。

1.5　照明眩光

1.5.1　灯具表面亮度限值

灯具表面亮度是评价眩光的重要指标，根据调研结果，各主要标准对灯具表面亮度的规定如下：

（1）澳大利亚标准AS/NZS 1680.2.1：2008规定：70°～90°范围内的灯具表面亮度不应大于25kcd/m²；

（2）欧盟标准EN 12464-1：2021规定了不同角度的最大平均亮度限值，如表3-1-10所示。

不同角度的最大平均亮度限值　　　**表3-1-10**

γ角（°）	最大平均亮度（kcd/m²）
75～90	20
70～75	50
60～70	500

注：γ角为与竖直方向的夹角。

1.5.2　遮光角

各主要标准对于灯具遮光角的要求基本保持一致，如表3-1-11所示。

灯具遮光角要求　　　**表3-1-11**

光源亮度（kcd/m²）	CIE S 008/E：2002	EN 12464-1：2021	GB 50034－2013
1～20	10°	—	10°
20～50	15°	15°	15°
50～500	20°	20°	20°
≥500	30°	30°	30°

对于特定LED灯具（如LED平面灯），没有遮光角的概念，建议在标准修订中参考欧盟标准引入灯具各朝向的亮度限值，以更好保障室内低眩光的良好光环境效果。

1.5.3 统一眩光值

对于各主要照明场所，国内外建筑照明标准普遍采用统一眩光值（UGR）对现场眩光情况进行评价，典型场所的眩光值要求详见表 3-1-12。

典型场所统一眩光值要求　　表 3-1-12

场所名称	CIE S 008/E：2002	EN 12464-1：2021	JSA JIS 9110：2010	GB 50034－2013
办公室	19	19	19	19
会议室	19	19	19	19
阅览室	19	19	19	19
商店营业厅	22	22	22	22
旅馆客房	—	—	19	—
诊室	—	—	19	19
候诊室	22	22	22	22
病房	19	19	19	19
教室	19	19	19	19
教室黑板	19	19	19	—
实验室	19	19	19	19
门厅	22	22	22	—
通用走廊	28	28	—	25
卫生间	25	25	—	—
餐厅	22	22	—	22
公共车库	25	25	—	—

1.5.4 视觉显示终端区域灯具亮度限值

对于视觉显示终端区域，灯具亮度限值主要按照 3 种表达方式进行规定。

（1）按照屏幕亮度和屏幕背景规定，如表 3-1-13 所示。

屏幕区域的灯具亮度限值　　表 3-1-13

屏幕分类	灯具平均亮度限值	
	屏幕亮度大于 200cd/m^2	屏幕亮度小于等于 200cd/m^2
亮背景暗字体或图像	3000	1500
暗背景亮字体或图像	1500	1000

（2）按照屏幕分级和屏幕质量规定，如表 3-1-14 所示。

屏幕工作区域的灯具表面亮度要求　　表 3-1-14

屏幕分级 ISO 9241-7	Ⅰ	Ⅱ	Ⅲ
屏幕质量	好	中	差
灯具平均亮度限值	≤1000cd/m^2		≤200cd/m^2

（3）按照屏幕分级和屏幕特性规定，如表 3-1-15 所示。

视觉终端场所照明设施亮度限值　　**表 3-1-15**

屏幕分级（JIS Z 8517）	Ⅰ	Ⅱ	Ⅲ
屏幕特性	适合一般办公室	适合大部分办公室	特殊照明环境要求场所
照明设施平均亮度	≤2000cd/m²		≤200cd/m²

注：表中数据适用于灯具垂直角度 65°以上的亮度，如果屏幕更容易受影响，可以采用更小的垂直角度，如 55°。

1.6　频闪

1.6.1　评价指标

频闪会使观测者对环境的视觉感知发生变化，这种感知变化往往是不期望发生的甚至是有害的，它会严重影响光品质。此外，显而易见的光波动还可能导致视觉性能的下降，引起视觉疲劳甚至如癫痫、偏头痛等严重的健康问题。

随着 LED 照明应用的广泛普及，与之相关的闪烁和频闪问题也倍受关注，国际上已有多个标准化研究小组和组织机构对 LED 照明闪烁及其相关效应进行了深入研究，并且已经或者即将发布相应的标准或者技术规范。其中，北美照明工程学会（IESNA）在《照明手册》第 9 版中首次定义了闪烁指数、频闪比或波动深度；国际电工委员会（IEC）关于光闪烁的评价标准属于电磁兼容骚扰特性评价中的一部分，用来评价 LED 照明产品工作时引起的电压波动而导致其他照明产品因电压波动而出现的可视闪烁影响；美国能源之星于 2017 年 6 月 20 日发布的能源之星 Lamps V2.1 认证规范中增加了对 LED 灯频闪的测量评价指标，尤其是对可调光 LED 灯的频闪性能评价提出了更为详细的要求。

国际照明委员会（CIE）在《时间调制的照明系统的视觉方面——定义及测量模型》CIE TN 006：2016 中，将视觉感知又分为闪烁（Flicker）、频闪效应（Stroboscopiceffect）、幻影效应（Phantom array effect）三大类；国家标准《LED 室内照明应用技术要求》GB/T 31831－2015 也引用了光输出的波动深度（FPF）限值。此外，DLC 在 2019 年 1 月发布的半导体照明技术要求 5.0 版的征求意见稿，首次引入了半导体照明在频闪方面的相关术语定义和技术要求。

1.6.2　指标限值

根据调研情况，不同标准给出的频闪要求如下：

（1）欧盟标准 EN 12464-1：2021 分别给出了可见闪烁和频闪指标相关要求。对于可见闪烁，采用 P_{st}（short-term flicker indicator）评价，测试方法见 IEC TR 61547-1：2015。限值可以参考 IEC TR 61547-1 和 EN 61000-3-3；对于频闪，采用 SVM（Stroboscopic Effect Visibility Measure）评价，用于人员活动且平均照度不小于 100lx 的场所，限值取决于应用场所，尚未明确。

（2）电气与电子工程师协会标准 IEEE PAR 1789－2015 给出了不同频率下的频闪比

限值，如表 3-1-16 所示。

频闪比限值（IEEE PAR 1789－2015） **表 3-1-16**

频率 f	无风险	低风险
无风险：1～10Hz（低风险：1～8Hz）	0.1%	0.2%
8～90Hz	0.01f%	0.025f%
90～1250Hz	0.0333f%	0.08f%
1250～3000Hz	0.0333f%	豁免
＞3000Hz	豁免	豁免

（3）美国电气制造商协会标准 NEMA 77-2017 规定，对于可见闪烁，P_{st}≤1；对于频闪效应可视度，SVM≤1.6。

（4）国家标准《LED 室内照明应用技术要求》GB/T 31831－2015 对于频闪的限值主要参考 IEEE 标准，规定如表 3-1-17 所示。

频闪比限值（GB/T 31831－2015） **表 3-1-17**

光输出波形频率 f	频闪比限值（%）
f≤9Hz	≤0.288
9Hz＜f≤3125Hz	≤f×0.08/2.5
f＞3125Hz	无限制

针对频闪，当前应用较多的指标主要为频闪比（或波动深度）和频闪效应指数(Stroboscopic Effect Visibility Measure，SVM)。频闪比指标存在两个主要问题，一是没有考虑照明产品波形的可变性和多样性，相关研究表明，在正弦波频闪光源条件下，频闪效应感知敏感度最高的频率为 75Hz，而在方波条件下则为 250Hz。因此除了光源频闪频率，其波形也对人的频闪效应感知具有重要影响。二是该标准主要适用于 LED 照明产品，对于传统照明产品该限值过于严苛，即使是白炽灯也处于低风险的范围内。LED 照明产品可根据实际情况参考使用频闪比指标。SVM 的频率分析范围在 80～2000Hz，其原理是对测量到的光波形进行傅里叶分析，并对每一个不同频率的波幅度（C_m）和对应的归一化的可见度曲线（S_m）加权，其中可见度曲线是经过大量的实验得出的不同频率正弦波下人眼对光的变化感知阈值。该指标考虑了光输出波形变化产生的频闪影响，其适用条件为中速移动≤4m/s，覆盖普通的工作环境，适用于调光和非调光的各类照明产品，是目前 CIE 和 IEC 主要推荐的频闪评价指标。

考虑到未来调光灯具使用量的增加，灯具可能经常处于调光状态，因此建议采用 SVM 对灯具的频闪水平进行评价。

1.7 照明节能

1.7.1 产品能效

（1）欧盟标准

欧盟（EU）No 874/2012 能效标签法规对白炽灯、荧光灯、高强度气体放电灯、

LED 灯和模块以及使用上述灯并且销售给最终用户的灯具的能效等级划分和能效标签等进行了明确的规定。该法规将灯统一划分成定向灯和非定向灯两大类，并对其能效指数 *EEI*（Energy Efficiency Index）进行了规定，具体见表 3-1-18。

欧盟标准中灯的能效等级　　表 3-1-18

能效等级	非定向灯能效指数	定向灯能效指数
A++	$EEI \leqslant 0.11$	$EEI \leqslant 0.13$
A+	$0.11 < EEI \leqslant 0.17$	$0.13 < EEI \leqslant 0.18$
A	$0.17 < EEI \leqslant 0.24$	$0.18 < EEI \leqslant 0.40$
B	$0.24 < EEI \leqslant 0.60$	$0.40 < EEI \leqslant 0.95$
C	$0.60 < EEI \leqslant 0.80$	$0.95 < EEI \leqslant 1.20$
D	$0.80 < EEI \leqslant 0.95$	$1.20 < EEI \leqslant 1.75$
E	$EEI \geqslant 0.95$	$EEI \geqslant 1.75$

其中，能效指数的计算方法如下：

$$EEI = P_{cor}/P_{ref} \tag{3-1-1}$$

式中　P_{cor}——灯在额定输入电压下测得的额定功率（P_{rated}）的修正值。对于 LED 灯，若使用外置控制装置，则 P_{rated} 需要乘系数 1.1；其他情况，P_{cor} 即等于 P_{rated}。

P_{ref}——灯的参考功率，由灯的有效光通量（Φ_{use}）通过下列公式计算得到：

有效光通量 $1300\Phi_{use}<1m$ 时：

$$P_{ref} = 0.88\sqrt{\Phi_{use}} + 0.049\Phi_{use} \tag{3-1-2}$$

有效光通量 $1300\Phi_{use} \geqslant 1m$ 时：

$$P_{ref} = 0.07341\Phi_{use} \tag{3-1-3}$$

对于非定向灯具，其最大功率为：

$$P_{max} = 0.6 \times (0.88\sqrt{\Phi_{use}} + 0.049\Phi_{use}) \tag{3-1-4}$$

对于定向灯具，最大能效指数不能超过 0.20。

（2）我国能效标准

到目前为止，我国已正式发布的照明产品能效标准如表 3-1-19 所示。

我国已正式发布的照明产品能效标准　　表 3-1-19

序号	标准编号	标准名称
1	GB 17896	普通照明用气体放电灯用镇流器能效限定值及能效等级
2	GB 19044	普通照明用荧光灯能效限定值及能效等级
3	GB 19573	高压钠灯能效限定值及能效等级
4	GB 20054	金属卤化物灯能效限定值及能效等级
5	GB/T 24825	LED 模块用直流或交流电子控制装置　性能规范
6	GB 30255	室内照明用 LED 产品能效限定值及能效等级
7	GB 38450	普通照明用 LED 平板灯能效限定值及能效等级

美国能源之星对于LED照明产品的能效标准要求与我国大体相似，都是用光效作为能效的限定值。欧盟LED照明产品的能效标准要求与我国相比，存在很大的区别，其能效等级分类由能效指数来确定，根据计算公式可以看出，要确定LED灯的能效指数，需要对其功率、总光通量、光束角、有效光通量进行测量和计算，显然比较复杂。

1.7.2 照明功率密度

考虑到近年来对于照明节能的关注程度日益提高，为了保证标准编制的科学性和合理性，编制组搜集了不同国家现行照明节能建议的资料，本章中列出了美国ASHRAE标准的相关要求，并进行了比较。

（1）典型场所照明功率密度

美国ASHRAE 90.1标准对于照明功率密度规定了两种形式，一是以建筑整体的照明功率密度作为评价指标（表3-1-20），二是针对不同建筑场所进行照明功率密度评价（表3-1-21）。

主要建筑整体功率密度限值（ASHRAE 90.1，节选）　　**表3-1-20**

建筑类型	2016版 *LPD*（W/m²）	2019版 *LPD*（W/m²）	2022版 *LPD*（W/m²）
会展中心	8.2	6.9	6.8
餐饮：酒吧休闲	9.7	8.6	8.0
餐饮：自助/快餐	8.5	8.2	7.5
宿舍	6.6	5.7	5.6
体育馆	7.3	8.2	8.1
医院	11.3	10.3	9.9
旅馆/汽车旅馆	8.1	6.0	5.7
图书馆	8.4	8.9	9.0
工厂	9.7	8.8	8.8
多单元住宅	7.3	4.8	4.9
博物馆	11.4	5.9	6.0
办公楼	8.5	6.9	6.7
停车场	1.6	1.9	1.8
商店	11.4	9.0	8.4
学校	8.7	7.8	7.5
体育场	9.4	8.2	7.8
交通建筑	6.6	5.4	6.0
仓库	5.2	4.8	4.8

各主要场所照明功率密度限值（ASHRAE 90.1，节选）　　**表3-1-21**

场所	*LPD*（W/m²）			*RCR*限值
	2016版	2019版	2022版	
会议室、多功能厅	11.5	10.4	9.5	6
打印、复印室	6.0	3.3	6.0	6

续表

场所		*LPD*（W/m^2）			*RCR* 限值
		2016版	2019版	2022版	
走廊	为视觉损伤者提供	9.9	7.6	6.5	宽度＜2.4m
	医院	9.9	7.6	6.5	宽度＜2.4m
	工厂	3.1	—	—	宽度＜2.4m
	其他	7.1	4.4	4.8	宽度＜2.4m
客房		8.3	4.4	4.4	6
办公室	封闭，面积不大于23.2m^2	10.0	8.0	7.9（≤13.9m^2）	8
	封闭，面积大于23.2m^2	10.0	7.1	7.1（13.9～27.9m^2）	8
	开敞	8.7	6.6	6.0（＞27.9m^2）	4
室内停车		1.5	1.6	1.2	4
厕所	视觉障碍者	10.3	13.6	10.3	8
	其他	9.1	6.8	8.0	8
销售区		13.1	11.3	9.1	6
会展建筑展厅		9.5	6.6	5.4	4
体育馆/健身房	练习区	5.4	9.7	8.8	4
	比赛区	8.8	9.1	8.8	4
图书馆	阅读区	8.8	10.3	9.3	4
	书库	12.9	12.7	12.7	4
工业场所	作业区	10.0	8.6	8.1	4
	设备室	7.0	8.2	7.9	6
	高大空间（＞15.2m）	11.3	15.3	14.6	4
	高大空间（7.6～15.2m）	8.1	13.3	13.3	4
	一般空间（＜7.6m）	10.3	9.3	9.2	4
商店建筑	更衣室	5.4	5.5	4.9	8
	购物中心广场	9.7	8.8	6.1	4
体育场地	Ⅰ级	26.6	31.6	30.8	4
	Ⅱ级	21.1	21.6	21.3	4
	Ⅲ级	18.3	14.0	13.8	4
	Ⅳ级	12.2	9.3	9.2	4
交通建筑	行李，传送带	4.8	4.2	3.0	4
	机场大厅	3.3	2.7	5.3	4
	售票处	6.7	5.5	4.3	4
仓库储藏	一般件、大件	3.8	3.6	3.6	4
	小件	7.4	7.4	7.4	6

注：*RCR* 不满足要求时，*LPD* 可以增加20%。

特殊要求如下：

1）装饰照明额外增加的功率不应超过8.1W/m^2。

2）商店建筑照明允许额外增加的功率按照以下公式计算：

$$A_P = 1000\text{W} + A_1 \cdot 4.8\text{W/m}^2 + A_2 \cdot 4.8\text{W/m}^2 + A_3 \cdot 11\text{W/m}^2 + A_4 \cdot 20\text{W/m}^2 \quad (3\text{-}1\text{-}5)$$

式中 A_1——其他售卖区域面积；

A_2——车辆、体育用品或小电器售卖区域面积；

A_3——家具、服装、化妆品和艺术品售卖区域面积；

A_4——珠宝、水晶和瓷器售卖区域面积。

3）控制装置允许额外增加的功率按照照明功率乘以控制系数来计算，控制系数见表 3-1-22。

照明功率计算控制系数（ASHRAE 90.1－2016） **表 3-1-22**

控制方式	场所类型				
	开敞办公	个人办公室	会议室、教室	商品零售区	大堂、中庭、餐厅、走廊、楼梯间、体育馆、水池、大厅、车库
手动、连续调光控制，或程序多级调光	0.05	0.05	0.10	0.10	0
时间表程序多级调光控制	0.05	0.05	0.10	0.10	0.10
存在传感器连续调光控制	0.25	0	0	0	0
存在传感器连续调光控制，结合用户连续调光控制	0.30	0	0	0	0
侧窗次级采光区自动连续调光	0.10	0.10	0.10	0.10	0.10

将美国 ASHRAE 标准（2016 版）和国家标准 GB 50034－2013 对于照明功率密度的要求进行对比，主要场所对比如表 3-1-23 所示。

照明功率密度对比 **表 3-1-23**

建筑类型	场所	GB 50034－2013		ASHRAE 90.1－2016 (SI)
		现行值	目标值	
办公	普通办公室	9.0	8.0	10.0(封闭)/8.7(开敞)
	会议室	9.0	8.0	11.5
旅馆	客房	7.0	6.0	8.3
医疗	治疗室、诊室	9.0	8.0	18.1
	化验室	15.0	13.5	15.6
	护士站	9.0	8.0	8.7
	病房	5.0	4.5	6.7
	走廊	4.5	4.0	9.9

续表

建筑类型	场所	GB 50034－2013		ASHRAE 90.1－2016（SI）
		现行值	目标值	
教育	教室	9.0	8.0	10.3
	实验室	9.0	8.0	12.9
	学生宿舍	5.0	4.5	5.8
会展建筑	展厅	9.0	8.0	9.5
通用房间	实验室（非教室用）	9.0（普通）/15.0（高档）	8.0（普通）/13.5（高档）	15.6
	走廊	2.5（普通）/4.0（高档）	2.0（普通）/3.5（高档）	7.1/3.1（工厂）
	卫生间	3.5（普通）/6.0（高档）	3.0（普通）/5.0（高档）	9.1/10.3（视觉障碍者）

由上表可见，目前对于同类场所，我国照明功率密度标准整体严于美国标准。随着照明技术的不断发展，ASHRAE 标准也在不断提升照明功率密度要求，如 2019 版和 2022 版，同时我国建筑照明也需要结合实际进行调整，进一步提升照明工程节能水平。

（2）照明功率密度校核及论证

研究过程中征集各类场所案例 157 个，并对案例的照明功率密度进行了计算和校核，结果统计如表 3-1-24 所示。

建筑 *LPD* 论证分析表 **表 3-1-24**

建筑类型	房间或场所	室形指数	照度（lx）	*LPD* 计算值	目标值（2013 版）
住宅建筑	起居室	0.89	113	2.93	5.0
	卧室	0.56	77.8	2.29	5.0
	餐厅	0.54～0.90	150～191	2.89～3.36	5.0
	厨房	0.54～0.73	118～139	3.56～3.90	5.0
	卫生间	0.36～0.40	97.7～110	3.70～3.98	5.0
	职工宿舍	0.64～0.83	94.4～133	2.36～3.03	3.5
	车库	2.67	38.8	0.56	1.8
办公建筑	普通办公室	0.70～5.90	309～377	3.86～6.02	8.0
	高档办公室、设计室	1.11～3.05	531～633	6.20～9.12	13.5
	会议室	0.91 ～1.85	311～337	3.67～5.62	8.0
	服务大厅	1.58	344	5.21	10.0
商店建筑	一般商店营业厅	2.34	349	4.85	9.0
	仓储超市	3.94	339	4.27	10.0
	高档商店营业厅	1.25～2.42	519～529	8.34～9.38	14.5
旅馆建筑	中餐厅	1.50～1.73	230～231	2.90～2.95	8.0
	西餐厅	2.43	182	2.11	5.5
	多功能厅	1.82～1.83	334～370	3.98～5.57	12.0
	客房层走廊	0.55	52.2	2.33	3.5
	大堂	0.51	230	3.73	8.0

续表

建筑类型	房间或场所	室形指数	照度（lx）	*LPD* 计算值	目标值（2013 版）
医疗建筑	治疗室、诊室	0.72～1.28	315～385	5.30～6.90	8.0
	化验室	1.04～2.94	514～569	7.63～9.54	13.5
	候诊室、挂号厅	1.00～2.33	209～227	3.44～4.71	5.5
	病房	0.62～0.76	110～135	2.34～3.15	4.5
	护士站	1.11	316	5.76	8.0
	药房	0.97～2.24	502～524	6.61～9.14	13.5
	走廊	0.77	100～105	2.33～3.00	4.0
教育建筑	教室、阅览室	1.19～2.13	301～386	3.68～6.42	8.0
	实验室	0.80～1.94	346～371	3.29～5.45	8.0
	美术教室	1.58	622	9.14	13.5
	多媒体教室	1.73	348	5.33	8.0
	计算机教室、电子阅览室	3.46	528	6.50	13.5
	学生宿舍	0.69	155	2.98	4.5
博物馆建筑	会议报告厅	1.89	351	6.12	8.0
	藏品库房	3.43	84	1.44	3.5
	陈列室	0.57～0.90	224～262	4.05～6.51	8.0
交通建筑	普通候车（机、船）室	0.64～2.08	152～174	2.75～4.22	6.0
	高档候车（机、船）室	0.62～2.20	213～244	4.32～5.36	8.0
	中央大厅、售票大厅	0.87	221	4.53	8.0
	到达大厅、出发大厅	1.15～1.28	218～240	4.10～5.88	8.0
	普通地铁站厅	3.97	108～122	1.75～1.87	4.5
	高档地铁站厅	3.79	217	2.74	8.0
	普通地铁进出站门厅	1.44～1.84	157～160	2.94～3.13	5.5
	高档地铁进出站门厅	1.14	215	4.77	8.0
机械工业	粗加工	2.36	239	5.10	6.5
	一般加工	2.52	315	5.51	10.0
	精密加工	1.25～3.33	541～558	6.65～8.89	15.0
	大件机电仪表装配	3.64	213	2.88	6.5
	精密机电仪表装配	3.22	555	9.01	15.0
	特精密机电仪表装配	3.43	808～818	11.05～11.12	22.0
	精细线圈绕制	4.02	801	10.64	22.0
	钣金	4.16～6.35	302～315	4.01～4.03	10.0
	冲压、剪切	5.42	329	4.21	10.0
	热处理	1.05～2.57	217～246	2.75～4.40	6.5
	酸洗、腐蚀、清洗	1.75	316	4.55	14.0
	一般装饰性抛光	2.57	345	5.97	11.0
	精细抛光	1.39	538	11.45	16.0

续表

建筑类型	房间或场所	室形指数	照度 (lx)	LPD 计算值	目标值 (2013 版)
通用房间	一般走廊	0.61～0.74	53.5～61.1	1.40～2.07	2.0
	高档走廊	0.42～0.59	111～113	2.24～3.02	3.5
	一般试验室	1.76	356	5.33	8.0
	精细试验室	1.25～2.20	512～549	7.55～8.85	13.5
	一般控制室	1.14	309	5.41	8.0
	主控制室	1.20～1.69	541～576	8.97～9.54	13.5
	网络中心、计算机站	2.79～4.40	537～601	6.73～8.33	13.5
	风机房、空调机房	1.03～1.34	115～116	2.50～3.33	3.5
	泵房	1.05	100	2.48	3.5
	冷冻站	1.92	165	3.09	5.0
	一般件库	1.50～2.52	127	1.75～1.97	3.5
	半成品库	4.34～10.01	178～184	2.22～2.23	5.0
	精细件库	2.32	227	4.00	6.0
	公共车库	1.18～2.10	59.8～72.2	1.11～1.67	2.0

通过合理设计及采用高效照明器具，各类场所基本都能够满足国家标准 GB 50034－2013 中 *LPD* 目标值的要求。因此，从调研结果来看，将现行标准中 *LPD* 目标值作为新标准的 *LPD* 限值是合理的，在现有技术条件下也是可行的。

1.7.3　全年能耗评价

ISO 国际标准和欧盟标准给出了照明能耗量计算方法。主要分为如下几个部分的计算：采光影响、功率密度影响、控制方式影响、人员行为影响、建筑运营方式影响。整个评价区域的照明能耗按照下式进行计算：

$$Q_{l.f} = \sum_{n=1}^{N} \sum_{j=1}^{J} Q_{l.f.n.j} \tag{3-1-6}$$

其中包括 N 栋建筑，每栋 j 个评估区域。每个评估区域的能耗计算按照下列公式进行计算：

$$Q_{l.n.j} = p_j F_{c.j}[A_{D.j}(t_{\text{eff. Day. }D.j} + t_{\text{eff. Night. }j}) + A_{ND.j}(t_{\text{eff. Day. }ND.j} + t_{\text{eff. Night. }j})] \tag{3-1-7}$$

$$A_j = A_{D.j} + A_{ND.j} \tag{3-1-8}$$

式中　A_j——评估区域总面积；

$Q_{l.f}$——总能耗；

N——区域数量；

J——各区域评估区域数量；

$F_{c.j}$——恒照度控制下的系数；

p_j——评估面积 j 的安装功率；

A_j——评估面积 j 的面积；

$A_{D.j}$——采光区域面积；

$A_{ND.j}$——非采光区域面积；
$t_{eff.Day.D.j}$——照明系统日间采光区域有效运行时数；
$t_{eff.Day.ND.j}$——照明系统日间非采光区域有效运行时数；
$t_{eff.Night.j}$——照明系统夜间有效运行时数。

采光区域日间有效运行时间按照下式进行计算：

$$t_{eff.Day.D.j}=t_{Day.n}F_{D.j}F_{O.j} \tag{3-1-9}$$

非采光区域日间有效运行时间按照下式进行计算：

$$t_{eff.Day.ND.j}=t_{Day.n}F_{O.j} \tag{3-1-10}$$

式中：$t_{Day.n}$——区域 n 日间运行时间；
$F_{D.j}$——评估区 j 采光局部依附系数；
$F_{O.j}$——评估区 j 人员缺席依附系数。

夜间有效运行时间按照下列公式进行计算：

$$t_{eff.Night.j}=t_{Night.n}F_{O.j} \tag{3-1-11}$$

式中：$t_{Night.n}$——区域 n 夜间运行时间。

日本节能法采用能耗系数作为照明节能评价指标之一，其计算方法为全年照明能耗与预期照明能耗之比。

国家标准《绿色照明检测及评价标准》GB/T 51268－2017 规定了不同类型场所的照明能耗基准值，并确定了利用节电率进行节能评价的方法：

$$\xi_L=\frac{W_0-W_e}{W_0}\times 100\% \tag{3-1-12}$$

式中：ξ_L——节电率（%）；
W_0——年照明耗电量基准值［(kWh)/(m²·a)］；
W_e——年实际照明耗电量［(kWh)/(m²·a)］。

以办公建筑为例，照明耗电量基准值如表 3-1-25 所示。

照明耗电量基准值（办公建筑） **表 3-1-25**

房间或场所		W_G [(kWh)/(m²·a)]	计算时间
普通办公室		16.71	工作日（250d）8：30～17：30
高档办公室、设计室		27.73	
会议室		16.64	
服务大厅		20.34	
走廊	一般	4.50	
	高档	7.20	
卫生间	一般	2.36	
	高档	4.05	

1.8 照明控制

国家标准 GB 50034－2013 对于照明控制的规定如下：

（1）旅馆、居住建筑及其他公共建筑的走廊、楼梯间、厕所、地下车库的行车道、停车位，以及无人长时间逗留，只进行检查、巡视和短时操作等的工作的场所，宜选用配用感应式自动控制的发光二极管灯。

（2）公共建筑和工业建筑的走廊、楼梯间、门厅等公共场所的照明，宜按建筑使用条件和天然采光状况采取分区、分组控制措施。

（3）旅馆的每间（套）客房应设置节能控制措施；楼梯间、走廊的照明，除应急疏散照明外，宜采用自动调节照度等节能措施。

（4）住宅建筑共用部位的照明，应采用延时自动熄灭或自动降低照度等节能措施。

（5）可利用天然采光的场所，宜随天然光照度变化自动调节照度；办公室的工作区域，公共建筑的楼梯间、走廊等场所，可按使用需求自动开关灯或调光；地下车库宜按使用需求自动调节照度；门厅、大堂、电梯厅等场所，宜采用夜间定时降低照度的自动控制装置。

美国标准《建筑能源标准（不含低层住宅）》ASHRAE 90.1－2022 对照明控制的规定如下：

（1）室内照明控制

对于该标准中所列建筑物的每个空间中相应空间类型的所有照明控制功能，均应予以实施，具体详见该标准。所有标记为“REQ”的控制功能均为强制性要求，均应予以实施。如果某一空间类型具有标记为“ADD1”的控制功能，则至少应实施其中一项功能。如果某一空间类型具有标记为“ADD2”的控制功能，则至少应实施其中一项功能。对于未列出的空间类型，应选择合理等效的类型。如果采用逐空间法（the Space-by-Space Method），则用于确定控制要求的空间类型应与用于确定 *LPD* 余量的空间类型相同。

1）局部控制：应有一个或多个手动照明控制设备，提供空间中所有照明的 ON 和 OFF 控制。每个控制设备应控制一个区域，如果它的面积为 929m^2，则不超过 232m^2，否则不超过 929m^2。为符合本规定而安装的设备应易于访问和定位，以便居住者在使用控制设备时能看到受控照明。例外：出于安全或保安的原因，应允许远程位置的本地控制设备或设备，当每个远程控制设备具有指示器引导灯作为控制设备的一部分或旁边，并且控制设备被清楚地标记以识别受控照明。

2）仅限于手动开启：所有照明均不得自动开启。例外：如一般照明的手动开启操作会危及房间或楼宇住户的安全或安保，则无需手动开启。

3）仅限于部分自动开启：一般照明的照明功率不得超过 50%，其余照明均不得自动开启。面积大于 28m^2 的办公室须符合以下要求：①一般照明的控制区不得超过 56m^2；②一般照明的控制区应允许在有人使用时自动开启，直至全功率；③其他未占用控制区的一般照明须允许自动开启至不超过全功率的 20%。

4）多级照明控制：空间内的一般照明除全开和全关外，还应采用可连续调光至全照明功率的 10% 或以下的手动控制。

5）侧窗自动感光控制：

① 在任何空间内，如果全部或部分侧窗主采光区域（primary sidelighted area）内的所有一般照明的总输入功率达到或超过 75W，则侧窗主采光区域的一般照明须由光电控制器控制。

② 在任何空间内，如果全部或部分位于侧窗主采光区域和次级采光区域（secondary sidelighted area）内的所有普通照明的输入功率之和大于或等于 150W，则侧窗主采光区域和次级采光区域的普通照明必须由光电控制器控制。侧窗次级采光区域的一般照明应与侧窗主采光区域的一般照明分别控制。

③ 控制系统应符合下列规定：控制校准装置距离地面位置不应大于 3.4m，在处理传感器时，不需要校准人员在场；光电控制器应能根据采光条件进行电光源功效调节，使用连续将日光调暗至 20%及以下至关闭；当自动减少控制将照明功率降低到未使用的设定点时，响应日光的控制应根据可用的日光调节电灯，但不允许照明功率高于未使用的设定点。

④ 以下区域不受上述限制：区域内任何现有的邻近建筑物或自然物体的顶部超过窗户的高度是距窗户的水平距离至少两倍的侧窗主采光区域；总玻璃面积小于 1.9m^{2}的侧窗采光区域；邻近有外部凸出部分的垂直玻璃窗的主要侧光区域，外部凸出部分上方没有垂直玻璃窗，而外部凸出部分的凸出系数北向投影的投影系数大于 1.0，或对于其他所有朝向外部投影的投影系数大于 1.5。

6）顶灯自动感光控制：在任何空间，如果顶部采光区（daylight area under roof monitors）内的所有普通照明的输入功率之和大于或等于 75W，则采光区域（daylight area）内的普通照明必须由光电传感器控制。控制系统应具备以下特点：①校准调节控制装置的位置不得高于地面 3.4m。在处理过程中，校准时传感器旁无需有人员在场。②光电控制器须根据可用日光，连续将日光调暗至 20%或以下及关闭。③当自动控制装置将照明功率减至无人状态设定点时，光电控制器应根据可用天然光调节电灯，但不得允许照明功率超过无人状态设定点。④重叠的顶光和侧光日光照明区的一般照明须与顶部采光区的一般照明一起控制。

例外：有文件证明，在每天上午 8：00 至下午 4：00 的 1500 个白天时间内，邻近的现有建筑或自然物体会遮挡阳光直射的天空光下的采光区；封闭空间的整体天空光有效孔径小于 0.006 的顶部采光区；气候区 8 建筑内的每个空间，其日光区内一般照明的输入功率低于 200W。

7）自动减少控制（完全关闭）：

① 空间内的一般照明功率在所有人员离开空间 20min 内，应自动降低至少 50%。

② 在面积大于 28m^{2}的办公室内，一般照明的控制区域应限制在 56m^2，并且在所有人员离开控制区 20min 内，自动将一般照明功率减少至少全功率的 80%。

8）自动完全关闭控制：空间内的所有照明，包括与应急电路连接的照明，应在所有人员离开空间 20min 内自动关闭。控制装置应控制不超过 465m^{2}的照明。

例外：下列照明设备无需自动关闭：全天候连续运行所需的照明；病人护理场所的照明；自动关闭会危及房间或楼宇内人员安全的一般照明和工作照明；自动关闭会危及房间或楼宇内人员安全的空间内的一般照明和工作照明；照明负荷不超过 0.22W/m^{2}乘以建筑物总照明面积。

9）定时关闭：空间内的所有照明，包括与应急电路连接的照明，均应在预计无人使用期间自动关闭。按时间表操作的控制装置，在特定的时间表自动关闭照明设备或其他自动控制装置及警报/安全系统发出的信号。控制装置或系统须提供独立的控制顺序，以便

①控制不超过2323m²的区域的照明，②不超过一层楼，③必须在编程时考虑到周末和节假日。为覆盖预定关闭控制而安装的任何手动控制装置在计划关闭期间，每次启动照明的时间不得超过2h，并且控制范围不得超过465m²。

例外：下列照明设备无需定时关闭：全天候连续运行所需的照明；病人护理场所的照明；自动关闭会危及房间或楼宇内人员安全的一般照明和工作照明；自动关闭会危及房间或楼宇内人员安全的空间内的一般照明和工作照明；照明负荷不超过0.22W/m²乘以建筑物总照明面积。

10）非营业时间计划关闭：照明设备应具有自动关闭的控制功能。

按时间操作的控制装置，在特定的时间自动关闭照明，或来自其他自动控制装置或警报/安全系统的信号为覆盖预定控制而安装的任何手动控制装置，在计划关闭时段，每次启动照明的时间不得超过2h。

（2）停车库照明控制

停车库的照明应符合以下要求：

1）停车库照明应根据室内照明控制的规定自动关闭。

2）当照明区10min内没有任何活动时，每个灯具的照明功率应自动降低至少50%。满足此要求的照明区域不得大于334m²。

3）停车库日光过渡区的照明须单独控制，以自动降低照明功率，使其不超过日落至日出时的一般照明水平。

4）在距离至少2.2m²墙壁开口的6.1m范围内，任何灯具的功率均须根据日照情况通过连续调光自动降低。

例外：停车场日光过渡区照明；永久性屏风或建筑元素遮挡超过开口的50%；任何现有邻近建筑物或自然物体的顶部高于开口的高度至少是其与开口水平距离的2倍。

（3）特殊应用

本文件中提到的照明控制装置是该设备和这些应用中唯一需要的控制装置。室内照明电源的照明控制及使用额外的室内照明电源的照明控制详见标准。

1）用于展示或重点照明、陈列柜内照明的照明设备应配备独立于局部控制规定的一般照明控制的局部控制装置。此外，这些照明应按照自动完全关闭控制或定时关闭的规定进行控制。

2）客房

① 酒店、汽车旅馆、寄宿公寓或类似建筑物的客房和套房内的所有照明和开关插座须自动控制，使每个封闭空间的照明和开关插座的电源在所有住客离开后20min内关闭。卡钥匙控制装置不得使用卡片钥匙控制装置来遵守本规定。

② 浴室须安装单独的控制装置，在所有住客离开后30min内自动关闭浴室照明。

例外：每间浴室的夜间照明功率不超过5W时除外。

3）辅助照明，包括永久安装的架下或橱柜下照明，必须由以下两个装置之一进行控制：①与灯具一体的控制装置；②根据上述“室内照明控制”中“局部控制”的规定，独立于一般照明控制的局部控制。

此外，这些照明须根据自动完全关闭控制或定时关闭的规定进行控制。

（4）室外照明控制

对于每个表面或区域，要求必须执行的所有照明控制功能详见标准。一般照明未涉及的室外应用照明的要求详见标准。

1）关闭控制：须有一个或多个照明控制，关闭该区域或表面的所有照明。

2）日光关闭控制：当有充足日光可以利用或日出 30min 内时，照明应自动关闭。

3）定时关闭控制：照明设备应在午夜或营业结束（以较晚者为准）至早上 6：00 或营业开始（以较早者为准）之间自动关闭，或在管辖部门规定的时间之间自动关闭。

4）定时减光控制：照明和招牌须受控制，从午夜或营业结束后 1h 内（以较晚者为准），自动将所连接的照明功率减少至少 50%，直至早上 6：00 或营业开始（以较早者为准）。

5）占用感应减光控制：应对照明进行控制，当检测到受控灯具照亮的区域在超过 15min 的一段时间内没有任何活动时，自动将连接的照明功率至少降低 50%，同时控制的照明功率不得超过 1500W。

所有时间开关应能在断电情况下保留程序和时间设置至少 10h。

参考文献

[1] 住房和城乡建设部. 建筑照明设计标准：GB 50034－2013[S]. 北京：中国建筑工业出版社，2013.

[2] Energy Standard for Buildings Except Low-Rise Residential Buildings：ANSI/ASHRAE/IES Standard 90. 1-2016 [S].

[3] Energy Standard for Buildings Except Low-Rise Residential Buildings：ANSI/ASHRAE/IES Standard 90. 1-2019[S] .

[4] Energy Standard for Sites and Buildings Except Low-Rise Residential Buildings：ANSI/ASHRAE/IES Standard 90. 1-2022 [S].

[5] 中国国家标准化管理委员会. 室内照明用 LED 产品能效限定值及能效等级：GB 30255－2019[S]. 北京：中国标准出版社，2019.

[6] Low Vision Lighting Needs for the Partially Sighted：CIE 123-1997[S].

[7] Discomfort Glare in Interior Lighting：CIE 117-1995[S].

[8] Lighting for Older People and People with Visual Impairment in Buildings：CIE 227：2017[S].

[9] David L. DiLaura，Kevin W. Houser，Richard G. Mistrick，Gary R. Steffy. THE LIGHTING HANDBOOK | Reference and Application[M]. 10th ed. Illuminating Engineering Society，2011.

[10] Light and lighting—Lighting of work places—Part 1 Indoor work places：EN 12464-1：2021[S].

[11] CIE System for Metrology of Optical Radiation for ipRGC-Influenced Responses to Light irradiance：CIE S 026：2018[S].

[12] IEEE Recommended Practices for Modulating Current in High-Brightness LEDs for Mitigating Health Risks to Viewers：IEEE PAR 1789-2015[S].

[13] Light and lighting—Energy performance of lighting in buildings：ISO CIE 20086：2019[S].

[14] General rules of recommended lighting levels：JSA JIS Z 9110：2010[S].

[15] Lighting of work places —part 1：indoor：ISO8995-1：2002/CIE S 008：2001[S].

2　照明频闪的评测方法研究

（建科环能科技有限公司 罗涛、张恭铭）

2.1　频闪定义与分类

技术的快速发展，使得人们的工作与生活得到了极大便利。人们有相当多的时间在以人工照明为主的室内度过，人工照明光环境品质的重要性不言而喻。与天然光不同的是，人工光源往往存在频闪问题，在长时间视觉作业场所中，灯具频闪可能会在肉眼难以察觉的情况下对人体造成潜在健康威胁。

近年来，固态光源 LED 以其使用寿命长、节能环保、可调可控等突出性能优势迅速替代传统光源，但 LED 对驱动电流瞬时响应的特点，使得其光照强度随之快速变化，进而影响人们对周围环境的视觉感知。

2.1.1　频闪的定义

国际照明委员会（CIE）定义频闪（Temporal LightArtefacts，TLA）为因亮度或光谱分布随时间快速波动引起的感知变化，并给定了 3 种不同的频闪类型，分别是闪烁、频闪效应和幻影效应，该定义涵盖全光谱范围。

闪烁也称可察觉频闪，在照明行业比较普遍，是指静态观察者在静态环境中对亮度或光谱随时间波动产生的光刺激产生的视觉不舒适感，频率在 80Hz 以下。

频闪效应定义为非静态环境中静态观察者对亮度或光谱随时间波动产生的光刺激产生的运动感知变化。CIE 提供了两个关于频闪效应的例子：①如果一个移动物体被一个方波驱动的光波照亮，这个移动的物体会被感知为离散的运动而非连续的运动；②调制周期光波的频率与旋转物体频率一致时，旋转物体将被感知为静态。频闪效应作为频闪的一种重要的表现形式，可以较为直观地反映频闪对观察者产生的视觉感知影响，众多频闪效应可视度研究也以圆盘实验为基础开展（图 3-2-1）。

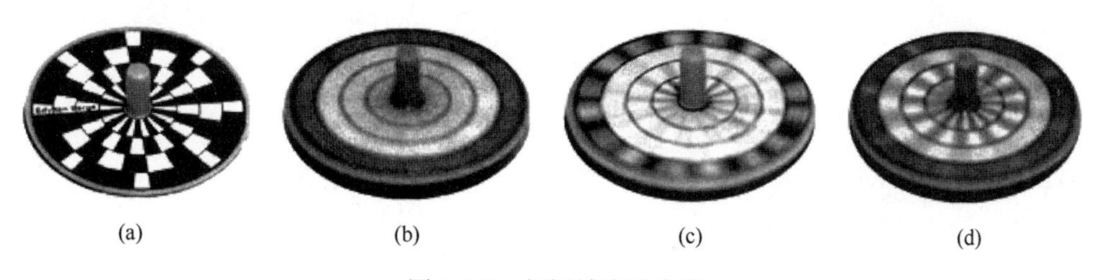

(a)　(b)　(c)　(d)

图 3-2-1　频闪效应示意图

图中（a）为静止的转盘，（b）为在无频闪光源下看到旋转转盘的图像，（c）和（d）

为在存在频闪效应的光源下看到的旋转转盘图像。

幻影效应定义为对于静态环境中的非静态观察者，因光刺激的亮度或光谱随时间波动而引起的对物体形状或空间位置的感知变化。幻影效应只会在光源与环境亮度具有强烈对比，且光源立体角小于2°时才可能发生，而这种条件更多的存在于夜间的室外环境中，在室内照明环境中一般不用考虑。

2.1.2 频闪的分类

据频闪对于人身心影响特性的差异，可以将频闪分为两类：

(1) 可见频闪，或称为闪烁。它主要是指频率较低（一般在3～70Hz）的一种闪烁。由于闪烁可以导致不舒适和干扰，甚至会导致癫痫的发作。影响人们对于闪烁感受的因素主要包括频率和深度等。

(2) 不可察觉的频闪，这种频闪频率相对较高（大于70Hz），不能直接被肉眼察觉，容易被人忽视。但其可产生错觉从而引发工伤事故，可能危害身体健康，影响工作效率，主要表现为视觉疲劳、眼花、偏头痛等，同时也是造成青少年近视的诱因。

相关研究表明（图3-2-2），在正弦波频闪光源条件下，频闪效应感知敏感度最高的频率为75Hz，而在方波条件下则为250Hz。因此除了光源频闪频率，其波形也对人的频闪效应感知具有重要影响。

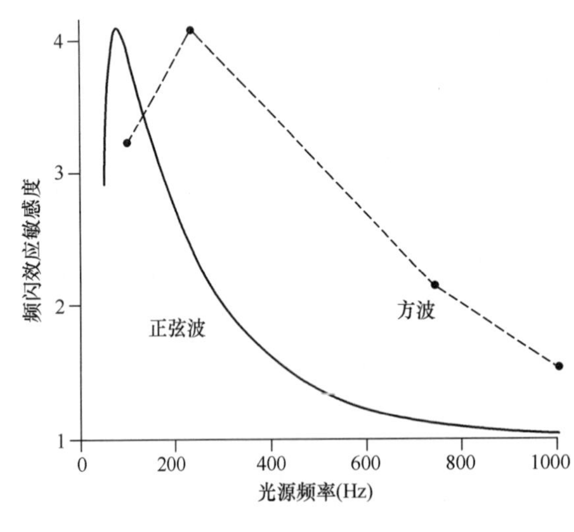

图 3-2-2 频闪效应敏感度曲线

在日常生活中，闪烁由于其本身的视觉可见性，使得人们可以主观上规避可见闪烁，但主观无法察觉的频闪仍会对视觉系统产生刺激。我国市电频率为50Hz，用户端电网输入电流频率为100Hz，超过了闪烁的频率范围，因此以长时间视觉作业场所为研究对象的频闪频率范围主要为≥100Hz部分。

相对于可见频闪而言，不可见频闪更为普遍，其潜在危害更大。因此本章将重点对这种频闪进行研究。

2.2 频闪产生的原因和危害

2.2.1 频闪产生原因

灯具频闪产生主要原因包括外部电网电压波动、驱动电源输出低频纹波以及附加调光装置等。

(1) 市电电压的波动会加剧LED光输出的调制程度，市电电压波动主要是由电网中其他负载产生的非正弦或不规则电流的畸变引起，典型负载包括办公设备、家用电器和荧光灯镇流器。此外不兼容的外部电子元器件如相位切断调光器通常表现出非周期高峰值特点。国际电工委员会（IEC）制订了IEC 61000－4－15，该标准规定了利用频闪仪测量电网频闪的方法。《电磁兼容　第3-3部分：限值　对每相额定电流≤16A且无条件接入的设备在公用低压供电系统中产生的电压变化、电压波动和闪烁的限制》IEC 61000－3－3：2013对于公共低压供电系统产生的电压波动和闪烁进行了限制。近年来随着我国城市供电系统质量的不断提升，在供电质量满足国家标准《电能质量　供电电压偏差》GB/T 12325－2008、《电能质量　电压波动和闪变》GB/T 12326－2008等相关标准的情况下，由于电网供电质量所引起的闪烁问题并不突出。

（2）驱动电源输出电流不稳定也会产生频闪，这种不稳定表现为当驱动电源接入负载后在直流输出中叠加交流成分也称纹波电流。纹波电流包括高频纹波和低频纹波，其中主要由低频纹波产生频闪。光源输出强度与输入电流成正比，若纹波电流幅值较大会产生相对严重的频闪。目前通常使用电解电容来抑制纹波电流的出现。但减少纹波电流的设计改变会影响其他光源参数，如启动时间、寿命、可靠性、功效、功率因数和成本，不同类型驱动电源的纹波含量限值见表3-2-1。

不同类型驱动电源纹波含量限值表　　**表3-2-1**

电路模式	单极电路			双极电路		
纹波峰值因数（%）	一级 Class1	二级 Class2	三级 Class3	一级 Class1	二级 Class2	三级 Class3
	≤50	≤100	≤150	≤5	≤10	≤20

（3）通过改变LED平均电流控制灯具发光强度，也称调光。目前主要有两种调光方法，分别是直流调光和脉冲宽度调光（PWM调光），大多数灯具使用PWM调光方法进行亮度控制（图3-2-3）。LED发光芯片在额定的驱动电流下才会达到光色参数的最优性能，PWM调光改变电流波形的占空比（即开、关的时间比值）来调节光输出。在这种工作模式下可以保证LED芯片处于额定工况，从而保障对发光灯具的精准控制。然而这也意味着LED的光输出会迅速出现明暗变化，使得频闪波动深度极高，目前主要通过增大灯具调制频率的手段来降低波动深度对频闪的作用，但这种方式也会使得灯具成本偏高，导致较多的灯具厂商忽略了对频闪的控制，市面上大多数灯具在调光时的频闪控制均不理

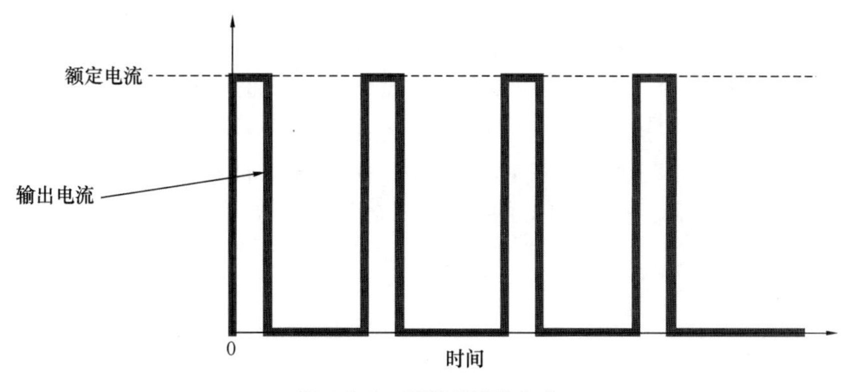

图3-2-3　PWM调光方式

想。而通过直接调节驱动电流大小进而实现调光控制的直流调光方式（图 3-2-4），在调光过程中不会产生频闪。但相较于 PWM 调光方式，直流调光可能会导致灯具光输出出现非线性变化，甚至会出现光色漂移问题。

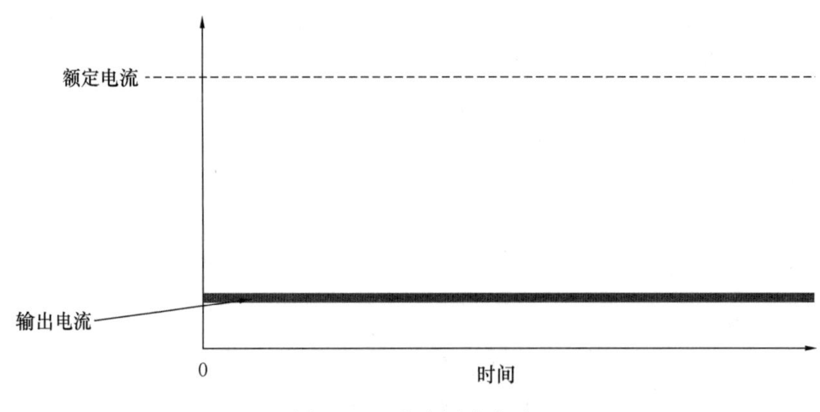

图 3-2-4　直流调光方式

2.2.2　频闪的影响和危害

频闪对人的影响主要包括视觉感知、视觉工效和生理效应 3 个方面。虽然高于 70Hz 的频闪肉眼无法察觉，但频闪仍会对人体产生刺激，研究证实人体的大脑皮层视觉通路可以接收到 100Hz 甚至更高频率的频闪，引起脑电图发生变化。对视网膜电图的测量实验表明，200Hz 的频闪尽管主观上无法识别，但人的视网膜也能分辨出来。早在 1952 年，Zaccaria 和 Bitterman 通过对比荧光灯管直流供电和交流供电的使用感受，发现人们主观更喜欢没有频闪的光环境。1986 年 Wilkins 发现荧光灯的频闪明显影响着人们的视觉神经，导致了视疲劳，甚至引起严重的头痛问题。经研究调查发现，近 30％办公室工作人员将照明频闪视为不良的环境因素。Nimmo Smith 研究发现基频为 100Hz、调制深度为 45％的荧光灯会导致办公室工作人员头痛，但当光源频率进一步增大时，人们对于频闪的不满意程度会逐渐减弱。Veitch 通过对比不同频率荧光灯下人们的工作能力发现与低频照明（120Hz）相比，高频照明（20～60kHz）下受试者的视觉表现得分明显更高。当物体移动速度更快时，人们对频闪将更加敏感。Rea 和 Ouellette 发现，在不理想的频闪条件（频闪指数 0.25，频闪比 84％，频率为 120Hz）下乒乓球的运动虽然没有改变球员的表现，但观众却普遍表示严重影响观赛感受。Jaen 等评估低频闪（3％）和高频闪（32％）灯光下的视觉表现（使用辨别和简单搜索任务）发现，尽管这两种条件下人们在视觉感知上没有区别，但当频闪进一步加重时，受试者视觉表现能力就会下降。频闪不仅会影响人们对光质量的感知进而导致不舒适，也会对人视觉神经造成刺激，并影响认知作业甚至造成生产安全事故。此外频闪还会引发视觉疲劳、诱发青少年近视、偏头痛、眼花和癫痫等生理及健康问题。图 3-2-5 汇总了不同调节频率下频闪对人体健康影响的不同表现形式。

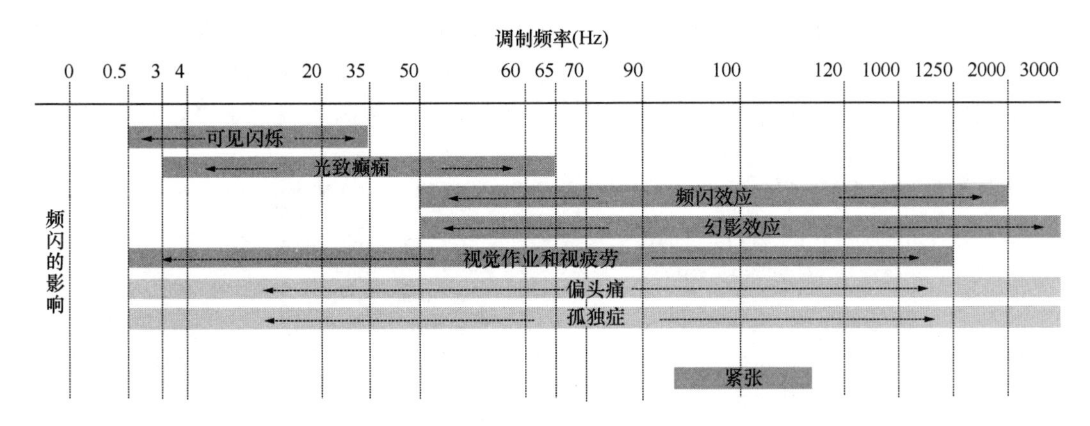

图 3-2-5 不同调节频率下频闪对人体健康影响的不同表现形式

2.3 国内外相关研究

基于限制频闪对视觉感知影响的目的，学者们开展了大量的相关研究。目前研究基本证实频闪受多种光源参数影响，其中主要是光输出波形的频率以及幅值。

Frier 和 Henderson 研究了在几盏 HID 灯的波动光线下人员视觉旋转的乒乓球的感知。他们观察到频闪效应的可见性取决于光输出中调制的幅度，同时，乒乓球穿越较大的视野范围时，频闪效应感受更强，而小角度运动产生的影响很小。该研究没有进行精确的能见度测量，仅给出了定性观察结果。Vogels 等研究了频闪效应。将一个表面为黑色并涂有白点的旋转圆盘安装在 LED 照明的办公室中，LED 的光输出波形为方波，测试者坐在圆盘前，测量以调制深度表示的能见度阈值。实验发现频闪效应的可见性取决于方波的频率和占空比以及旋转圆盘的转速，随着频率的增加，频闪效应的可见性降低，占空比对频闪效应可视度的影响规律为 U 形函数，在调制深度 0.3 附近存在一个最小阈值。此外与 4m/s 相比，8m/s 转速的旋转盘的频闪效应可见阈值更低，所以如果物体运动更快，人们对频闪效应会更敏感。Vogels 等的研究结果表明，ACLEDs 的性能可以通过增加频率、调整占空比或降低调制深度来提高。此外，他们还指出，闪烁指数并不是预测频闪效应能见度的合适量度，主要是因为它没有考虑频率的影响，还需要一种新的方法来预测频闪效应的能见度。Bullough 致力于开发这样一种预测手段，他评估了不同照明条件下频闪的测量以及可接受性。他们同样证实了频闪的感知受到光的频率和波动范围的影响。在测试条件的范围内，他们发现在 100Hz 及更高的频率下，闪烁的感知可以忽略不计，但在 300Hz 的频率时频闪效应仍然可以被感知。此外，他们还提供了频闪效应检测和可接受性方面的频率和调制深度之间的函数关系。基于这些实验数据，Bullough 概述了一种计算频闪效应的检测和可接受性的方法。但是他们的模型仅在有限的条件下有效（例如占空比为 50%的方波光输出），并未涵盖实际波形范围。

我国对频闪的研究起步较晚。张平奇等系统分析了可能对人眼产生影响的要素，提出显示产品调光会产生频闪，推荐使用直流调光方式并减少低频 PWM 调光方法的使用。复旦大学电光源研究所主要从视觉健康角度开展频闪的相关研究，沈海平概述了 LED 智能照明设计中的3个主要的视觉问题，指出应根据调制光频率限制波动深度来控制频闪。赵晓杰等招募10名在校大学生进行了办公室LED频闪效应对人体健康指标的心理及生理健康影响实验，实验发现频闪比达到70%时被试者会表现出较高的疲劳水平，并指出照明环境中存在频闪时会影响人们对照明环境的整体印象，同时也发现频闪光在一定程度上会抑制人的睡意，并增加皮质觉醒、提高人的注意力程度。随后赵晓杰系统分析了光源频闪对人体健康的影响，指出未来的健康照明应提升对频闪影响的重视程度，加快完善频闪评价研究。目前我国在该方面的研究仍与国外存在较大差距。

许巧云分析了50批次LED产品的检测结果，指出目前国内市场的LED产品频闪问题比较严重，这对人体健康存在一定威胁，需要加快相关国家标准的制订来提高LED产品的市场准入门槛。

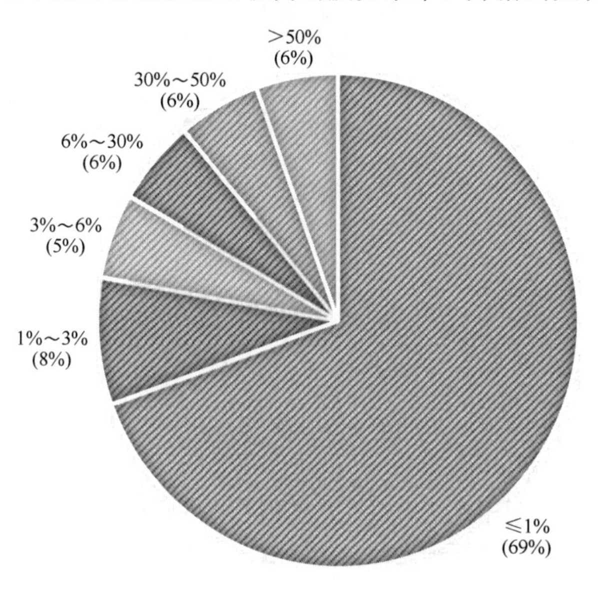

图 3-2-6　LED灯具的频闪测试结果

国家建筑节能质量检验检测中心对部分LED灯具的频闪比参数进行统计，结果表明光源质量较好的LED几乎无频闪，但同样有一些LED灯具频闪比过高（图 3-2-6）。

2.4　频闪评价指标对比分析

2.4.1　波动深度及频闪指数

波动深度（Modulation Depth，MD）描述了周期光调制中一个周期内相对于其最小亮度和最大亮度之和的最大亮度差（以百分比表示），波动深度又称频闪比、峰峰对比度、迈克尔逊对比或闪烁百分比。

波动深度可用下式计算得出：

$$MD=(A-B)/(A+B)\times 100\% \tag{3-2-1}$$

式中，A 为在一个波动周期内光输出的最大值；B 为在一个波动周期内光输出的最小值。

然而根据定义，波动深度是光刺激的时间调制的量度，只取决于亮度峰值而不区分波形。为了考虑波形的影响，Eastman 和 Campbell 引入了频闪指数（Flicker Index，FI）的概念，频闪指数是指照明光源光输出单周期内，光输出平均值以上的面积与光输出波形总面积之比。频闪指数较好地量化了荧光灯光源的闪烁能见度，北美照明工程学会（IES-NA）将其作为光源输出周期变化可接受量的建议依据。

频闪指数可用下式计算得出：

$$FI = \frac{A_1}{A_1 + A_2} \tag{3-2-2}$$

式中，A_1 为在一个波动周期内光输出平均值以上面积；A_2 为在一个波动周期内光输出平均值以下面积。

MD 和 *FI* 的典型波形图见图 3-2-7。*FI* 在工业上广泛应用，*IES* 认为 *FI* 值越小越好，当 *FI*<1 时表示频闪可接受、*FI*<0.1 时为无频闪。然而，*FI* 和 *MD* 的计算均基于单周期调制，忽略了频率影响。另外 *MD* 基于单周期波形计算，只有光波峰值参与计算，没有考虑不同波形对频闪的影响。传统光源波形基本固定，但 LED 光源波形和频率会在较大范围内变化，*MD* 和 *FI* 两指标已经难以适用于对 LED 光源频闪特性的判断。

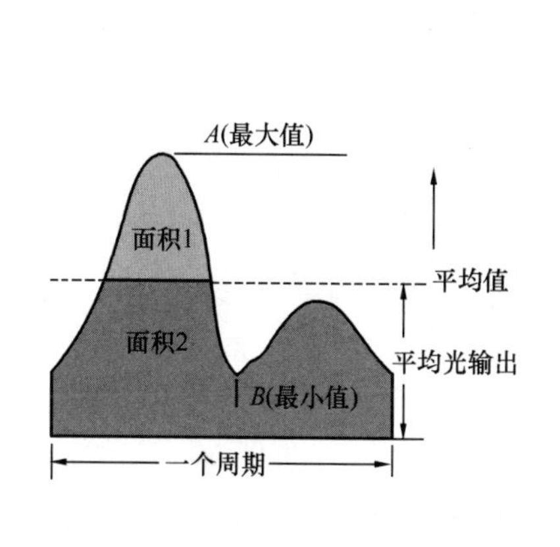

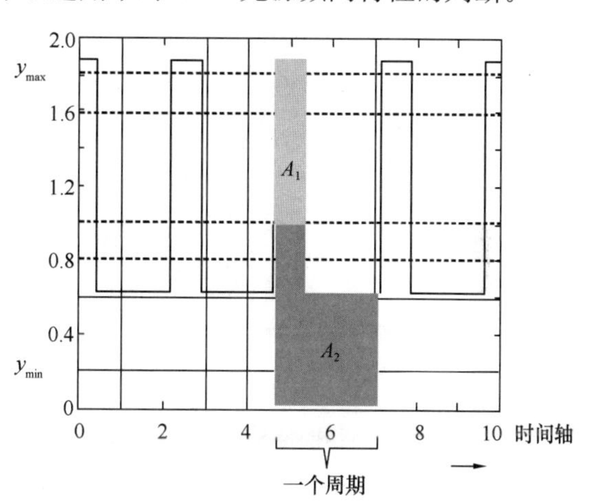

图 3-2-7　*MD* 和 *FI* 计算波形图

2.4.2　闪变指数

对于照明产品闪烁，IEC 提出了闪变指数 P_{st}，并发布《电磁兼容　限值对每相额定电流≤16A 且无条件接入的设备在公用低压供电系统中产生的电压变化、电压波动和闪烁的限制》IEC 61000－3－3。该标准对应于白炽灯时代，即假设大多数接入公共电网的照明设备是白炽灯，没有自稳定电路直接接到电网，此时光的变化直接反映了电网的变化。

因为小功率电器很难引起电网波动，所以对于很多电器，包括照明设备本身，在这个标准中是被豁免的，所以该指标并未得到广泛使用。IEC 提出的“60 W 白炽灯—人眼—大脑感知”的电路模型，电压闪烁计以及 P_{st} 指标在后来的评价标准：IEC TR 61547－1 被部分采用，演化成为新的指标 P_{st}^{LM}。

2.4.3　频闪风险分级

IEEE Std 1789 工作组于 2015 年 6 月发布了 TLA 推荐实践，该工作组主要关注的是健康问题，并基于消除所有应用中可能出现的健康风险问题的目的来定义限制范围，其考虑的健康风险包括光刺激性癫痫、偏头痛、自闭症行为恶化和眼疲劳。频闪诱发的恐慌和焦虑以及飞行员的频闪眩晕被列为可能的其他问题，但没有进行评估。

IEEE Std 1789－2015 提出了将 *MD* 限值同频率联合考虑的频闪判定方法，随着频率的增大，*MD* 的限值也随之增高，详见图 3-2-8。对于高风险和低风险区域限值如表 3-2-2 所示。IEEE 继续采用 *MD* 作为主要指标，同样无法很好地面对 LED 照明产品的波形的可变性和多样性。例如当光输出的频率相同但占空比不同时 *MD* 依旧相等，但显然占空比的变化会对频闪产生影响。而且以此指标进行判断的限值在对传统光源的判断上存在不合理性，对于使用了百余年的传统光源的判定为有风险是不合适的，目前该指标限值主要适用于大功率 LED 照明光源，对其他的非 LED 光源适用性不强。

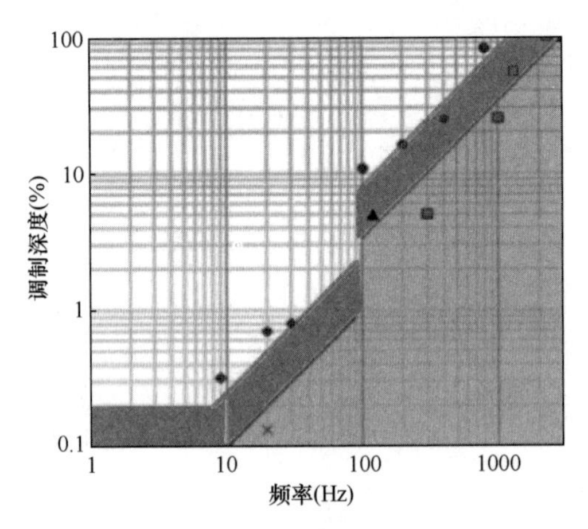

图 3-2-8　IEEE 频闪风险分级图

注：其中绿色的线为无影响限值，黄色的线为低危险限值。

高低风险区域频闪限值　　表 3-2-2

光输出波形频率 f（Hz）	高风险区域限值（%）	低风险区域限值（%）
$f \leqslant 8$Hz	0.2	0.1
8Hz$< f \leqslant 90$Hz	0.025f	0.01f
90Hz$< f \leqslant 1250$Hz	0.08f	(0.08/2.5) f
$f > 1250$Hz	豁免	豁免

2.4.4　（光）闪变指数

IEC TC34 在 2015 年 IEC TR61547-1 第一版中提出了 P_{st}^{LM} 频闪技术评价指标。IEC 标准覆盖的频率范围在 0.05～80Hz 之间，使用短时闪变值 P_{st}^{LM} 基于闪烁仪对可见频闪即闪烁进行计算评估。如图 3-2-9 所示，其计算思路是通过模拟人眼对照度波动的主观感受，并通过瞬时闪变视感度实时统计分析，分级概率计算对一定时间段的闪变严重程度进行评

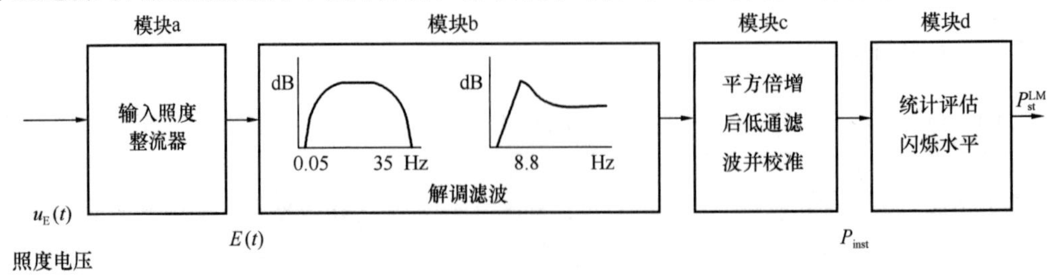

图 3-2-9　P_{st}^{LM} 计算过程

估，阈值为1，当 $P_{st}^{LM}>1$ 时，代表50%以上观察者会感受到频闪。计算公式见下式：

$$P_{st}=\sqrt{0.0314P_{0.1}+0.0525P_{1s}+0.0657P_{3s}+0.28P_{10s}+0.08P_{50s}} \tag{3-2-3}$$

其中，$P_{50s}=(P_{30}+P_{50}+P_{80})/3$；$P_{10s}=(P_{6}+P_{8}+P_{10}+P_{13}+P_{17})/5$；$P_{3s}=(P_{2.2}+P_{3}+P_{4})/3$；$P_{1s}=(P_{0.7}+P_{1}+P_{1.5})/3$；$P_{i}$ 表示测量期间超过 i%的频闪等级。

2.4.5　频闪效应可见度

2014年Perz等提出了新的频闪效应测量方法，即频闪效应可视度方法（stroboscopic effect visibility measure ，SVM），2016年CIE发布频闪测量技术标准CIE TN006－2016推荐使用SVM指标，国际电工委员会（IEC）也于2018年3月发布了技术报告《通用照明用设备　照明设备频闪效应客观测试方法》IEC TR 63158－2018，提出利用频闪效应可视度来评价频闪效应的计算方法。其标明的应用范围是：4m/s以下的中速移动，可以覆盖普通的工作环境。SVM的频率分析范围在80～2000Hz，其原理是对测量到的光波形进行傅里叶分析，并对每一个不同频率的波幅度（C_{m}）和对应的归一化的可见度曲线（S_{m}）加权，其中可见度曲线是经过大量的实验得出的不同频率正弦波下人眼对光的变化感知阈值。式（3-2-4）为 *SVM* 计算公式。

$$SVM=\sqrt[n]{\sum_{m=1}^{\infty}\left(\frac{C_m}{T_m}\right)^n} \tag{3-2-4}$$

式中：C_m——第 m 阶傅里叶分量的幅值；

T_m——在第 m 阶傅里叶分量的频率处波形频闪效应的可见阈值；

n——闵可夫斯基标准参数。

可见阈值可由式（3-2-5）计算得出：

$$T_{\nu}(f)=\frac{1}{1+\mathrm{e}-a(f-b)}+20\mathrm{e}^{-f/10} \tag{3-2-5}$$

其中，f 为光输出波形频率；a 取0.00518s，b 取306.6Hz。该公式使用频率最高到2000Hz。阈值曲线见图3-2-10。

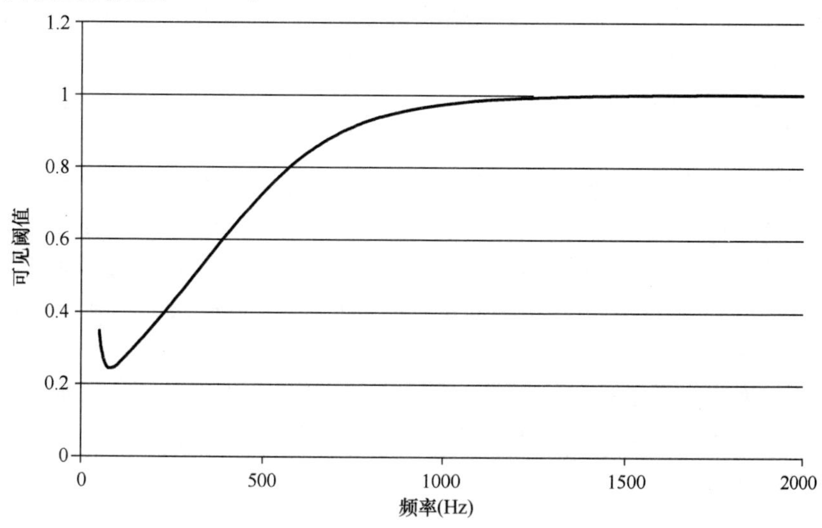

图3-2-10　频闪效应可见阈值曲线

出于安全考虑，*SVM* 指标目前主要适用于室内作业场所，但不能用于工业领域，因为在工业领域人们可以接触到带有高速运动部件的机器和设备，比如旋转轴、皮带和滑轮、链轮或齿轮。如果快速旋转机械或运动部件的频率与时间调制光输出的频率一致，可能会出现机械静止的错觉而产生危险。

表 3-2-3 为传统照明技术频闪评价指标范围。

传统照明技术频闪评价指标范围　　　　表 3-2-3

照明技术	P_{st}^{LM}	*SVM*
理想交流供电电源条件下 60W 白炽灯	<0.1	0.2～0.6
根据 IEC61457 规定的电源电压调制条件下 60W 白炽灯	1	0.2～0.6
在理想供电条件下的荧光灯（配电感镇流器）	<0.1	1.0～1.5
根据 IEC61457 规定的电源电压调制条件下的荧光灯（配电感镇流器）	<1	1.0～1.5
荧光灯（配电子镇流器）	约为 0.1	0.1～1.0

由于频闪比和频闪指数方法都没有考虑波形的差异对于人的频闪感受的影响，因此也导致行业对于 IEEE 1789 的限值一直存在着较大的争议。在 LED 广泛应用后，目前国际普遍认可使用频闪效应可视度指标 *SVM* 判定灯具频闪，CIE 与 IEC 等组织也倾向于使用 *SVM* 指标。

2.5　频闪的测量与评价

本章主要考虑现场的频闪测量与评价。同时，也可在实验室对单个光源或灯具的频闪进行测试。

2.5.1　频闪测量仪器与方法

（1）测量仪器要求

应选择频闪仪进行测量，测量仪器应满足现场测试需要。国际照明委员会（CIE）2016 年发布的技术说明《时间调制的照明系统的视觉方面　定义及测量模型》CIE TN 06－2016 对于频闪测量仪器提出了明确要求：

1）光度探头、放大器以及 AD 转化装置均应该具有良好的线性响应。

2）频闪对于人的影响频率可高至 2.5kHz，因此频闪测量仪器的采样频率不应低于 20kHz，采样时长不低于 1s。

3）由于人对 10～20Hz 的频闪可察觉的调制深度为 0.3%，因此建议使用 12 位以上的 AD 转化器，从而保证仪器分辨率为满量程的 0.025%。同时探头、放大器的谐波应该得到良好控制。

对于基于照度的频闪测量，由于频闪的测量主要是测量相对变化，且期间光谱不发生变化，因此对于探头光谱响应不需要做 $V(\lambda)$ 修正。但当考虑亮度的频闪测量时，则需要进行 $V(\lambda)$ 修正。

（2）测点布置

足球场频闪的测量可按图 3-2-11 进行，并应符合下列规定：

1）所有灯具输入电流频率相同时，宜按12点法进行测量；

2）灯具输入电流频率不同时，宜按24点法进行测量；

3）对于无垂直照度要求场所，探头水平放置，测量值为参考平面的数值；

4）对于有垂直照度要求的场所，如体育场馆，测量值应为测点位置1m高度处的90°和270°方向垂直面上的数值。

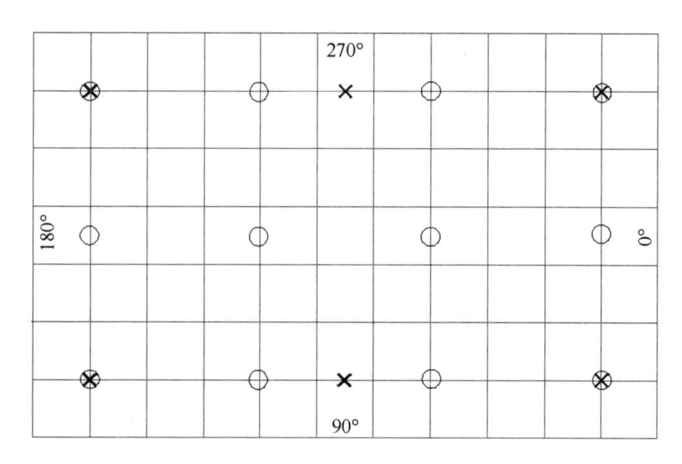

图3-2-11　频闪测点布置示意图

注：×表示12点法测点；○——24点法测点；270°方向为主摄像机所在方向。

（3）测量及计算步骤

对于每个测点，测量后可得到光输出的波形。依据光输出波形，可以计算闪变指数（P_{st}^{LM}）、频闪比和 *SVM*。

测量完成后，取整个场所的频闪最大值为该场所的频闪测量值。

2.5.2　判定标准与评价方法

（1）P_{st}^{LM}

P_{st}^{LM}不应大于1。

（2）频闪比

考虑到频闪对人体健康的潜在影响，IEEE std 1789：2015分别规定了不同频率条件下的无风险和低风险的频闪比限值。目前我国的视觉作业台灯和教室照明灯具产品标准均以该限值作为频闪的限制要求，作为控制LED照明产品质量的重要指标。表3-2-4为无风险的频闪比限值要求。

频闪比限值要求　　**表3-2-4**

光输出波形频率 f	频闪比限值（%）
$f \leqslant 10$Hz	$\leqslant 0.1$
10Hz$< f \leqslant$90Hz	$\leqslant f \times 0.01$
90Hz$< f \leqslant$3125Hz	$\leqslant f \times 0.032$
$f >$3125Hz	无限制

(3) *SVM*

人员长期工作或停留的房间或场所采用的光源和灯具，其 *SVM* 不应大于 1.3；中小学校、托儿所、幼儿园建筑主要功能房间采用的照明光源和灯具，其 *SVM* 值不应大于 1。这是参考美国标准《临时照明：验收测试方法和指南》NEMA 77－2017 规定了照明光源和灯具的 *SVM* 限值要求，相关研究表明，*SVM* 不大于 1.34 时不会对健康带来不利影响，且主观评价为“可接受”。考虑到幼儿和中小学生的视力尚未发育成熟，需要更严格地控制产品质量，因此适当提高了该类场所的 *SVM* 限值要求。中小学校、托儿所、幼儿园建筑主要功能房间指的是儿童青少年学习和长期停留的场所，如各类教室、阅览室、活动室、宿舍和寝室等。不同频闪评价指标的对比见图 3-2-12。

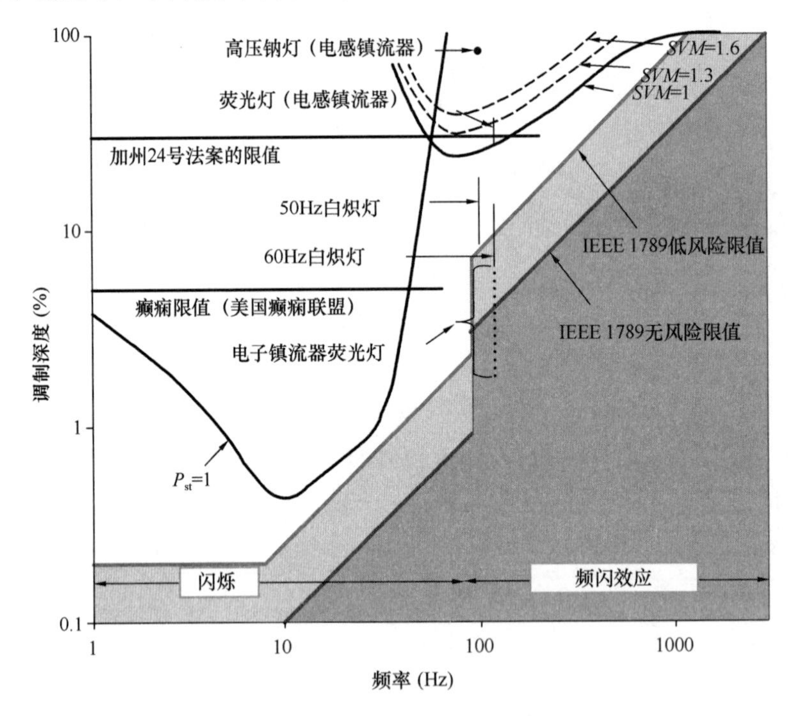

图 3-2-12　不同频闪评价指标的对比

2.6　关于标准修订的建议

通过分析可知，对于室内照明而言，P_{st}^{LM}＋*SVM* 的评价指标比频闪比（波动深度）更为适用。因此建议将其作为频闪的评价指标，并对本标准关于频闪的相关规定作出以下建议：

(1) 光源和灯具的 P_{st}^{LM} 不应大于 1。

(2) 人员长期工作或停留的房间或场所照明光源和灯，其 *SVM* 不应大于 1.3。对于儿童、青少年长时间停留的场所，其 *SVM* 不应大于 1.0。

对于体育照明，因为还要考虑摄像机特别是超慢动作回放拍摄的要求，建议仍然采用频闪比指标。

参考文献

[1] Boubekri M. Daylighting, Architecture and Health: Building Design Strategies. Oxford: Elsevier, 2008.
[2] PR Boyce. Human factors in lighting[M]. CRC Press, 2014.
[3] N Khan and N Abas. Comparative study of energy saving light sources[J]. Renewable and sustainable energy reviews, 2011, 15(1): 296-309.
[4] IEEE Recommended Practices for Modulating Current in High-Brightness LEDs for Mitigating Health Risks to Viewers: IEEE Std 1789-2015[S/OL]. [2015-06-05]. DOI: 10.1109/IEEESTD.2015.7118618.
[5] ILV: International Lighting Vocabulary: CIE S 017/E: 2011[S].
[6] Commission Internationale de l'Eclairage (CIE). Visual aspects of time-modulated lighting systems-Definitions and measurement models: TN 006-2016[R]. Vienna, Austria: CIE, 2016.
[7] 汪俊鑫．交流LED幻影阵列效应研究[D]．南京：东南大学，2017.
[8] 王纪永，牟同升．基于频谱分析的光源闪烁评价方法[J]．光电工程，2012(11)：32-36.
[9] Equipment for general lighting purposes-Objective test method for stroboscopic effects of lighting equipment: IEC TR 63158-2018[S].
[10] Electromagnetic compatibility (EMC)-Part 4-15: Testing and measurement techniques-Flickermeter-Functional and design specifications: IEC 61000-4-15: 2010 [S].
[11] 全国电压电流等级和频率标准化技术委员会．电能质量 供电电压偏差：GB/T 12325-2008[S]．北京：中国标准出版社，2009.
[12] 何欣，冯雷，张来军．LED驱动电路中电解电容对频闪的影响 [J]．光源与照明，2020，(02)：18-21.
[13] Brindley, G. S . Beats produced by simultaneous stimulation of the human eye with intermittent light and intermittent or alternating electric current[J]. The Journal of Physiology, 1962, 164(1): 157-167.
[14] Eysel U T , Burandt U . Fluorescent tube light evokes flicker responses in visual neurons[J]. Vision Research, 1984, 24(9): 943-948.
[15] Montagu J D . The relationship between the intensity of repetitive photic stimulation and the cerebral response[J]. Electroencephalography & Clinical Neurophysiology, 1967, 23(2): 152-161.
[16] Bullough J , Hickcox K S , Klein T , et al. Detection and acceptability of stroboscopic effects from flicker[J]. Lighting Research & Technology, 2012, 44(4): 477-483.
[17] Jr A Z, Bitterman M E. The effect of fluorescent flicker on visual efficiency[J]. Journal of Applied Psychology, 1952, 36(6): 413-416.
[18] A, G, GROVES, et al. ChemInform Abstract: The Structure of an Indium Trichloride Trimethylarsine Oxide Complex, 2 InCl3-3 Me3AsO (I)[J]. Chemischer Informationsdienst, 1986, 17(33).
[19] Wilkins A J , Nimmo-Smith I , Slater A I , et al. Fluorescent lighting, headaches and eyestrain[J]. Journal of Islamic Studies, 1989, 18(1): 125-128.
[20] Veitch J A , Mccoll S L . Modulation of fluorescent light: Flicker rate and light source effects on visual performance and visual comfort[J]. Lighting Research and Technology, 1995, 27(4): 243-256.
[21] M. S, Rea, M. J, et al. Table-tennis under High Intensity Discharge (HID) Lighting[J]. Journal of the Illuminating Engineering Society, 1988.
[22] Jaen E , Colombo E , Kirschbaum C . A simple visual task to assess flicker effects on visual performance[J]. Lighting Research & Technology, 2011, 43(4): 457-471.

[23] Kaiser P K. Spectral sensitivity function measured by a rapid scan flicker photometric procedure[J]. Investigative Ophthalmology & Visual Science，1980，18(12)：1264-1272.

[24] Fisher R S，Harding G，Erba G，et al. Photic- and pattern-induced seizures：a review for the Epilepsy Foundation of America Working Group. [J]. Epilepsia，2010，46(9)：1426-1441.

[25] Graham，Harding，Arnold，et al. Photic-and Pattern-induced Seizures：Expert Consensus of the Epilepsy Foundation of America Working Group[J]. Epilepsia，2005.

[26] 陆世鸣，刘磊，俞安琪．照明产品的频闪分析及对功能性照明的影响[J]. 灯与照明，2014，000(004)：22-27.

[27] JP Frier and AJ Henderson. Stroboscopic effect of high intensity discharge lamps[J]. Journal of the Illuminating Engineering Society，1973，3.1：83-86.

[28] IMLC Vogels，D Sekulovski，M Perz. Visible artefacts of LEDs：27th Session of the CIE[C]. Sun City，South Africa，2011.

[29] JD Bullough，KS Hickcox，TR Klein，A Lok，and N Narendran. Detection and acceptability of stroboscopic effects from flicker[S]. Lighting Research & Technology，2012，44(4)：477-483.

[30] JD Bullough，K Sweater Hickcox，TR Klein，and N Narendran. Effects of flicker characteristics from solid-state lighting on detection，acceptability and comfort[J]. Lighting Research & Technology，，2011，43(3)：337-348.

[31] 张平奇，王丹等，健康显示的影响因素综述[J]. 液晶与显示，2020，v.35(09)：100-109.

[32] 沈海平．LED 智能照明中涉及的几个视觉问题[J]. 照明工程学报，2017，028(005)：85-87，93.

[33] 赵晓杰，侯丹丹，徐蔚，等．办公室 LED 光源的频闪效应对人体健康的影响[J]. 照明工程学报，2019(6)：25-31.

[34] 赵晓杰，徐蔚．光源频闪对人体健康的影响分析[J]. 光源与照明，2020(2)：44-48.

[35] 许巧云．LED 照明产品光源频闪风险分析[J]. 日用电器，2019(6)：53-56，73.

[36] AA Eastman and JH Cambell. Stroboscopic and flicker effects from fluorescent lamps [J]. Illuminating Engineering，1952，47(1)：27～35.

[37] 杨志豪，李蕴，许瀛丹，等．LED 照明闪烁效应的评价及测量方法[J]. 照明工程学报，2019，30(02)：69-72.

[38] IEEE Recommended Practices for Modulating Current in High-Brightness LEDs for Mitigating Health Risks to Viewers：IEEE Std 1789-2015[S].

[39] Equipment for general lighting purposes—EMC immunity requirements—Part 1：An objective light flickermeter and voltage fluctuation immunity test method：IEC TR 61547-1：2020 [S].

[40] Malgorzata，Perz，Dragan，et al. Modelling Visibility of Temporal Light Artefacts[J]. SID International Symposium：Digest of Technology Papers，2018，49(2)：1028-1031.

[41] 孙志锋，林伟坚，罗婉霞．LED 灯具的频闪产生原因和处理措施[J]. 照明工程学报，2016(4)：162-165.

[42] 张恭铭．基于视觉疲劳的频闪评价指标研究[D]. 北京：中国建筑科学研究院，2021.

3 健康照明研究及发展报告

（建科环能科技有限公司 王书晓）

千百万年来的进化使得人类适应了日间劳作的生活模式，环境的亮度水平对于所有人类的行为、心理状态都有显著影响。特别是近年来的研究，更是证明光环境除了对人的视觉作业有重要影响外，还对人体很多非视觉效应具有重要影响。人生大部分时间是在室内工作生活的，因此如何为人类创造一个安全、舒适、高效而健康的光环境成为室内光环境研究领域的永恒的命题。长期以来，关于光对人的影响研究主要具有以下两个方面的特征：

（1）以杆状体细胞和锥状体细胞作为感光细胞，由视网膜神经节细胞（RGC）通过视神经投射到下丘脑的外侧膝状体核，进而产生视觉感知的神经通路，一直被看作是人对光环境感知的唯一通路；

（2）照明光环境相关的研究工作长期以来都是基于人的视觉通路和高级认知行为开展的。

直到 2002 年 Berson 等首次发现了视网膜神经节层上的第三类感光细胞——本质感光视网膜神经节细胞（ipRGC），它的感光色素（或视蛋白）Melanopsin（由 Opn4 基因编码的蛋白质）与杆状体细胞和锥状体细胞不同，其光谱响应特性也与此前光诱导节律观测结果相一致，而进一步的实验证明这种细胞不直接参与人的视觉成像功能（也有研究表明 ipRGC 同样会参与视觉功能），而是通过视网膜下丘脑神经束（RHT）与下丘脑视交叉上核（SCN）等大脑区域形成投射（即非视觉通路）。在连续照射条件下，Melanopsin 能够产生稳定的感光信号，从而准确地反映环境亮度水平。而这也正是 ipRGC 的 Melanopsin 与视网膜上其他感光细胞的最大差别，从而使得 ipRGC 具有感知环境亮度，并为人的很多生理调节提供重要的光信号的功能。根据现有研究成果，证实非视觉通路至少具有以下作用：

（1）生物钟：相关研究表明，SCN 作为哺乳动物生物钟的控制中枢，可能通过多种体液和神经信号使外周生物钟保持同步，以产生节律性活动，适应外界环境变化，这也构成了哺乳动物生命运行的基础。而 2017 年的诺贝尔生理学或医学奖也正是颁发给了发现生物钟基因及其工作原理的三位美国科学家。而光是最有效的授时因子，ipRGC 传递的感光信号正是 SCN 感知外部环境的主要信号来源，并通过调制下丘脑的松果体的褪黑激素分泌，实现生物钟的维持和调节作用。光照射时间对于人生物钟影响的最小阈值应该在数秒甚至分钟级，远远长于视觉通路。这种较长时间的感光信息的积分现象，对于确保生物钟避免环境中可能出现的短时波动具有重要作用。

（2）情绪：季节性情绪障碍（SAD）是一种高纬度地区冬季的典型情绪障碍。相关研究证明，在高纬度地区昼短夜长，因此日间不能接受足够的阳光照射是导致这种问题发生的主要原因，绵长的阴天会加重这种问题的发生，而高亮度环境是治疗 SAD 的有效方法。非视觉通路对于情绪的影响主要通过两个方面：一是由于光照条件不足导致的节律紊乱会诱发情绪障碍和抑郁等问题；二是通过 SCN 直接投射到下丘脑旁核（PVN）、下丘脑背内侧核等情绪和行为调制中枢，从而直接影响人的情绪。

（3）亮度感知和适应亮度调节：ipRGC 还会投射到外侧膝状体背核（dLGN），从而表明 ipRGC 可能会参与颜色视觉、模式视觉以及亮度感知等视觉成像、视觉感知行为，还可以通过多巴胺无长突神经细胞为视觉系统的亮度适应提供重要基础。因此，ipRGC 具有类似相机上的曝光表的作用，从而根据环境亮度条件决定视觉通道的适应状态。这也为相同照度条件下，高色温光源会比低色温光源的视亮度更高等研究结果提供了重要理论支撑。

（4）睡眠：近年来有多个研究表明 ipRGC 的信号会传导至位于下丘脑、具有诱导睡眠作用的腹外侧视前核（VLPO），但是杆状体细胞和锥状体细胞同样对睡眠具有影响。

（5）警醒度：较高的照明水平可以提高昼行动物的警醒度和情绪。虽然其调控机制尚不清晰，但是通过基因消融技术屏蔽 ipRGC 或 Melanopsin 会弱化光照条件下的警醒度这一事实，证明非视觉通路对警醒度有着重要影响。

关于非视觉效应的最新研究成果使得人对于照明有了全新的认识，同时也赋予了照明应用新内涵，即通过照明环境的变化调节人的生命节律。如何创新照明设计方法，通过与智能控制技术有机结合，从而更好发挥 LED 照明技术优势，为人们创造“安全、舒适、有益身心”的健康照明光环境也成为当前研究的重点和必然趋势（图 3-3-1）。

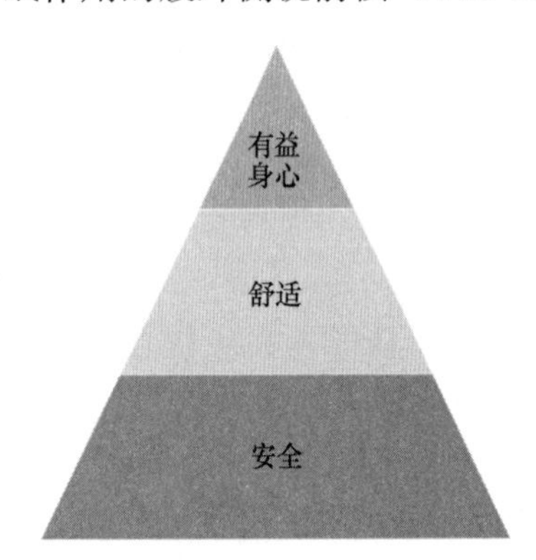

图 3-3-1　健康照明需求层次示意

3.1　照明与光辐射安全

光源的光辐射在我们的工作、生活中无处不在，其与建筑及周边环境相互反射，构成了我们生活的光环境。在大部分条件下，光源的光辐射对于公众不构成危害，然而在某些特殊条件下，某些光辐射可能会产生一些潜在的危害。根据对于人的影响形式，光辐射的影响主要分为以下两种：

（1）光热转化。光辐射的能量可以转变为分子运动，从而导致被照射部位温度的升高。被照射物体单位时间内吸收的光辐射能量对于其温升具有重要影响。

（2）光化学。光辐射能量还可以激发原子或分子最外侧电子发生跃迁。在光辐射中，紫外线由于其光子能量最高，因此具有最强的光化学效应，它很容易引起 DNA 等有机分子的光化学反应。眼睛正是通过视蛋白的异构化光化学反应从而产生神经信号，最终形成视觉感知的；同时光辐射也可能导致氧化应激损伤。

当人被过量的光辐射照射时，就会因为光热或光化学效应，导致组织的功能障碍甚至是功能丧失。这种现象主要表现为由于光辐射强度过大而引起的热损伤，或者由于累计的光辐射量引起的光化学反应达到毒性水平。

3.1.1　光对于皮肤的影响

皮肤是人体暴露在光辐射中最大的器官。不同波长、不同剂量的光辐射对人体皮肤的穿透能力不一样，产生的生物效应也不一样。紫外线会对皮肤的角质层、上皮细胞及真皮产生影响；近红外光会对皮下组织产生相应的作用；远红外光部分则只对角质层产生影响。对于可见光而言，其波长越长穿透能力越强，在波长为400nm处的蓝光波段，能够穿透皮肤组织的深度不超过1mm，500nm处波长的光线穿透深度约为0.5～2mm，630nm处波长的光线皮肤穿透深度约为1～6mm。180～315nm波段的光容易造成皮肤老化；照射剂量达到一定程度则会产生皮肤红斑效应；375～780nm波段的光会造成皮肤晒黑；400～3000nm波段的光照射会造成皮肤的热损伤、脱皮等问题，如表3-3-1所示。普通光源的光辐射热效应一般不会造成对健康皮肤的伤害，只有高强度光源在极近距离内照射才会造成损害。

不同波段的光辐射对于皮肤影响　　**表3-3-1**

光谱辐射分类	紫外辐射（100～400nm）	可见光与近红外辐射（300～1400nm）	红外（>1400nm）
损伤类型	红斑、皮肤癌、皮肤弹性组织变性、黑色素生成、恶性黑色素瘤等	灼伤、红斑	灼伤、红斑

3.1.2　光对眼睛的影响

与皮肤相似，眼睛角膜、晶状体、玻璃体等组织对于不同波长光辐射的透射和吸收特性不同，其中角膜能够吸收几乎全部的波长小于320nm的紫外辐射和波长大于1.3μm的红外辐射，40%以上UVA（波长大于320nm的紫外辐射）会诱发角膜及晶状体相关损伤和病变；晶状体和玻璃体则可以吸收45%～50%的UVA；而只有可见光和少量的UVA可以照射到视网膜上。因此不同波段光辐射会对眼睛的不同组织产生不同的光生物学效应，继而引起眼睛的各种组织病变。不同波段的光辐射对眼睛的光生物学效应见表3-3-2。

不同波段的光辐射对眼睛的影响　　**表3-3-2**

影响类型	作用位置	光谱范围
白内障	晶状体	290～400nm和700～1300nm
角膜炎	角膜	180～420nm
光致视网膜炎	视网膜	400～700nm
视网膜热损伤	视网膜/脉络膜	400～1400nm

（1）光对角膜和晶状体的影响

紫外辐射和红外辐射只会引起角膜和晶状体的损伤，不过现在医学手段可以有效治愈因此而产生的病变，只有在极其特殊的情况下，才会产生因为紫外辐射和红外辐射而产生的永久性视力衰退。其损伤主要分为急性和长期累积性暴露两类。

1）紫外辐射引起的角膜、结膜损伤

直射紫外辐射和散射的紫外辐射都会引起眼部的损伤，其中由于散射紫外辐射没有特定的入射方向，对于眼睛的损伤也具有重要的影响。由于光辐射的散射与波长成反比，因此紫外辐射的散射比例远大于可见光，一般而言40%的总UVB辐射是散射紫外辐射。由于人避免直视高亮度光源的本能，使得照射到角膜上的紫外辐射大部分是散射紫外辐射。

紫外辐射的急性暴露（通常为320nm以下的紫外辐射）会导致光致角膜炎的发生。对于通用照明领域，光生物安全等级为RG0和RG1的产品不会导致光致角膜炎的发生，因为这类光源的紫外辐射很难达到产生以上损伤的毒性阈值（0.03～0.06J/cm²）。

在沙、尘、大风、干燥的条件下，长期暴露在紫外辐射中会引起气候性滴状角膜变性，这类疾病的易感人群主要具有有过光致角膜炎病史，且长期暴露在紫外辐射条件下等特征。这种疾病严重恶化可能会导致视力下降。

紫外辐射还可能导致翼状胬肉和睑裂斑部位的结膜炎。其中翼状胬肉结膜炎会导致因此产生的眼轴增长带来的视力下降。根据流行病学研究，户外工作人群患翼状胬肉结膜炎的概率是普通人的两倍，而更多研究表明，翼状胬肉结膜炎还会加速因年龄引起的黄斑病变。

现在关于紫外辐射影响的研究多是基于急性暴露条件下开展的，尚未有关于长期累积性的紫外辐射影响和室内照明中紫外辐射影响的相关研究成果。

2）白内障

紫外线暴露评价方法研究为紫外线与疾病的关系研究提供了重要基础。流行病学研究表明，紫外线是白内障发病的重要危险因素。每年数百万人需要接受白内障手术治疗，未经手术治疗白内障分别占全球盲症和中度至重度视力损害的35%和25%。据WHO估计，世界上由白内障致盲的病人中，有20%可归因于紫外线暴露。而急性的紫外线暴露不会导致白内障，主要是由于长期的紫外线暴露引起。因此紫外辐射的急性暴露，特别是320nm以下的紫外辐射会引起光致角膜炎和结膜炎的发生。但是这种损伤在使用光生物安全等级为RG0和RG1的产品室内照明环境中不会发生。

而长期暴露在太阳光下则会引起白内障和气候性滴状角膜变性等疾病。

（2）光对视网膜的影响

当高强度的近紫外辐射和可见光辐射与感光细胞的感光蛋白及类维生素A作用，产生过量的活性氧类物质（ROS）就会导致视网膜的损伤。这种光化学损伤会由于不同分子的连锁反应而扩散。光化学损伤可以分为两类（表3-3-3）：

光化学损伤分类 **表 3-3-3**

特征	第一类损伤	第二类损伤
视网膜辐射照度	＞1.5h	＜4h
光源尺寸	大	小
主要影响对象	感光细胞	视网膜色素上皮细胞

1）第一类损伤，其损伤光谱加权函数与视色素的光谱响应曲线一致，它主要出现在视网膜较长时间（数小时或数周）暴露在辐射强度小于10W/m² 的白光光源条件下。根据相关研究在雪地或者白色沙漠的晴朗条件下，视网膜辐射照度为30～60W/m²。这种损伤主要是影响感光细胞。

2）第二类损伤，其损伤光谱加权函数的峰值主要位于短波部分，这种损伤主要是发生在视网膜暴露在高亮度光源条件下（视网膜辐射照度达到 $100W/m^2$）。这种损伤初期主要会影响视网膜色素上皮细胞，有可能导致感光细胞的损伤。随着年龄增长，在视网膜色素上皮细胞内的脂褐素所产生的光毒性会增强且对蓝光更加敏感，最终导致老年人视网膜内的自由基增多。脂褐素还会随着年龄增长逐步转变为黑素体和脂褐素的混合体，最终造成视网膜色素上皮细胞损伤，严重的情况下会导致感光细胞不可逆转的损伤。这种视网膜外层的光毒性的损伤具有累积性。

与光致角膜、结膜损伤不同，光致视网膜损伤往往都不可恢复、不可治愈，因此对人的影响也是最为严重的。

① 太阳光与视网膜异常

肉眼直视太阳或者日食会导致视力下降。研究表明，当人直视太阳时会导致视网膜色素上皮细胞的损伤，而对视网膜的外层和内层损伤较小，从而导致短期内视力的快速衰退。这种损伤与蓝光引起的视网膜色素上皮细胞损伤非常相似，而并不是由于热损伤产生。

由于上眼睑等眼部结构的保护，以及人对于直视太阳的应激性的自我保护，都能够有效避免由于直射阳光所带来的损伤。然而周边环境的反射所引起视网膜曝光过强，从而导致视网膜损伤则成为这类伤害的主要原因。如在没有防护的条件下，长期在露天雪地或沙漠中工作引起的过度照射，从而导致的黄斑病变等损伤。这种损伤在低强度长期暴露的条件下同样可能发生。

② 蓝光危害

由于年龄增长的累积性和特定病理条件，蓝光和视网膜分子的反应会导致视网膜色素上皮细胞、感光细胞甚至神经节细胞的死亡。蓝光危害最早是 20 世纪 60 年代被发现的，由于这种光化学引起视网膜损伤的阈限比热致视网膜损伤低几个数量级，因此研究表明，可见光中的短波部分（400～460nm 的蓝光部分）是引起光致损伤的最主要因素。在蓝光危害中同时会出现第一类和第二类损伤。

对于人类而言，目前只有直接证据表明人眼急性暴露在眼科设备、电气焊设备等特殊的人工光辐射条件可能会产生光毒性，没有开展过关于人工照明照射多引起的可能伤害的流行病学研究。

③ 慢性光照射引起的老年性黄斑病变

老年性黄斑病变是一种影响感光细胞和视网膜色素上皮细胞的疾病。人们最早出现由于这种疾病而影响中心视场的视觉现象的年龄在 50 岁左右，大约四分之一的 65 岁以上的老年人患有这种疾病。含有脂褐素的视色素被称为老年视色素。随着人年龄的增长，视网膜内的脂褐素累积量会成线性增长的趋势，80 岁的老年人，含有脂褐素的视网膜色素上皮细胞占到视网膜色素上皮细胞总量的 19%以上。引起老年性黄斑病变的原因包括年龄、吸烟史、基因遗传以及高血压等。

相关研究表明，视网膜光化学损伤会加速老年性黄斑病变的发生。由于脂褐素特别是其中的 A2E 成分可以被看作是一种光敏剂，对于视网膜健康具有较大的危害。根据流行病学研究发现，夏季在户外工作超过 5h 的青年和 30 岁人群，视网膜色素损伤和老年性黄斑病变先兆发生的风险要高于在室外工作 2h 的人群。

与此同时，有研究表明低强度的红色或近红外光辐射照射可以缓解老年性黄斑病变的发生，这被称为光生物调节（photobiomodulation）。相关研究表明，利用峰值波长为

670nm 的红光 LED 照射视网膜色素上皮细胞，可以加快视网膜内细胞分解物的清除。更有研究表明利用红光 LED（利用峰值波长为 590nm、670nm 和 790nm 的 LED 组合）照射患有老年性黄斑病变的病人可以有效降低患病程度，甚至可以改善病人的视敏度和对比敏感度。

光生物调节的机理并不是基于热效应，而是基于视网膜色素上皮细胞内的线粒体分子机制。细胞内的线粒体为细胞提供能量并调节其新陈代谢。红光和近红外辐射主要作用在视网膜色素上皮细胞线粒体内膜上的具有呼吸作用的细胞色素 C 氧化酶。这个过程可以起到自由基清除和抵消氧化应激的作用。这种效应的光谱加权函数有四个峰值，分别为 620nm、675nm、760nm 和 830nm。

为了比较不同光源对于老年性黄斑病变的影响，德国 Schierz 提出了老年性黄斑病变保护指数。这种指数反映了视网膜色素上皮细胞内氧化与抗氧化的平衡状况，分别用 B_{AMD} 和 R_{AMD} 表示，其计算方法如下：

$$B_{AMD}=\int_{360nm}^{880nm}S_{\lambda}(\lambda)\cdot\bar{b}_{AMD}(\lambda)\cdot d\lambda \tag{3-3-1}$$

$$R_{AMD}=\int_{360nm}^{880nm}S_{\lambda}(\lambda)\cdot\bar{r}_{AMD}(\lambda)\cdot d\lambda \tag{3-3-2}$$

式中 B_{AMD}——加速老年性黄斑病变的光生物指标；

R_{AMD}——延缓老年性黄斑病变的光生物指标；

$S_{\lambda}(\lambda)$——光源的光谱分布曲线；

$\bar{b}_{AMD}$——加速老年性黄斑病变的光谱加权函数；

$\bar{r}_{AMD}$——延缓老年性黄斑病变的光谱加权函数。

而老年性黄斑病变保护指数 C_{AMD} 应按下式计算：

$$C_{AMD}=\frac{R_{AMD}-f_{ZA}\cdot B_{AMD}}{R_{AMD}+f_{ZA}\cdot B_{AMD}} \tag{3-3-3}$$

式中 f_{ZA}——0 位调整系数。

老年性黄斑病变保护系数 C_{AMD} 为正值且数值越大，则对于延缓老年性黄斑病变效果越好；而当 C_{AMD} 为负值且数值越小时，则会加速老年性黄斑病变发生。目前由于相关研究表明太阳光会导致老年性黄斑病变的发生，因此 f_{ZA} 取值是的 D45 光源的 C_{AMD} 为 0。

根据分析，当色温越低时 C_{AMD} 越高，色温越高则 C_{AMD} 越低（图 3-3-2）。但是相同色温不同类型的光源存在着较为明显的差异，如由于缺少红色光谱成分，3000K 的 LED 和荧光灯的 C_{AD} 值会比 3000K 的白炽光源 C_{AMD} 小。同时 LED 一般显色指数 R_a 和特殊显色指数 R_9 越高，或蓝光峰值波长越长，则 C_{AMD} 值会越大。由于红色光谱对于老年性黄斑病变发生的延缓作用最强，因此特殊显色指数 R_9 与 C_{AMD} 的相关性甚至比一般显色指数 R_a 还要高。

因此在室内照明中建议使用较低色温的高显指，特别是 R_9 的光源，应选择蓝光峰值波长较长的白光 LED。

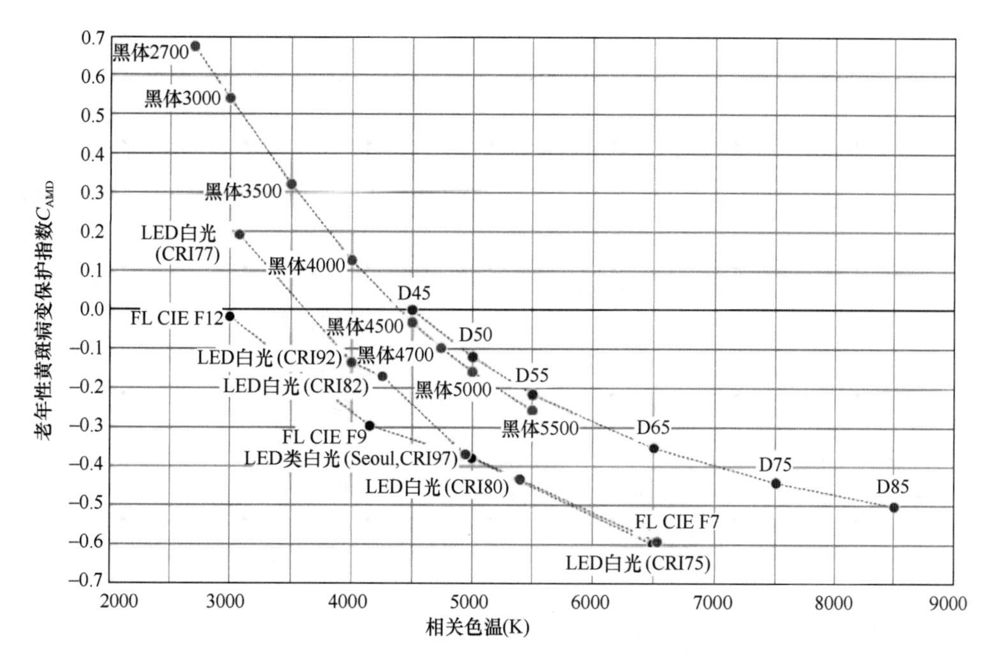

图 3-3-2 老年性黄斑病变保护系数与光源相关色温的关系

3.1.3 光生物安全相关标准

目前，研究并制定光生物安全标准以及测量方法的国际组织主要有国际非电离辐射防护委员会（LCNIRP）、国际照明委员会（CIE）、国际电工委员会（IEC）等。ICNIRP根据各种科学实验研究推荐了照射限值、照射时间、危害加权函数等，并制定了非相干宽带电光源以及激光光源的光生物安全方面的导则。CIE和IEC光生物安全标准中涉及的照射限值、照射时间、危害加权函数等都是引用ICNIRP相关导则。而且随着研究的深入和实验成果的积累，ICNIRRP会及时更新这些导则，以便更好地避免光辐射对人类产生的危害。

2002年，CIE发布了关于光生物安全的标准CIE S 009/E：2002 *Photobiological safety of lamps and lamp systems*（灯和灯系统的光生物安全），并积极推荐给IEC作为工业界的联合标准。该标准刚开始时未被IEC重视，直到2006年才被IEC等同采用。现行有效最新版本光生物安全标准CIE/IEC 62471：2006为CIE和IEC共同发布，建议各国工业界采纳。目前，CIE/IEC 62471：2006标准正在被修改为IEC 62471-1，修改后的标准将完全覆盖所有电光类产品。

CIE/IEC 62471：2006标准为评估灯和灯系统的光生物安全提供了指导，详细规定了照射限值、参考的测量技术和等级分类方法，适用于200～3000nm波长范围内所有非相干宽带电光源（包括LED，不包括激光）的光辐射的光生物危害评估与控制。该标准主要通过对加权辐射照度和加权辐射亮度的测量来评估灯和灯系统对皮肤、眼睛前表面和视网膜的辐射危害，并根据灯和灯系统的危害程度给出辐射危害风险等级类型。

然而该标准虽然规定了灯与灯系统的照射时间、照射限值、测量技术要求以及辐射危害风险等级分类等，却没有给出相应的测量方法，也没有给出制造商在生产过程中实现产品设计实施的制造导则。针对这些方面的问题，IEC 在 2009 年出版了 IEC/TR 62471-2：2009 *Photobiological safety of lamps and lamp systems-Part2：Guidance on manufacturing requirements relating to non-laser optical radiation safety*（灯和灯系统的光生物安全　第2 部分：非激光光辐射安全的制造导则），作为 CIE/IEC 62471：2006 的一个配套标准，从而更好地指导制造商正确地执行光生物安全标准，帮助使用者根据制造商出具的安全报告，确定在不同场合下安全使用何种危害风险等级的灯。

2012 年，IEC 针对 CIE/IEC 62471：2006 标准中第 4.3.3 条和第 4.3.4 条所述的视网膜危害出版了 IEC/TR 62778：*Application of IEC 62471 for the assessment of blue light hazard to light sources and luminaires*（IEC 62471 在评估光源和灯具蓝光危害方面的应用指南），并被 IEC 60598－1 引用作为照明产品安全性的重要评价指标。

我国的光生物安全国家标准为《灯与灯系统的光生物安全性》GB/T 20145-2006，等同于 CIE/IEC 62471：2006。这些标准的制订和实施对于规范引导 LED 照明产品生产和应用，从而有效保障公众视觉健康具有十分重要的作用。然而这些标准还存在着以下几个方面的问题：

（1）由于缺乏足够的长期慢性累积性光辐射损伤实验数据支撑，当前的光生物安全标准主要是基于急性暴露条件下的研究结果制定的，因此无法有效判断光辐射对于老年性黄斑病变等慢性疾病的影响；

（2）由于国际非电离辐射防护委员会（ICNIRP）的导则主要是针对成年人眼条件制定的，而儿童特别是 2 岁以下儿童的人眼晶状体的 UV 透过率远高于成年人，在蓝光波段对婴儿眼睛的权重在靠近 440nm 波段附近显著增大，因此按照现有的光生物安全阈值来评判儿童使用灯具，可能存在一定安全隐患，因此当前亟需建立儿童用 LED 光源的光生物安全评价的标准和评价方法。

3.1.4　小结

根据现有已知的相关研究成果与标准可知：

（1）现有能够满足 CIE/IEC 62471 所规定的 RG0、RG1 的灯具，或当采用光生物危害风险组别为 RG2 的灯具时，应保证视看距离大于按照国家标准《灯具　第 1 部分：一般要求和试验》GB 7000.1－2015 第 3.2.23 条的规定所标注的安全距离；

（2）由于少年儿童人眼晶状体对于蓝光的透光率高于成年人，且视网膜处于发育阶段，因此建议在中小学校及幼儿园等场所使用满足 CIE/IEC 62471 所规定的 RG0 的灯具。

3.2　生理与节律

当前，针对照度水平与视觉辨认、认知作业功效，光源显色性以及眩光评价方法等均建立了能够满足照明实践需要的评价方法和限值规定，为相关照明标准体系的建立提供了重要的技术支撑，在照明安全和高效领域，相关标准体系已经较为完备。因此健康照明的评价体系，应该是在现行国家标准《建筑照明设计标准》GB 50034、《建筑采光设计标准》GB 50033 等相关标准涉及照明安全和功效等方面规定的基础上，根据 CIE 218：2016 *Research Roadmap for Healthful Interior Lighting Applications*，并结合

Khademagha 的研究，补充非视觉效应相关的评价指标：①照射强度；②光源光谱；③方向；④时间；⑤明暗节律。

3.2.1 照射强度

CIE 158（CIE 2004/2009）指出，人的非视觉效应受到眼部接收到的光的强弱影响，因此健康照明的评价指标应该是眼睛位置的垂直表面，而不是作业面的照射强度。

科研人员也在努力通过建立这种照射强度与人的光生物/光化学反应的关系，即根据非视觉光谱响应曲线（如褪黑激素抑制光谱响应曲线）确定的有效照射强度，从而替代现有的照度。很多研究表明，这种有效照射强度与非视觉效能评价指标之间存在着 logistic 模型关系，如图 3-3-3 所示，而 Zeitzer 等的研究表明对于褪黑激素抑制和节律相位调整，所发生有效辐射强度分别为 200lx 和 500lx。因此“WELL 建筑标准”和团体标准《健康建筑评价标准》T/ASC 02－2021 分别以 CIE E 光源和 CIE D65 光源作为基准计算的眼睛位置的生理等效照度作为健康照明的评价指标，而后者与 CIE DIS 026 相一致。

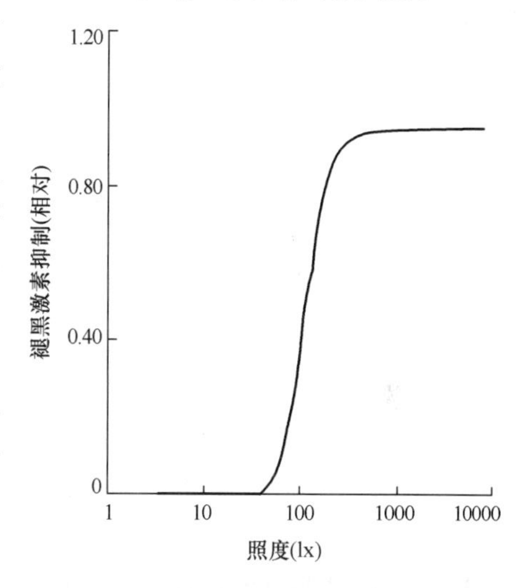

图 3-3-3 褪黑激素抑制与照度的关系

注：照度与褪黑激素抑制的关系在 log 坐标系下成 S 形，因此当照度较低于其阈值时，将不会有褪黑激素的抑制作用，进入中间阶段则其对应关系成近似线性，当照度高于一定限值后，则进入饱和的平台期，即再增加照度并不会带来褪黑激素抑制效果的提升。

重庆大学的研究成果表明，当眼位垂直照度大于 400lx（5000K 色温条件下）时，其褪黑激素抑制效果并不显著，且过高亮度会带来眩光以及能耗和投资成本的增加。与此同时，相关研究表明相同生理照度条件下，发光面积小、亮度高的光源所对于褪黑激素的抑制效果要低于发光面积大、亮度低的光源，其可能原因是 ipRGC 信号达到饱和，这些研究表明，人眼位置的辐射照度并不是最有效的非视觉效应评价指标。

3.2.2 光源光谱

从 1980—2000 年，大部分照明与人节律、内分泌、行为以及光治疗方面的研究都是基于明视觉照度作为控制变量，然而跟 Melanopsin 的光谱响应曲线与杆状体细胞和锥状体细胞相比，其光谱响应曲线具有明显差异，且很多研究均未提供光谱数据，从而导致不同研究结论存在较大差异。根据 Brainard、Thapan 等的多个独立研究结果，人的节律系统的光谱响应峰值在 460nm 左右，而不同物种的 Melanopsin 具有基本一致的光谱响应曲线，其吸收光谱的峰值在 480nm 左右，研究人员也提出了多个节律调节的光谱响应曲线。根据专家共识 CIE 于 2018 年给出了 Melanopsin 的光谱响应曲线，从而为健康照明的应用提供了重要基础。由于 ipRGC 所传递至大脑的信号同时包括了其 Melanopsin 感光产生的内部信号，以及接收到的杆状体细胞和/或锥状体细胞产生的外部信号。然而关于不同来源的信号对于非视觉效应的影响机制在国际上仍然存在不同的观点（图 3-3-4）。

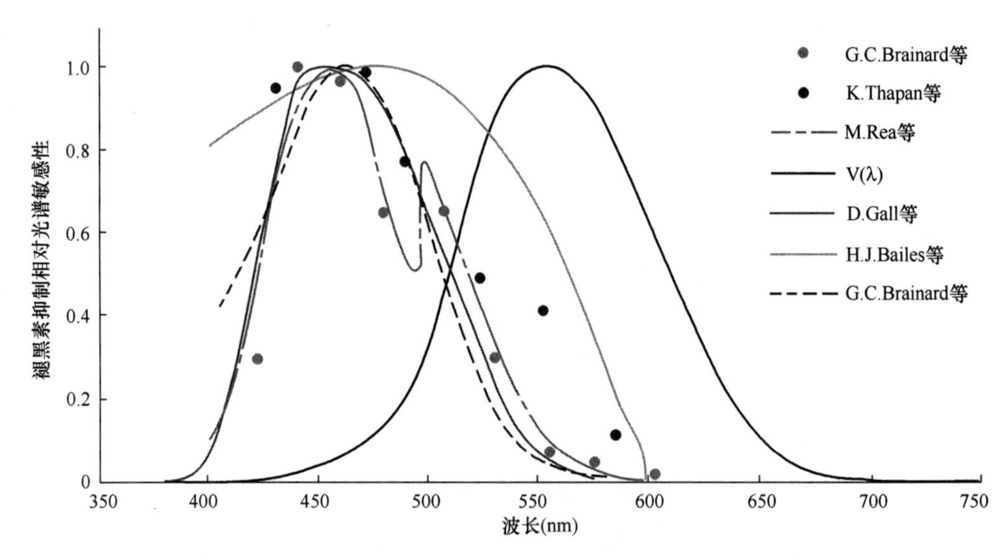

图 3-3-4　不同研究确定的 Melanopsin 响应曲线结果对比（含明视觉光谱响应曲线）

根据中国建筑科学研究院有限公司的相关研究成果，相对于锥状体细胞和杆状体细胞，Melanopsin 具有更高的感光阈值。在 6000K 色温条件下，人的眼部垂直照度要达到 30lx 以上 Melanopsin 才会产生足够的刺激，这也与 Lucas、Lall 等在细胞研究中关于 Melanopsin 的感光阈值是锥状体细胞的 1000 倍相吻合。

根据实验数据，进一步建立了光谱响应模型，首次系统阐述了不同亮度条件下，Melanopsin 与锥状体细胞对非视觉效应的影响会随亮度变化而变化。其中 Melanopsin 的感光信号具有像相机上的曝光表，可以根据环境亮度条件调节锥状体细胞的感光灵敏度的视觉亮度适应调节的机制，因此不同亮度条件下非视觉效应感光曲线会动态调节变化，如图 3-3-5 所示。中国科学院心理研究所黄昌兵研究团队前期开展了 200 人次的不同光谱条件下褪黑激素抑制特性研究结果表明，在低亮度条件下（眼位垂直照度 10lx），同样会产生褪黑激素的抑制作用，其光谱响应的峰值位于 550nm 左右，与光谱光视效率 V（λ）一致；且随着亮度的增加，抑制褪黑激素的光谱响应峰值会出现逐步向短波区域变化的现象，该研究也是对中国建筑科学研究院有限公司研究的证实。

根据以上研究，在白天高亮度条件下（眼位垂直照度 300lx 以上），应该采用 CIE/S 026：2018 *CIE System for Metrology of Optical Radiation for ipRGC-Influenced Responses to Light* 规定计算 Melanopsin 辐照（亮）度，来评估非视觉效应的影响；而在眼位垂直照度 30lx 以下的光环境条件下，则可使用照度来评估非视觉效应的影响。

3.2.3　方向

光的入射方向是影响非视觉效应非常重要但又经常被忽视的因素之一。由于 ipRGC 在视网膜上分布的不均匀，根据 Dacey 的研究，猕猴的视网膜的中心视场的 ipRGC 的密度要高于周边视场，如图 3-3-6 所示。同时，不同照明环境下人的眼睑还会对人的视场产生影响（表 3-3-4）。因此在考虑照明的非视觉效应时，应该充分考虑空间亮度分布，特别是上半视场范围内的表面亮度对于人的影响。然而当前“WELL 建筑标准”和团体标准

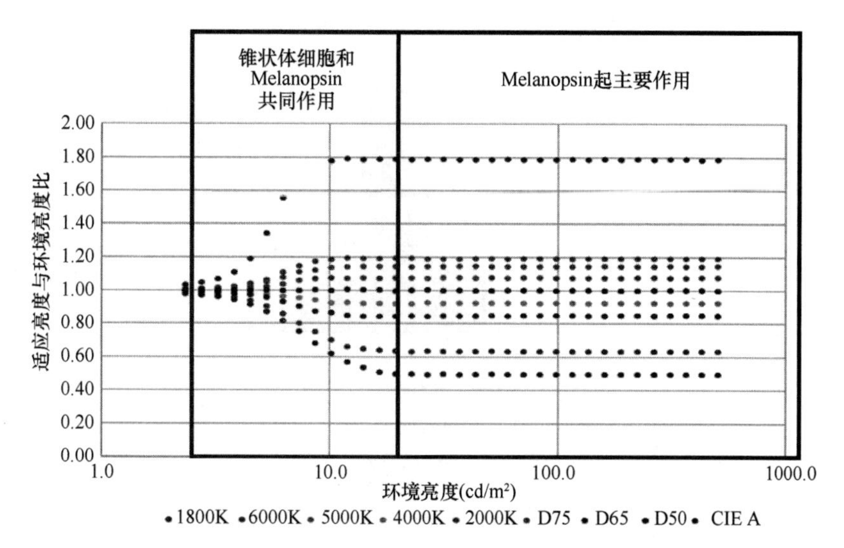

图 3-3-5 不同环境亮度条件下等效非视觉效应比

《健康建筑评价标准》T/ASC 02－2021 分别以 CIE E 光源和 CIE D65 光源为基准计算的眼睛位置的生理等效照度作为健康照明的评价指标，均未考虑光的入射方向的影响。

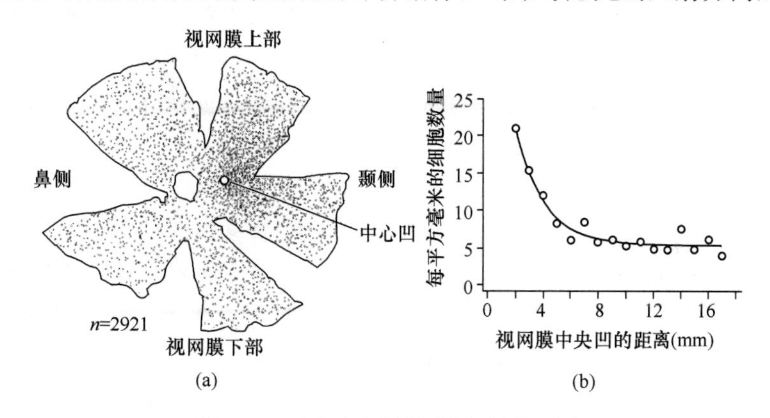

图 3-3-6 ipRGC 在视网膜上的分布图

不同照明环境下的典型视场 **表 3-3-4**

照明环境	垂直视角	双眼水平视角
室内	视线上方 0°～50° 视线下方 0°～70°	180°
室外	视线上方 0°～20° 视线下方 0°～70°	180°

根据中国建筑科学研究院有限公司的研究结果，当被试眼位垂直照度为 300lx 条件下，光线的入射方向角度不同时，PIPR 存在显著差异，其对应的等效 PIPR 的均匀环境亮度如图 3-3-7 所示。因此对于 Melanopsin 的影响更多来自于视线成±26°的区域内，特别是视线方向的垂直照度最为有效。

这也与 Dacey 关于猕猴的视网膜解剖分析结果相一致。因此在健康照明设计时，应充

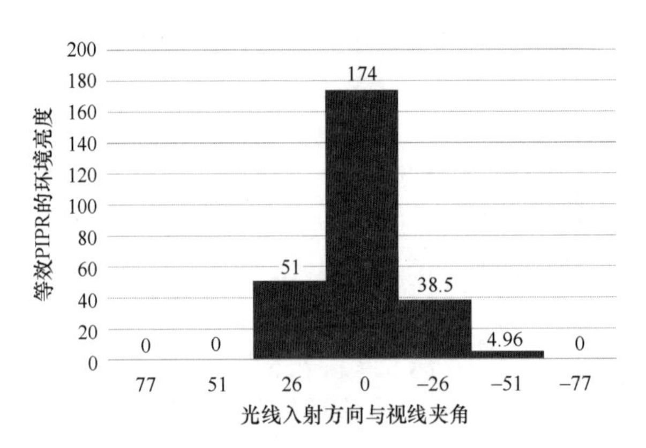

图 3-3-7　不同光线入射方向条件下等效 PIPR 的均匀环境亮度（眼位垂直照度 300lx）

分考虑和利用水平方向照射的光线。

3.2.4　时间

尽管照明对于节律系统具有影响，但是充足的证据证明，光照射时间对于节律系统影响存在明显差异。当光照射发生在夜间人体核心温度最低点前时，将会推迟人的节律；而当光照射发生在人体核心温度最低点之后时，将会使人的节律相位前移。因此在早晨接受足够的光照射对于改善白天的工作效率具有很重要的作用；而夜间使用显示器、卧室灯管则会导致人的节律推迟问题。

同时还有研究表明白天接受较强的光照射可以提升人的警醒度和认知能力；而白天不能接受足够的光照射时，将会导致人夜间更加容易受到夜间灯光的影响。因此健康照明的一个重要内涵，就是在不同时间为人们提供合理的照明水平和光谱，从而更好满足人的非视觉效应的需求。

而根据重庆大学关于动态照明条件下的褪黑激素抑制研究，按照以下三种设计方案：

（1）色温 4000K：上午 9：00-11：00，工作面照度变化为 500lx→750lx→1000lx→1500lx→2000lx；下午 3：00-5：00，2000lx→1500lx→1000lx→750lx→500lx；

（2）色温 5000K：上午 9：00-11：00，工作面照度变化为 500lx→750lx→1000lx→1500lx→2000lx；下午 3：00-5：00，2000lx→1500lx→1000lx→750lx→500lx；

（3）色温变化＋照度变化：上午 9：00-11：00，色温变化为 4000K→4500K→5000K→5500K→6000K，工作面照度变化为 500lx→750lx→1000lx→1500lx→2000lx；下午 3：00-5：00，色温变化为 6000K→5500K→5000K→4500K→4000K，工作面照度变化为 2000lx→1500lx→1000lx→750lx→500lx。

根据其研究结果表明，通过照度和色温的共同调节（方案 3），被试人员褪黑激素抑制效果最佳，且相较于静态照明条件下同样具有更为显著的非视觉效应。因此在室内使用动态调光技术在满足健康照明需求的同时，还能够降低照明系统的运行能耗。

3.2.5　明暗节律

几千年来，人类的进化已经适应了日出在阳光下耕作，日落在月光和星光下休息的明暗节律；而只是在过去的一百多年时间，由于工业化的发展，才使得人们的这种节律被打破。在发达国家，人们高达90%的时间都在室内度过，这也导致在白天无法接受充足的光照；而在夜间由于室内外照明产品的广泛应用，又导致人们夜间生活的环境亮度远高于自然环境，这就造成昼夜间的环境亮度很难形成显著差异。因此CIE 158（CIE 2004/2009）指出健康照明除了需要接受更多的日间光照射外，还需要在夜晚有足够的时间不受光线干扰，否则将对人的健康产生不利影响：

（1）灯光会抑制褪黑激素的夜间分泌；

（2）灯光会增加人们夜间的警醒度，从而导致失眠，并进一步导致认知功能下降和免疫功能降低；

（3）失眠和生理节律紊乱会产生情绪和认知功能问题，并导致肥胖、癌症、心脑血管疾病和抑郁发生。

因此为了保持良好的生理节律，应该尽量减少因灯光使用而对非视觉系统的干扰，特别是需要严格控制居住区附近的光污染，从而为居民创造良好的生活环境。

3.3 健康照明实施总结

当前国内外的照明标准规范是基于“标准人”或“平均人”（往往是根据健康的年轻人）而制定的，主要目的是为了照明系统在保证视觉舒适基本要求，特别是避免因照明系统不当引起的视觉不舒适前提下，满足视觉作业功能需求。然而这些标准均未考虑光通过非视觉通路对人产生的生理和心理影响，这也导致现代社会长期在室内工作的人，因为昼间光照射不足而引起的睡眠质量下降等健康问题日益突出。

而近年来伴随着LED、智能控制技术的飞速发展，以及人类关于光对人的身心研究的不断深入，特别是使得光环境的研究与应用已从原有的视觉功效发展到与情绪、睡眠、认知、节律等各个方面有关的光与健康的问题，让照明逐步走向动态照明，即根据时间调整照明光谱及强度，从而为人们创造安全、舒适、有益身心的健康照明光环境。

3.3.1 健康照明的特征

健康照明的实施对照明应用提出了更高的技术要求，相较于传统的照明应用实践，主要存在以下几方面变化：

（1）由作业面照度到眼位高度垂直面照度，由平面到空间场

现有的照明标准主要规定了作业面照度，而光对于人的生理和心理的影响，主要取决于眼睛对光强弱的感知，因此健康照明应该在现有照明标准的基础上，补充规定眼位高度的垂直面上的光照强度限值，因此现行团体标准《健康照明检测及评价标准》T/CECS 1365和《健康照明设计标准》T/CECS 1424的规定可以作为建筑照明领域关于健康照明实施的参考，两项标准中采用生理等效照度进行非视觉效应评价，其推荐值为：日间≥250lx，傍晚≤50lx，睡前3h≤10lx，熄灯后≤1lx。

其中由于眼位高度垂直面方向不同，其垂直照度将有显著差异，因此应首先确认人员工作的主视线，并在此基础上确定达到照明设计方案。

同时由于非视觉系统具有空间响应的方向特性，因此在有条件的情况下，建议除了关

注眼位高度垂直面的光照强度，还应关注亮度的空间分布，可以采用单设洗墙灯照明的方式，或者使用建筑一体化照明来提高垂直面的亮度，从而更好地保证长期在室内人员的生理和心理健康。

（2）由静态到动态

一方面，当前已经有充足的证据证明光照射时间对于节律系统影响存在明显差异，在早晨接受足够的光照射对于改善白天的工作效率具有很重要的作用；而夜间使用显示器、卧室灯管则会导致人的节律推迟问题。重庆大学、美国布朗大学公共卫生学院（Brown University School of Public Health）和美国能源部太平洋西北国家实验室等诸多研究项目均表明，通过环境明暗及光谱的动态调节变化，可以有效改善人员的身心状态。

另一方面，从光谱和强度变化角度而言，天然光无疑是在昼间实现动态照明理念的高效照明光源的最佳选择。大量证据表明，足够的采光对于保持人的良好生理、情绪状态以及社交、认知行为具有十分重要的意义。因此要创造健康照明光环境，首先就要利用新型的采光照明技术、智能控制技术与照明技术有机结合，实现采光照明一体化实施目标，有效避免由于天然光变化的不确定性和分布的不均匀性给用户带来不舒适性，从而真正实现建筑采光的最大应用。

在人员长期逗留的工作场所，为了实现动态调节的功能，应具备时钟控制和天然光联动控制的智能照明控制系统。

（3）定制化

健康照明的核心就是以人为本，相关研究表明，光对于人的节律等非视觉效应存在明显的个体差异。而伴随着全球人口老龄化问题的日益突出，预计到 2050 年，全球 65 岁以上老年人的占比将超过 40%。而老龄化导致的视觉障碍问题将引起人的视觉通路和非视觉通路的敏感度显著下降，主要体现在以下几个方面：

1）眼睛光谱透射特性的变化

随着年龄增长，在人眼晶体中的晶体色素不断累积，从而导致晶体逐步“黄化”，导致短波部分的透过率会显著下降（图 3-3-8）。研究发现相同的照明条件下，老年人的视网膜照度仅为年轻人的一半以下，而在 450nm 左右的短波透过率，其比例则更低。人的非视觉响应曲线会随着年龄的增长而变化（图 3-3-9），因此按照年轻人规定的照明标准显然无法满足老年人的身心健康需要。

2）人眼瞳孔大小调节能力的变化

人眼瞳孔大小随着年龄增长而线性减小，在低亮度条件下和高亮度条件下，瞳孔大小的减小率分别为 0.043mm/年和 0.015mm/年（图 3-3-10）。瞳孔的变化将大大降低人眼的可见光透过率，从而影响人的视觉感知和非视觉效应，且它与性别、屈光不正以及瞳孔颜色无关。由于瞳孔调节范围的缩小、晶状体黄化、视网膜退化等原因，导致相同照明条件下 45 岁的成年人的光诱导节律的效果仅为 10 岁儿童的一半。

3）人眼视网膜感光细胞的变化

人眼视网膜同样会随年龄增长而不断老化，导致锥状体感光细胞的相对敏感度下降（图 3-3-11），而 ipRGC 细胞在 50 岁以后出现显著降低（图 3-3-12）。

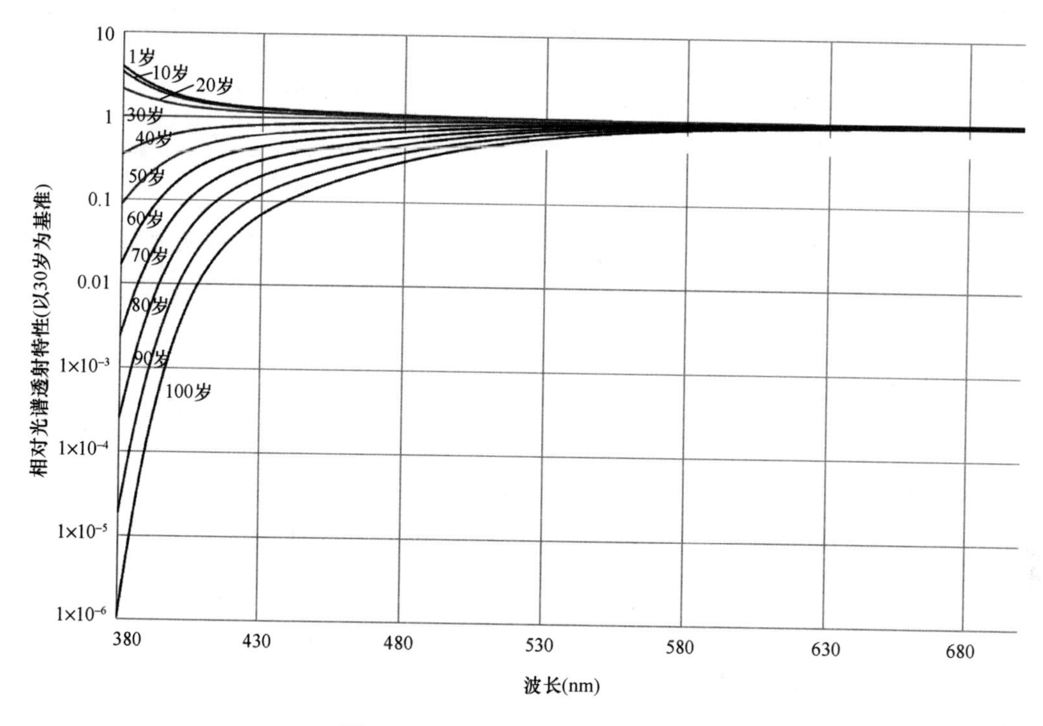

图 3-3-8　不同年龄的光谱透过曲线

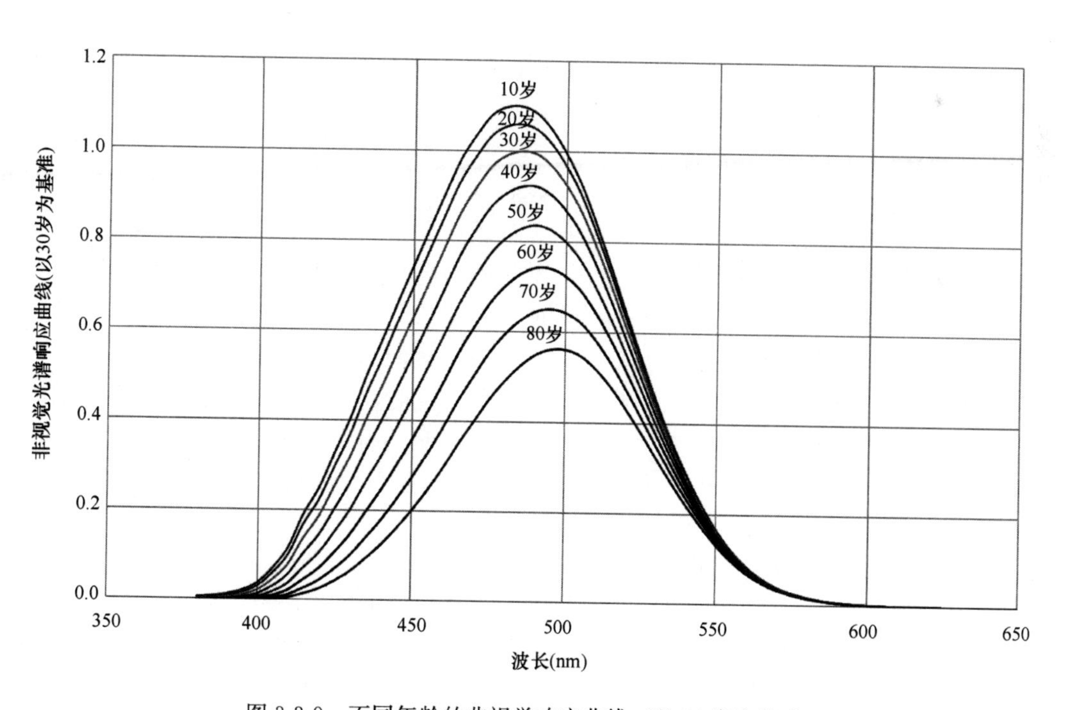

图 3-3-9　不同年龄的非视觉响应曲线（以 30 岁为基准）

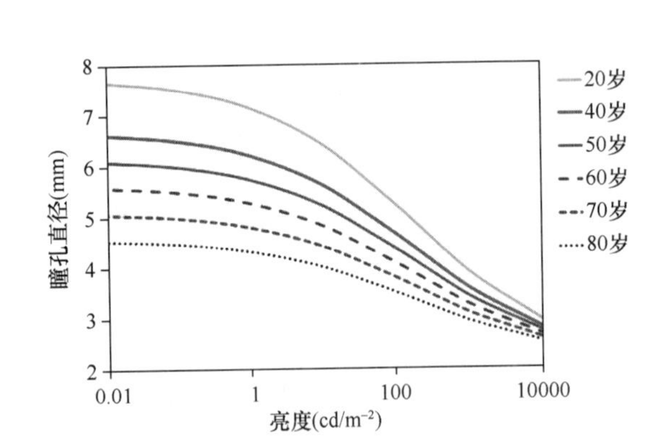

图 3-3-10　不同年龄人群的瞳孔直径随适应亮度的变化曲线

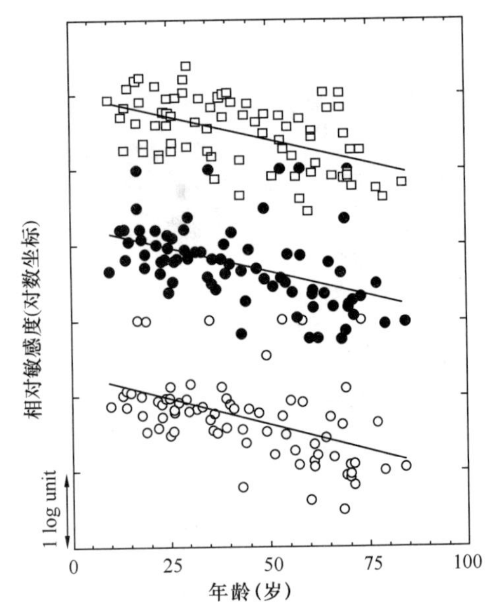

图 3-3-11　锥状体感光细胞相对敏感度随年龄变化曲线图（引自 CIE 227：2017）

注：方块表示短波视蛋白的锥状体细胞的相对敏感度，实心圆表示中波视蛋白的锥状体细胞，空心圈表示长波视蛋白的锥状体细胞。

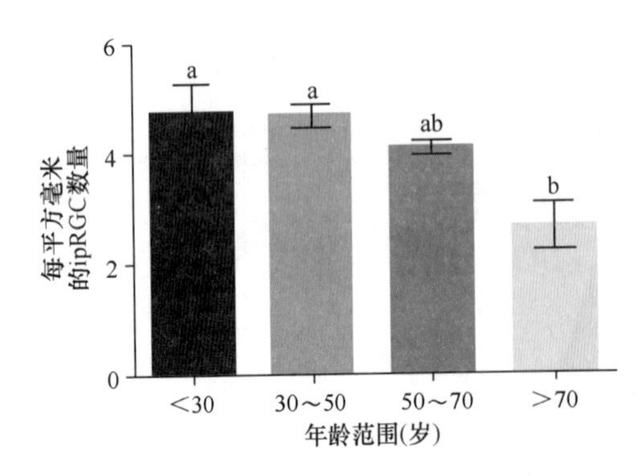

图 3-3-12　ipRGC 细胞密度随年龄变化

由于老年人行动能力下降导致其户外活动时间减少，眼睛可见光透射率（特别是短波部分透射率下降）和感光细胞的退化等诸多问题，导致老年人的视力和非视觉效应与年轻人有着显著的差异。而这些变化都可能导致老年人夜间褪黑激素分泌减少、节律紊乱、失眠，甚至阿茨海默症等多种问题的发生。有研究表明，在早晨让老年人在强光下照射 2h/d 可以大大改善他们的睡眠质量。

与此同时，视觉障碍、个人偏好等诸多问题都使得照明需求个体差异化问题变得更加突出，因此国际照明委员会（CIE）更是把定制化照明作为其十大优先发展领域之一。在健康照明实施过程中重点关注两个方面：

（1）应在照明设计方案前期，充分分析不同空间的人员年龄结构，对于养老院等建筑更是应该在设计时，借鉴参考 CIE 227：2017 *Lighting for Older People and People with Visual Impairment in Buildings* 等文件，在设计方案时就对特殊人群的差异化需求予以考虑；

（2）智能照明系统的设计实施中，在可能的情况下，应根据具体使用者的年龄确定相应的局部照明控制调光策略，并应充分赋予使用者局部照明调控的自主权并可以记录其使用偏好，从而更好地满足用户差异化的使用需求。

3.3.2 健康照明实施国际共识

为了更好地指导健康照明实施，ISO/TC 274 与国际照明委员会（CIE）联合建立了 ISO/TC 274/JWG4，对健康照明的相关研究成果进行了深入分析，根据健康照明的调研结果编制完成了技术报告 ISO TR 21783《光与照明　健康照明　非视觉效应 *Light and lighting—Integrative lighting—Non-visual effects*》。根据该报告，健康照明是指为了满足人的生理和心理需求而专门设置的照明，它同时考虑视觉和非视觉效应，也可被称为人本照明。根据现有研究成果，可以得出人和照明系统对于人的有益方面和有害方面。

（1）有益方面

充足证据证明的：

1）健康照明可以对人的节律系统起到维持和调节作用。而要实现这一目标，则需要在天然光和人工照明设计时，通过调节 ipRGC 的反应、照明强度及空间分布的影响等方式，建立昼夜的明暗模式的交替变化。

2）健康照明可以对人的短期和长期身心状态及情绪产生提升作用。

部分证实的：

1）健康照明对人的睡眠质量、入眠时间以及其后白天的认知能力都具有影响，这主要是通过避免因为人工照明对人的节律系统产生的干扰实现的。

2）健康照明可以在短期内激活和提升人夜间的认知行为，并避免瞌睡。

没有足够证据的：

1）健康照明可以在短期内激活和提升人日间的认知行为，并避免瞌睡。

2）健康照明可以提高学习成绩和学习专注度。虽然有动物实验证明其可能性，但是没有基于大样本人群的实验证明其长期有效性。

（2）有害方面

充足证据证明的：

1）低于 CIE S009 和 IEC 62471 规定限值的光辐射不会产生光损伤风险。

2）夜间工作暴露在灯光下会减少褪黑激素的分泌，从而影响入睡时间。这是导致很多身体疾病的因素之一。

3）如果无法避免夜间工作，则需要根据轮班计划确定照明模式，用户需要在 24h 中的非工作时间保持足够的黑暗时间。

4）在错误的时间为错误的人和活动提供过量的照明将是有害的。而避免这种问题出现的一个重要挑战，就是准确了解照明的使用人群和他们的需求，从而避免搭配错误。

部分证实的：

1）夜间暴露在高的 ipRGC 辐射照度条件下可能会导致睡眠紊乱。

2）必须考虑照明对于生命节律系统和工作安全的需求（例如：满足医务人员夜班期间以及回家的路上保持警觉性的需要）。

3）由于人眼短波透射率的不同，可能需要为不同年龄的人群提供不同的照明方案。儿童比成年人对短波长光照更敏感，而由于老年人视力下降和晶状体在短波部分散射增加，因此在光源光谱中需要为他们提供更多的短波成分。

没有足够证据的：

1）如果不能避免夜班工作，那么在夜间工作时滤除短波辐射可以在保持警觉性的同时减少昼夜节律的干扰。

2）超高强度的"富蓝光"可以像自然光一样作为人生命节律的授时因子。这可能被生物钟的季节性适应所抵消。因此以改善人的节律为目的动态照明，必须将自然光照的季节性变化考虑在内。

3.3.3 实施建议

健康照明设计与传统建筑照明设计的显著差别：传统建筑照明设计是以相关设计标准为主要依据；而健康照明在相关设计标准基础上，还需要重点分析所设计空间的人员结构、使用功能、视觉需求，坚持以人为中心，提供定制化的照明解决方案。在项目前期需要了解的项目信息包括且不限于表 3-3-5 中列出的内容，并应确定不同的照明场景的技术要求和使用条件。

项目信息表　　表 3-3-5

用户： ■ 用户的年龄 ■ 用户的视力 ■ 视觉作业特征 ■ 作息时间及连续工作时长 ■ 工作强度 ■ 行为习惯 ■ 交流需求 ■ 可能出现的健康状况 ■ 对睡眠模式的总体预期（例如：可以预期青少年与老年人通常会有不同的睡眠习惯） ■ 要实现需要的节律刺激，在眼睛位置所需要的光照强度。年轻人和老年人可能存在差别	房间 ■ 主要区域的行为功能 ■ 建筑内表面特征 ■ 家具布置 ■ 开窗大小及朝向 ■ 建筑采光质量及分区 ■ 出入口及通道 ■ 工位布局及主要朝向
照明要求 ■ 光色偏好 ■ 与天然光联动 ■ 灯具形式和安装要求 ■ 灯具照度和色温可调功能	控制系统 ■ 控制系统操作的方便性 ■ 控制系统与其他系统联动和数据共享 ■ 照明系统的维护和后期使用 ■ 照明系统的可拓展性 ■ 一种照明设计方案无法满足个体对照明的差异化需求，因此需要使用控制和局部照明 ■ 同一个或不同用户的不同的需求优先级间可能会发生冲突 ■ 如果没有经过正确培训，在不了解照明系统的功能的情况下，员工可能无法通过个人控制实现设计预期效果

3.4 标准修订的意见和建议

根据当前关于健康照明的研究进展，照明的光谱、强度、照射时间和时长对于人的生理及心理影响已经得到了广泛共识，然而当前仍然无法利用这些研究成果建立更加精准、可量化的设计方法。鉴于当前关于健康照明的实施在国际上尚未达成共识，因此在本次标准修订中将不作专门的条款规定。但是建议考虑需求适当补充了相应的条款：

（1）根据2019年4月国际照明委员会（CIE）发表的声明及ISO TR 21783，光源低于（CIE S009和IEC 62471）规定限值的光辐射不会产生光损伤风险。因此建议在标准补充不同应用场景的灯具的光生物安全性规定。

（2）建议增加"墙面的平均照度不宜低于作业面或参考平面平均照度的30%"的规定，从而增加人员的垂直照度或水平视野中的亮度，也可以起到日间提高对ipRGC的刺激的作用。

（3）从光谱和强度变化角度而言，天然光无疑是在昼间实现动态照明理念的高效照明光源的最佳选择。大量证据表明，足够的采光对于保持人的良好生理、情绪状态以及社交、认知行为具有十分重要的意义。因此标准规定在建筑中最大化地利用天然采光。

（4）健康照明的核心就是以人为本，而光对于人节律等非视觉效应存在明显的个体差异，因此在标准中增加智能控制技术条款，实现因人、因时、因需而变的目标，建立基于非视觉效应的动态光环境设计实施技术体系，从而为健康照明的实施提供有效保障。

参考文献

[1] Gornicka，GB. Lighting at work：environmental study of direct effects of lighting level and spectrum on psychophysiological variables[J]. Environmental Science，Psychology，2004.

[2] Brainard，G. C.，Hanifin，J. P.，Greeson，J. M.，Byrne，B.，Glickman，G.，Gerner，E.，& Rollag，M. Action spectrum for melatonin regulation in humans：evidence for a novel circadian photoreceptor[J]. The Journal of Neuroscience，2001，21(16)，6405-6412.

[3] S. Silva，Almeida M G D. Optimization of the Indoor Environmental Quality of Buildings[J]. Environmental Science，Engineering，2010.

[4] Berson，DM，Dunn FA，Takao M. Phototransduction by retinal ganglion cells that set the circadian clock[J]. Science，2002，295：10.

[5] Gooley JJ，Lu J，Fischer D，Saper CB. A broad role for melanopsin in nonvisual photoreception[J]. J Neurosci，2003，23(18)：7093-7106.

[6] Duffy JF，Wright KP Jr. 2005. Entrainment of the human circadian system by light[J]. J Biol Rhythms，2005，20(4)：326-338.

[7] Petteri Teikari. Biological effects of light[D]. Finland：Helsinki University of Technology，2006.

4 LED 建筑照明应用发展研究

（建科环能科技有限公司 罗涛）

白光 LED 以其效率高、功耗小、寿命长、响应快、可控性高、绿色环保等显著优点，被认为是“绿色照明光源”，预计将成为继白炽灯、荧光灯之后的第三代照明光源，具有巨大的发展潜力。当前半导体照明产业已成为世界上许多国家未来经济发展新的增长点。

近年来随着半导体照明产业的快速发展，LED 照明产品逐步在照明领域中体现出其节能优势，并已应用于各类建筑场所。

目前 LED 照明技术仍处于快速发展阶段，利用芯片产生的蓝光或紫外光激发荧光粉产生白光是当前白光发光二极管的主要发光原理。由于其发光原理与传统光源具有较大差异，从而导致其色品质性能与传统光源也存在较大的差异，主要体现在 LED 光色品质及显色性等方面，因此也是标准修订过程中需要重点考虑的问题。

4.1 LED 照明的发展

4.1.1 技术变迁

人类从进入电气照明时代至今已经经历了上百年，在技术发展推动下，照明行业主要经历了四个发展阶段，各个阶段代表性照明产品各有优劣势，但照明行业整体朝着节能环保的方向发展。

通用照明市场可以分为 LED 通用照明和传统照明，全球照明行业经历 19 世纪末白炽灯、20 世纪初节能荧光灯、20 世纪 80 年代节能灯再到目前的 LED 照明四个阶段（图 3-4-1），LED

	发展历程	优劣势对比
白炽灯	19世纪末爱迪生碳丝白炽灯的发明带领人类进入电气时代;1959年发明卤素灯，灯泡内注入惰性气体延长钨丝寿命	发光温度高、能耗高、寿命短，5%电能转换可见光;卤素灯在汽车照明中应用广泛
荧光灯	1938年研制出荧光灯，发光效率和寿命是白炽灯的3倍以上;1974年飞利浦研制出红绿蓝三色光的荧光粉	60%电能通过低气压汞蒸气释放紫外光，激发荧光物质发出可见光，能效比高，更节能;缺点在于汞污染和光闪烁;常应用于室内长条灯管
节能灯	20世纪80年代末出现节能灯(紧凑型荧光灯)，使用电子镇流器启动，将交流电转直流电再转高频高压电，光源进入节能和电子化阶段	体积更小，频闪现象低，光效更高，寿命更长;缺点是光衰和显色性低，对视力有影响
LED 照明	1996年日本日亚化学公司在蓝光发光二极管基础上开发出黄光发光二极管，开启LED照明时代	体积小、耗电低、寿命长、避免汞污染更环保

图 3-4-1　照明行业经历四个发展阶段

照明凭借着能效比更高、寿命更长、更节能环保等诸多优势，正实现对传统照明产品的替代。各国政府相继出台禁用白炽灯的政策，我国于2016年10月1日起，禁止进口和销售15W及以上普通照明白炽灯。随着技术进步、LED芯片价格下跌使得综合成本降低，LED照明的渗透率迅速提升，不论是Digitimes还是麦肯锡的报告均显示全球LED通用照明的渗透率在2010年后提升速度明显加快，逐步替代传统照明。

4.1.2 政策介绍

在各类照明产品中，白炽灯历史悠久，使用范围广阔，但由于其通过物质辐射发光，能量转换效率（即光效）较低，世界各国已陆续明确了淘汰白炽灯的时间表。其中，欧洲各国、澳大利亚、日本、美国等淘汰计划启动相对较早，我国国家发改委于2011年11月4日正式发布白炽灯淘汰路线图，计划到2016年全面禁止白炽灯的进口与销售。

除发布白炽灯淘汰路线图外，我国从2008年起即出台了一系列产业政策对节能照明产业进行扶持，其中2012年LED照明产品财政补贴推广方案，推动了公共、商用照明市场的增长。2013年2月出台的《半导体照明节能产业规划》，对LED企业发展起到了引导作用，通过资金扶持使企业在技术上进行突破，使企业更有信心面对市场竞争，加速我国LED产业的国际化进程。

4.2 LED照明技术指标介绍

4.2.1 颜色特性

（1）显色性评价

1）现有评价指标

① 一般显色指数

一般显色指数（Color Rendering Index，CRI）是目前国际上唯一通用的显色指数评价方法，其基本计算步骤如下：

a）计算待测光源的色温CCT。

b）选择参照光源。当待测光源色温低于5000K时，以普朗克辐射体作为参照光源；色温高于5000K时，选择组合昼光作为参照光源。参照光源的色温应与待测光源的色温相同或接近，两者的色品差应满足宽容度要求。

c）计算三刺激值。

d）由x、y坐标转换为u、v坐标。

e）色适应色品位移的修正。

f）由u、v、Y转换成$U*$、$V*$、$W*$均匀色空间坐标值。

g）色差和显色指数计算。

虽然CRI方法被广泛应用，但其还存在如下一些缺陷：

a）参照光源的选择有无限多种，容易造成混乱，用于低于2000K和高于20000K的光源评价会有偏差。

b）用于计算的CIE $U*$、$V*$、$W*$色空间是非均匀的。

c）色品位移的修正公式是过时的。

d）用于计算一般显色指数的 8 个试样的颜色饱和度都不高，有可能出现一般显色指数好但颜色饱和度高的试样显色性不好的情况。用于光谱有显著的尖峰和低谷的 RGB 型 LED 时会有问题。

e）采用 CRI 计算低压钠灯的显色指数会得到负值。

f）计算一般显色指数时采用的是算术平均值，有可能出现对于某一两种颜色显色性不好而有较高 Ra 值的情况。

② 色品质度

色品质度（Color Quality Scale，CQS）是由 NIST 开发的一套新的显色指数评价系统，目的是适用于传统光源和 SSL 光源。该方法不仅考虑了颜色的保真，还考虑了颜色分辨和使用者的喜好等因素。和 CRI 类似，该方法也是一种基于标准颜色试样的显色性评价方法，但这些试样和 CRI 方法选择的试样完全不同，CQS 选择的试样饱和度更高，且在色相环中分布较为均匀。

CQS 还考虑了 CCT 的修正因子，采用的色空间是 CIE LAB 颜色空间，以及 CMC-CAT 2000 色品位移变换，计算时采用均方根而不是算术平均值。其主要计算步骤如下：

a）计算各颜色试样在参照光源和待测光源下的颜色和色度差异；

b）利用饱和因子进行修正；

c）计算色差的均方根；

d）考虑比例因子；

e）转换为 0～100 的尺度；

f）考虑 CCT 因子修正，计算得到一般光色品质量值（General Color Quality Scale）。

利用该方法还可得到颜色保真量值、颜色喜爱指数和全光谱范围指数。

③ CRI-CAM02 UCS 显色指数

该方法由 C. Li 和 M. R. Luo 等提出，与 CRI 方法类似，但其采用的是 CAM02-UCS 颜色空间以及 CAT 02 色适应变换。

此外，还有分级显色指数（Rank-order based Color Rendering Index，RCRI）、色域指数（Gamut Area Index，GAI）、颜色偏好指数（Color Preference Index，CPI）、色分辨指数（Color Discrimination Index，CDI）等。其中 RCRI 方法采用了 1～5 的分级用于评价显色性，适用于非专业人士。

2）CRI 与 CQS 的对比分析

从文献调研和实际应用的情况来看，其余的显色性评价方法很少涉及，适用的条件也限制较多，而 CRI-CAM02UCS 和 CRI 是同样的评价体系，为此我们重点对 CRI 和 CQS 进行对比分析。

Yoshi Ohno 和 Wendy Davis 在其 *Rationale of Color Quality Scale* 一文中对 CQS 和 CRI 进行了对比，并认为 CQS 成功解决了 CRI 用于 LED 所遇到的问题。对于传统光源，CQS 是否与 CRI 的结果一致，其偏离程度如何；两者用于 LED 评价时的差异如何。为了验证这几个问题，我们对 CRI 和 CQS 进行了对比分析。

实现白光 LED 有两种方式：一是混合三基色芯片或者多芯片直接合成白光；二是利用蓝光或紫外 LED 激发荧光粉发出白光。两者的发光机理不同，其特征光谱也有较大差异：

图 3-4-2 中选择了三种典型的 LED：三基色芯片混合（色温 3300K，显色指数 80）；四种颜色芯片混合（色温 3300K，显色指数 97）；荧光粉型 LED（色温 3400K，显色指数 79）。

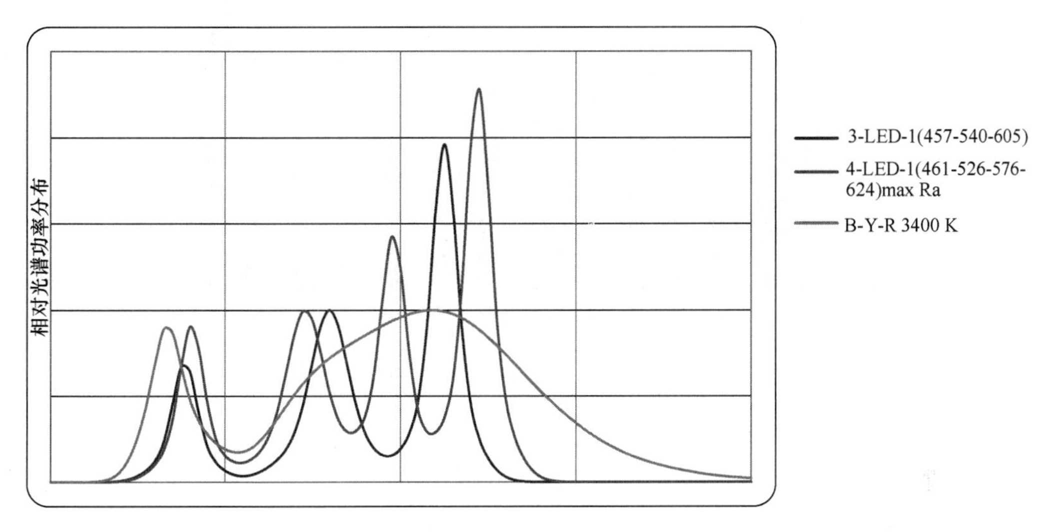

图 3-4-2　三种典型 LED 光谱

① 荧光粉型 LED

挑选 14 个荧光粉转换白光 LED 光源（色温 2700～6200K）进行两种显色性评价系统的比较，14 个光源的光谱功率分布见图 3-4-3。

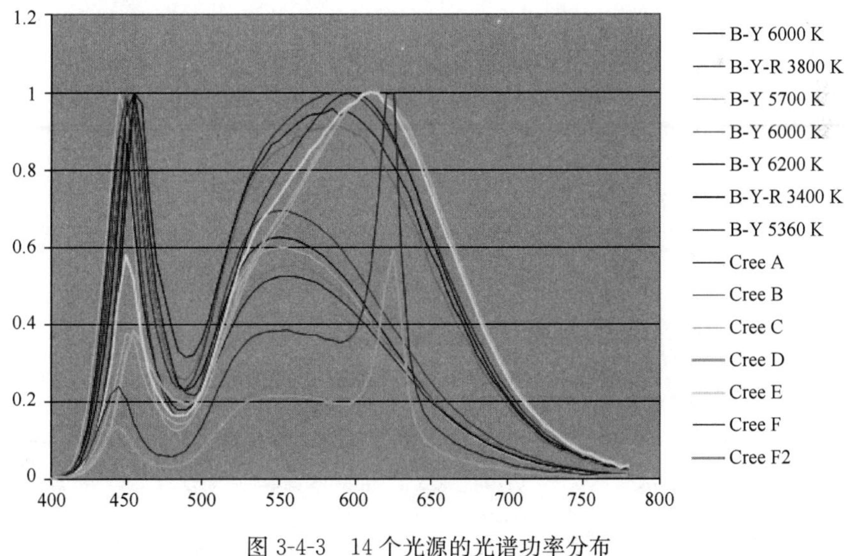

图 3-4-3　14 个光源的光谱功率分布

CRI 和 CQS 偏差最大的样品的评价值相差 4 左右，差异较小。通过分析我们发现，对于荧光 LED，CRI 和 CQS 两者的差异并不大，见图 3-4-4。

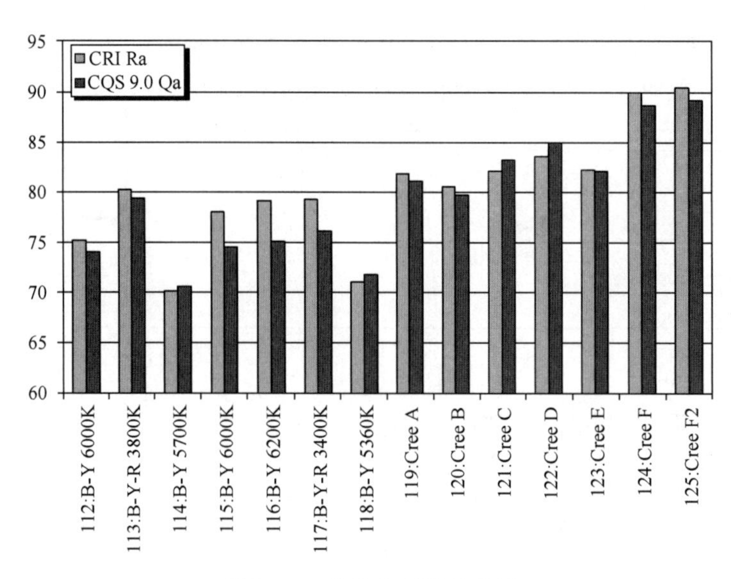

图 3-4-4 CQS 和 CRI 的差异

② RGB 型 LED

以下选择 6 种 RGB 型的 LED 光谱进行对比（图 3-4-5）。

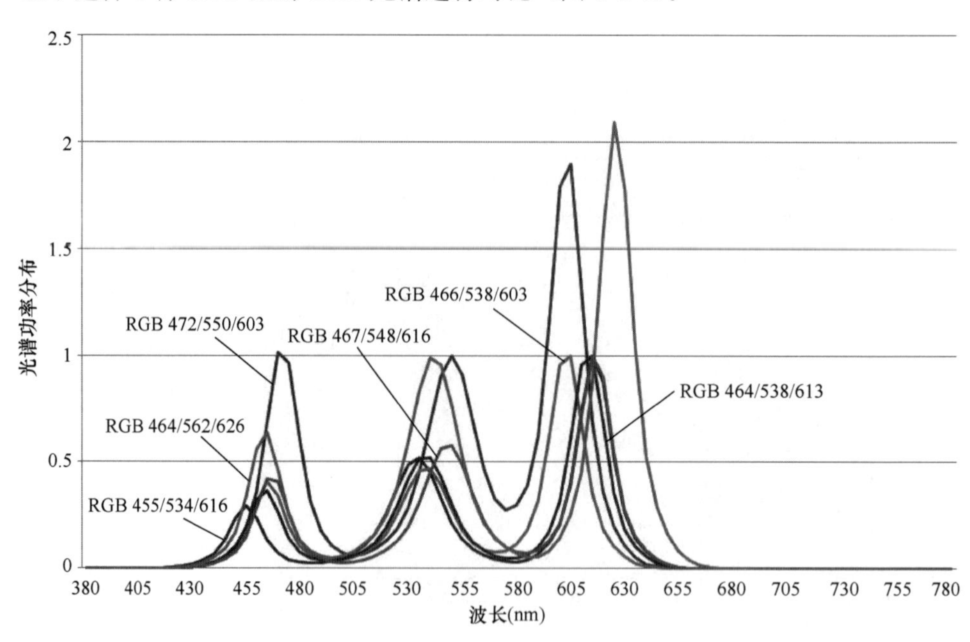

图 3-4-5 6 种 RGB 型 LED 的光谱（色温 3300K）

这 6 个样本的 CRI 和 CQS 如图 3-4-6 所示。

可以看到，CRI 和 CQS 的差异较为显著，且 RGB 型 LED 的显色性随峰值波长变化敏感。

对于给定的基色主波长（B470/G550/R615）组合的 LED，当色温和光谱带宽改变

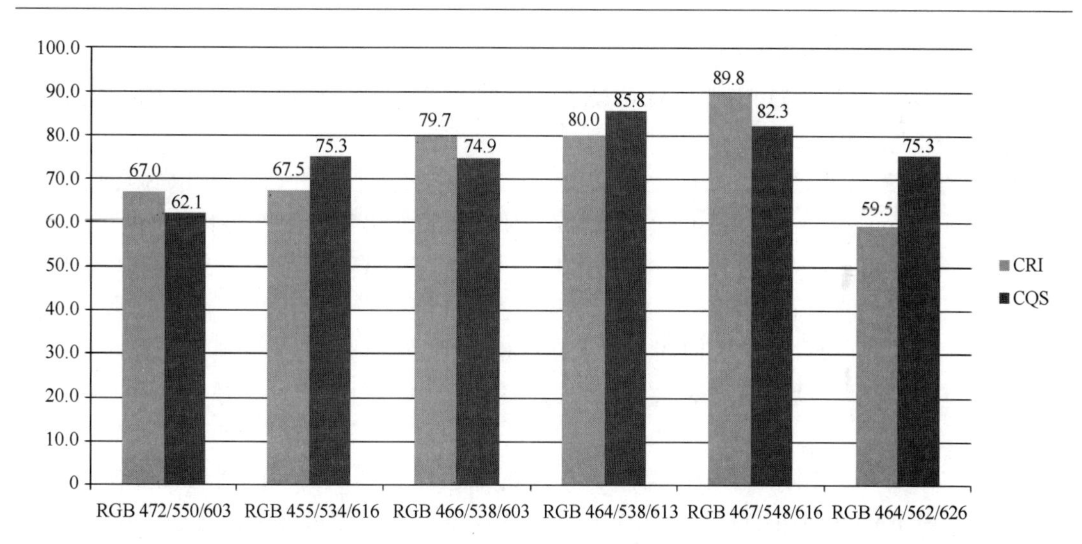

图 3-4-6 6个样本的CRI与CQS对比

时，其显色性也随之变化，如表3-4-1所示。

显色性与色温、光谱带宽的关系 **表3-4-1**

光谱带宽		2700K	3000K	3500K	4000K	4500K	5000K	5700K	6500K
10nm	CRI	85	84	83	82	80	79	79	77
	CQS	77	74	71	68	66	65	64	63
20nm	CRI	87	87	86	85	84	83	83	82
	CQS	80	79	76	74	72	71	70	69
30nm	CRI	88	88	88	88	87	86	87	86
	CQS	84	82	81	79	78	77	77	77

注：上述RGB型白光LED的色度坐标位于黑体轨迹线上，即 $D_{uv}=0$。

上表的计算结果显示了CQS和CRI的显著差异，且随着光谱带宽变窄，其显色性也变差（CQS和CRI的变化规律一致），CQS和CRI的差异也更显著。当光谱宽度窄时，这类LED的单色辐射占优势，与HPS和LPS类似，CRI的适用性也有待商榷。另外，对于这类由单色芯片组合的LED而言，增加颜色的种类，其显色性也会得到改善。

3）现有标准的应用情况

从现有标准的应用情况来看，各国/地区基本上还是采用了CRI的评价指标，如表3-4-2所示。

各国/地区显色性评价方法 **表3-4-2**

国家/地区	评价方法	相关标准
中国	CRI	GB 50034 GB/T 5702
日本	CRI	JIS Z 8726 JIS Z 9101
欧盟	CRI	EN 12464-1
美国	CRI	ANSI C78.377

4）小结

通过上述对比分析可知，CRI 与 CQS 的主要差别在于对由单色芯片组合的白光 LED 的显色性评价上。

在普林斯顿召开的 CIE 第一分部的会议上，TC1-69 推荐了 nCRI－CAM02 UCS（改变颜色试样组的 CRI－CAM02 UCS 方法）和 CQS 两个评价系统，但专家们之间还存在分歧。

CRI－CAM02 UCS 方法和 CRI 一样，是一种纯粹的保真体系。其优势在于对于现有的传统光源，其评价量值和 CRI 一样。CQS 则是一种混合指标，考虑了颜色保真、颜色分辨和喜好等因素。TC 的专家们认为如果在衡量颜色品质时，只考虑颜色保真，则应选用 CRI－CAM02 UCS 系统；如果要同时考虑颜色保真、颜色分辨和喜好等因素，则应考虑 CQS 系统。

然而，TC1－69 更倾向于采用类似于 CRI 的颜色保真体系。考虑到现有传统光源的过渡问题，由于 CRI 适用于大多数光源的显色性评价，且目前世界上仍普遍采用 CRI 方法，我们建议在《建筑照明设计标准》GB 50034 中仍采用 CRI 与 R_9 限值作为光源显色性的评价方法。

（2）颜色一致性评价

工作生活中主要使用白光光源进行照明，因此照明产品在建筑照明中应用，首先需要解决的问题就是其光色是否满足白光定义及范围，因此很多国家标准也对白光进行了明确定义。

相同光源间存在较大色差的话，势必影响视觉环境的质量。比如传统光源中的金卤灯的光源间光色一致性相比于荧光灯有较大的差距，从而导致金卤灯很难在室内照明应用中得到推广。与金卤灯相似，白光 LED 光源之间也存在着较为明显的色差，美国照明研究中心（LRC）的研究表明，很多 LED 光源间的色差甚至超过了 12 倍 MacAdam 椭圆。这样巨大的色差显然影响了 LED 照明产品在室内的应用，因此如何评价其光源间颜色一致性，就成为当前标准制定中的一个重要问题。下面将简单介绍当前国际上关于光源色度性能要求的标准内容。

1）美国标准《半导体照明产品色度要求》ANSI_ANSLG C78.377－2011

美国标准 ANSI _ ANSLG C78.377 利用偏离黑体普朗克曲线距离 D_{uv} 来定义白光，具体指标见表 3-4-3。

初始相关色温允许偏差　　表 3-4-3

设计色温 CCT（K）	色温允许测量值（K）	D_{uv}
2700	2725±145	－0.006～0.006
3000	3045±175	－0.006～0.006
3500	3465±245	－0.006～0.006
4000	3985±275	－0.005～0.007
4500	4503±243	－0.005～0.007
5000	5028±283	－0.004～0.008
5700	5665±355	－0.004～0.008
6500	6530±510	－0.003～0.009

为了保证光源之间的一致性，在此基础上，该标准对不同标称色温光源的色坐标进行了明确的界定，见表 3-4-4、图 3-4-7，该标准 2017 年修订版补充了 2200K、2500K 两档，并对部分参数进行了调整。

LED 照明产品色坐标点　　　　**表 3-4-4**

设计色温（K）	2700		3000		3500		4000	
中心点色坐标	x	y	x	y	x	y	x	y
	0.4578	0.4101	0.4338	0.4030	0.4073	0.3917	0.3818	0.3797
顶点坐标	0.4813	0.4319	0.4562	0.4260	0.4299	0.4165	0.4006	0.4044
	0.4562	0.4260	0.4299	0.4165	0.3996	0.4015	0.3736	0.3874
	0.4373	0.3893	0.4147	0.3814	0.3889	0.3690	0.3670	0.3578
	0.4593	0.3944	0.4373	0.3893	0.4147	0.3814	0.3898	0.3716
设计色温（K）	4500		5000		5700		6500	
中心点色坐标	x	y	x	y	x	y	x	y
	0.3611	0.3658	0.3447	0.3553	0.3287	0.3417	0.3123	0.3282
顶点坐标	0.3736	0.3874	0.3551	0.3760	0.3376	0.3616	0.3205	0.3481
	0.3548	0.3736	0.3376	0.3616	0.3207	0.3462	0.3028	0.3304
	0.3512	0.3465	0.3366	0.3369	0.3222	0.3243	0.3068	0.3113
	0.3670	0.3578	0.3515	0.3487	0.3366	0.3369	0.3221	0.3261

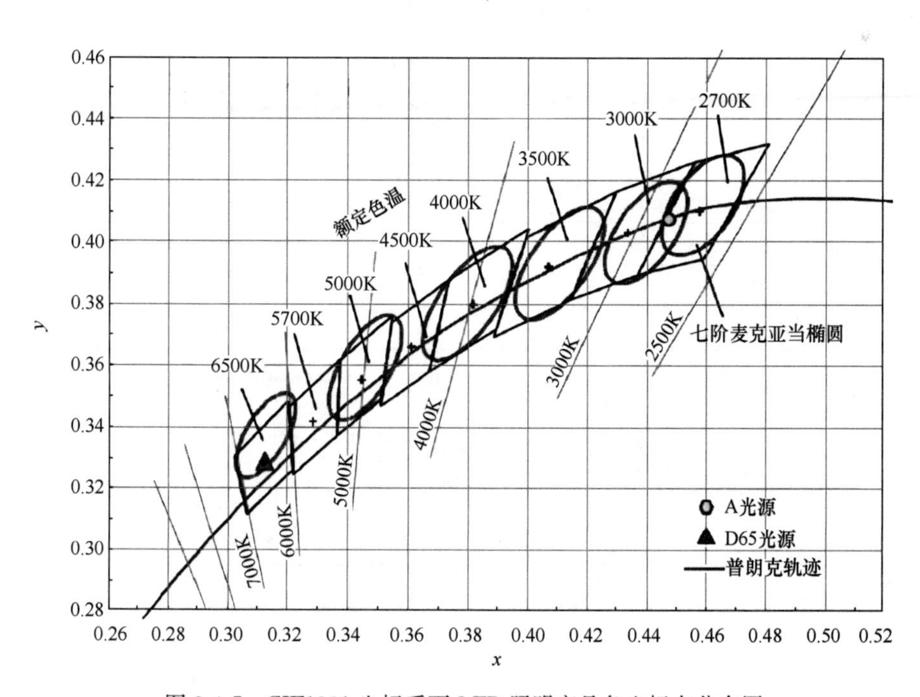

图 3-4-7　CIE1931 坐标系下 LED 照明产品色坐标点分布图

2）欧盟标准 COMMISSION REGULATION（EC）No 245/2009

该欧盟标准规定白光光源色坐标应满足以下要求：

$0.270 < x < 0.530$

$-2.3172x^2 + 2.3653x - 0.2199 < y < -2.3172x^2 + 2.3653x - 0.1595$

其具体范围见图 3-4-8。

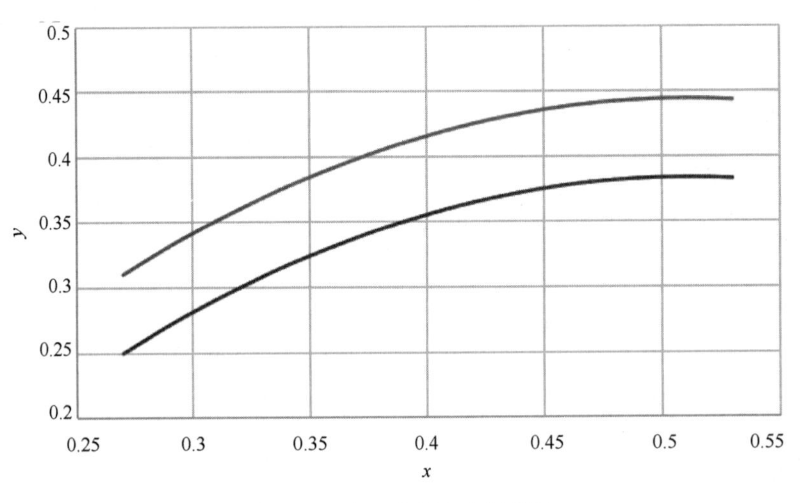

图 3-4-8　白光光源色坐标范围

3）国际电工委员会标准《一般照明用 LED 模块性能要求》IEC/PAS 62717

该标准按照 LED 模块色度性能，根据其偏离对应标准色坐标点的距离划分为四类，从而同时对 LED 模块的白光定义和一致性作出了规定，见表 3-4-5。

颜色差异性分类表　　　　**表 3-4-5**

对应标准色坐标点的 MacAdam 椭圆大小	颜色差异性分类	
	初始值	维持值
3SDCM	3	3
5SDCM	5	5
7SDCM	7	7
>7SDCM	>7	>7

而各模块的色容差可以根据下式计算得出：

$$g_{11}\Delta x^2 + g_{12}\Delta x\Delta y + g_{22}\Delta y^2 = n^2$$

式中，n 为对应的颜色差异分类，而标准色坐标点可见表 3-4-6。

标准色坐标点　　　　**表 3-4-6**

“颜色”	T_c	x	y
F 8000	8000	0.294	0.309
F 6500	6400	0.313	0.337
F 5000	5000	0.346	0.359

续表

"颜色"	T_c	x	y
F 4000	4040	0.380	0.380
F 3500	3450	0.409	0.394
F 3000	2940	0.440	0.403
F 2700	2720	0.463	0.420

而 g_{11}、g_{12}、g_{22} 等系数均可由表 3-4-7 查得。

相关系数值　　表 3-4-7

"颜色"	g_{11}	g_{12}	g_{22}
F 8000	111×10^4	-56.5×10^4	54.5×10^4
F 6500	86×10^4	-40×10^4	45×10^4
F 5000	56×10^4	-25×10^4	28×10^4
F 4000	39.5×10^4	-21.5×10^4	26×10^4
F 3500	38×10^4	-20×10^4	25×10^4
F 3000	39×10^4	-19.5×10^4	27.5×10^4
F 2700	44×10^4	-18.6×10^4	27×10^4

这一方法也应用于双端荧光灯、节能灯及金卤灯等传统光源的颜色一致性评价中。

4）国家标准《光源显色性评价方法》GB/T 5702－2019

与 ANSI C78.377 标准相似，国家标准《光源显色性评价方法》GB/T 5702－2019 中规定，在 1960 色坐标下，一个白光光源的色坐标与标准光源的色坐标 Δc 应小于 5.4×10^{-3}（相当于 $15MK^{-1}$）。

5）小结

为了便于对不同标准进行比较，我们将几种标准要求绘制在同一个图中（图 3-4-9），可知欧盟关于白光的定义最为宽松。而 IEC 标准及规定的 MacAdam 椭圆及 ANSI 标准位置略有不同，主要原因是两种标准体系下标准色坐标点及系数取值上略有不同。同时考虑到我国现行照明产品标准主要是依据 IEC 标准中 MacAdam 椭圆方法评判产品颜色一致性，为了便于不同产品之间的对比，在本标准中仍采用此方法，且规定建筑照明用 LED 照明产品色容差不应大于 5SDCM。

由于采用此方法评判产品色度一致性，其要求比 ANSI 标准中关于偏离黑体普朗克曲线距离 D_{uv} 的要求更加严格（图 3-4-10），因此本标准将只规定光源与标准色坐标点之间的色容差，而不再对白光定义作明确要求。

（3）色漂移

当前关于 LED 产品性能稳定性的规定多为光通维持率等要求，因为在多数应用中，LED 的光通维持率变化可能会产生安全问题，而颜色漂移则主要产生美观及心理感受差异。由于当前人在室内工作时间的不断延长，其对室内光环境质量提出了更高的要求，因此 LED 照明产品在建筑照明中应用时必须保证其光色的稳定性。然而当前关于 LED 照明产品色漂移进行规定的标准较少，主要方法为：

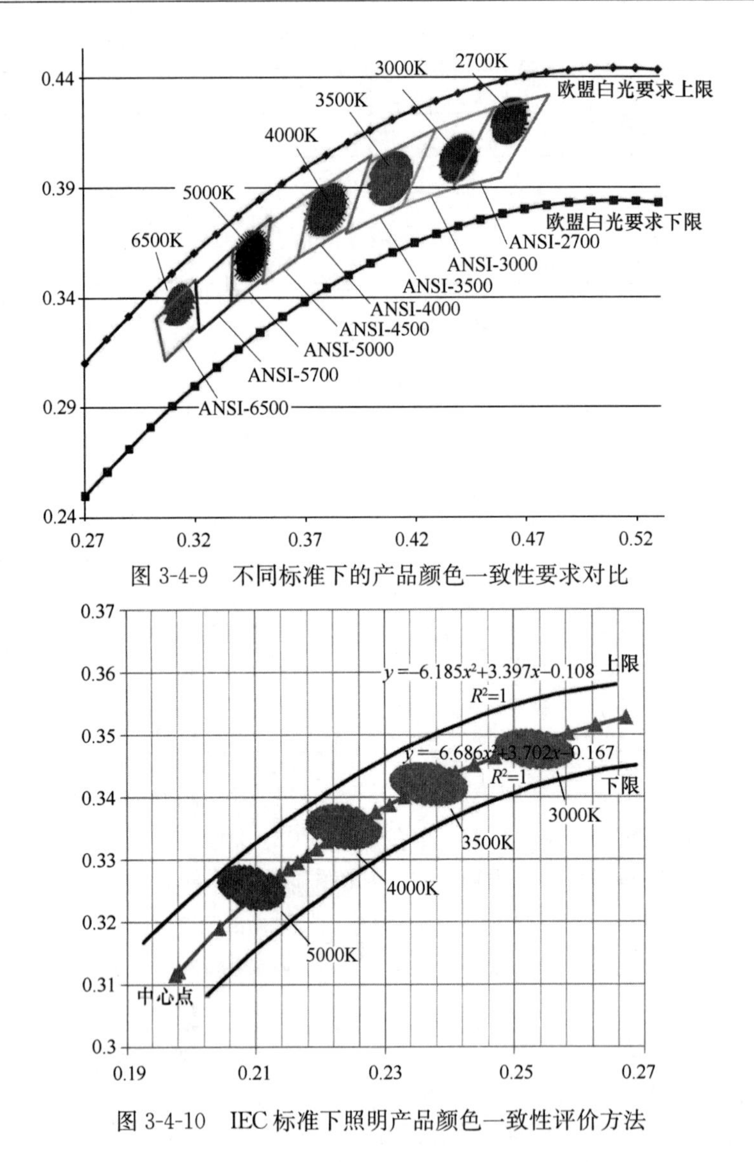

图 3-4-9　不同标准下的产品颜色一致性要求对比

图 3-4-10　IEC 标准下照明产品颜色一致性评价方法

1）美国能源部《LED 灯具能源之星认证的技术要求》的规定，要求 LED 光源寿命期内的色偏差应在 CIE 1976（$u'v'$）系统中的 0.007 以内。

2）IEC/PAS 62717 则仍然采用 MacAdam 椭圆的方法对 LED 照明产品色漂移进行规定。

两种方法相比，美国能源部的方法更为简单、操作更为方便，因此本标准中拟采用该方法对产品色漂移进行规定。它可在测试灯具不同使用时间后，测量灯具平均色坐标之间的最大偏差，并按下式计算得出：

$$\Delta u'v' = \underset{i=1,j=i+1}{\overset{i=(m-1),j=m}{\mathrm{MAX}}}\left(\sqrt{(u'_i - u'_j)^2 + (v'_i - v'_j)}\right)$$

式中　i——第 i 次色温测量结果；

j——第 j 次色温测量结果；

m——监测次数。

（4）颜色空间分布

利用荧光粉转换的方法实现白光仍是当前LED照明产品生产中的主流方法，用于照明领域的白光功率LED，其色温与色度的空间分布均匀性是产品性能的重要指标，对照明环境质量具有重要的影响。当前国际上关于LED照明产品空间分布均匀性的主要标准为美国能源部《LED灯具能源之星认证的技术要求》的规定，要求发光二极管灯在不同方向上的色品坐标与其加权平均值偏差在CIE 1976（$u'v'$）规定中，不应超过0.004。

该指标可在不同角度测试灯具的色温及色坐标，并根据下列公式计算灯具的平均色坐标：

$$\overline{T} = \sum_{i=1}^{9} T_i$$

$$\overline{x} = \sum_{i=1}^{9} x(\theta_i) \cdot w_i(\theta_i)$$

$$\overline{y} = \sum_{i=1}^{9} y(\theta_i) \cdot w_i(\theta_i)$$

式中：

$$w_i(\theta_i) = \frac{I(\theta_i) \cdot \Omega(\theta_i)}{\sum_{i=1}^{9} I(\theta_i) \cdot \Omega(\theta_i)}$$

$$\Omega(\theta_i) = \begin{cases} 2\pi\left[\cos(\theta_i) - \cos(\theta_i + \frac{\Delta\theta}{2})\right]; r\theta_i = 0^\circ \\ 2\pi\left[\cos\left(\theta_i - \frac{\Delta\theta}{2}\right) - \cos\left(\theta_i + \frac{\Delta\theta}{2}\right)\right]; r\theta_i = 10^\circ, \cdots, 80^\circ \\ 2\pi\left[\cos\left(\theta_i - \frac{\Delta\theta}{2}\right) - \cos(\theta_i)\right]; r\theta_i = 90^\circ \end{cases}$$

$$\Delta\theta = 10^\circ$$

$$\overline{u} = \frac{4\overline{x}}{-2\overline{x} + 12\overline{y} + 3}$$

$$\overline{v} = \frac{9\overline{y}}{-2\overline{x} + 12\overline{y} + 3}$$

并在CIE 1976色度空间［$CIE(u', v')$］下，计算各测量点测得色坐标值与灯具平均色坐标之间的最大偏差。

4.2.2 频闪特性

近年来伴随着LED技术的快速发展，LED照明产品在建筑照明领域中广泛应用。LED技术的一个重要特征就是采用直流驱动，从而使得进一步降低照明频闪成为可能。然而LED照明产品的质量和调光控制方式等因素仍然可能导致频闪的发生，其主要因素包括：

（1）LED灯具驱动电源质量

相较于传统的照明技术，LED具有响应快速的特点，因此如果其电源不合理导致LED光源输入电流的不稳定，其主要表现为驱动电源输出纹波电压，此纹波包括高频成分和低频成分，而对频闪形成作用最大的是低频纹波。

同时由于LED的伏安特性曲线为一种非线性曲线（图3-4-11），会使得驱动电流随着电压的升高而急剧上升，因此在额定电流附近的LED伏安特性是影响其频闪的另一个重要原因。此时如果驱动电源的输出电流在较为平缓的一段，那么在相同的纹波电压下，形成纹波电流的波动也较为平缓，照明的质量也相应较好；反之，如果输出电流在较为陡峭的一段，那么在相同的纹波电压下，形成纹波电流的波动也较为陡峭，照明质量相应较差，不同类型驱动电源的纹波含量限值见表3-4-8。因此在室内人员长期逗留的场所，应该通过选择优质的双级电路的驱动电源来严格控制LED照明用驱动电源的纹波含量，从而减少由于电源质量所引起的频闪问题发生。

LED照明用驱动电源的纹波含量限值 **表3-4-8**

电路模式	单极电路			双极电路		
纹波峰值因数（%）	一级	二级	三级	一级	二级	三级
	≤50	≤100	≤150	≤5	≤10	≤20

国家建筑节能质量监督检验中心所检测LED灯具的频闪指数结果分布如图3-4-12所示，典型LED灯具频闪曲线如图3-4-13所示。

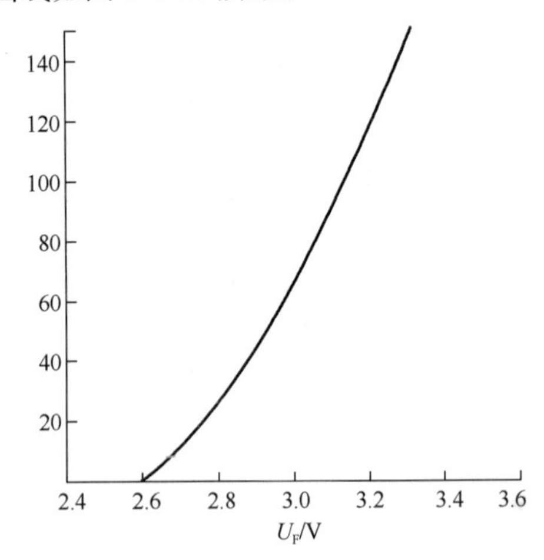

图3-4-11　LED典型伏安特性曲线

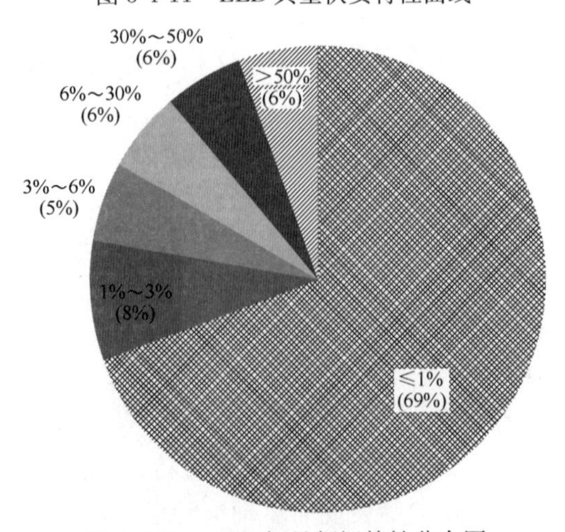

图3-4-12　LED灯具频闪特性分布图

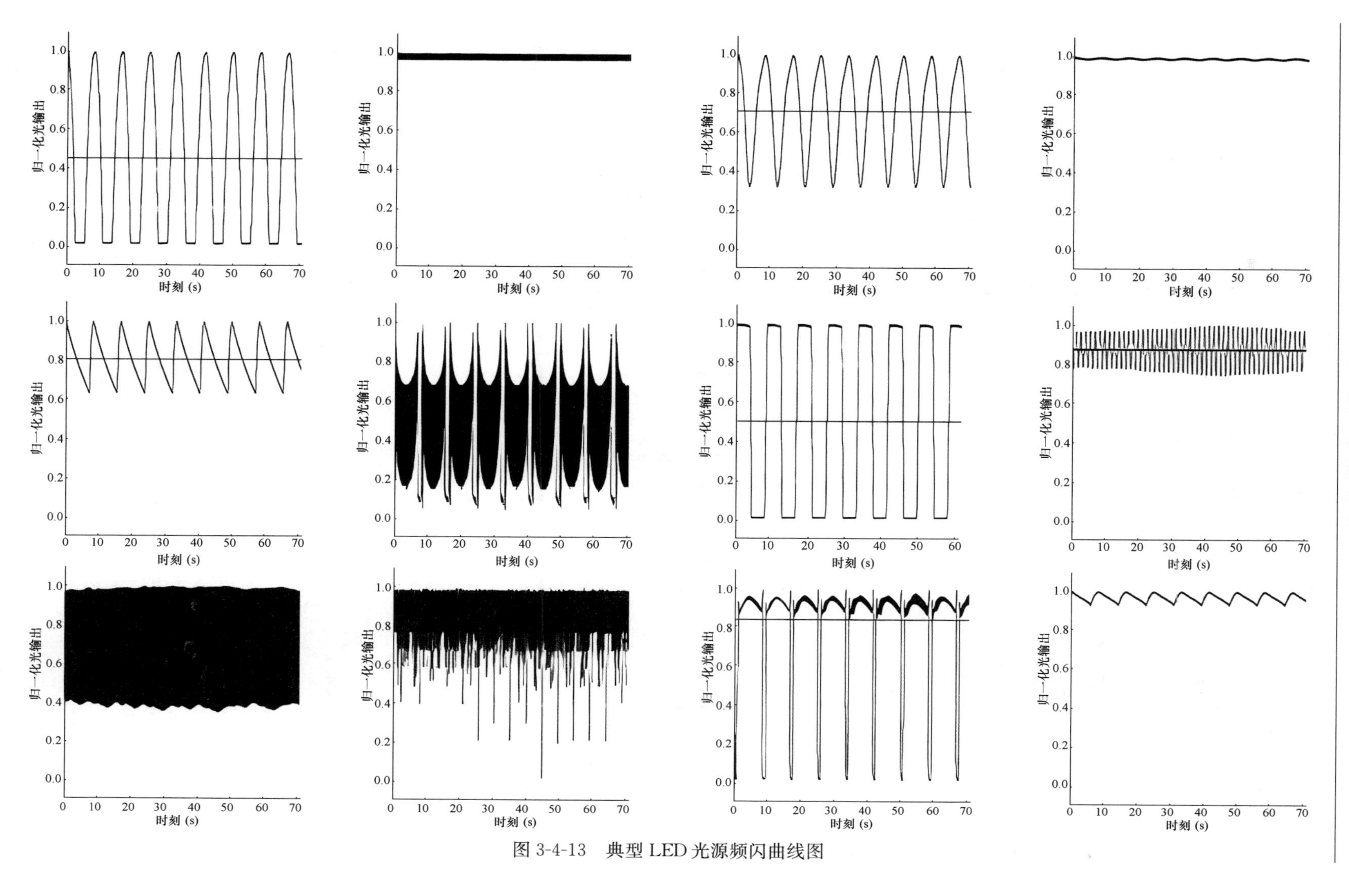

图 3-4-13 典型LED光源频闪曲线图

根据以上数据可知，选择良好电源的 LED 照明产品可以有效控制频闪，其中近 80％的被检灯具频闪比低于 3％，更是有 69％的被检灯具频闪指数低于 1％。但是也有被检灯具有非常明显的频闪，频闪比甚至高达 100％。

（2）LED 灯具的调光控制

LED 灯具具有良好的调光特性，当前 LED 灯具调光的方式主要包括两种：

1）调输出电流占空比型（图 3-4-14）：LED 芯片只有在额定的驱动电流下才能使其光色参数为最优性能。因此占空比调光主要是在给定的调制频率下，通过控制电路接通时间整个电路工作周期的百分比，来调节光通输出。这种调光方式能够确保 LED 芯片在额定工作电流下工作，从而确保在调光过程中灯具光色参数的稳定性，对于多通道颜色的精准调节控制具有重要作用。然而这种调光方式必然会导致频闪问题的发生，因此需要对其调制频率提出严格要求，而很高的调制频率必然导致电源成本的增加，不利于其推广。因此当前亟须通过开展频闪的评价方法研究，对调输出电流占空比型的调光方式加以引导。

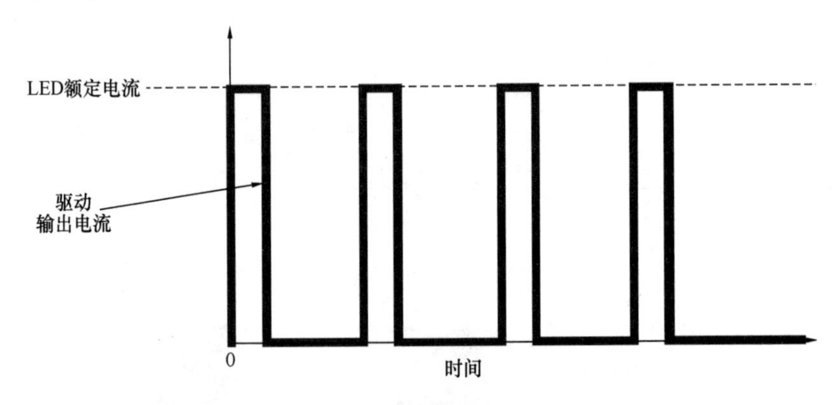

图 3-4-14　占空比调光方式示意

2）调输出电流大小型（图 3-4-15）：这种调光方式通过调节 LED 芯片的连续驱动电流大小来实现调光控制。它具有调节方式简单、调光过程中不会产生频闪等优势。然而由

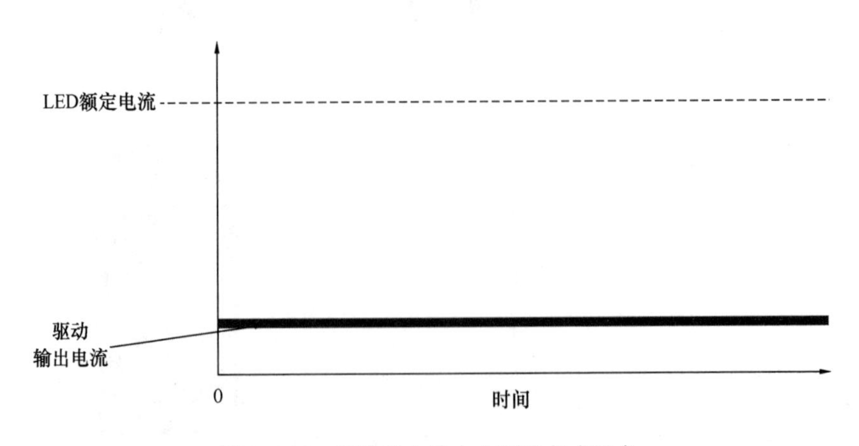

图 3-4-15　调输出电流大小调光方式示意

于在调光过程中，通过LED芯片的驱动电流大小发生变化，从而导致灯具光输出的变化呈现非线性，且会出现光色漂移等问题，因此需要对灯具可以实施调节电流大小的范围加以科学设计，方可保证调光的实施质量。

4.2.3 能效指标

从能效的角度考虑，传统照明灯具一般情况会与光源分开设置，对于灯具能效的评价指标为灯具效率，用光源安装到灯具后的灯具发出的光通量与光源光通量的比值来表征。而LED灯具区别于传统照明灯具，其配光部件和光源一体化装设，不可拆分，因此传统的灯具效率指标不适用于LED灯具。因此采用与光源光效类似的概念对其进行评价，同时为与光源光效进行区别，设置灯具效能指标，用规定条件下LED灯具发出的光通量与其所输入的功率之比来表征。

而对于LED光源，仍旧采用光源光效的概念。

4.3 灯具性能指标测试与分析

4.3.1 测试项目

LED灯具性能测试项目包括：

（1）光度性能：光通量、光束角、效能等。

（2）色度性能：色温、一般显色指数、特殊显色指数R_9、色容差。

（3）电参数：功率、功率因数、谐波等。

（4）其他性能：光衰。

4.3.2 光度性能

灯具的光度参数是评价其性能的核心指标，对于LED灯具而言，足够的光通量和合理的配光是替换传统照明的前提。

（1）光通量

对于光通量，编制组测试了LED光源、一般照明LED灯具以及多款LED投光灯具，可以看出，只要功率足够，光通量一般能够满足使用的需求，重点在于灯具效能的差异（图3-4-16～图3-4-19）。

（2）灯具效能

1）效能水平

根据测试结果可以发现，LED灯具效能差异很大（图3-4-20），下文将对效能和显色性、功率以及配光的关系进行分析。

2）效能与显色性的关系

测试结果表明，灯具一般显色指数越高，灯具效能呈现下降的趋势（图3-4-21～图3-4-23）。因此，对于不同显色指数的灯具，其灯具效能限值应有所区别。

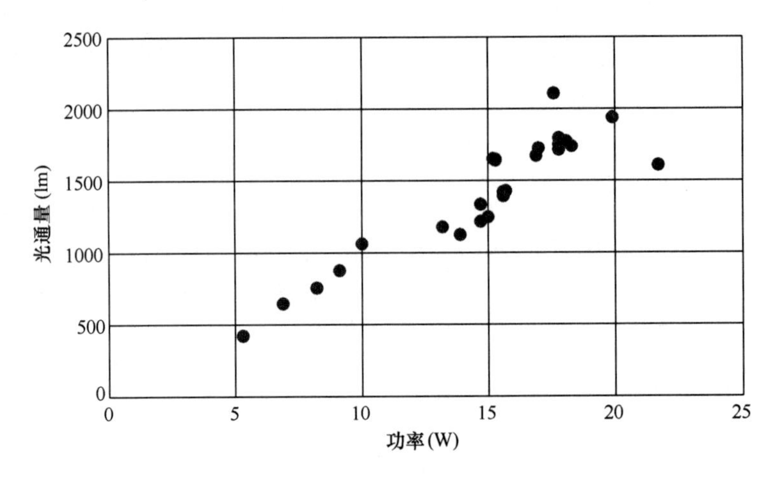

图 3-4-16　LED 光源光通量与功率

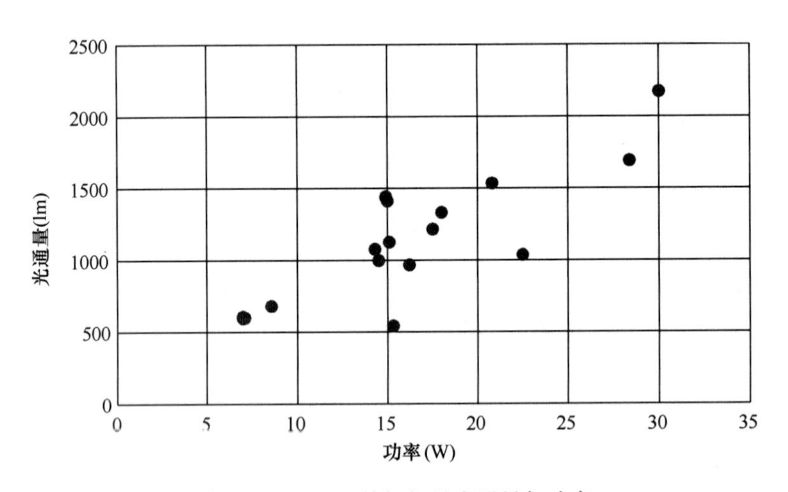

图 3-4-17　LED 筒灯灯具光通量与功率

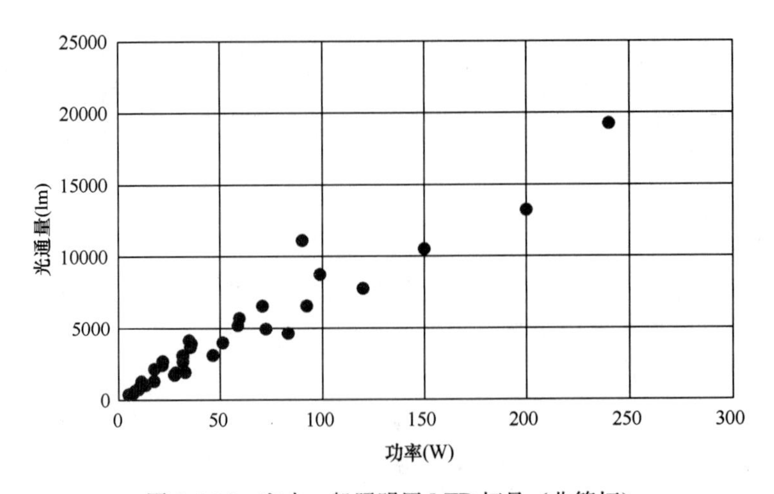

图 3-4-18　室内一般照明用 LED 灯具（非筒灯）

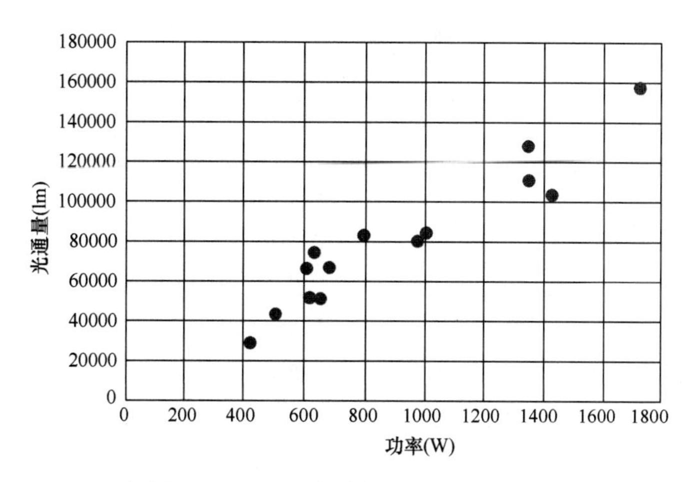

图 3-4-19　LED 投光灯具光通量与功率

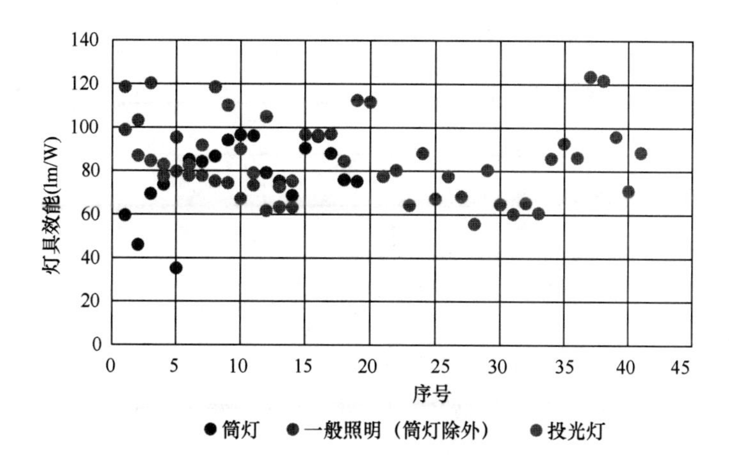

图 3-4-20　LED 灯具效能测试结果汇总

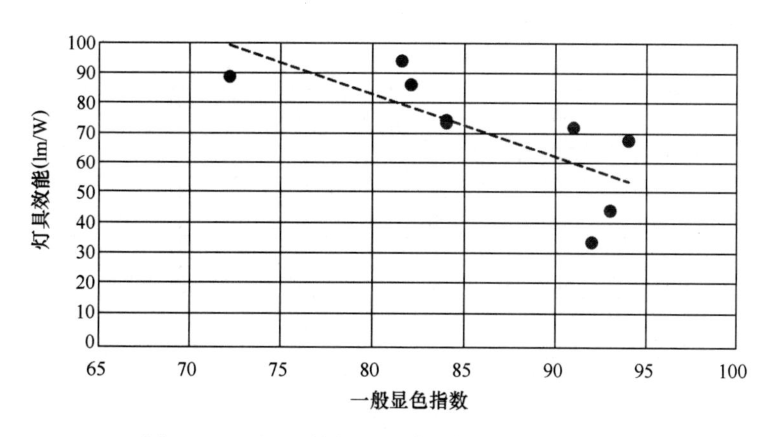

图 3-4-21　LED 筒灯灯具效能与显色指数的关系

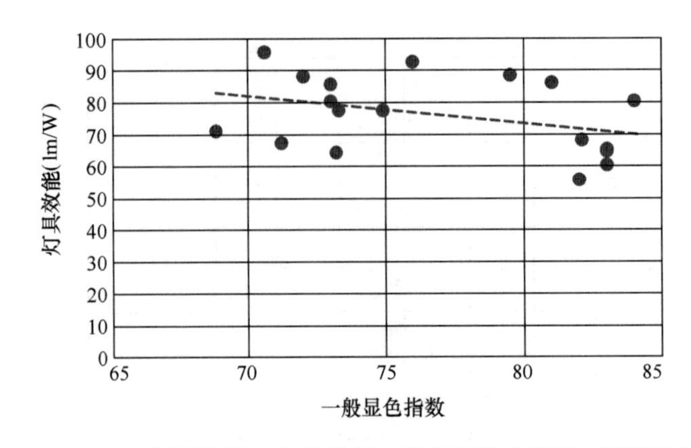

图 3-4-22　一般照明 LED 灯具效能与显色指数的关系（筒灯除外）

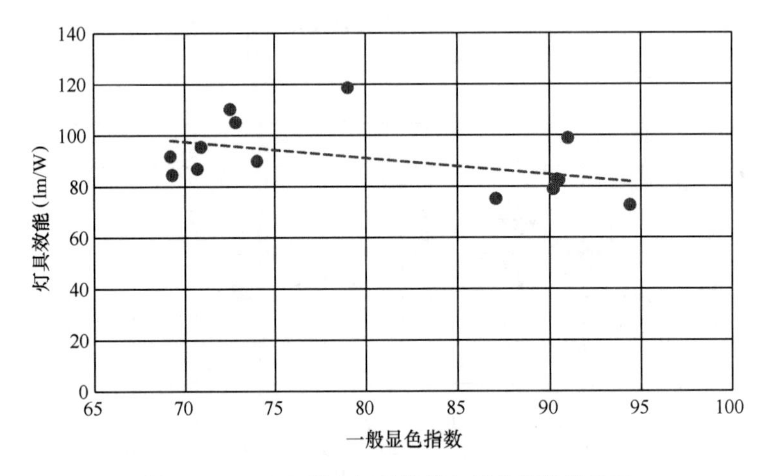

图 3-4-23　LED 投光灯具效能与显色指数的关系

3）效能与色温的关系

测试结果表明，灯具色温升高，灯具效能呈上升的趋势（图 3-4-24、图 3-4-25），因此对不同色温的光源，其灯具效能限值应有所区别。

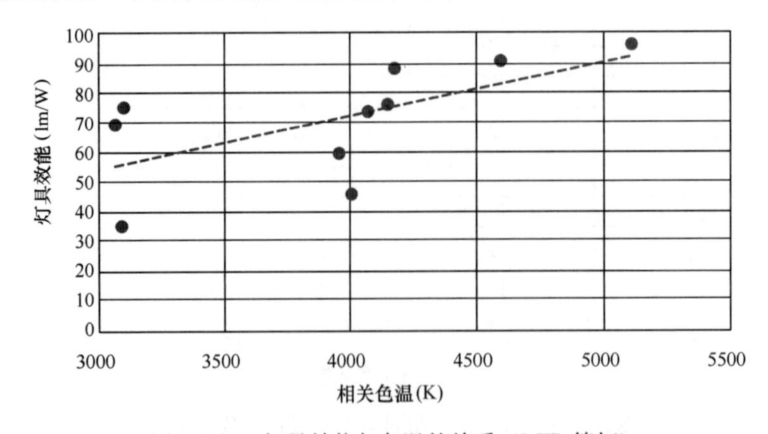

图 3-4-24　灯具效能与色温的关系（LED 筒灯）

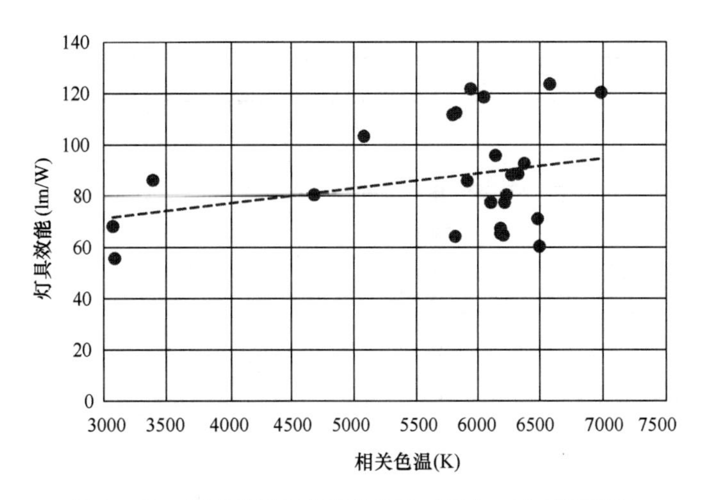

图 3-4-25　灯具效能与色温的关系（室内一般照明灯具）

4）效能与光束角的关系

图 3-4-26 可以看出，随着光束角的增加，灯具效能略有提高，但不是特别明显。

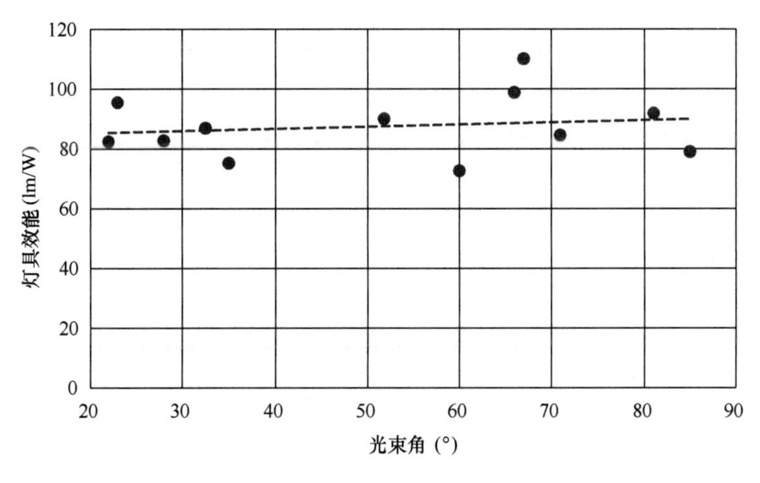

图 3-4-26　灯具效能与光束角的关系（LED 投光灯具）

4.3.3　色度性能

表 3-4-9 是所测试部分样品的色度性能指标。

LED 灯色度性能　　**表 3-4-9**

序号	色温（K）	R_a	R_9
1	2964	60	−68.1
2	2977.7	85.7	29.5
3	2995.8	85.4	27.7
4	3001.2	85	25.5
5	3070	82.1	17.4

续表

序号	色温（K）	R_a	R_9
6	3077	83.2	21.1
7	3085	82	16.9
8	4134	70.9	−38.8
9	4176	74	−21.8
10	4178	82.1	−0.5
11	4224	79	−2.5
12	4245	82.4	0.2
13	4594	72.2	−26.7
14	4742	69.2	−51.9
15	5109	81.6	10.3
16	5146.7	69.4	−45.7
17	5378	94.4	80.6
18	5423	90.4	54.2
19	5616	82	20.9
20	5717	90.2	59.2
21	5730.3	82.8	25
22	5749.8	77.5	−7.8
23	5750	90.5	61.6
24	5756.9	82.7	25.2
25	5771.7	73.2	−24.9
26	5778	77.4	−8.8
27	5892	91	57.2
28	5989	86	29
29	5994.1	71.5	−33.7
30	5996	69.3	−34.1
31	5996	72.8	−20.4
32	6018	71.4	−30.7
33	6028	71.3	−32.1
34	6043	73.2	−14.7
35	6049	74.9	−13.8
36	6066	87.1	39.7
37	6088	70.6	−28.3
38	6127	71.2	−36.8
39	6130	72.5	−20.4
40	6159	73.3	−19.4
41	6173.1	73	−21.2

续表

序号	色温（K）	R_a	R_9
42	6213	72	−25.8
43	6266	79.5	−8.5
44	6326	70.7	−19.3
45	6358	85.1	19.8
46	6358.2	76.3	−12
47	6381.1	74.7	−24.9
48	6420	68.8	−38.2
49	6475.5	82.6	7.5
50	6510	75	0.1
51	6537.6	81.7	1.2

不同LED灯的光谱分布不同，其色温和显色指数也不同。同时，不同企业提供的灯具的色温和色品坐标差异较大，所选的灯具样品的色温范围为4176～6326K。确定合理的色品偏离评价指标，对于保证光环境的质量具有重要的意义。

评价方法有两种，一种是传统荧光灯所用的色容差指标，依据的是CIE 1931色度系统，各色温系列的额定值见表3-4-10。

额定色温的色品　　表3-4-10

颜色	额定相关色温（K）	x	y
F6500	6400	0.313	0.337
F5000	5000	0.346	0.359
F4000	4040	0.380	0.380
F3500	3450	0.409	0.394
F3000	2940	0.440	0.403
F2700	2720	0.463	0.420

但是，现有的技术文件中并没有推荐5600K/5700K的额定值。根据现行的室内照明标准，色容差应不大于5。对于现有LED产品，由于色温差异较大，如果参照F4000或F6500，采用该方法计算出的色容差普遍偏大。

另一种是ANSI标准中推荐的方法，采用色温和D_{uv}指标，如图3-4-27所示。

其对应的颜色偏离指标如表3-4-11所示。

允许偏离色温及D_{uv}　　表3-4-11

标称色温	目标色温	允许偏离色温		D_{uv}
		7-step	4-step	
4000	3985	275	154	0.0010
4500	4503	243	185	0.0015
5000	5029	283	220	0.0020
5700	5667	355	269	0.0025
6500	6532	510	340	0.0031

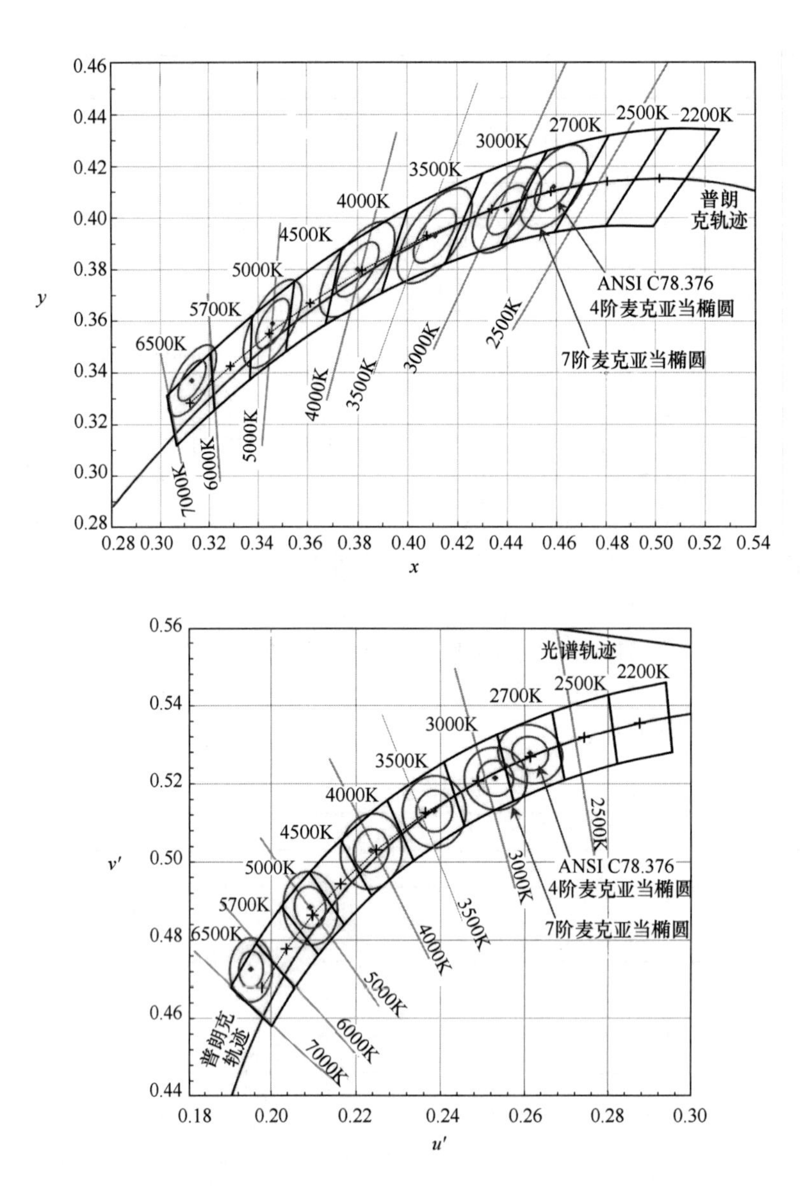

图 3-4-27　颜色偏差评价方法

该方法同时还可对任意色温的偏离值进行评价。

参考 ANSI 的方法，可以在现有的标准中增加 F5700 的数值，如表 3-4-12 所示。

额定色温的色品及计算系数　　表 3-4-12

颜色	色温（K）	x	y	$g11$	$g12$	$g22$
F6500	6400	0.313	0.337	860000	－400000	450000
F5700	5667	0.3287	0.3417	740000	－360000	390000
F5000	5000	0.346	0.359	560000	－250000	280000
F4000	4040	0.38	0.38	395000	－215000	260000

续表

颜色	色温（K）	x	y	$g11$	$g12$	$g22$
F3500	3450	0.409	0.394	380000	−200000	250000
F3000	2940	0.44	0.403	390000	−195000	275000
F2700	2720	0.463	0.42	440000	−186000	270000

依据 F5700 和 F4000 的数值，我们对上述部分测试样品的色容差进行计算分析，如表 3-4-13 所示。

测试样品的色容差　　**表 3-4-13**

编号	显色指数	R_9	色温（K）	色坐标		色容差
				X	Y	
1	91.0	57.2	5892	0.3217	0.3519	5.0
2	70.7	−19.3	6326	0.3209	0.3521	5.4
3	69.3	−34.1	5996	0.3197	0.3433	7.1
4	90.4	54.2	5423	0.3339	0.3522	4.9
5	70.9	−38.8	4134	0.3781	0.3873	3.0
6	90.5	61.6	5750	0.3280	0.3472	3.1
7	69.2	−51.9	4742	0.3474	0.3739	7.3
8	79.0	−2.5	4224	0.3738	0.3831	3.1
9	72.5	−20.4	6130	0.3198	0.3364	6.0
13	94.4	80.6	5378	0.3341	0.3323	4.4
14	87.1	39.7	6066	0.3213	0.3386	5.3

可以看到，部分产品的色容差超过了限值要求。3 号样品的色温偏离额定色温并不大（<300K），但其色容差偏大。我国现行标准中对于 LED 灯的颜色偏差的要求为色容差不超过 5。结合现有产品的实测性能数据，建议色容差不大于 5。

4.3.4　电参数

（1）功率因数

小功率 LED 灯的功率因数较低，但随着功率增加到一定程度后，功率因数基本能够达到较高的水平（>0.9），见图 3-4-28。

25W 以下的 LED 灯的功率因数波动较大，因此对该功率范围的 LED 灯功率因数需要特别注意，见图 3-4-29。

（2）谐波电流

电参数是 LED 灯的主要性能指标，编制组对部分 LED 灯的谐波电流等指标进行了测试，如表 3-4-14 所示。

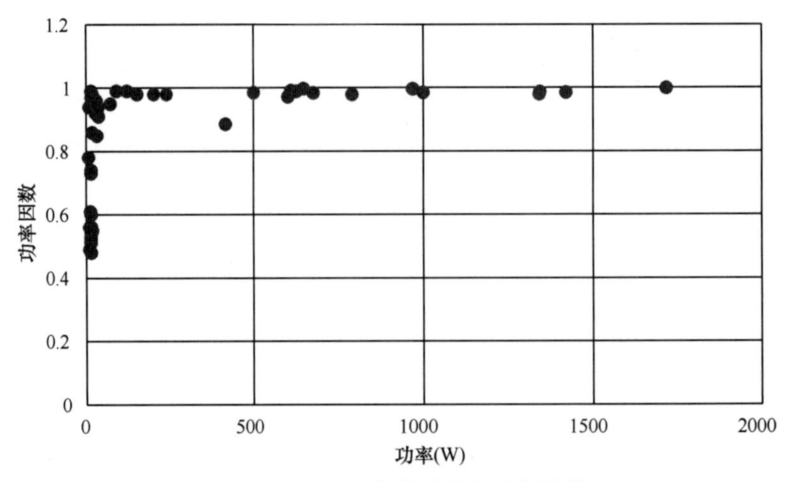

图 3-4-28　LED 灯的功率与功率因数

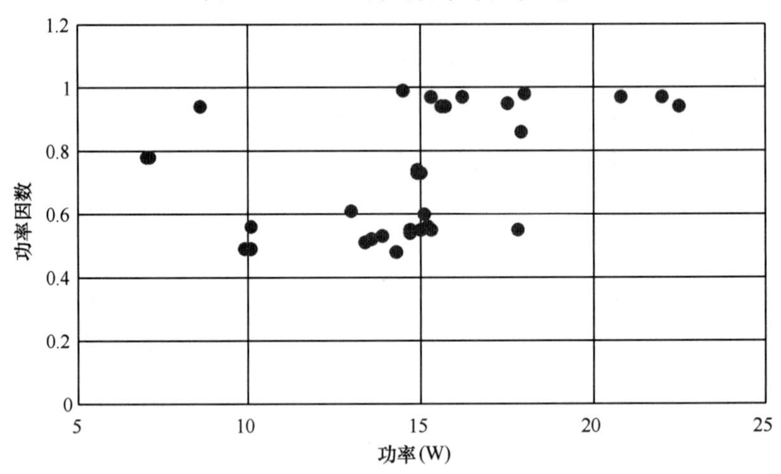

图 3-4-29　25W 以下 LED 灯的功率与功率因数

LED 灯具电参数测试结果　　**表 3-4-14**

编号	标称功率（W）	功率（W）	偏差	功率因数	总谐波电流
1	630	678	7.6%	0.9839	7.1%
2	500	500	0	0.9852	8.0%
3	1000	1000	0	0.9845	9.1%
4	960	970	1.0%	0.9965	4.6%
5	1200	1341	11.8%	0.9795	18.0%
6	1200	1343	11.9%	0.9868	14.8%
7	1800	1717	−4.6%	0.9994	2.7%
8	600	629	4.8%	0.9888	5.3%
9	600	604	0.7%	0.9716	13.1%
10	600	614	2.3%	0.9915	4.7%
11	650	649	−0.1%	0.9971	6.0%
12	800	792	−1.0%	0.9786	13.1%
13	400	416	4.0%	0.8858	20.0%
14	1400	1420	1.4%	0.9846	7.6%

可以看到，除个别灯具外，功率的偏差都不大，灯具在额定工作状态下的功率因数也都比较高，基本都在0.95以上。

但是，不同LED灯的谐波差异较大，既有低于5%的，还有高于20%的。为了进一步分析其谐波的频次分布，课题组对不同灯具的各次谐波分布进行了分析，如图3-4-30所示。

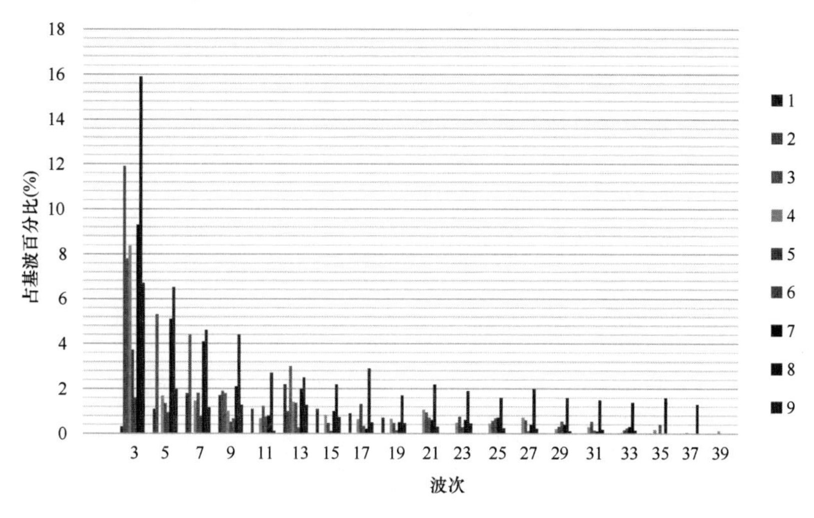

图3-4-30　LED灯具谐波频次分析

可以看到，LED灯具的谐波分布主要集中在3、5、7和9次谐波，除个别灯具外，高次谐波较少。

（3）调光性能

易于调光是LED灯的重要特点，但随着调光比例的降低，其电气参数会有较大变化。为了评价LED灯在调光状态下的性能，选择典型灯具，对在5%～100%调光范围情况下的光输出、功率输出、功率因数以及总谐波含量进行测试，如表3-4-15、图3-4-31所示。

某LED灯具调光性能　　**表3-4-15**

调光比例（%）	谐波THD（%）	主光强输出百分比	功率输出百分比	功率因数
100	14.4%	100.0%	100.0%	0.9959
70	17.0%	74.8%	68.2%	0.9923
60	18.2%	65.0%	57.4%	0.9903
50	19.4%	56.3%	48.3%	0.9877
45	19.9%	51.0%	43.2%	0.9856
40	21.8%	45.1%	37.5%	0.9823
35	20.9%	39.8%	32.7%	0.9782
30	22.5%	35.0%	28.5%	0.9734
25	23.4%	30.0%	24.2%	0.9666
20	24.0%	23.7%	19.0%	0.9515
15	21.8%	17.8%	13.9%	0.9206
10	23.0%	12.1%	9.6%	0.8633

图3-4-31可以看到，当调光比例降低时，谐波含量增大，功率因数有所降低。从应用的角度来看，过低的调光比例也没有必要，应结合设计要求确定合理的调光比例。

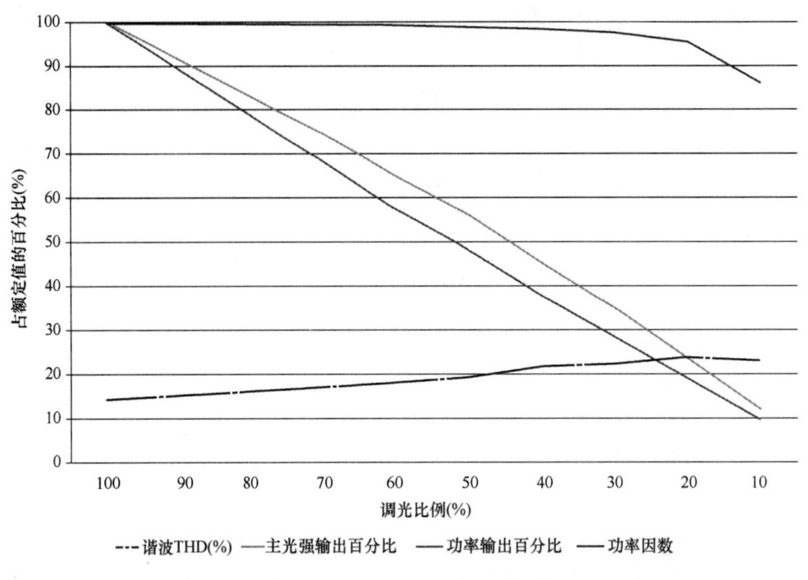

图 3-4-31　LED 灯调光特性

4.3.5　光衰特性

LED 灯具的光衰和寿命是衡量灯具性能的重要指标。随着点燃时间的增加，LED 灯的光通输出和颜色都会发生变化。如果不控制光衰指标，将导致在使用后期无法满足照明效果，也不利于节能。通过试验，不仅可测试 LED 灯的光衰情况，同时还可据此确定合理的寿命指标。课题组对挑选出的典型 LED 灯的光衰情况进行了测试，以点燃 1000h 的光通量作为额定值。各灯具随时间的光输出变化情况如图 3-4-32 所示。

可以看到，随着点燃时间的增加，多数灯具的光通输出呈现先增后减的变化规律。当点燃 3000h 后，样品的光通输出基本能保持在额定值的 95％左右；当点燃到 6000h 时，部分产品的光通维持率已经低于 92％，不满足标准要求。

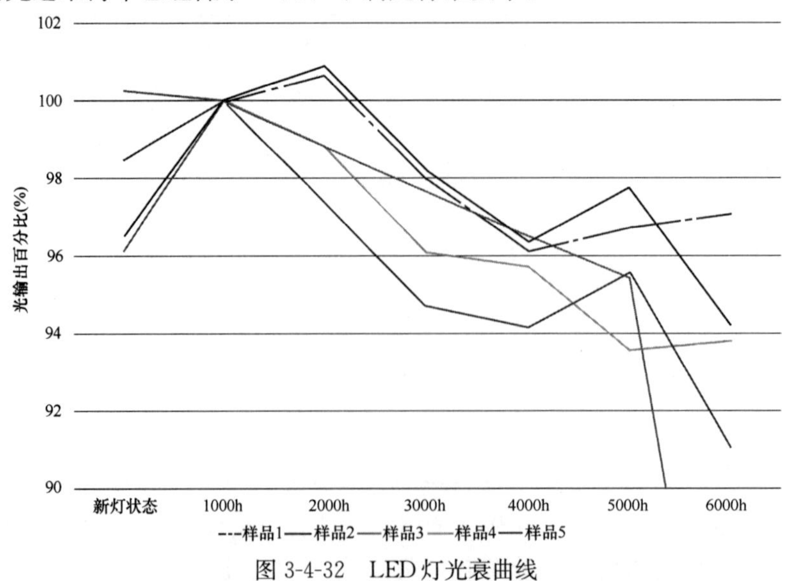

图 3-4-32　LED 灯光衰曲线

随着点燃时间的增加，产品的颜色性能也会发生变化，即存在颜色漂移的现象。上述样品的颜色漂移如图 3-4-33 所示。

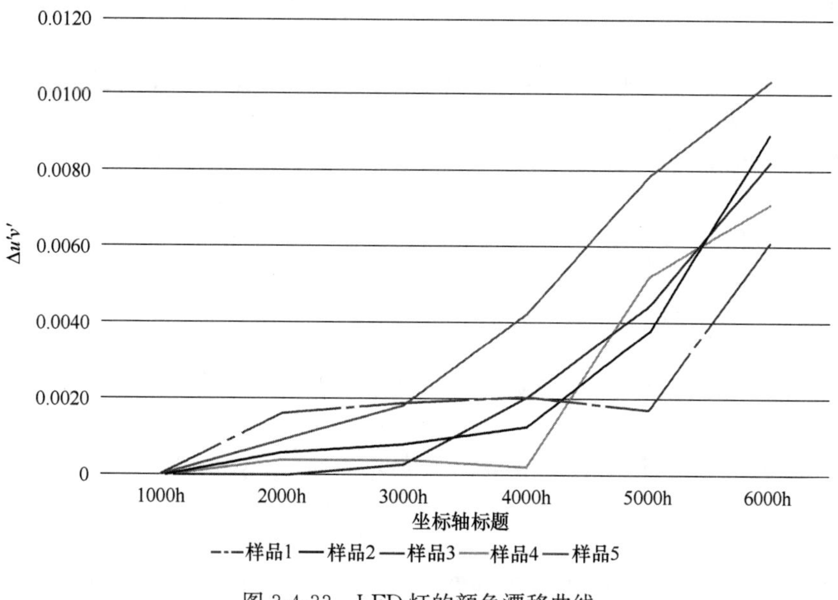

图 3-4-33 LED 灯的颜色漂移曲线

可以看到，在点燃 3000h 内均能满足标准中不大于 0.007 的要求，但是点燃到 6000h 时，只有少数产品能够满足漂移小于 0.007 的要求。

4.4 总结与建议

LED 灯应用于室内技术逐渐成熟，相关技术指标能够满足室内照明需求。但由于其产品质量参差不齐，因此，在 LED 灯应用于室内时，仍需要对其技术指标进行详细规定。建议规定如下技术指标：

（1）灯具效能；

（2）功率因数；

（3）光通量维持率；

（4）一般显色指数、特殊显色指数；

（5）颜色偏差；

（6）频闪；

（7）光生物安全性；

（8）调光要求；

（9）谐波；

（10）其他。

与此同时，LED 灯照明质量也在很大程度上受到其驱动电源质量的影响，因此建议对驱动电源的相关指标作出相应规定。

参考文献

[1] U. S. Department of Energy. Adoption of light-emitting diodes in common lighting applications[R]. Washington：DOE，2013.

[2] 住房和城乡建设部．建筑照明设计标准：GB 50034－2013[S]. 北京：中国建筑工业出版社，2013.

[3] 标准编制组．建筑照明设计标准实施指南[M]. 北京：中国建筑工业出版社，2014.

[4] 全国颜色标准化技术委员会．照明光源颜色的测量方法：GB/T 7922－2008[S]. 北京：中国标准出版社，2008.

[5] 全国颜色标准化技术委员会．均匀色空间和色差公式：GB/T 7928－2008[S]. 北京：中国标准出版社，2008.

[6] 全国照明电器标准化技术委员会．灯和灯系统的光生物安全性：GB/T 20145－2006[S]. 北京：中国标准出版社，2006.

[7] 全国颜色标准化技术委员会．光源显色性评价方法：GB/T 5702－2019[S]. 北京：中国标准出版社，2019.

[8] LED modules for general lighting-Performance requirements：IEC/PAS 62717：2011[S].

[9] Luminaire performance-Part 2-1：Particular requirements for LED luminaires：IEC 62722-2-1：2014 [S].

[10] Light and lighting—Lighting of work places—Part 1 Indoor work places：EN 12464-1：2021[S].

[11] Electric Lamps—Specifications for the Chromaticity of solid state lighting products：ANSI _ ANSLG C78. 377-2011[S].

[12] Electric Lamps—Specifications for the Chromaticity of solid-state lighting products：ANSI _ ANSLG C78. 377-2017[S].

[13] U. S. Department of Energy. ENERGY STAR Program Requirements—Product Specification for Luminaires (Light Fixtures) Eligibility，Criteria Version 2. 2 [S].

5 照明用 LED 驱动电源技术报告

（昕诺飞（中国）投资有限公司 倪伟）

近年来，LED 照明技术日趋成熟，在室内照明中也得到了广泛应用，由于其高效节能和易于控制等特点，逐步取代传统照明，成为室内照明应用的主流技术。由于 LED 独特的电气特性，实际使用时需要有驱动电源来维持其工作电流的稳定，保证其工作的可靠性。作为 LED 照明产品的“心脏”，驱动电源品质会直接影响 LED 照明产品的性能，而随着 LED 技术的发展，对于驱动电源的要求也在不断提高，其安全性、效率、电气参数和耐久性等指标尤为重要。本次国家标准《建筑照明设计标准》GB 50034—2013 修订中增加了大量关于 LED 的内容，对驱动电源也提出了相应的技术要求。为确保技术指标和条文的合理性，编制组在国内外文献调研、企业产品数据调研和产品性能测试的基础上，通过研究分析，形成了该技术报告，作为 LED 驱动电源相关条文和技术指标的技术支撑。

5.1 技术背景

5.1.1 驱动电源的定义

LED 驱动电源是把输入电源转换为特定的电压电流以驱动 LED 发光的电源转换装置。通常情况下，LED 驱动电源的输入可以是高压工频交流（即市电）、低压直流、高压直流、低压高频交流（如电子变压器的输出）等，输出则大多数为可随 LED 正向压降值变化而改变电压的恒定电流。LED 驱动电源的核心元件包括开关控制芯片、电感、开关元器件（如 MOSFET）、输入滤波器件、输出滤波器件等。根据不同场合要求，还要有输入过压保护电路、输入欠压保护电路，以及 LED 开路保护、过流保护等电路。

5.1.2 LED 驱动电源设计要求

（1）高安全性与可靠性

作为电器产品，安全性和可靠性是最基础和最基本的要求，脱离安全性和可靠性去谈其他性能是不现实的。驱动电源的安全性包括两方面：一是 LED 驱动电源的电气安全，必须考虑对人的安全性，应满足相关安全标准的要求，如国家标准《灯的控制装置 第 14 部分：LED 模块用直流或交流电子控制装置的特殊要求》GB 19510.14—2009。在驱动电源的设计上，通过变压器实现输入市电和输出的隔离等措施，提高安全系数。二是驱动电源本身应具备一定的电磁兼容抗扰度（EMI）的要求。照明用 LED 的抗过电压或者过电流（通常称作浪涌）的能力是比较弱的，特别是抗反向电压能力。由于电网中的重负载开关和对雷击的感应，从电网系统会侵入各种浪涌，有些浪涌会导致 LED 的损坏。同时，驱动电源还要考虑防水、防尘、防潮等要求。

（2）高效节能

要提高 LED 照明产品的能效，驱动电源的效率要高，自身损耗要小，同时带来的发热量也小，有助于降低灯具的整体温升，从而可靠性也更高。作为电器产品，功率因数和谐波也应有一定的指标要求，以提高电网的输电效率，减少对电网的不利影响。

（3）高适应性

易于控制是 LED 的一大特点和优势，而实现控制的关键是驱动电源。为了实现智能控制，驱动电源必须具有较好的可调性和适应性。

（4）耐久性与长寿命

长寿命是 LED 的一大优势，但从实践中来看，驱动电源是其中的短板。驱动电源的寿命需要和 LED 模组的寿命相匹配，提高驱动电源的耐久性与寿命，则最终提高了 LED 照明产品的整体寿命。

由于驱动电源的故障问题不可能完全避免，还有一种设计思路是将驱动电源做成可替换的标准件，统一接口标准，采用模块化设计，便于更换维护。

目前，针对 LED 驱动电源的标准主要有：国家标准《灯的控制装置　第 14 部分：LED 模块用直流或交流电子控制装置的特殊要求》GB 19510.14－2009、《LED 模块用直流或交流电子控制装置 性能规范》GB/T 24825－2022、《电气照明和类似设备的无线电骚扰特性的限值和测量方法》GB/T 17743－2017、《电磁兼容 限值 谐波电流发射限值（设备每相输入电流≤16A）》GB 17625.1－2012、《一般照明用设备电磁兼容抗扰度要求》GB/T 18595－2014、《数字可寻址照明接口》GB/T 30104 系列标准和团体标准《照明用 LED 驱动电源技术要求》T/CECS 10021－2019 等。

5.1.3　驱动电源常见问题分析

LED 驱动电源目前最突出的问题是寿命和可靠性。驱动电源中含有大量的电子元器件，任何一个器件的失效或损坏都有可能导致整个驱动电源无法正常工作。特别是驱动电源里常用的电解电容，其寿命与工作温度呈指数关系，如果驱动电源散热没有处理好，可能显著缩短电解电容的寿命。有数据显示，在 75℃时，电容量由于电解液的蒸发会逐渐下降，其寿命仅为 5000～10000h，从而影响整个驱动电源的寿命。近两年，不少厂商纷纷推出各自无电解电容的 LED 照明方案，采用 IC 或高容值和电压的陶瓷电容替代电解电容等方法层出不穷。然而如果简单地去除电解电容，会导致电源对电网波动的抗干扰能力大大降低，来自因雷击失效的风险大大增加，同时成本也相应增加，因此必须要全面地评估产品的寿命问题。

从可靠性来说，国内目前技术水平已经实现了高精度电流恒定、谐波小，真正达到电源产品的高可靠性，产品不良率小于万分之五。此外，随着 LED 驱动电源技术与前几年相比上升了一个台阶，时间控制、无级调光、感应控制等智能控制技术水平也逐渐得到提升，LED 照明产品的优越性能逐渐得以体现。

另一个问题是电气安全问题。目前驱动电源可以分为非隔离型和隔离型。非隔离设计一般采用双重绝缘设计，例如 LED 球泡灯产品，考虑其体积因素，整体电路都集成并密封在非导电塑料中，保证用户不会发生触电事故；隔离型的驱动电源的成本有所增加。但无论选取哪种设计，均需要保证有关标准规定的电气安全要求，平衡成本和尺寸、重量的关系。

在保证安全性和可靠性的前提下，驱动电源的效率和电性能等也是衡量其质量的重要因素。不良的设计可能会带来高谐波、可视频闪等不利影响。另外，由于一般驱动电路中有整流和电容滤波电路，电网输入端的电路在启动瞬间会有短暂的充电过程，时间不长但电流较大，如不加以限制，会对供电电路会带来不利影响，影响其他设备的正常工作。

因此，针对上述问题，有必要在标准中提出相应的技术要求，确保 LED 灯和灯具的正常工作，实现预期的光环境效果。

5.2　产品分类

LED 驱动电源的分类方法有多种，目前各种分类方法没有一个统一的标准。各种分类方法也可综合其他分类方法一起，对 LED 驱动电源进行分类。

5.2.1　按输出类型分类

按输出类型 LED 驱动电源可分为恒压型驱动电源与恒流型驱动电源。

恒压型驱动电源的特点是：

(1)确定各项参数后，输出的是固定电压，输出的电流却随着负载的增减而变化；

(2)稳压电路不怕负载开路，但是严禁负载完全短路；

(3)整流后的电压变化会影响 LED 的输出；

(4)要使每串以稳压电路驱动 LED 显示亮度均匀，需要加上合适的电阻。

恒压型驱动电源还可分为固定电压型和集中可调电压型两类。其中，固定电压型可分为 12V、24V、36V、48V、240V 等规格；集中可调电压型则在一定电压范围内可调，如 48～1000V。

恒流型驱动电源输出直流电流额定值可按 350mA、500mA、700mA、1050mA、1400mA、2100mA、2800mA、4200mA、5600mA、8000mA 等进行划分。驱动电源正常工作时，输出电流设定值宜为其额定值的 70%～100%。

恒流型驱动电源的特点是：

(1)成本较高；

(2)恒流电路不怕负载短路，但是严禁负载完全开路；

(3)输出电流是恒定的，而输出的直流电压却随着负载阻值的大小在一定范围内变化；

(4)要限制 LED 的使用数量，有最大承受电流及电压值的限制。

5.2.2　按输出功率分类

按输出功率(额定或者最大)进行划分，如 25W 及以下、30W、50W、75W、100W、150W、200W、240W、320W、480W、600W、3kW、6kW、15kW 等。

5.2.3　按电路结构分类

按电路结构可以分为六类：

(1)常规变压器降压。这种电源的优点是体积小；不足之处是重量偏重、电源效率较低，一般在 45%～60%，因为可靠性不高，所以一般很少用。

(2)电容降压。这种方式的 LED 电源容易受电网电压波动的影响，电源效率低，不宜 LED 在闪动时使用，因为电路通过电容降压，在闪动使用时，由于充放电的作用，通过 LED 的瞬间电流极大，容易损坏芯片。

(3)电子变压器降压。这种电源结构的不足之处是转换效率低，电压范围窄，一般为 180～240V，纹波干扰大。

(4)电阻降压。这种供电方式电源效率较低，而且系统的可靠性也较低。因为电路通过电阻降压，受电网电压变化的干扰较大，不容易做成稳压电源，并且降压电阻本身还要消耗很大部分的能量。

(5)RCC 降压式开关电源。这种方式的 LED 电源优点是稳压范围比较宽、电源效率比较高，一般可在 70%～80%，应用较广。缺点主要是开关频率不易控制，负载电压纹波系数较大，异常情况负载适应性差。

(6)PWM 控制式开关电源。PWM 控制方式设计的 LED 电源是目前的主流之一，因为这种开关电源的输出电压或电流都很稳定。电源转换效率高，一般都可以高达 80%～90%。这种方式的 LED 电源主要由四部分组成，它们分别是：输入整流滤波部分、输出整流滤波部分、PWM 稳压控制部分、开关能量转换部分，而且这种电路都有完善的保护措施，属于高可靠性电源。

5.2.4 特殊的驱动电源- PoE 交换机

21 世纪初期，随着信息技术的发展，PoE (Power Over Ethernet)技术逐渐兴起，对照明产生了实际应用，即 PoE 照明系统，其光源类型是 LED。其技术特点是利用以太网 Cat.5 布线基础架构，提供给 LED 灯具直流供电的同时，还能提供控制数据信号，并且和同样遵守 PoE 协议的电话机、无线局域网接入点 AP、网络摄像机等共享布线。其供电结构如图 3-5-1 所示，供电端设备是 PoE 交换机，其作用等同于普通的 LED 驱动电源。

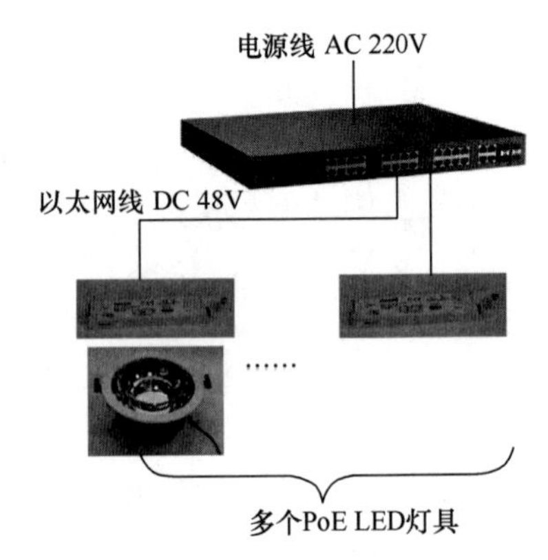

图 3-5-1　PoE 供电结构示意图

PoE 照明系统由于其低压直流传输，控制和功率信号同时传输，和其他信息设备共享供电设备、布线等特点，具有独特的技术先进性，在国内市场上已经有产品和应用出现。PoE 照明系统交换机的输出电压和电流是系统的重要参数。

此外，其还可按照是否可调光分为可调光型和不可调光型驱动电源。调光的方式可以分为调电流大小和调电流占空比。

5.3 评价指标

从 LED 驱动电源产品应用来看，其评价指标主要包括电源输出质量、安全性、可靠性、电磁兼容性、节能性能、环境适应性、结构等几类，对应的评价指标如表 3-5-1

所示。

LED驱动电源评价指标 表 3-5-1

指标类别	评价指标
电源输出质量	输入电压额定值及允许波动范围、工作频率、纹波峰值因数、启动时间、电压调整率、负载调整率、温度系数、过冲幅度、启动冲击电流、输出电压或电流偏差、调光偏差、调光质量、数据保护等
安全性	端电压、短路电流、短路与过载保护、外壳最高温度、耐热、耐火、耐漏电起痕、绝缘电阻、耐腐蚀性、介电强度、保护接地、爬电距离、电气间隙、防护等级、防电击措施、绝缘要求、防雷性能、温升效应等
可靠性	耐久性、温度循环冲击、故障状态工作性能、耐振动、寿命、平均无故障间隔时间、年失效率
电磁兼容性	传导骚扰电压、辐射骚扰、谐波电流和谐波畸变率、静电抗扰度、辐射抗扰度、传导抗扰度、电压暂降抗扰度等
节能性能	功率因数、效率
环境适应性	工作温度、工作湿度、储存温度、储存湿度
结构	外壳、连接线、接线端子等

5.4 关键性能指标

通过对国内外现有标准调研，基于上述产品调研数据情况，编制组对驱动电源的主要评价指标进行了分析研究，以确定合理的指标。

5.4.1 效率和功率因数

团体标准《照明用LED驱动电源技术要求》T/CECS 10021－2019中对于驱动电源的功率因数和效率限值限定如表3-5-2所示。

功率因数和效率限值 表 3-5-2

功率范围（W）	负载比例（%）	功率因数	效率（%）					
			隔离式			非隔离式		
			1级	2级	3级	1级	2级	3级
$P \leqslant 5$	100	0.80	83	80	75	89	86	81
$5 < P \leqslant 75$	100	0.92	88	85	80	92	89	83
	75	0.90	86	83	78	90	86	80
	50	0.90	83	80	75	87	83	77
$75 < P \leqslant 200$	100	0.96	91	88	83	95	92	86
	75	0.94	88	85	80	92	89	83
	50	0.90	86	83	78	90	87	81

续表

功率范围(W)	负载比例(%)	功率因数	效率(%)					
			隔离式			非隔离式		
			1级	2级	3级	1级	2级	3级
P>200	100	0.96	93	90	85	96	93	88
	75	0.94	91	88	83	94	90	85
	50	0.90	88	85	80	91	88	83

一般来说，功率越大的电源效率和功率因数越高，随着负载比例的降低，效率和功率因数也随之降低，隔离和非隔离设计也会使得效率和功率因数不一致。非隔离式驱动电源的电路是输入电源通过升降压之后直接加在了 LED 负载上，而隔离式驱动电源的输入端和输出端通过变压器实现电气连接，减少了触电风险，更加安全。

驱动电源有内置于 LED 光源或灯具内以及独立放置两种情况。前一种情况，通常关注整灯的性能，即从整灯的功率因数考核，而不用单独考核驱动电源。LED 光源的功率因数限值如表 3-5-3 所示。

LED 光源的功率因数限值 **表 3-5-3**

实测功率(W)		功率因数
≤5		≥0.5
>5	家居用	≥0.7
	非家居用	≥0.9

LED 灯具的功率因数不应小于 0.90。而对于独立式的驱动电源，由于可能存在一对一或者一对多的配置方案，故需要单独规定其效率和功率因数，以作为设计人员的选型依据。

5.4.2 谐波电流

驱动电源采用半导体器件，容易产生电磁干扰和高次谐波，而当前这类产品用量大，生产企业众多，产品质量良莠不齐，导致对无线电、通信系统和测量仪表的骚扰以及其他不良后果，因此选用的 LED 灯及内置驱动电源以及独立式的驱动电源的谐波电流首先应符合现行国家标准《电磁兼容　限值　谐波电流发射限值(设备每相输入电流≤16A)》GB 17625.1 的相关规定。

对于内置的驱动电源，其谐波按整个 LED 灯进行考核。目前的国家标准《电磁兼容　限值　谐波电流发射限值(设备每相输入电流≤16A)》GB 17625.1—2022 对于 25W 及以下的谐波要求较为宽松。为了规范 LED 灯的使用，在符合国家标准《电磁兼容　限值　谐波电流发射限值(设备每相输入电流≤16A)》GB 17625.1—2022 的基础上，还参考 IEC 标准《谐波电流发射限值(设备每相输入电流≤16A)》IEC 61000－3－2 的规定，该标准中对于 25W 以下的照明产品的要求如表 3-5-4 所示。

只要满足这三条中的其中之一即可，从数值上来看，要求 2 最为宽松，要求 3 最为严格，要求 1 居于二者之间。通过对各企业 25W 以下的照明产品的电流谐波调研数据来看，从技术上来说，严格规定 25W 以下的照明产品谐波电流的限值没有问题。而从成本因素来说，影响因素除了谐波外，还有频闪比等，且成本也是可接受的。故谐波要求可考虑偏严一些，5～25W的LED照明产品可采用表3-5-4中的第3项要求。因此对LED灯具的谐波限制如表3-5-5所示。

照明产品谐波限值要求(5～25W)　　**表3-5-4**

谐波要求	1	2	3
	GB 17625.1—2022表3第2列	特殊波形	新技术
特殊波形	—	GB 17625.1—2022图2	—
THD	—	—	<70%
2次谐波	—	—	5%
3次谐波	<3.4mA/W	<86%	35%
5次谐波	<1.9mA/W	<61%	25%
7次谐波	<1mA/W	—	30%
9次谐波	<0.5mA/W	—	20%
11次谐波	<0.35mA/W	—	20%
次谐波(13≤n≤39)	<3.85/n mA/W	—	—

5～25W的LED灯具的谐波电流限值　　**表3-5-5**

谐波要求	谐波电流与基波频率下输入电流之比(%)
THD	≤70
2次谐波	≤5
3次谐波	≤35
5次谐波	≤25
7次谐波	≤30
9次谐波	≤20
11次谐波	≤20
次谐波(13≤n≤39)	—

对于5W以下的LED灯，提高其谐波要求对其成本影响较为显著，故未对其谐波进行要求，只限制功率因数即可。如果5W以下的LED灯在整个照明系统中用量很小的话，对系统的谐波影响较小，可忽略；如果用量大的话，宜采用LED恒压型驱动电源或直流供电对多个5W以下的LED灯供电，以减少谐波的影响。

对于独立式的驱动电源，应提出更高的要求，从实际应用的角度出发，设计人员更关注总谐波畸变，即所有谐波分量有效值与基波电流有效值之比。依据团体标准《照明用LED驱动电源技术要求》T/CECS 10021-2019，在满足现行国家标准《电磁兼容　限值　谐波电流发射限值(设备每相输入电流≤16A)》GB 17625.1的基础上，还应满足总谐波畸变率的要求，如表3-5-6所示。

独立式驱动电源电谐波电流限值　　表 3-5-6

功率 P(W)	负载率(%)	电流总谐波畸变率(%)
5<P≤75	100	≤15
	75	≤20
	50	≤25
P>75	100	≤10
	75	≤15
	50	≤20

从产品的实际调研数据来看，做得较好的产品完全能满足该指标，实际上，很多出口到国外的产品，正是按照这些限值去要求的。由于独立式驱动电源的其他指标要求也较高，规定该数值并不会显著增加成本。

5.4.3　启动冲击电流

由于电容的存在，LED灯启动时的峰值电流较大，会对供电系统及保护装置产生不利影响，甚至影响正常工作，有必要对驱动电源的启动冲击电流进行限制。图 3-5-2 是启动时电流随时间的变化示意图。

可以看到，限制启动电流主要考虑两方面因素：冲击电流的峰值大小和持续时间。持续时间有 50%—50% 峰值电流、10%—10%峰值电流两个参数，通常企业提供的是 50%—50%的持续时间。

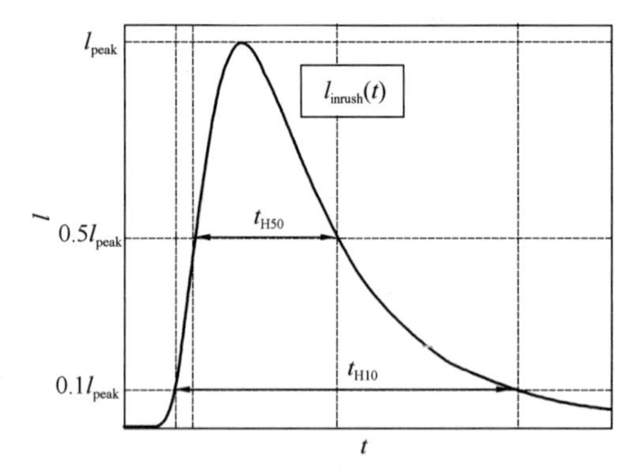

图 3-5-2　启动电流随时间变化

从调研及测试数据来看，驱动电源的功率大小是影响这两个参数的重要因素。国家标准《LED 体育照明应用技术要求》GB/T 38539－2020 规定了 200W 及以上的驱动电源冲击电流大小和启动时间的要求。但由于电解电容值规格并不是线性的，驱动电源功率小到一定程度，稳压电容不能再小了，否则会影响电源寿命，冲击电流也就不会再随着功率减小变小，因而小功率的驱动电源不适合用启动峰值电流与额定电流的倍数关系去限定，应直接限定冲击电流的绝对值。通过调研国内外主要驱动电源的产品性能数据，在限定最大冲击电流的基础上，对持续时间也进行了限制，提高了对小功率电源的要求，以减小对电路的不利影响。

因此，对于 LED 灯及独立式驱动电源的启动冲击电流限值建议如表 3-5-7 所示。

LED 灯及独立式驱动电源的启动冲击电流限值　　表 3-5-7

功率范围 P(W)	冲击电流(A)	启动峰值电流与额定工作电流之比	持续时间(ms)
P<75	≤40	—	<1
75≤P<200	≤65	—	

续表

功率范围 P(W)	冲击电流(A)	启动峰值电流与额定工作电流之比	持续时间(ms)
$200 \leqslant P < 400$	—	$\leqslant 40$	< 5
$400 \leqslant P < 800$	—	$\leqslant 30$	
$P \geqslant 800$	—	$\leqslant 15$	

注：持续时间按照峰值电流的50%计算。

5.5　结语

通过分析研究，本章在对LED驱动电源相关标准调研的基础上，结合国内外主要产品的技术参数进行了分析研究，提出了驱动电源的效率、功率因数、谐波电流和启动冲击电流等关键性能指标的技术建议，作为《标准》相关条文的编制依据。

随着技术发展与市场推广的进程，驱动电源日趋标准化，型号减少，成本进一步降低。但也应看到，除了标准化产品，也会有大量定制化应用需求存在，因此，标准中的相关规定也应考虑标准化与定制化共存的现状。同时，物联网概念的兴起以及智能照明的需求，未来LED驱动电源将朝着数字化、网络控制和基于直流电网技术的方向发展，具有更好的外部应用环境适应性，为智能照明的发展奠定重要的基础。

参考文献

[1]　全国照明电器标准化技术委员会．灯的控制装置　第14部分：LED模块用直流或交流电子控制装置的特殊要求：GB 19510.14－2009[S]. 北京：中国标准出版社，2010.

[2]　全国照明电器标准化技术委员会．LED模块用直流或交流电子控制装置　性能规范：GB/T 24825－2022[S]. 北京：中国标准出版社，2022.

[3]　全国无线电干扰标准化技术委员会．电气照明和类似设备的无线电骚扰特性的限值和测量方法：GB/T 17743－2017[S]. 北京：中国标准出版社，2018.

[4]　全国电磁兼容标准化技术委员会．电磁兼容　限值　谐波电流发射限值(设备每相输入电流≤16A)：GB 17625.1－2012[S]. 北京：中国标准出版社，2013.

[5]　全国照明电器标准化技术委员会．一般照明用设备电磁兼容抗扰度要求：GB/T 18595－2014[S]. 北京：中国标准出版社，2015.

[6]　中国工程建设标准化协会．照明用LED驱动电源技术要求：T/CECS 10021－2019[S]. 北京：中国标准出版社，2019.

[7]　Electromagnetic compatibility (EMC)-Part 3-2：Limits-Limits for harmonic current emissions (equipment input current ≤ 16 A per phase)：IEC 61000-3-2：2018[S].

[8]　全国建筑节能标准化技术委员会．LED体育照明应用技术要求：GB/T 38539－2020[S]. 北京：中国标准出版社，2020.

6　智能照明应用技术研究报告

（中国建筑设计研究院有限公司 陈琪）

照明控制的发展经历了手动控制、自动控制和智能控制三个阶段。随着计算机技术、通信技术、传感技术、自动控制技术、微电子技术、云计算和大数据等技术的迅速发展和相互渗透，照明进入了智能化控制阶段。智能照明系统是利用计算机、网络通信、自动控制等技术，通过对环境信息和用户需求进行分析和处理，实施特定的控制策略，对照明系统进行整体控制和管理，以达到预期照明效果的系统。其控制系统通常由控制管理设备、输入设备、输出设备和通信网络等组成。

LED技术良好的可控特性使得智能照明进一步发展和应用成为可能，在创造健康舒适的光环境、实现节能减排方面具有无可比拟的优势。与传统照明控制系统相比，智能照明控制系统不仅可以提高照明系统的控制和管理水平，减少照明系统的维护成本；而且可以节约能源，减少照明系统的运营成本；随着该系统广泛应用，系统产品的成本也逐渐下降。面对照明智能化的新形态、健康照明的新内涵以及照明节能的新要求，智能照明在提升光环境质量、促进照明节能方面越来越凸显出其巨大的优势。

本研究从相关标准、现状调研、系统功能、关键技术等方面开展工作，为《标准》修订工作提供参考。

6.1　智能照明相关标准

6.1.1　产品标准

（1）照明产品标准

《LED城市道路照明应用技术要求》GB/T 31832－2015

《LED室内照明应用技术要求》GB/T 31831－2015

《智能照明体系架构与技术参考模型》CSA/IGRS 0004.1－2019

《LED路灯智能照明技术规范第1部分：控制系统》SQL/LSA 004.1－2011

《家居智能照明设备功能属性规范》T/CSA 041－2017

《家居智能照明系统架构及互联互通技术》CSA/TR 003－2017

《家居智能照明通信模块接口规范》T/CSA 040－2017

《路灯控制管理系统》GB/T 34923系列标准：

①《路灯控制管理系统　第1部分：总则》GB/T 34923.1－2017

②《路灯控制管理系统　第2部分：主站技术规范》GB/T 34923.2－2017

③《路灯控制管理系统　第3部分：路灯控制管理终端技术规范》GB/T 34923.3－2017

④《路灯控制管理系统　第4部分：路灯控制器技术规范》GB/T 34923.4－2017

⑤《路灯控制管理系统　第5部分：安全防护技术规范》GB/T 34923.5－2017

⑥《路灯控制管理系统　第6部分：通信协议技术规范》GB T 34923.6－2017

（2）传感器标准

《传感器通用术语》GB/T 7665－2005

《信息技术　传感器网络　第2部分：术语》GB/T 30269.2－2013

《入侵探测器　第5部分：室内用被动红外线探测器》GB 10408.5－2000

《微波和被动红外复合入侵探测器》GB 10408.6－2009

《信息技术　传感器网络　第701部分：传感器接口：信号接口》GB/T 30269.701－2014。

（3）通信协议标准

1）PLC（电力线载波）

《控制网络 LONWORKS 技术规范　第1部分：协议规范》GB/Z 20177.1－2006

《控制网络 LONWORKS 技术规范　第2部分：电力线信道规范》GB/Z 20177.2－2006

《控制网络 LONWORKS 技术规范　第3部分：自由拓扑双绞线信道规范》GB/Z 20177.3－2006

《控制网络 LONWORKS 技术规范　第4部分：基于隧道技术在 IP 信道上传输控制网络协议的规范》GB/Z 20177.4－2006

2）DALI（数字可寻址照明接口）

①《数字可寻址照明接口》GB/T 30104 系列标准：

——第101部分：一般要求　系统

——第102部分：一般要求　控制装置

——第103部分：一般要求　控制设备

——第201部分：控制装置的特殊要求　荧光灯（设备类型0）

——第202部分：控制装置的特殊要求　自容式应急照明（设备类型1）

——第203部分：控制装置的特殊要求　放电灯（荧光灯除外）（设备类型2）

——第204部分：控制装置的特殊要求　低压卤钨灯（设备类型3）

——第205部分：控制装置的特殊要求　白炽灯电源电压控制器（设备类型4）

——第206部分：控制装置的特殊要求　数字信号转变为直流电压（设备类型5）

——第207部分：控制装置的特殊要求　LED 模块（设备类型6）

——第208部分：控制装置的特殊要求　开关功能（设备类型7）

——第209部分：控制装置的特殊要求　颜色控制（设备类型8）

——第210部分：控制装置的特殊要求　程序控制（设备类型9）

② IEC 62386 2.0 版本，目前已发布 IEC 62386－101、102、103、201、207、208、209、216、217、218、222、224、301、302、303、304、332、333 等18个标准，相应的国标正在制修订中。

3）DMX512（美国舞台灯光协会发布的一种灯光控制器与灯具设备进行数据传输的标准）

《DMX 512－A 灯光控制数据传输协议》WH/T 32－2008

4）KNX

《控制网络 HBES 技术规范 住宅和楼宇控制系统》GB/T 20965－2013

5）BACNet（楼宇自动控制网络数据通信协议）：

《建筑自动化和控制系统》GB/T 28847 系列

——第 1 部分：概述

——第 2 部分：硬件

——第 3 部分：功能

——第 4 部分：应用

——第 5 部分：数据通信协议

——第 6 部分：数据通信协议一致性测试

6）RS－485

TIA/EIA－485－A，485 总线标准

7）Ethernet

IEEE 802.3、IEEE 802.11 以太网系列标准，无线局域网系列标准

8）ZigBee

IEEE 802.15.4 通信协议

《信息技术 系统间远程通信和信息交换　局域网和城域网　特定要求　第 15 部分：低速无线个域网（WPAN）媒体访问控制和物理层规范》GB/T 15629.15－2010（修改采用 IEEE 802.15.4：2006）

9）Wi-Fi

IEEE 802.11a/b/g/n 通信协议

无应用层协议

Allseen 联盟成立智能照明工作组，正在定义应用层协议

10）Bluetooth

IEEE 802.15.1：物理层和 MAC 层规范；无应用层协议

11）自定义通信协议

① TALQ 技术规范 1.0.2 版《中央控制管理系统软件接口协议》

②《路灯控制管理系统　第 6 部分：通信协议技术规范》GB/T 34923.6－2017

③《城市照明自动控制系统技术规范》CJJ/T 227－2014

④《LED 公共照明智能系统接口应用层通信协议》GB/T 35255－2017

⑤ 深圳市 LED 产业标准联盟标准《LED 路灯智能照明技术规范　第 3 部分：应用层通信协议》SQL/LSA 004.3－2011

12）技术报告

《LED 智能家居互联照明控制协议技术报告》CSA/TR 004－2017

（4）安全性标准

《信息安全技术　网络安全等级保护基本要求》GB/T 22239－2019

《电磁兼容　试验与测量技术　静电放电抗扰度试验》GB/T 17626.2－2018

《电磁兼容　试验与测量技术　第 3 部分：射频电磁场辐射抗扰度试验》GB/T 17626.3－2023

《电磁兼容　试验和测量技术　电快速瞬变脉冲群抗扰度试验》GB/T 17626.4－2018

《电磁兼容　试验和测量技术　浪涌（冲击）抗扰度试验》GB/T 17626.5－2019

《电磁兼容　试验和测量技术　射频场感应的传导骚扰抗扰度》GB/T 17626.6－2017

《电磁兼容　试验和测量技术　第 11 部分：对每相输入电流小于或等于 16A 设备的电压暂降、短时中断和电压变化抗扰度试验》GB/T 17626.11－2023

6.1.2　工程标准

《建筑照明设计标准》GB 50034－2013

《智能建筑设计标准》GB/T 50314－2015

《建筑电气工程施工质量验收规范》GB 50303－2015

《智能建筑工程质量验收规范》GB 50339－2013

《智能建筑工程施工规范》GB 50606－2010

《城市夜景照明设计规范》JGJ/T 163－2008

《建筑设备监控系统工程技术规范》JGJ/T 334－2014

《城市道路照明设计标准》CJJ 45－2015

《城市道路照明工程施工及验收规程》CJJ 89－2012

《城市照明自动控制系统技术规范》CJJ/T 227－2014

《智能照明控制系统技术规程》T/CECS 612－2019

《无源无线智能控制系统技术规程》CECS 296：2011

6.2　系统调研

6.2.1　架构与拓扑

室内照明智能控制系统架构归纳如下：

架构一（图 3-6-1）：

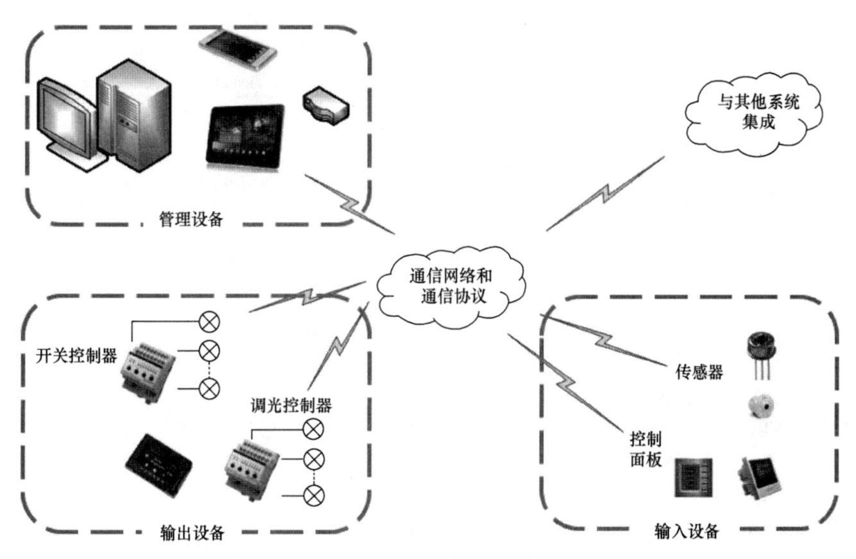

图 3-6-1　室内照明控制系统架构一

架构二（图 3-6-2）：

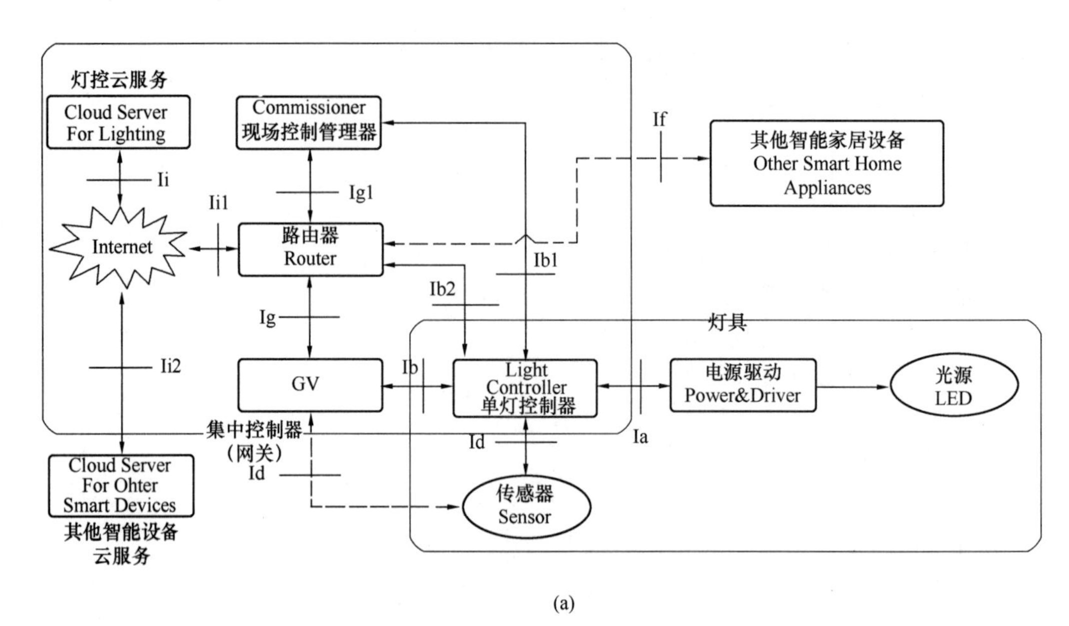

(a)

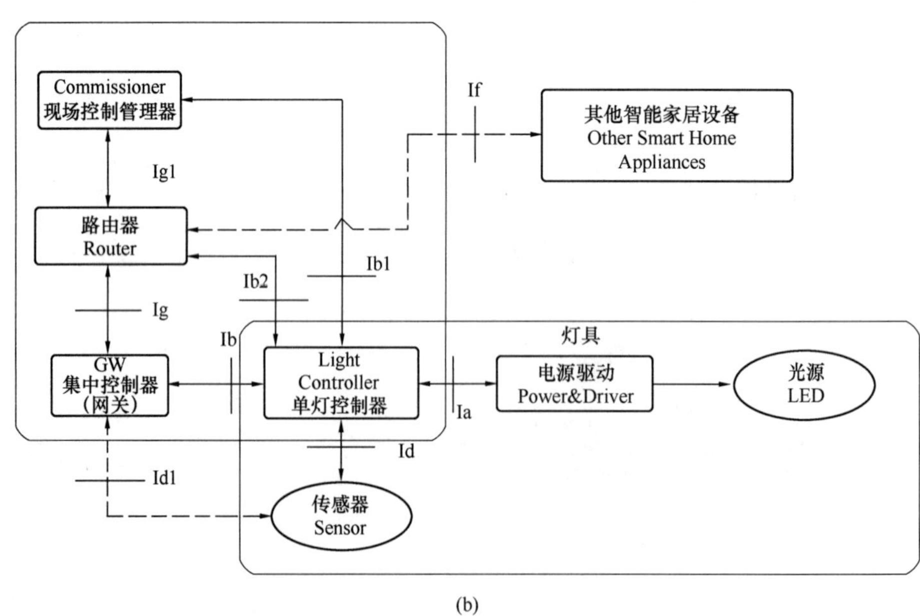

(b)

图 3-6-2　室内照明控制系统架构二

6.2.2　通信协议

（1）协议分类

有线通信方式分类见表 3-6-1，无线通信方式分类见表 3-6-2。

有线通信方式分类 表 3-6-1

协议类型	应用方式	拓扑结构	节点数	传输媒介	传输速率	传输距离
DALI	控制器之间、控制器和网关之间	总线、星形、混合型	64	0.75～1.5mm^{2}的普通导线，接线无极性要求	1200bps	一般小于300m（最远两端的总线电压降不能超过2V），加放大器后可延长至600m
DMX（DMX512-A、RDM）	控制器之间、控制器和网关之间	总线、星形	512	双绞线	250kbps	≤500m
KNX	控制器之间、控制器和网关之间、网关和管理控制系统之间	总线、星形、树形	57375（双绞线拓扑网络内15区域，每个区域15支线，每支线64节点最多扩展到255个模块）	专用KNX/EIB双绞线缆、射频、电力线、IP/Ethernet	9.6kbps	≤1000m
BACnet	控制器之间、控制器和网关之间、网关和管理控制系统之间	总线、星形、树形	无限制	ARCNET、以太网、BACnet/IP、RS-232、RS-485、LonTalk	同轴电缆：2.5Mbps以太网：100Mbps	—
ModBus	控制器之间、控制器和网关之间、网关和管理控制系统之间	总线	32	RS485线	300～115.2kbps	≤1800m
PLC（电力载波通信）	控制器之间、控制器和网关之间	不限	9999台集中控制器，256万单灯	电力线、4～60Hz跳频、同相线	5500bps（载波频率132kHz）	≤500m
POE	控制器之间、控制器和网关之间	—	取决于PoE交换机的接口及PoE供电的总功率	以太网Cat.5及以上布线基础架构	10/100/1000Mbps	≤100m

续表

协议类型	应用方式	拓扑结构	节点数	传输媒介	传输速率	传输距离
KiNET	控制器之间、控制器和网关之间、网关和管理控制系统之间	星形、树形、链式	15000	以太网线	100/1000Mbps	≤100m
ArtNet	控制器之间、控制器和网关之间、网关和管理控制系统之间	星形、树形、链式	32768	以太网线	100/1000Mbps	≤100m
Dynet	控制器之间、控制器和网关之间、网关和管理控制系统之间	总线、链式	不限制	RS-485 线	—	≤1000m
Bq-bus	控制器之间、控制器和网关之间、网关和管理控制系统之间	总线、星形、树形	不限制	RS-485 线、以太网线	—	≤1000m
C-Bus	控制器之间、控制器和网关之间、网关和管理控制系统之间	星形、链式、混合型（T 形、自由拓扑）	每个网段元件≤100	双绞线	—	≤1000m
ORBIT	控制器之间、控制器和网关之间、网关和管理控制系统之间	不限	不限制	二线式，可在交流和直流电力线上传输	9600bps	<1000m

无线通信方式分类 表 3-6-2

协议类型	应用方式	拓扑结构	节点数	传输媒介	传输速率	传输距离
Wi-Fi	控制器之间、控制器和网关之间	星形、混合型（Adhoc 自组网结构）	每个路由器可支持十几个节点	2.4GHz	几十 M-几百 Mbps，Gbps	10～75m
RF（含 Zigbee、ClearConnect 等）	控制器之间、控制器和网关之间	星形、树形、混合型（网状）	65536（256 个路由器，每个路由器 256 个节点）	2.4GHz/780MHz/433MHz/868MHz	10～250kbps	10～75m
Bluetooth（含低功率 BLE）	控制器之间、控制器和网关之间	链式、总线、星形，混合型（多对多）	32776（理论 BLE Mesh）	2.4GHz	125kbps～24Mbps	≤10m
NB-IoT	集中控制器（网关）和中心控制管理系统之间	链式、星形、总线	>50000nodes/station	800MHz/900MHz/1800MHz	250kbps	≤2km
QS-LINK	控制器之间、控制器和处理器之间	混合型（自由拓扑）	每个链路 99 个	四芯线缆（护套软线+屏蔽双绞线）		≤600m
LoRa	控制器之间、控制器和网关之间	链式、总线，星形	>10000nodes/station	150MHz～1GHz	0.3～37.5kbps	1～20km
Z-Wave	控制器之间、控制器和网关之间	混合型（网状）	232	908.42MHz（美国），868.42MHz（欧洲）	100kbps	室内≤30m，室外可超过 100m

（2）优缺点分析

各类有线通信方式特点见表 3-6-3，各类无线通信方式特点见表 3-6-4。

各类有线通信方式特点分析　　表 3-6-3

协议类型	特点
DALI	开放性标准协议，各品牌产品间可具有较好的互换性和兼容性； 使用普通线材，布线简单； 可双向传输信息，可单个装置或类组控制； 支持照明灯具的独立、分组（分区）或全局同时控制； 数据结构简单，电磁干扰小，数据通信不受市电或无线电干扰； 抗干扰能力强，适应性广； 电路无通用 IC 芯片支持，需要各自进行模拟和电子线路搭建，成本高； 系统支持的节点数较少，但可通过分组扩展
DMX（DMX512-A、RDM）	传输速度快，刷新率高，延迟性小； 分组、场景、渐变时间等参数均可储存在主机中； 可实现智能控制系统与演绎灯光同平台控制； 传输信号错误率高； 单向传输信号（RDM 可双向传输）； 单个控制系统可控制的照明回路数量有限； 地址码设定繁琐
KNX	线路简单，安装方便，易于维护； 系统具有开放性，可与其他楼宇系统结合； 产品多样，各类控制产品都有解决方案； 同类产品有多家生产商； 可实现一控多、多控一，区域、群组控制，场景设置，定时开关，亮度手自动调节等多种控制任务； 网络拓扑结构多样； 系统规模较大； 开发难度大； 认证费用较高； 成本较高，需要专用系统电源、维护成本高
BACnet	协议针对采暖、通风、空调、制冷控制设备所设计，为照明提供了集成基本原则； 开放性好； 具有良好的互联特性和扩展性； 良好的伸缩性； 没有限制系统节点数； 在定义了公用的强制使用属性外，还有可选属性，而这些专有属性不能共享； BACnet 定义了庞大的、复杂的对象及属性，不便于用户配置控制系统
ModBus	主从控制方式简单，比较适合于一个集中区域的工业设备的控制及监测； 较多的设备支持该协议； 线路简单，造价低廉，宜作近距离通信； 主站轮询的方式进行，系统的实时性、可靠性较差； 网络节点数量较少； 信号幅度小，抗干扰能力差； 当系统出现多节点同时向总线发送数据时，易导致总线瘫痪； 不能连接树状总线

续表

协议类型	特点
PLC（电力载波通信）	复用电源线来传输数据，不用重新再铺设通信线，施工方便； 受电网的干扰较大，也会污染电网； 需在电网中同一个变压器内进行数据传输，通过变压器需要特殊设备； 需要提供额外的滤波器件
PoE	简化布线、节省人工成本：确保现有结构化布线安全的同时保证现有网络的正常运作； 安全方便：PoE供电端设备只会为需要供电的设备供电，消除了线路上漏电的风险；用户可以安全地在网络上混用原有设备和PoE设备，这些设备能够与现有以太网电缆共存； 便于远程管理：PoE可以通过使用简单网管协议（SNMP）来监督和控制该设备； 成本较高：有待PoE交换机降低成本
KiNET	标准以太网支持； 支持自动配置简化安装
ArtNet	支持基于TCP/IP的以太网协议，网络扩展灵活
Dynet	线路简单，安装方便，易于维护； 可实现单点、双点、多点、区域、群组控制，场景设置，定时开关，亮度手自动调节等多种控制任务； 网络拓扑结构多样； 系统规模较大
Bq-Bus	系统结构简单清晰、网络拓扑灵活，易于系统拓展，易于维护，应用设计及安装方便，系统管线及安装费用较低；系统软件功能较强，通过简易软件配置操作，实现单点、双点、多点、区域、群组控制，场景设置，定时开关，亮度手自动调节等各种常用控制任务；能够现场实现照明设计顾问及用户需要的各种特别应用逻辑功能；系统规模较大
C-Bus	线路简单，安装方便，易于维护，节省大截面线材消耗量，降低成本和维修管理费用，安装工期较短，投资回报率高； 开放式设计，方便与其他系统连接； 可靠性高； 软件应用功能强大
ORBIT	布线简单；无极性，施工方便； 可双向传输信息，可以实现回路、场景、区域控制，定时控制，手动强制开关； 可进行整个广播地址所有装置同时控制； 数据通信具有前向纠错功能，通信数据包的CRC校验，抗干扰能力强，适应性广

各类无线通信方式特点分析　　表 3-6-4

协议类型	特点
Wi-Fi	全球通用的无线宽带网络标准； 几乎所有智能终端设备都支持 Wi-Fi 通信； 无需额外的网关接入互联网； 传输的安全性较低； 无线 AP 支持的节点数量有限； 支持的节点数量有限； Wi-Fi 功耗较大
RF（含 Zigbee、ClearConnect 等）	低功耗、低成本，网络规模大； 提供数据加密，安全性好； 自由组网，可扩展性好； 多主通信，效率较高； 无线通信，无需布专线，安装方便，故障隔离性好； 需单独节点供电； 受干扰概率高，可靠性较低； 通信距离较短； 通信速率较低
Bluetooth（含低功率 BLE）	支持语音和数据传输； 抗干扰性强，不易窃听； 功耗低； 成本低； 节点支持数量少； 不支持路由功能； 常规蓝牙，低功耗蓝牙，MESH 蓝牙存在多模模式
NB-IoT	低成本，低功耗； 大连接，广覆盖； 由运营商建设网络，保证网络安全和质量； 时延大，数据带宽小，不支持语音，需要收费使用
QS-LINK	自由拓扑结构，线路简单，安装方便，易于维护； 总线供电，可靠性强； 可实现场景控制、定时控制、手动控制、无线控制、占空控制、日光控制、窗帘自动控制等多种控制任务； 系统开放性强，可与楼控、中控等第三方系统无缝集成； 可与自动窗帘系统无缝集成； 系统易扩展，规模大
LoRa	低带宽，低功耗，超长距离； 广覆盖； 可独立建网和部署； 传送速率低和数据负荷低

续表

协议类型	特点
Z-Wave	协议简单，开发更快也更简单； 始终专注于家庭应用，目标应用领域更明确，因而其协议结构也相对简单； 运行在更低的工作频率下，因此 Z-Wave 传输距离比 ZigBee 更大，连接也更稳定； Z-Wave 芯片只能通过 SigmaDesigns 获取； SigmaDesigns 只卖给 OEM、ODM 和其他主要客户； Z-Wave 相对封闭、门槛较高

（3）适用范围

各类有线通信方式适用范围见表 3-6-5，各类无线通信方式适用范围见表 3-6-6。

各类有线通信方式适用范围　　表 3-6-5

协议类型	适用范围
DALI	广泛用于调光、调色照明场所
DMX（DMX512-A、RDM）	舞台灯光、景观照明、体育照明与演绎灯光联控
KNX	用于楼宇自控：采光照明、暖通空调、监控系统、安保系统、能源管理等
BACnet	用于楼宇照明控制集成
ModBus	隧道照明控制
PLC（电力线载波通信）	道路照明控制、家居照明控制
PoE	LED 楼宇照明控制
KiNET	景观照明控制
ArtNet	景观照明控制
Dynet	楼宇照明控制
Bq-Bus	楼宇照明控制
C-Bus	楼宇照明控制
ORBIT	景观照明控制

各类无线通信方式适用范围　　表 3-6-6

协议类型	适用范围
Wi-Fi	智能单品、智能家居多功能照明控制等领域
RF（含 Zigbee、ClearConnect 等）	无线传感器网络应用领域、传感器信息采集，三表抄收等智能建筑领域家居智能照明控制
Bluetooth（含低功率 BLE）	智能单品、汽车、智能家居照明控制、医疗保健、工业照明等领域
NB-IoT	抄表、道路照明控制领域
QS-LINK	楼宇照明控制、家居照明控制
LoRa	道路照明、抄表等
Z-Wave	家居照明控制等

6.3 智能照明功能分析

6.3.1 智能照明控制系统的基本功能

团体标准《智能照明控制系统技术规程》T/CECS 612－2019 规定了智能照明控制系统的基本功能：

（1）对照明灯具进行单灯或分组、分区控制。

（2）通过数据采集分析等，自动实现预设功能，并能够：

1）按照明需求实现时钟/定时开关控制；

2）需要进行调光的场所，对光照度（光亮度）按设定值进行调节；调光控制时，根据光源类型采用不同的调光方式；

3）利用天然光的场所，随天然光的变化自动调节照度；

4）需要进行调节色温或颜色的场所，对光源色温或颜色进行设置和管理，并按照明需求实现色温或颜色的调整；

5）需要进行场景切换的场所，按照明需求对设定的场景模式进行自动切换。

（3）对照明系统的能耗进行自动监测。

（4）支持故障的监测与报警，且：

1）支持控制模块和网关模块的离线报警及控制与状态不一致的反馈；

2）发生通信故障时，系统输入输出设备按预设程序正常运行；

3）断电或发生故障时，具有自动反馈、自锁和存储记忆的功能。

（5）能就地或远程设定、修改、重置系统参数。

（6）具有在启动时避免对电网造成冲击的措施。

6.3.2 智能照明控制系统的扩展功能

团体标准《智能照明控制系统技术规程》T/CECS 612－2019 规定了智能照明控制系统的扩展功能：

（1）与遮阳、空调等设施联动；

（2）支持通过移动设备等实现远程查询及监控；

（3）实时对灯具的运行状态和照明能耗进行监测；

（4）基于人员存在（占空）数据提供空间利用状态；

（5）通过照明管理软件进行存在（占空）设置、定时设置和日光利用设置；

（6）为其他数据采集系统预留数据接口；

（7）对系统设备进行资产管理；

（8）支持系统在线升级。

6.3.3 智能照明控制系统功能分析

团体标准《智能照明控制系统技术规程》T/CECS 612－2019 针对不同建筑的智能照明控制系统功能进行了分析，详见表 3-6-7～表 3-6-23。

居住建筑智能照明控制系统功能 表 3-6-7

房间或场所	基本功能			附加功能			扩展功能		
	功能需求	控制方式/策略	输入、输出设备	功能需求	控制方式/策略	输入、输出设备	功能需求	控制方式/策略	输入、输出设备
住宅起居室、餐厅	开关、变换场景	开关控制、分区或群组控制、时间表控制	开关控制器、时钟控制器	调光、艺术效果	调光控制、存在感应控制、天然采光控制、艺术效果控制	调光控制器（可包括调照度、调色温、调颜色）、光电传感器、存在感应传感器	与窗帘系统等联动	智能联动控制	窗帘控制器、光电传感器
住宅卧室、老年人起居室、卧室	开关、变换场景	开关控制、分区或群组控制、时间表控制	开关控制器、时钟控制器	调光	调光控制	调光控制器（可包括调照度、调色温、调颜色）	与窗帘系统等联动	智能联动控制	窗帘控制器
住宅厨房	开关	开关控制	开关控制器	开关	分区或群组控制	开关控制器	—	—	—
住宅卫生间	开关	开关控制	开关控制器	开关	分区或群组控制、存在感应控制	开关控制器、存在感应传感器	与排风系统、采暖系统等联动	智能联动控制	控制器、存在感应传感器
酒店式公寓	开关、变换场景	开关控制、分区或群组控制、时间表控制	开关控制器、时钟控制	调光	调光控制	调光控制器（可包括调照度、调色温、调颜色）	与窗帘系统等联动	智能联动控制	窗帘控制器
电梯前厅、走廊、楼梯间	开关	开关控制、存在感应控制	开关控制器、存在感应传感器	调光	调光控制	调光控制器、存在感应传感器	—	—	—
车库	开关	开关控制、分区或群组控制、时间表控制	开关控制器、存在感应传感器	调光	调光控制、存在感应控制	调光控制器、存在感应传感器	与停车系统联动	智能联动控制	存在感应传感器

图书馆建筑智能照明控制系统功能 **表 3-6-8**

房间或场所	基本功能			附加功能			扩展功能		
	功能需求	控制方式/策略	输入、输出设备	功能需求	控制方式/策略	输入、输出设备	功能需求	控制方式/策略	输入、输出设备
阅览室，珍善本、舆图阅览室 多媒体阅览室	开关、变换场景	开关控制、分区或群组控制、时间表控制	开关控制器、时钟控制器	调光	调光控制、天然采光控制、单灯控制	时钟控制器、调光控制器（可包括调照度、调色温）、光电传感器	与窗帘系统、空调系统等联动	智能联动控制	窗帘、空调盘管控制器
陈列室	开关、变换场景	开关控制、分区或群组控制、时间表控制	开关控制器、时钟控制器	调光、艺术效果	调光控制、天然采光控制、艺术效果控制	时钟控制器、调光控制器（可包括调照度、调色温、调颜色）、光电传感器	与空调系统等联动	智能联动控制	空调盘管控制器
目录厅（室）、出纳厅	开关、变换场景	开关控制、分区或群组控制、时间表控制	开关控制器、时钟控制器	调光	调光控制、天然采光控制	时钟控制器、调光控制器（可包括调照度、调色温）、光电传感器	与窗帘系统、空调系统等联动	智能联动控制	窗帘、空调盘管控制器
档案库 书库、书架	开关、变换场景	开关控制、分区或群组控制、时间表控制	开关控制器、时钟控制器、存在感应传感器	—	—	—	定位查询	智能联动控制	调光/调色控制器
工作间、采编、修复工作间	开关	开关控制、时间表控制	开关控制器、时钟控制器	调光	调光控制、存在感应控制、天然采光控制、维持光通量控制	时钟控制器、调光控制器（可包括调照度、调色温）、光电传感器、存在感应传感器	与窗帘系统、空调系统等联动	智能联动控制	窗帘、空调盘管控制器

办公建筑智能照明控制系统功能

表 3-6-9

房间或场所	基本功能			附加功能			扩展功能		
	功能需求	控制方式/策略	输入、输出设备	功能需求	控制方式/策略	输入、输出设备	功能需求	控制方式/策略	输入、输出设备
办公室 设计室	开关、变换场景	开关控制、分区或群组控制、时间表控制	开关控制器、时钟控制器	调光	调光控制、存在感应控制、天然采光控制、作业调整控制	时钟控制器、调光控制器（可包括调照度、调色温）、光电传感器、存在感应传感器	与窗帘系统、空调系统等联动	智能联动控制	窗帘、空调盘管控制器
会议室	开关、变换场景	开关控制、分区或群组控制	开关控制器	调光	调光控制、天然采光控制、作业调整控制、存在感应控制	调光控制器（可包括调照度、调色温）、光电传感器、存在感应传感器	与窗帘系统、空调系统、会议系统等联动	智能联动控制	窗帘、空调盘管控制器
接待室、前台	开关、变换场景	开关控制、分区或群组控制、时间表控制	开关控制器、时钟控制器	调光、艺术效果	调光控制、艺术效果控制	时钟控制器、调光控制器（可包括调照度、调色温、调颜色）	与办公自动化、安防系统联动	智能联动控制	—
服务大厅、营业厅	开关、变换场景	开关控制、分区或群组控制、时间表控制	开关控制器、时钟控制器	调光	调光控制、天然采光控制	时钟控制器、调光控制器（可包括调照度、调色温）、光电传感器	与窗帘系统、空调系统等联动	智能联动控制	窗帘、空调盘管控制器
文件整理、复印、发行室，资料、档案存放室	开关	开关控制	开关控制器	开关	存在感应控制	开关控制器、存在感应传感器	与空调系统、通风系统等联动	智能联动控制	空调控制器、通风控制

表 3-6-10

商店建筑智能照明控制系统功能

房间或场所	基本功能			附加功能			扩展功能		
	功能需求	控制方式/策略	输入、输出设备	功能需求	控制方式/策略	输入、输出设备	功能需求	控制方式/策略	输入、输出设备
一般商店营业厅、一般超市营业厅、仓储式超市	开关、变换场景	开关控制、分区或群组控制、时间表控制	开关控制器、时钟控制器	调光	调光控制、作业调整控制	时钟控制器、调光控制器（可包括调照度、调色温、调颜色）	与空调系统等联动	智能联动控制	空调盘管控制器
专卖店营业厅、高档商店营业厅、高档超市营业厅	开关、变换场景	开关控制、分区或群组控制、时间表控制	开关控制器、时钟控制器	调光、艺术效果	调光控制、艺术效果控制	时钟控制器、调光控制器（可包括调照度、调色温、调颜色）、光电传感器	与空调系统等联动、按特定人员活动规律变化的娱乐性照明控制	智能联动控制、灯光互动控制	空调盘管控制器、压力传感器等
农贸市场	开关、变换场景	开关控制、分区或群组控制、时间表控制	开关控制器、时钟控制器	—	—	—	—	—	—
收款台	开关	开关控制、时间表控制	开关控制器、时钟控制器	—	—	—	—	—	—

观演建筑智能照明控制系统功能

表 3-6-11

房间或场所	基本功能			附加功能			扩展功能		
	功能需求	控制方式/策略	输入、输出设备	功能需求	控制方式/策略	输入、输出设备	功能需求	控制方式/策略	输入、输出设备
影院观众厅	开关、变换场景	开关控制、分区或群组控制、时间表控制	开关控制器、时钟控制器	—	—	—	与空调系统等联动	智能联动控制	空调盘管控制器
剧场、音乐厅观众厅、排演厅	开关、变换场景	开关控制、分区或群组控制	开关控制器	调光、艺术效果	调光控制、艺术效果控制、顺序控制	调光控制器（可包括调照度、调色温、调颜色）	与空调系统等联动	智能联动控制	空调盘管控制器
化妆室	开关	开关控制	开关控制器	调光	调光控制、作业调整控制	调光控制器（可包括调照度、调色温）	与空调系统等联动	智能联动控制	空调盘管控制器
观众休息厅	开关、变换场景	开关控制、分区或群组控制、时间表控制	开关控制器、时钟控制器	调光	调光控制、天然采光控制	时钟控制器、调光控制器（可包括调照度、调色温）、光电传感器	与窗帘系统、空调系统等联动，按特定人员活动规律变化的娱乐性照明控制	智能联动控制、灯光互动控制	窗帘、空调盘管控制器，压力传感器等

旅馆建筑智能照明控制系统功能

表 3-6-12

房间或场所	基本功能			附加功能			扩展功能		
	功能需求	控制方式/策略	输入、输出设备	功能需求	控制方式/策略	输入、输出设备	功能需求	控制方式/策略	输入、输出设备
客房	开关、变换场景	开关控制、分区或群组控制	开关控制器	调光	调光控制	调光控制器（可包括调照度、调色温、调颜色）	与客控系统联动	智能联动控制	—
餐厅 吧间、咖啡厅、大堂	开关、变换场景	开关控制、分区或群组控制、时间表控制	开关控制器、时钟控制器	调光、艺术效果	调光控制、艺术效果控制	时钟控制器、调光控制器（可包括调照度、调色温、调颜色）	与空调系统等联动	智能联动控制	空调盘管控制器
会议室	开关、变换场景	开关控制、分区或群组控制	开关控制器	调光	调光控制、天然采光控制、作业调整控制、存在感应控制	调光控制器（可包括调照度、调色温）光电传感器、存在感应传感器	与窗帘系统、空调系统、会议系统等联动	智能联动控制	窗帘、空调盘管控制器
多功能厅、宴会厅	开关、变换场景	开关控制、分区或群组控制	开关控制器	调光、艺术效果	调光控制、艺术效果控制	调光控制器（可包括调照度、调色温、调颜色）	与酒店管理系统联动、按特定人员活动规律变化的娱乐性照明控制	智能联动控制	压力传感器等
总服务台	开关、变换场景	开关控制、分区或群组控制、时间表控制	开关控制器、时钟控制器	调光、艺术效果	调光控制、艺术效果控制	时钟控制器、调光控制器（可包括调照度、调色温、调颜色）	与办公自动化、安防系统联动	智能联动控制	—

续表

房间或场所	基本功能			附加功能			扩展功能		
	功能需求	控制方式/策略	输入、输出设备	功能需求	控制方式/策略	输入、输出设备	功能需求	控制方式/策略	输入、输出设备
休息厅	开关、变换场景	开关控制、分区或群组控制、时间表控制	开关控制器、时钟控制器	调光	调光控制、天然采光控制	时钟控制器、调光控制器（可包括调照度、调色温）、光电传感器	与窗帘系统、空调系统等联动，按特定人员活动规律变化的娱乐性照明控制	智能联动控制、灯光互动控制	窗帘、空调盘管控制器，压力传感器等
客房层走廊	开关	开关控制、时间表控制	开关控制器、存在感应传感器	调光	调光控制、存在感应控制	调光控制器、存在感应传感器	—	—	—
厨房	开关	开关控制、分区或群组控制、时间表控制	开关控制器	—	—	—	—	—	—
游泳池、健身房	开关、变换场景	开关控制、分区或群组控制、时间表控制	开关控制器、时钟控制器	调光、艺术效果	调光控制、艺术效果控制	时钟控制器、调光控制器（可包括调照度、调色温、调颜色）	与窗帘系统、空调系统等联动，按特定人员活动规律变化的娱乐性照明控制	智能联动控制、灯光互动控制	窗帘、空调盘管控制器，压力传感器等
洗衣房	开关	开关控制	开关控制器	开关	时间表控制	时钟控制器	与空调系统、通风系统等联动	智能联动控制	空调控制器、通风控制器

医疗建筑智能照明控制系统功能

表 3-6-13

房间或场所	基本功能			附加功能			扩展功能		
	功能需求	控制方式/策略	输入、输出设备	功能需求	控制方式/策略	输入、输出设备	功能需求	控制方式/策略	输入、输出设备
治疗室、检查室、化验室、诊室	开关	开关控制、时间表控制	开关控制器、时钟控制器	调光	调光控制、天然采光控制	时钟控制器、调光控制器（可包括调照度、调色温）、光电传感器	与窗帘系统、空调系统等联动	智能联动控制	窗帘、空调盘管控制器
手术室	开关	开关控制	开关控制器	调光	调光控制、维持光通量控制	调光控制器（可包括调照度、调色温）、光电传感器	与空调系统等联动	智能联动控制	空调盘管控制器
候诊室、挂号厅	开关、变换场景	开关控制、分区或群组控制、时间表控制	开关控制器、时钟控制器	调光	调光控制、天然采光控制	时钟控制器、调光控制器（可包括调照度、调色温）、光电传感器	与窗帘系统、空调系统等联动	智能联动控制	窗帘、空调盘管控制器
病房	开关、变换场景	开关控制、分区或群组控制、时间表控制	开关控制器、时钟控制器	调光	调光控制	调光控制器（可包括调照度、调色温，调颜色）	与窗帘系统、空调系统等联动	智能联动控制	窗帘、空调盘管控制器
走廊	开关	开关控制、存在感应控制	开关控制器、存在感应传感器	调光	调光控制	调光控制器、存在感应传感器	—	—	—
药房	开关、变换场景	开关控制、分区或群组控制、时间表控制	开关控制器、时钟控制器、存在感应传感器	—	—	—	—	—	—
护士站	开关、变换场景	开关控制、分区或群组控制、时间表控制	开关控制器、时钟控制器	调光	调光控制	时钟控制器、调光控制器（可包括调照度、调色温）	与医院自动化、安防系统联动	智能联动控制	—
重症监护室	开关	开关控制	开关控制器	调光	调光控制、维持光通量控制	调光控制器（可包括调照度、调色温）、光电传感器	与空调系统等联动	智能联动控制	空调盘管控制器

教育建筑智能照明控制系统功能　　**表 3-6-14**

房间或场所	基本功能			附加功能			扩展功能		
	功能需求	控制方式/策略	输入、输出设备	功能需求	控制方式/策略	输入、输出设备	功能需求	控制方式/策略	输入、输出设备
教室、美术教室、阅览室 多媒体教室 电子信息机房、计算机教室、电子阅览室	开关、变换场景	开关控制、分区或群组控制、时间表控制	开关控制器、时钟控制器	调光	调光控制、天然采光控制、单灯控制	时钟控制器、调光控制器（可包括调照度、调色温）、光电传感器	与教学系统联动	智能联动控制	—
实验室	开关	开关控制、分区或群组控制、时间表控制	开关控制器、时钟控制器	调光	调光控制、天然采光控制	时钟控制器、调光控制器（可包括调照度、调色温）、光电传感器	与窗帘系统、空调系统等联动	智能联动控制	窗帘、空调盘管控制器
楼梯间	开关	开关控制、存在感应控制	开关控制器、存在感应传感器	调光	调光控制	调光控制器、存在感应传感器	—	—	—
学生宿舍	开关、变换场景	开关控制、分区或群组控制、时间表控制	开关控制器、时钟控制器	调光	调光控制	时钟控制器、调光控制器（可包括调照度、调色温、调颜色）、光电传感器	与窗帘系统、空调系统等联动	智能联动控制	窗帘、空调盘管控制器

表 3-6-15

美术馆建筑智能照明控制系统功能

房间或场所	基本功能			附加功能			扩展功能		
	功能需求	控制方式/策略	输入、输出设备	功能需求	控制方式/策略	输入、输出设备	功能需求	控制方式/策略	输入、输出设备
美术品售卖	开关、变换场景	开关控制、分区或群组控制、时间表控制	开关控制器、时钟控制器	调光、艺术效果	调光控制、艺术效果控制	时钟控制器、调光控制器（可包括调照度、调色温、调颜色）、光电传感器	与空调系统等联动、按特定人员活动规律变化的娱乐性照明控制	智能联动控制、灯光互动控制	空调盘管控制器、压力传感器等
公共大厅	开关、变换场景	开关控制、分区或群组控制、时间表控制	开关控制器、时钟控制器	调光	调光控制、天然采光控制	时钟控制器、调光控制器（可包括调照度、调色温）、光电传感器	与窗帘系统、空调系统等联动	智能联动控制	窗帘、空调盘管控制器
绘画展厅、雕塑展厅	开关、变换场景	开关控制、分区或群组控制、时间表控制	开关控制器、时钟控制器	调光、艺术效果	调光控制、天然采光控制、艺术效果控制	时钟控制器、调光控制器（可包括调照度、调色温、调颜色）、光电传感器	与窗帘系统、空调系统等联动	智能联动控制	窗帘、空调盘管控制器
藏画库	开关、变换场景	开关控制、分区或群组控制、时间表控制	开关控制器、时钟控制器、存在感应传感器	—	—	—	定位查询	智能联动控制	调光/调色控制器
藏画修理	开关	开关控制、时间表控制	开关控制器、时钟控制器	调光	调光控制、存在感应控制、天然采光控制、维持光通量控制	时钟控制器、调光控制器（可包括调照度、调色温）、光电传感器、存在感应传感器	与窗帘系统、空调系统等联动	智能联动控制	窗帘、空调盘管控制器
会议报告厅	开关、变换场景	开关控制、分区或群组控制、顺序控制（大型场所）	开关控制器	调光、艺术效果	调光控制、天然采光控制、作业调整控制、艺术效果控制	调光控制器（可包括调照度、调色温、调颜色）、光电传感器	与窗帘系统、空调系统等联动	智能联动控制	窗帘、空调盘管控制器
休息厅	开关、变换场景	开关控制、分区或群组控制、时间表控制	开关控制器、时钟控制器	调光	调光控制、天然采光控制	时钟控制器、调光控制器（可包括调照度、调色温）、光电传感器	与窗帘系统、空调系统等联动，按特定人员活动规律变化的娱乐性照明控制	智能联动控制、灯光互动控制	窗帘、空调盘管控制器，压力传感器等

科技馆建筑智能照明控制系统功能

表 3-6-16

房间或场所	基本功能			附加功能			扩展功能		
	功能需求	控制方式/策略	输入、输出设备	功能需求	控制方式/策略	输入、输出设备	功能需求	控制方式/策略	输入、输出设备
科普教室、实验区	开关、变换场景	开关控制、分区或群组控制、时间表控制	开关控制器、时钟控制器	调光	调光控制、天然采光控制、单灯控制	时钟控制器、调光控制器（可包括调照度、调色温）、光电传感器	与教学系统联动	智能联动控制	—
会议报告厅	开关、变换场景	开关控制、分区或群组控制、顺序控制（大型场所）	开关控制器	调光、艺术效果	调光控制、天然采光控制、作业调整控制、艺术效果控制	调光控制器（可包括调照度、调色温、调颜色）、光电传感器	与窗帘系统、空调系统等联动	智能联动控制	窗帘、空调盘管控制器
纪念品售卖厅、纪念品售卖区	开关、变换场景	开关控制、分区或群组控制、时间表控制	开关控制器、时钟控制器	调光、艺术效果	调光控制、艺术效果控制	时钟控制器、调光控制器（可包括调照度、调色温、调颜色）、光电传感器	与空调系统等联动、按特定人员活动规律变化的娱乐性照明控制	智能联动控制、灯光互动控制	空调盘管控制器、压力传感器等
儿童乐园	开关、变换场景	开关控制、分区或群组控制、时间表控制	开关控制器、时钟控制器	调光	调光控制、天然采光控制	时钟控制器、调光控制器（可包括调照度、调色温）、光电传感器	与窗帘系统、空调系统等联动，按特定人员活动规律变化的娱乐性照明控制	智能联动控制、灯光互动控制	窗帘、空调盘管控制器，压力传感器等
公共大厅、常设展厅、临时展厅	开关、变换场景	开关控制、分区或群组控制、时间表控制	开关控制器、时钟控制器	调光、艺术效果	调光控制、天然采光控制、艺术效果控制	时钟控制器、调光控制器（可包括调照度、调色温、调颜色）、光电传感器	与窗帘系统、空调系统等联动	智能联动控制	窗帘、空调盘管控制器
球幕、巨幕、3D、4D影院	开关、变换场景	开关控制、分区或群组控制、时间表控制	开关控制器、时钟控制器	—	—	—	与空调系统等联动	智能联动控制	空调盘管控制器

博物馆建筑智能照明控制系统功能 表 3-6-17

房间或场所	基本功能			附加功能			扩展功能		
	功能需求	控制方式/策略	输入、输出设备	功能需求	控制方式/策略	输入、输出设备	功能需求	控制方式/策略	输入、输出设备
序厅	开关、变换场景	开关控制、分区或群组控制、时间表控制	开关控制器、时钟控制器	调光、艺术效果	开关控制、艺术效果控制	时钟控制器、调光控制器（可包括调照度、调色温、调颜色）	与空调系统等联动	智能联动控制	空调盘管控制器
会议报告厅	开关、变换场景	开关控制、分区或群组控制、顺序控制（大型场所）	开关控制器	调光、艺术效果	调光控制、天然采光控制、作业调整控制、艺术效果控制	调光控制器（可包括调照度、调色温、调颜色）、光电传感器	与窗帘系统、空调系统等联动	智能联动控制	窗帘、空调盘管控制器
美术制作室、编目室、摄影室、熏蒸室、保护修复室、文物复制室、标本制作室	开关	开关控制、时间表控制	开关控制器、时钟控制器	调光	调光控制、存在感应控制、天然采光控制、维持光通量控制	时钟控制器、调光控制器（可包括调照度、调色温）光电传感器、存在感应传感器	与窗帘系统、空调系统等联动	智能联动控制	窗帘、空调盘管控制器
实验室	开关	开关控制、分区或群组控制、时间表控制	开关控制器、时钟控制器	调光	调光控制、天然采光控制	时钟控制器、调光控制器（可包括调照度、调色温）、光电传感器	与窗帘系统、空调系统等联动	智能联动控制	窗帘、空调盘管控制器
周转库房、藏品库房、藏品提看室	开关、变换场景	开关控制、分区或群组控制、时间表控制	开关控制器、时钟控制器、存在感应传感器	—	—	—	定位查询	智能联动控制	调光/调色控制器

表 3-6-18

会展建筑智能照明控制系统功能

房间或场所	基本功能			附加功能			扩展功能		
	功能需求	控制方式/策略	输入、输出设备	功能需求	控制方式/策略	输入、输出设备	功能需求	控制方式/策略	输入、输出设备
会议室、洽谈室	开关、变换场景	开关控制、分区或群组控制	开关控制器	调光	调光控制、天然采光控制、作业调整控制、存在感应控制	调光控制器（可包括调照度、调色温）、光电传感器、存在感应传感器	与窗帘系统、空调系统、会议系统等联动	智能联动控制	窗帘、空调盘管控制器
宴会厅 多功能厅	开关、变换场景	开关控制、分区或群组控制	开关控制器	调光、艺术效果	调光控制、艺术效果控制	调光控制器（可包括调照度、调色温、调颜色）	与酒店管理系统联动，按特定人员活动规律变化的娱乐性照明控制	智能联动控制	压力传感器等
公共大厅	开关、变换场景	开关控制、分区或群组控制、时间表控制	开关控制器、时钟控制器	调光	调光控制、天然采光控制	时钟控制器、调光控制器（可包括调照度、调色温）、光电传感器	与窗帘系统、空调系统等联动	智能联动控制	窗帘、空调盘管控制器
一般展厅 高档展厅	开关、变换场景	开关控制、分区或群组控制、时间表控制	开关控制器、时钟控制器	调光、艺术效果	调光控制、天然采光控制、艺术效果控制	时钟控制器、调光控制器（可包括调照度、调色温、调颜色）、光电传感器	与窗帘系统、空调系统等联动	智能联动控制	窗帘、空调盘管控制器

表 3-6-19

交通建筑智能照明控制系统功能

房间或场所	基本功能			附加功能			扩展功能		
	功能需求	控制方式/策略	输入、输出设备	功能需求	控制方式/策略	输入、输出设备	功能需求	控制方式/策略	输入、输出设备
售票台、问询处	开关	开关控制、远程控制、就地控制、时间表控制	开关控制器、时钟控制器	—	—	—	—	—	—
候车（机、船）室、中央大厅、售票大厅、海关、护照检查、安全检查、行李托运、到达大厅、出发大厅	开关、变换场景	开关控制、分区或群组控制、时间表控制	开关控制器、时钟控制器	调光	调光控制、天然采光控制	时钟控制器、调光控制器（可包括调照度、调色温）、光电传感器	与空调系统等联动	智能联动控制	空调盘管控制器
通道、连接区、扶梯、换乘厅、走廊、楼梯、平台、流动区域	开关	开关控制、时间表控制	开关控制器、时钟控制器	调光	调光控制、存在感应控制	调光控制器、存在感应传感器	—	—	—
贵宾室休息室	开关、变换场景	开关控制、分区或群组控制、时间表控制	开关控制器、时钟控制器	调光	调光控制、天然采光控制	时钟控制器、调光控制器（可包括调照度、调色温）、光电传感器	与空调系统等联动	智能联动控制、灯光互动控制	空调盘管控制器
站台、地铁站厅	开关、变换场景	开关控制、分区或群组控制、时间表控制	开关控制器、时钟控制器	调光	调光控制、天然采光控制	时钟控制器、调光控制器（可包括调照度、调色温）、光电传感器	与窗帘系统、空调系统等联动	智能联动控制	窗帘、空调盘管控制器
地铁进出站门厅	开关	开关控制、时间表控制	开关控制器、时钟控制器	调光	调光控制、存在感应控制	调光控制器、存在感应传感器	—	—	—

金融建筑智能照明控制系统功能 表 3-6-20

房间或场所	基本功能			附加功能			扩展功能		
	功能需求	控制方式/策略	输入、输出设备	功能需求	控制方式/策略	输入、输出设备	功能需求	控制方式/策略	输入、输出设备
营业大厅、客户服务中心、交易大厅 营业柜台	开关、变换场景	开关控制、分区或群组控制、时间表控制	开关控制器、时钟控制器	调光	调光控制、天然采光控制	时钟控制器、调光控制器（可包括调照度、调色温）、光电传感器	与空调系统等联动	智能联动控制	空调盘管控制器
数据中心主机房、保管库、信用卡作业区	开关	开关控制、时间表控制	开关控制器、时钟控制器	—	—	—	—	—	—
自助银行	开关	开关控制、存在感应控制	开关控制器、存在感应传感器	调光	调光控制	调光控制器、存在感应传感器	与安防系统联动	智能联动控制	—

体育场地智能照明控制系统功能 表 3-6-21

房间或场所	基本功能			附加功能			扩展功能		
	功能需求	控制方式/策略	输入、输出设备	功能需求	控制方式/策略	输入、输出设备	功能需求	控制方式/策略	输入、输出设备
有电视转播	开关、变换场景	开关控制、远程控制、就地控制	开关控制器	调光、艺术效果	调光控制、艺术效果控制、时间表控制	调光控制器、时钟控制器	与场馆管理系统联动	智能联动控制	—
无电视转播	开关、变换场景	开关控制、远程控制、就地控制	开关控制器	调光	调光控制、时间表控制	调光控制器、时钟控制器	与场馆管理系统联动	智能联动控制	—

建筑通用房间智能照明控制系统功能 表 3-6-22

房间或场所	基本功能			附加功能			扩展功能		
	功能需求	控制方式/策略	输入、输出设备	功能需求	控制方式/策略	输入、输出设备	功能需求	控制方式/策略	输入、输出设备
门厅	开关、变换场景	开关控制、分区或群组控制、时间表控制	开关控制器、时钟控制器	调光	调光控制、天然采光控制	时钟控制器、调光控制器（可包括调照度、调色温）、光电传感器	与空调系统等联动	智能联动控制	空调盘管控制器
通道、楼梯间、自动扶梯	开关	开关控制、存在感应控制	开关控制器、存在感应传感器	调光	调光控制	调光控制器、存在感应传感器	—	—	—
厕所、盥洗室	开关	开关控制	开关控制器	开关	存在感应控制	开关控制器、存在感应传感器	与空调系统、通风系统等联动	智能联动控制	空调控制器、通风控制器
休息室	开关、变换场景	开关控制、分区或群组控制、时间表控制	开关控制器、时钟控制器	调光	调光控制、天然采光控制	时钟控制器、调光控制器（可包括调照度、调色温）、光电传感器	与窗帘系统、空调系统等联动	智能联动控制	窗帘、空调盘管控制器
电梯前厅	开关	开关控制、存在感应控制	开关控制器、存在感应传感器	调光	调光控制	调光控制器、存在感应传感器	—	—	—
餐厅	开关、变换场景	开关控制、分区或群组控制、时间表控制	开关控制器、时钟控制器	调光、艺术效果	开关控制、艺术效果控制	时钟控制器、调光控制器（可包括调照度、调色温、调颜色）	与空调系统等联动	智能联动控制	空调盘管控制器

续表

房间或场所	基本功能			附加功能			扩展功能		
	功能需求	控制方式/策略	输入、输出设备	功能需求	控制方式/策略	输入、输出设备	功能需求	控制方式/策略	输入、输出设备
公共车库	开关	开关控制、分区或群组控制、时间表控制	开关控制器、时钟控制器	调光	调光控制、存在感应控制	调光控制器、存在感应传感器	与停车系统联动	智能联动控制	存在感应传感器
公共车库检修间	—	—	—	—	—	—	—	—	—
试验室、检验、计量室、测量室	开关	开关控制、分区或群组控制、时间表控制	开关控制器、时钟控制	调光	调光控制、天然采光控制	时钟控制器、调光控制器（可包括调照度、调色温）、光电传感器	与窗帘系统、空调系统等联动	智能联动控制	窗帘、空调盘管控制器
机房、控制室、动力站	—	—	—	—	—	—	—	—	—
仓库	开关、变换场景	开关控制、分区或群组控制、时间表控制	开关控制器、时钟控制器	—	—	—	—	—	—
车辆加油站	开关、变换场景	开关控制、分区或群组控制、时间表控制	开关控制器、时钟控制器	—	—	—	—	—	—

工业建筑智能照明控制系统功能 表 3-6-23

房间或场所	基本功能			附加功能			扩展功能		
	功能需求	控制方式/策略	输入、输出设备	功能需求	控制方式/策略	输入、输出设备	功能需求	控制方式/策略	输入、输出设备
厂房、车间	开关、变换场景	开关控制、分区或群组控制、时间表控制、天然采光控制	开关控制器、时钟控制器、光电传感器	—	—	—	—	—	—
工作间	开关	开关控制、时间表控制、作业调整控制	开关控制器、时钟控制器	调光	调光控制、存在感应控制、天然采光控制、作业调整控制	时钟控制器、调光控制器（可包括调照度、调色温）、光电传感器、存在感应传感器	与窗帘系统、空调系统等联动	智能联动控制	窗帘、空调盘管控制器
储存	开关、变换场景	开关控制、分区或群组控制、时间表控制	开关控制器、时钟控制器	—	—	—	—	—	—
更衣室	开关	开关控制	开关控制器	开关	存在感应控制	开关控制器、存在感应传感器	与空调系统、通风系统等联动	智能联动控制	空调控制器、通风控制器
主控室	开关	开关控制、时间表控制	开关控制器、时钟控制器	—	—	—	—	—	—
输送走廊、人行通道、平台、设备顶部位	开关	开关控制、存在感应控制	开关控制器、存在感应传感器	调光	调光控制、存在感应控制	调光控制器、存在感应传感器	—	—	—

6.4 智能照明关键技术

6.4.1 总体架构

从定义来看，智能照明控制系统是利用计算机、网络通信、自动控制等技术，通过对环境信息和用户需求进行分析和处理，实施特定的控制策略，对照明系统进行整体控制和管理，以达到预期照明效果的控制系统。通常由控制管理设备、输入设备、输出设备和通信网络等组成。系统控制层可分为中央控制层、中间控制层和就地控制层，各控制层之间通过通信网络进行联系。智能照明控制系统构成见图 3-6-3。

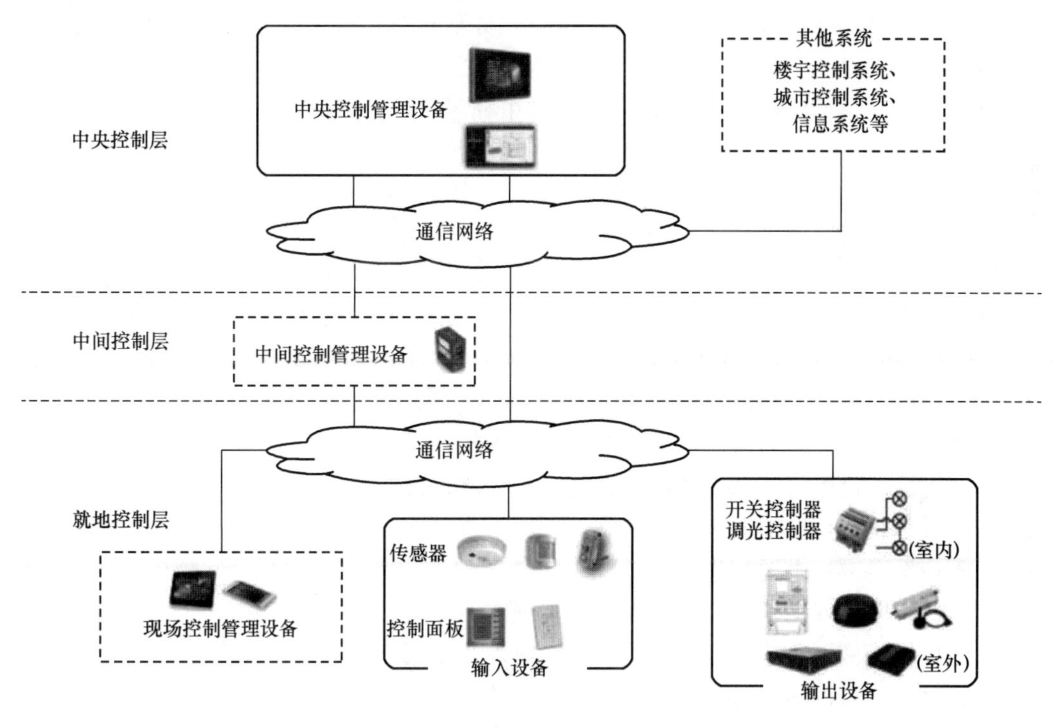

图 3-6-3 智能照明控制系统构成示意图

6.4.2 主要技术要求

(1) 功能要求

智能照明控制系统的功能为人服务，系统功能的设置应当以场所的活动类型、人员作息为基础，以系统安全性、可靠性为保障，以空间的需求为核心。因此，标准从分区分组控制、时钟控制、调光调色、天然光利用、场景变换、能耗监测、故障报警、参数设置等方面对控制系统的功能作出了规定。从管理和控制便利性的角度，控制系统还可以设置远程查询监控、空间利用情况分析、设备资产管理、在线升级等功能，并提供人性化管理软件。从整个智能化系统来看，照明可以与其他设备联动控制，并预留数据采集系统接口。

（2）性能要求

根据智能照明控制系统架构，设备整体上可以划分为控制管理设备、输入设备和输出设备，对设备性能的要求也围绕这三个方面展开。其中对于控制管理设备，更侧重于其功能要求和对软件的友好性、兼容性、权限、数据库等方面的要求。输出设备主要针对控制器进行规定，特别是对调光控制器作出了具体要求，包括光通量、光色变化、频闪、设定值偏差以及调光函数曲线满足人体视觉感官需求等规定。输入设备主要针对传感器进行规定，传感器类型划分方面，主要涉及光电传感器、存在感应传感器等；指标规定方面，主要包括测量量程、电气参数、工作环境、准确度、功耗等。

（3）通信网络和协议

通信网络是沟通智能照明系统不同节点的桥梁，其可靠性也将直接影响照明系统的运行效果。标准根据有线通信和无线通信的特点，分别其对性能作出了相关规定，包括适应性、抗扰性、扩展性、数据传输质量等方面的要求。

目前行业内没有通用的通信协议，有多种由相应产业链支持的通信协议，而且其应用层协议不一样。关于不同应用场所，不同控制单元间的通信协议和方式，国际上标准众多，如 BACnet、ModBus、DALI、DMX512、ZigBee、Wi-Fi、Bluetooth 等。为保证智能照明控制系统设备具有较好的互换性和兼容性，本标准规定：对于建筑照明，应采用标准通信协议或开放专用协议；对于室外照明，推荐采用标准通信协议或开放专用协议。

团体标准《智能照明控制系统技术规程》T/CECS 612－2019 分析了有线无线通信协议，提出有线通信应符合下列规定：

1）在供电电源电压范围内应能正常工作；

2）在环境温度、相对湿度范围内应能正常工作；

3）过电压、过电流等保护器件应齐全，且性能良好；

4）在设计规定允许的电磁场干扰条件下，不应出现故障和性能下降；

5）不应对电网或电源产生干扰；

6）应符合网络安全管理功能检查的相关规定；

7）通信网络应满足所支持数据的带宽、时延和误码率的要求。

无线通信应符合下列规定：

1）传输频率应符合国家无线电管理规定，宜优先选择无线通信运营商的企业级通信方案，并可在频段许可的前提下适当采用其他无线通信方案作为补充；

2）无线网络应具有良好的组网能力和传输纠错能力；

3）无线通信系统宜专网专用；

4）应具有较强的抗干扰特性；

5）应支持灵活组网，并应具有良好的可扩展性；

6）应支持多信道频率复用或同一信道的时分复用；

7）应具有处理数据传输时延的措施；

8）无线射频应采用信道负荷较少的网络频段。

（4）设备功能要求

团体标准《智能照明控制系统技术规程》T/CECS 612－2019 分析了智能照明设备，提出智能照明设备需具有不同的功能：

1）控制管理设备

① 通过对环境信息和用户需求进行分析和处理，实现特定的控制策略，对照明系统进行整体控制、管理及参数设定；

② 与系统中的输入设备、输出设备进行通信；

③ 进行历史记录、存档及统计分析；

④ 进行报警、故障、维护和操作信息记录；

⑤ 具有易于辨认、操作的界面，宜能进行数据可视化展示；

⑥ 分级管理；

⑦ 接收其他系统的联动信号；

⑧ 进行系统数据的处理、计算和优化；

⑨ 具有时钟校正功能。

⑩ 供配电系统符合现行国家标准《供配电系统设计规范》GB 50052 的有关规定。

2）控制管理软件

① 包括控制系统软件及操作说明；

② 与常用的操作系统兼容；

③ 易于操作、界面友好；

④ 配置移动客户端应用管理；

⑤ 系统操作便于运维人员在所需的控制点进行监控及程序修改；

⑥ 数据库采用标准数据库格式，并宜提供与其他智能化系统的接口；

⑦ 根据用户权限级别设置不同的用户及口令。

3）输出设备

① 具备接收并执行控制管理设备命令的功能；

② 具有手动控制功能；

③ 具有现场参数显示功能；

④ 实现信号输入输出和通信状态的监测，宜具备实时负载反馈功能；

⑤ 控制器在断电情况下能保存程序、参数和必要的数据；在规定的时间内，设备内部时钟宜能够正常工作；当电源恢复时，控制器的嵌入功能能自动重启，并按预设的方式运行。

4）调光控制器

调光满足调节光源光通量上限时，不高于额定光通量；调节亮度或照度时，不改变光源色度参数；调光避免灯具系统产生频闪影响；现场实测照度（亮度）与设定值的偏差不大于10%；功能照明调光满足设计线性度要求，并具备符合人体视觉感官的调光函数曲线。需限制调光设备对配电系统的谐波干扰。

5）输入设备

① 实现对环境信息和用户需求输入信息的采集；

② 通过有线或无线网络向控制管理设备或输出设备准确传输现场信息；

③ 实现对通信状态进行监测。

6）光电传感器（光照度传感器）

① 光照度传感器测量范围为：室内：(0～1500)lx/(0～10000)lx；室外(0～1000)lx/

(0～200000)lx，分辨率宜小于 5lx；

② 波长测量范围为 380～780nm，准确度控制在±10%范围内；

③ 正常工作环境为：室内一般场所温度－5～40℃，相对湿度 0～90%；室外温度－40～80℃，相对湿度 0～90%。

7）存在感应传感器

① 声音传感器接收频率范围宜为 20～10000Hz，强度宜为 30～120dB，输出信号可为 4～20mA，也可为数字信号；

② 红外传感器工作波长为 7.5～14μm；感应距离（垂直）大于 2.5m；响应时间不宜大于 0.5ms；

③ 超声波传感器频率不小于 22kHz；

④ 微波传感器频率为 5.8GHz，其在小空间使用时为 24GHz；

⑤ 工作温度范围为－10～40℃；

⑥ 工作电源满足：AC 220V±20%，频率（50±1)Hz 或不大于 DC24V；

⑦ 传感器功耗不应大于 0.5W。

8）系统的控制管理设备、输入设备和输出设备采用统一的数据格式。

（5）安全性特点

相比较于传统照明控制系统，智能照明控制系统除应满足电气安全和电磁兼容的要求外，还需要重点考虑其网络安全性。随着越来越多的照明设备上网，可以在网上获得数据，这使得网络安全性成为关系用户隐私的重要问题。若这项技术不能为用户提供保护措施，则会对用户的隐私产生泄露风险，这对消费者信心会产生严重影响。因此，标准规定了智能照明控制系统的信息安全级别不应低于信息系统安全等级三级的要求，但对于有特殊安全需求的场所，需要考虑更高安全级别的控制系统。

对于电气安全，应符合国家现行有关电气设计、照明设计、工程验收等标准的相关规定，如国家标准《建筑照明设计标准》GB 50034－2013、《室外作业场地照明设计标准》GB 50582－2010、《民用建筑电气设计标准》GB 51348－2019、《建筑电气工程施工质量验收规范》GB 50303－2015，行业标准《城市道路照明工程施工及验收规程》CJJ 89－2012、《城市道路照明设计标准》CJJ 45－2015、《城市夜景照明设计规范》JGJ/T 163-2008 等。

对于电磁兼容，主要涉及的标准及要求包括国家标准《电磁兼容　试验和测量技术　静电放电抗扰度试验》GB/T 17626.2－2018 的 3 级要求、《电磁兼容　试验和测量技术　射频电磁场辐射抗扰度试验》GB/T 17626.3－2016 的 3 级要求；《电磁兼容　试验和测量技术　电快速瞬变脉冲群抗扰度试验》GB/T 17626.4－2018 的 4 级要求；《电磁兼容　试验和测量技术　浪涌（冲击）抗扰度试验》GB/T 17626.5－2019 的 4 级要求；《电磁兼容　试验和测量技术　射频场感应的传导骚扰抗扰度》GB/T 17626.6－2017 的 3 级要求；《电磁兼容　试验和测量技术　电压暂降、短时中断和电压变化的抗扰度试验》GB/T 17626.11－2008 的 2 类要求。

由于智能照明系统联网，其网络安全性和用户信息的隐私保护也是需要考虑的重要因素。系统的保护能力至少达到国家标准规定的三级要求，对于信息安全要求高的使用场所，其安全性级别可按实际需求进行提高。

6.4.3 设计要点

智能照明控制系统给设计师带来更多地发挥空间，但设计时需要考虑更多的因素，也给设计增加了一定的难度。特别是需要考虑底层输入、输出设备的配置与布置，以及基于场所特点和人行为习惯的照明系统智能运行策略等。

(1) 系统配置

出于设备匹配和兼容性的考虑，标准要求统一配置传感器、控制器、人机界面、通信网络以及相关接口。其中，传感器由于需要准确获取光环境现场的环境参数，因此在设计时需要特别注意。一方面，要考虑采用何种原理的传感器，这需要分析多方面的因素之后才能确定，因为即使是测量同一物理量，也有多种原理的传感器可供选择，需要根据被测量的特点和传感器的使用条件考虑以下一些具体问题：量程大小；被测位置对传感器体积的要求；测量方式为接触式还是非接触式；信号的引出方法；有线或是无线传输信号；传感器的来源、价格等。然后考虑传感器的性能指标，主要包括：灵敏度的选择；频率响应特性；线性范围；稳定性以及精度等。另一方面，传感器的布置应当做到覆盖人员所在区域，避免出现人在灯灭的情况。此外，系统配置还涉及协议的选择、设备地址的标注以及开关的布置等方面要求，本文不再展开说明。

(2) 控制策略

在满足软硬件的前提下，控制策略的选择将体现智能照明系统和环境的匹配性，因此，控制策略的选择建立在光环境需求和环境特点的基础之上。团体标准《智能照明控制系统技术规程》T/CECS 612－2019 提出了根据照明功能需求对应的控制方式/策略，详见表 3-6-24。

照明功能需求对应的控制方式/策略　　表 3-6-24

照明功能需求	控制方式/策略
照明仅需全开或全关	开关控制
需调节照度值、光色，宜平滑或缓慢变化	调光控制
需实现个性化或小范围控制	单灯或分组控制
对不同区域或群组分别设置控制	分区或群组控制
需预设照明场景，实现同一空间多种照明模式转换	场景控制
照明按固定时间表控制	时间表控制：时钟控制
控制区域内人员在室率经常变化，需要照明水平同步变化	存在感应控制
天然采光为主，且照明水平可发生突变	天然采光控制：光感开关
天然采光为主，且照明水平不宜发生突变	天然采光控制：光感调光
需根据作业需求进行照明水平调节	作业调整控制
需根据环境亮度调节作业面亮度	亮度平衡控制：光感调光
需在照明运行过程中保持照度恒定	维持光通量控制：光感调光
需实现特定的艺术效果	艺术效果控制
需通过远程/就地/移动终端进行照明控制	远程/就地/移动终端控制
需通过语音实现照明控制	语音控制
需按特定次序进行设定的照明控制	顺序控制
需要多种不同系统联合进行控制	智能联动控制

研究表明在办公室、阅览室等人员长期活动且照明要求较高的空间，采用感应调光控制和时钟控制较合适。

酒店大厅、高档走廊、会议室、餐厅、报告厅、个性化居所、体育场馆等多功能用途空间，采用场景控制较适宜。

走廊、楼梯间、电梯厅、车库等空间，采用红外、微波、声音等存在感应控制较好。

校园教学楼、宿舍楼、图书馆、工厂建筑、夜景、道路等按时间规律运行的功能空间，采用时钟控制较合适。

营业大厅、仓储、展厅、超市等大面积单一功能室内空间等，采用分区或群组控制较适宜。

高档办公室、高档酒店、精品商店等节能舒适要求高的空间，采用单灯或分组控制较合适。

老年人居住建筑、特教建筑、病房等空间，采用语音控制较适宜。

照明负荷较大以及特定照明效果需要进行照明光源编组和按顺序进行控制的空间，采用顺序控制较方便。

在特定场所的照明控制，需采用不同的控制方式，例如：

1）车库出入口、建筑入口等采光过渡区，采用天然光与照明的一体化控制；

2）采用场景控制的会议室和会客空间的场景转换响应时间，要小于 3s；

3）光感控制和人体感应控制，可按需求与房间或场所的遮阳、新风、空调设施联动控制；

4）照明控制要保证调节的最低照明水平符合消防和安防监控等系统要求；

5）采用定时控制的场所，当需要在时间表之外的时段使用房间时，系统要具有控制优先级设置功能；

6）恒照度控制，要采用光电传感器等设备监测光源性能或房间照明水平。

6.4.4 调适要求

智能照明系统高度集成，其安装相较于传统照明系统更为复杂，甚至一个部件的缺失都可能使得部分系统或整个系统处于异常状态而无法正常工作。因此，需要更为详尽而完善的文件支撑和安装依据、更为专业的人才以及更长的施工周期。同时，在照明系统趋于智能化、复杂化之后，在安装结束后往往需要对其进行系统调适，调整各设置参数，以使其更好地匹配相关环境，从而提高使用人员的舒适度和满意度，减少照明系统的能源消耗，降低建筑运行和维护难度。

调适首先要根据设计文件编制调适大纲，包括项目概况、调适质量目标、调适范围和内容、主要调适工具和仪器仪表说明、调适进度计划、人员组织计划、关键项目的调适方案、调适质量保证措施、调适记录表格等。

系统调适前应具备一定的条件，例如施工安装完成并自检合格、自带控制单元的被监控设备能正常运行、数字通信接口通过接口测试、针对项目编制的应用软件编制完成。

工程调适工具要具备数据、参数、文字和图标的收集和文件编制功能，对现场装置进行校准的功能，对所有数据点的物理输入和输出功能进行测试的功能，对系统处理功能和系统软件进行测试的功能。

网络系统的调适应配置最高管理权限；对网络设备应进行配置并连通；检查系统运行状态、运行效率和运行日志，并修改错误；不宜由网管软件直接自动搜寻并建立地址。

应用软件的调适和测试应按照安装说明书、配置计划、使用说明书进行参数配置，检测软件功能并应作记录；对被测系统进行单元测试、集成测试、系统测试，并应对修改后的情况进行回归测试；测试软件的可靠性、安全性、可恢复性、鲁棒性、压力测试及自检功能等内容，并应作记录；以系统使用的实际案例、实际数据进行调试，系统处理结果应正确；应用软件系统测试时应进行功能性测试，包括能否成功安装，使用实例逐项测试各使用功能；进行包括响应时间、吞吐量、内存与辅助存储区、各应用功能的处理精度的性能测试；检测用户文档的清晰性和准确性的文档测试；互联性测试，并应检验多个系统之间的互连性；根据需要对应用软件进行图形界面、业务功能、数据容量、数据存储、系统安全、系统性能、软件兼容性、系统日志、可扩展性、可维护性等测试，并应对测试过程与结果进行记录。

网络安全系统调适和测试应包括结构安全、访问控制、安全审计、边界完整性检查以及网络设备防护，并应检查网络安全系统的软件配置；进行攻击测试，并应作记录；检查场地、布线、电磁泄漏等；对防火墙进行模拟攻击测试；使用代理服务器进行互联网访问的管理与控制；按设计要求的互联与隔离的配置网段进行测试；使用防病毒系统进行常驻检测，并依据网络安全方案模拟病毒传播，做到正确检测并执行杀毒操作方可认为合格；使用入侵检测系统时，应依据网络安全方案进行模拟攻击；入侵检测系统能发现并执行阻断方可认为合格。系统层安全调适和测试是对操作系统安全性进行检测，以管理员身份评估文件许可、网络服务设置、账户设置、程序真实性以及一般的与用户相关的安全性、入侵迹象等，并应作记录；对支持应用软件运行的数据库管理系统进行安全检测分析，通过扫描数据库系统中与鉴别、授权、访问控制和系统完整性，设置相关的数据库管理系统特定的安全脆弱性，并应作记录；应用层安全调试和测试应制订符合网络安全方案要求的身份认证、口令传送的管理规定与技术细则；在身份认证的基础上，应制订并适时改进资源授权表；应达到用户能正确访问具有授权的资源，不能访问未获授权的资源；检查数据在存储、使用、传输中的完整性与保密性，并根据检测情况进行改进；对应用系统的访问应进行记录。

系统调适结束后，应模拟各种运行工况进行自检，系统应能按设计要求实现预设功能。在自检全部合格后，再进行工程验收。

6.4.5 运行维护

运行维护阶段需要注意的除了一般性的检查维护（维护保养、传感器校准等）之外，还需要对其产生的数据进行维护，确保照明系统的数据安全和正常运行。

运行和维护期间，需制定智能照明控制系统运行和维护手册。每年检查智能照明控制系统设备的运行状态。系统设备或控制要求发生变化时，控制系统软件配置需能满足用户的控制要求。系统运行期间，要对操作人员的权限进行管理和记录。系统运行记录要定期进行备份，且备份周期一般为半年到一年。

传感器需定期进行维护保养，且维护保养周期一般为半年至一年。维护保养一般包括在人机界面上查看故障报警标识和显示数值；检查传感器的连接和工作状况；清理敏感元件的杂物及污垢，必要时采取防腐措施；传感器校准。

数据库的运行管理一般包含数据库系统的启动确保没有开启未使用的数据库系统服务；定期进行数据库系统更新和备份；建立专人管理和授权机制；经常检查数据库系统的安全配置，并确保符合安全配置要求；定期查看数据库系统的运行日志和审计日志，及时发现出现的安全问题；定期使用最新的安全检查或安全分析工具对系统进行检查，并及时消除存在的漏洞。

6.5 总结

智能照明技术目前日趋于成熟，且在众多照明领域得到广泛应用。我国智能照明应用已经成为当前行业发展的热点，但在应用过程中仍存在产品质量良莠不齐、接口不统一、实施效果与设计预期不一致等诸多问题亟待解决。一方面智能照明系统产品在应用中尚未实现兼容性、互换性；另一方面，传感器、控制器、通信协议等缺少相应的技术要求，研究制订相关技术标准对促进照明控制技术向模块化、可替换、适用范围广的方向健康可持续发展具有重要意义。

参考文献

[1] 中国工程建设标准化协会. 智能照明控制系统技术规程：T/CECS 612－2019[S]. 北京：中国建筑工业出版社，2020.
[2] 赵建平，林若慈，高雅春. T/CECS 612－2019 标准实施关键技术 [J]. 建筑电气，2021，40 (01)：6-9.
[3] 住房和城乡建设部. 建筑照明设计标准：GB 50034－2013[S]. 北京：中国建筑工业出版社，2013.
[4] 陈琪，王旭. 智能照明工程手册[M]. 北京：中国电力出版社，2021.

7 直流照明应用技术研究报告

（中国建筑设计研究院有限公司 陈琪）

直流供配电技术出现于一百多年前，但由于当时难以解决直流输配电过程中的电压转换的问题，故而转为采用交流供配电系统。当前在照明领域重提直流供电系统，主要有两方面的原因：一是高效直流电压转换器的出现使得直流输配电问题得到解决；二是以LED照明为代表的直流驱动照明技术的成熟与推广。当前阶段，LED照明已经广泛用于各类场所，并在提高光环境质量和降低能源消耗方面作出了巨大贡献。

随着智能化进程加快、照明建筑一体化趋势显著，以及因人、因时、因地、因需动态变化的健康照明需求的提出，LED照明的优势更为突出。采用直流照明技术，也将使得现有照明中存在的一些问题得到解决，包括降低末端电源转化装置的故障率，从而降低运行维护成本；从源头对直流电流进行处理，从而进一步减少灯具频闪的可能，营造更为舒适、健康的光环境等。国际电工委于2017年发布关于低压直流供电应用的技术报告，对技术、市场和标准化等方面进行分析，并将其作为未来优先考虑的领域。

7.1 系统调研

7.1.1 直流供电优势

交流电中28～300Hz的电流对人体损害最大，易引起心室纤维性颤动。我国采用的工频交流电源为50Hz；对人体损害是较为严重的。

IEC标准规定，通常状况下，安全电压上限值为AC50V或无波纹DC120V。在特殊情况下，接触电压上限值为AC25V或无波纹DC60V。人体通过的安全电流值为AC10mA、DC50mA。

随着电力电子技术的发展以及LED照明和新能源的大规模应用，使直流电重新回到人们的视野。目前LED照明要在每盏灯具上配备交流转直流（AC/DC）驱动电源，制约了LED本身优势的充分发挥。

从应用的角度来看，现有室外LED照明存在以下问题：

（1）潮湿阴雨天易漏电导致人身事故；

（2）AC/DC电源是LED灯具的高频故障点，随着使用年限增加/故障率加速升高；

（3）维护工作量大、复杂（多人＋高台车＋封道/封路＋交通安全风险）；

（4）维护成本高（一盏路灯平均一次维护费用800～1500元，高速及夜间费用更高）。

分布式能源供应商经常在转换中采用或生产直流驱动。大部分负载内部采用直流供电，意味着在供电设施中就应经完成了这一步。直流网络可以去掉这个转化的步骤。这将减少材料消耗以及转换过程中的能量损失。直流转换器（DC/DC）仍然是需要的。蓄电和不间断电源（UPSs）通过直流电池实现。直流电网的一个显著的优势就在于它真正的不间断运行。相位长度、相位角和旁路振幅检测偏差需要 5～8ms 的转换时间，这样的转换开关不再需要。直流驱动的存在使得不同直流电源在没有过程同步的情况下连接到直流电网成为可能，因此这些电源和负载可以实现即插即用。直流网络可以改善电网质量，也消除了交流电存在的谐波问题。除了避免无功功率损失外，直流电更深远的意义在于其使各类应用领域更加活跃。因为它为现有的导线截面提供了更有效的应用。电流甚至分布在整个导线截面上。电流趋肤（集肤效应）仅在应用交流电的时候存在，导致接近导线表面的位置出现高强度电流。一些案例中应用了高截面汇流，这可能会有一些优势。

高压对于长距离输电来说是更合适的，因为这样可以减少输配损失。截止到目前，交流电采用变压器进行电压转换。在以往，这是交流系统的主要优势。半导体技术的发展使得高频率交流发电电压更容易也更高效，这反过来减少了内部 DC/DC 转化的材料消耗，因为它能够变得更紧凑。用户和组件安全通过保护理念和设施得到保障。知识储备和经验是交流系统的显著优势。经过了一个多世纪的应用，交流系统给我们带来了丰富的设计、施工和运行经验。

随着直流照明技术的不断成熟，能够采用直流直接供电，从而省去末端转化的过程。从光环境质量的角度来看，通过集中处理直流供电照明，能够更好地避免灯具的频闪，从而营造更为舒适健康的光环境；从控制的角度来看，直流供电具有更好的控制灵活性，在智能化技术具有更明显的优势；从技术发展的角度来看，直流照明对于设备供电方式进步变革具有推动作用，因此具有广泛的应用前景。另外，从技术应用的角度来看，直流供电的优势总结如下：

（1）灯杆上设备最简化，灯具的可靠性显著提高（MTBF 提高 10 倍），大大减少维护次数和降低维护成本；

（2）直流驱动：脱离交流电网，可靠性高；功耗低、温升小、寿命长；功能精简，兼容性强；

（3）集中整流：大功率集中整流，成本低；脱离灯具环境，寿命长，运维方便；

（4）直流母线：智能控制简单，成本低廉；

（5）“无频闪 LED 灯具”成为现实，灯具将变得更加智能、可靠，造价也更低；

（6）集中整流模块可热插更换，N＋冗余，地面作业简单快捷；

（7）平滑对接新能源分布式微电网系统（光伏发电和风能发电）。

将光电、风电等清洁能源有效利用，推动以清洁和绿色方式满足电力需求，实施能源革命、促进节能减排、应对气候变化，对实现经济、社会、环境协调发展具有重大而深远的意义。

7.1.2 技术可行性

直流供电与交流供电相比，具有可靠性高、电压平稳和容易实现不间断供电等优点。由于现代数字通信设备主要是利用计算机控制的设备，数字电路工作速度高，对瞬变和杂音电压十分敏感，因此对供电要求也很高：

（1）电压波动、杂音电压及瞬变电压应小于允许的规定范围；

（2）电源供给不允许中断或瞬间中断，因为哪怕很短的瞬间断电也会给通信质量和信息存储带来较大的影响；

（3）供电设备和系统的自动化程度高，具有智能监控与管理功能。

直流照明系统一般由供电单元、受电单元构成，根据需要可增加管理系统，图 3-7-1 所示。

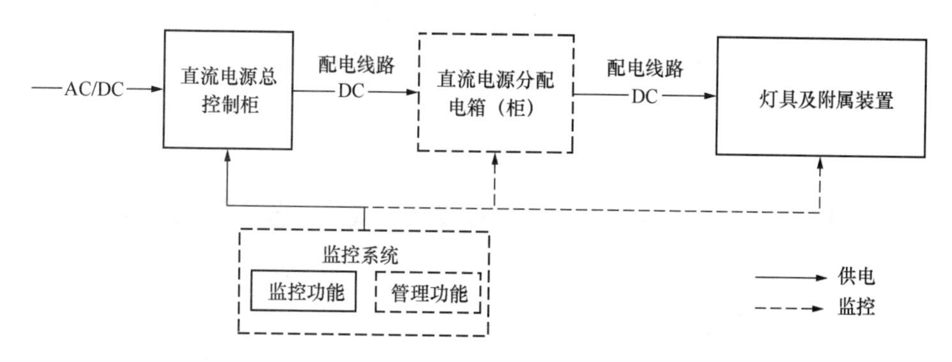

图 3-7-1 直流照明系统构成示意图

针对交流电网侧和直流 LED 灯具侧的两组功能（即整流和驱动）分开完成，将整流和驱动优化重组，采用集中整流＋分布驱动架构，灯具侧驱动不存在易损件电解电容（图 3-7-2）。集中整流采用 $N+1$ 冗余热备份，维护极其便利（图 3-7-3、图 3-7-4）。该结构将使整个照明系统在如下几个方面得到了全面提升：高安全性、高可靠性、长寿命、极低维护成本、灵活智慧照明控制策略。

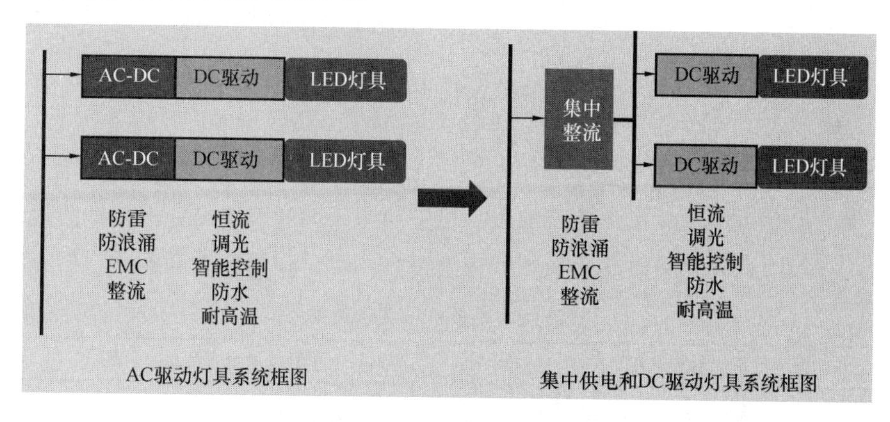

图 3-7-2 交流驱动与直流驱动的对比

直流照明系统设置管理系统时，一般包括以下功能：

（1）信息采集：设备运行信息：采集（温湿度、光照度、人流量、灯具工作状态等）、分析、告警、显示。故障报警：故障报警信息：线路故障、灯具故障、系统故障报警及定位。

（2）场景地图：场景地图显示，根据每个地铁站具体照明分布，绘制场景地图，可直观操作。

（3）场景控制：可根据照明区域预设定不同照明策略，可实现光控、人流、车辆信号、时控相结合，实现照明亮度、色温调节。

（4）智慧云：可通过手机 APP 或云端后台对照明设备运行状态进行监控。

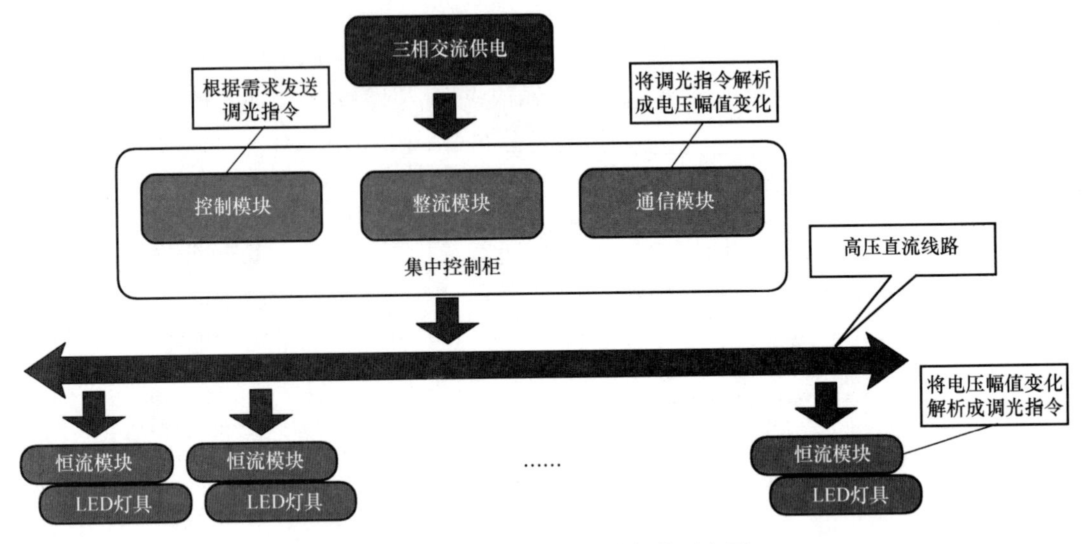

图 3-7-3　直流照明供电系统架构示意图

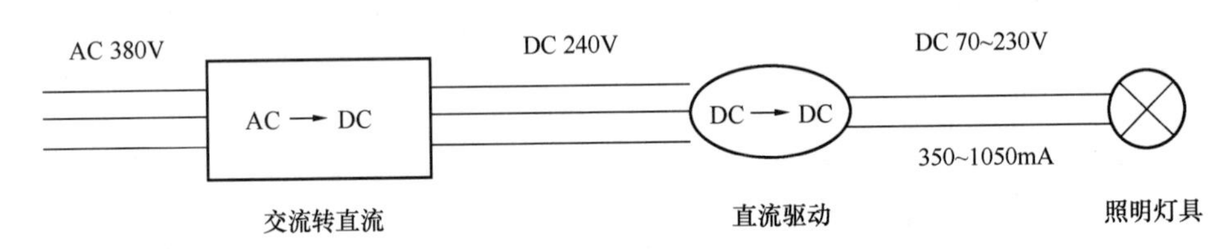

图 3-7-4　直流集中模块接线图

（5）运维管理：定义、管理及维护设备信息。

7.1.3　相关标准

直流供电最早应用于电子及通信领域，对于照明领域的应用尚处于初期阶段。根据标准化进程，对我国直流照明标准及其相关标准进行调研，相关标准如表 3-7-1 所示。

直流照明相关标准调研结果　　表 3-7-1

分类	标准名称	主要技术内容及适用范围
直流照明标准	《直流照明系统技术规程》T/CECS 705－2020	适用于 1.5kV 及以下的室内外新建、扩建、改建直流照明工程设计、安装、调试、验收和运行维护
	《公路照明直流供电系统设计指南》T/CHTS 10011－2019	适用于公路照明直流供电系统设计
直流供电通用标准	《标准电压》GB/T 156－2017	规定标准电压值，适用于标称电压高于 220V，标准频率为 50Hz 的交流输电、配电、用电系统及其设备；额定电压低于 120V，标准频率为 50Hz 的设备，以及直流电压低于 1500V 的设备
	《电力工程直流电源设备通用技术条件及安全要求》GB/T 19826－2014	适用于电力工程中的直流、一体化电源设备，并作为产品设计、制造、检验和使用的依据

续表

分类	标准名称	主要技术内容及适用范围
直流供电通用标准	《直流电子负载通用规范》GB/T 29843-2013	适用于输入电压小于或等于600V（DC）的直流电子负载的术语和定义、要求、试验方法、检验规则、标志、包装、运输和贮存等
	《电力用直流电源设备》DL/T 459-2017	适用于发电厂、变（配）电站和其他电力用直流电源设备的设计、制造、选择、订货和试验
	《电力工程直流系统用整流设备》JB/T 10979-2010	适用于电力工程直流系统用整流设备的术语、定义、基本参数、技术要求、检验和试验、标志、包装、运输和贮存等
	《低压直流成套开关设备和控制设备》JB/T 8456-2017	适用于户内正常使用条件下直流额定电压不超过1500V的直流设备的术语和定义、产品分类、使用条件、基本参数、安全要求、系统方案、电气性能、设计与结构、试验规则、标志、包装、运输和贮存。适用于电力系统、工矿企业、建筑楼宇、交通、通信等电力工程的直流设备
	《民用建筑直流配电设计标准》T/CABEE 030-2022	适用于民用建筑工程中1500V及以下的直流配电设计
	《直流配电电压》T/CEC 107-2016	适用于±100kV至±110V公共电网的直流配电规划、设计、建设及运行
	《直流配电网DC/DC变换器技术条件》T/CEC 225-2019	适用于1500V及以下直流配电网用双极、双向DC/DC变换器的技术要求、检验规则及标志、包装、运输和贮存
	《直流输电线路设计规范》T/CEC 5013-2019	适用于±100kV及以下新建、改建和扩建的直流配电线路工程设计
其他领域标准	《通信用240V直流供电系统》YD/T 2378-2011	
	《240V直流供电系统工程技术规范》YD 5210-2014	
	《通信用240V/336V直流供电系统配电设备》YD/T 2555-2021	
	《基于240V/336V直流供电的通信设备电源输入接口技术要求与试验方法》YD/T 2656-2013	
	《通信用240V/336V输入的直流—直流模块电源》YD/T 3319-2018	
	《通信用240V/336V直流配电单元》YD/T 3423-2018	
	《通信用240V直流供电系统使用技术要求》YD/T 3424-2018	
	《通信用336V直流供电系统》YD/T 3089-2016	

从国内标准的角度来看，全面涵盖建筑直流照明领域的标准仅有团体标准《直流照明系统技术规程》T/CECS 705-2020，而对于通用性直流供配电标准及通信领域直流供电标准则相对更为详尽，对于直流照明标准体系的构建和完善具有借鉴意义。

团体标准《直流照明系统技术规程》T/CECS 705-2020定义了直流照明系统（DC lighting system）为采用直流供配电的照明系统。直流电源总控制柜（total control cabinet of DC power）是将外部供电电源集中转换为所需的直流电，并具有配电、监测、控制和保护功能的设备。直流电源分配电箱（柜）（distribution box（cabinet）of DC power）是将直流电源总控制柜输出的直流电进行再分配或电压二次转换的设备。直流转换模块（DC conversion module）是将外部交流或直流电源转换为所需电压等级的直流电源的装置。以太网供电（power over ethernet）为通过以太网交换机和标准通信线缆向终端设备传输数据的同时，为其提供电能的供电方式，也称为 PoE 供电、基于局域网的供电系统或有源以太网。直流 LED 驱动（DC driver for LED）是采用直流输入，为 LED 模块提供额定电压或电流的装置，简称“驱动”。

7.2 直流供电电压分级研究

7.2.1 直流电压标准的重要性

如果通过导线供电，增加电压是减少线损的有效措施，但随着电压的增加，系统安全风险也会增加。当考虑复杂情况时往往会有电压上限值，例如爬电距离和电气间隙、保护机制、安全保证以及如何进行系统运行管理。对于有大量人员的工作场所采用直流电压时，考虑到安全和运行的要求，低电压类别是比较合适的。下文中给出了现行的电压分类。

在直流供配电系统中首先需要考虑的就是直流电压。关于既有的 AC 系统，不同类型的电压频率在各个国家或地区没有统一。因此，当前存在着多种电压和插座标准，无论是对设备进出口还是旅行都带来了不便。在直流领域建立必要的国际标准对卖家、买家和用户都有好处。

7.2.2 国际标准对直流电压的定义

国际电工委员会（IEC）在国际标准中定义了两类电压标准：①低电压：0～1500V；②特低电压：0～120V。

根据 IEC 的定义，低电压是根据造成点击分类，特低电压是根据是否造成电弧风险分类。与交流电压相比，直流电压范围更广一些。

7.2.3 直流和安全性的关系

直流供电设备和系统运行首先需要考虑的就是安全性问题。国际标准《电流对人类和牲畜的影响　第 1 部分：一般要求 *Effects of current on human beings and livestock-Part 1：General aspects*》IEC 60479-1:2018 规定了直流和交流在电击方面的差别。触摸带电体并受到电击时，机体反应过程中通过人体的电流强度和通电时间的关系是不同的，通过人体的交流（50Hz 或 60Hz）电流超过 0.5mA 会引起人体麻木，而对于直流，这个数值可增加到 2mA 或更高。当交流电流达到 10mA 以上时会引起严重的症状，例如呼吸困难，而对于直流，这个数值可上升到 30mA 或以上。

整个系统包括绝缘、接地和各类不同的安全保护措施应当予以讨论。但很难明确地给出电压的高和低。换句话说，在国内和国际定义和规定中，可以看到直流低电压的范围要高于交流电。考虑将可获得的能源供给放到一起进行供电是有必要的。此外，除了电击外，仍存在技术难题例如电弧、过电流和短路。每个直流案例都是不同的，并不是绝对的安全和绝对的危险。考虑到接受直流供配电系统进程中，不同领域都有发出声音，例如在末端用户中，提出“直流等于危险”。然而考虑到上述事实，直流的危险论断是不合理的。

7.2.4　IEC 电压分类

详见表 3-7-2。

IEC 电压分类　　**表 3-7-2**

电压分类	AC	DC
高压	>1000V	>1500V
低压	≤1000V	≤1500V
特低电压	≤50V	≤120V

7.2.5　直流电压标准化及其应用

IEC60038 对不同 DC 电压进行了标准化（表 3-7-3）。

IEC 直流电压标准　　**表 3-7-3**

DC		AC	
优选值（V）	备选值（V）	优选值（V）	备选值（V）
	2.4		
	3		
	4		
	4.5		
	5		5
6		6	
	7.5		
	9		
12		12	
	15		15
24		24	
	30		
36			36
	40		
48		48	
60			60
72			
	80		
96			
			100
110		110	
	125		
220			
	250		
440			
	600		

注：出于技术或经济原因，一些其他电压可能在特定领域应用。

然而，表 3-7-3 中没有定义公差和特殊应用的推荐电压。因此，国际电工委员会（IEC）工作组 SEG4 认为有必要在将来移除两种主要的直流电压。代表们普遍认为特低电压（ELV）在 48V 比较合适，如果需要大功率则 380V 比较合适。然而，这些都在各个委员的工作中经过了特别的考虑，但没有作替换，这在《IEC 标准电压 *IEC standard voltages*》IEC 60038：2009 中有所反映。

不考虑应用，首选电压为 12V、24V、48V、380V、400V、750V 和 1500V。根据 IEC 关于低压直流的报告，典型案例和最大功率对应电压范围如下：

① ≤48V

低功率负载，例如照明、风机和娱乐电子设施，以及不同环境下的自控系统。作为微网络或作为高压 AC 或 DC 设备的集成部分、经常和基于太阳能供电的系统开发以及结合通信技术的电气设施联系在一起（例如 PoE 和 USB-C），功率高达 1kW。

② 60～230V

为连接到 AC 供电设备的典型家居和办公负载供电，从照明到炊事。提出了 DC 网络或偏远区域的微网络，同样为居住建筑和商业建筑的 DC 设施供电。

③ 350～450V

居住建筑、公共建筑和轻工业设施的主要电压。经常通过上文提到的电压进行多相供电得到。用于数据中心，也推荐用于照明和建筑级别微网络和极微网络。也可用于电动车。功率可达 500kW。

④ 600～900V

大多用于工业（特别是牵引）和光伏发电，也可见于公共配电、与低电压范围或大于 1000V 范围相连的微型电网和小型电网。功率可达 1MW。

⑤ ≥1000V

用于牵引、船舶和飞机系统、最后 1mi（1mi＝1609.344m）配电和路灯的电源电压带。通常连接到以前的 2～3 电压带，作为双极系统工作，例如±(700～750)V 系统。功率范围可达数十兆瓦。

7.2.6 国内相关标准对直流电压的定义

（1）国家标准《中低压直流配电电压导则》GB/T 35727－2017 对于低压直流配电电压分级的规定如表 3-7-4 所示。

低压直流配电系统的标称电压 **表 3-7-4**

优选值（V）	备选值（V）
1500(±750)	
	1000
750(±375)	
	600
	440
	400
	336

续表

优选值(V)	备选值(V)
	240
220(±110)	
	110

注：1. 未标正负号的电压值对应单极性直流线路，标有正负号的电压值对应双极性直流线路；
2. 基于技术和经济原因，某些特定的应用场合可能需要另外的电压等级。

（2）国家标准《电力工程直流电源设备通用技术条件及安全要求》GB/T 19826－2014 规定直流电压为 220V、110V、48V、24V。

（3）国家标准《柔性直流输电控制与保护设备技术要求》GB/T 35745－2017 规定直流电压电压级为：220V、110V，允许偏差－20%～＋15%。

（4）行业标准《通信用 240V 直流供电系统》YD/T 2378－2011 规定直流供电系统标称电压如表 3-7-5 所示。

直流供电系统标称电压变化范围　　**表 3-7-5**

标称电压	系统输出电压范围	受电端子电压范围	全程允许最大压降
240V	204～288V	192～288V	12V

（5）根据 IEC 国际标准、国内相关标准以及 LED 照明系统对电压的要求，结合国内直流供电应用实践，团体标准《直流照明系统技术规程》T/CECS 705－2020 的电压分级如表 3-7-6 所示。

供配电系统标称电压等级　　**表 3-7-6**

优选值(V)	48、220(±110)、375、750(±375)
备选值(V)	24、36、110、240、336、400、1500(±750)

7.3　以太网供电参数研究

7.3.1　概述

以太网供电（PoE）照明系统中的 PSE 设备一般为以太网供电交换机，以太网供电交换机应符合交换机相关的 IEC 62368－3、GB 9254、GB/T 17626.4、GB/T 17626.5 和 GB/T 17626.6 标准的相关要求。以太网供电交换机还应该满足 IEEE 802.3af、IEEE 802.3at 或 IEEE 802.bt 的供电协议要求，只为具有 PoE 功能的受电单元在需要供电时供电，消除线路上漏电的风险。

一个完整的 PoE 系统包括供电单元（PSE，Power Sourcing Equipment）和受电单元（PD，Power Device）两部分。供电单元是为以太网客户端设备供电的设备，同时也是整个 PoE 以太网供电过程的管理者；而受电单元是接受供电的负载，即 PoE 系统的客户端设备，如 IP 电话、网络安全摄像机、AP 及掌上电脑（PDA）或移动电话充电器等许多其他以太网设备。它们是基于 IEEE 802.3af、IEEE 802.3at 和 IEEE 802.3bt 标准建立有关受电单元的连接情况、设备类型、功耗级别等方面的信息联系，并以此为根据，PSE 通过以太网向受电单元供电。系统架构示意图如图 3-7-5 所示：

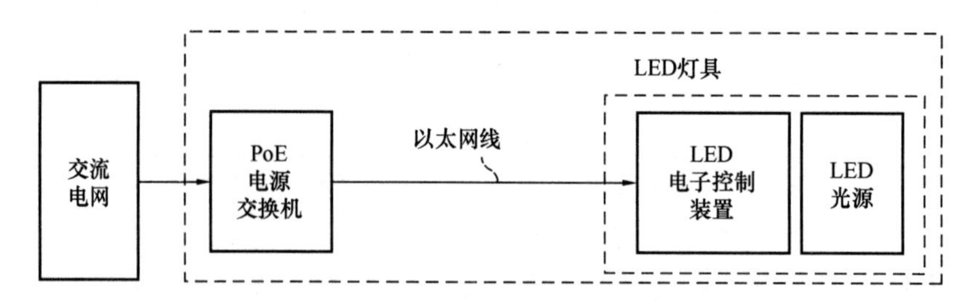

图 3-7-5　以太网供电智能照明系统架构示意图

PoE 控制装置可以是独立式，也可以为内装式，与 LED 光源组成灯具。

7.3.2　以太网供电端技术指标

根据电气与电子工程师协会标准 IEEE 802.3af 、IEEE 802.3at 和 IEEEP802.3bt 的相关要求，以太网供电系统通常以交换机作为供电单元（PSE），其供电参数如表 3-7-7 所示。

以太网供电参数要求　　表 3-7-7

分级	0～3	0～4	0～6
直流输出电压	44～57V	50～57V	50～57V
缆线	非结构	五类线或以上	五类线或以上
对线数	2	2	4
负载功率（W）	13～15.4	25.5～30	类型 3：60 类型 4：90
电流（mA）	350	600	类型 3：600 类型 4：960
参照标准	IEEE 802.3af	IEEE 802.3at	IEEEP 802.3bt

为确保交换机的安全性能，相关做法主要为符合国际标准 IEC 62378－3 对于 ES1 的相关规定。

以太网供电主要分为以下几个阶段：

（1）阶段 1：检测。供电单元检测受电单元是否存在。该步骤主要的操作是：PSE 通过检测电源输出线对之间的阻容值来判断受电单元是否存在。检测阶段输出电压为 2.8～10V，电压极性与－48V 输出一致。只有检测到受电单元，供电单元才会进行下一步的操作。受电单元存在的特征：① 直流阻抗在 19～26.5kΩ 之间；② 容值不超过 150nF。

（2）阶段 2：输出功率分级。供电单元确定受电单元功耗。PSE 通过检测电源输出电流来确定受电单元功率等级。Classification 阶段端口输出电压大小为 15.5～20.5V。电压极性与－48V 输出一致。

（3）阶段 3：上电。供电单元开始为受电单元供电。当检测到端口下挂设备属于合法的受电单元时，并且供电单元完成对此受电单元的分类，供电单元开始对该设备进行供电，输出－48V 的电压。

（4）阶段4：供电。供电单元给受电单元进行持续供电。

（5）阶段5：实时监控。电源管理。在供电过程，实时检测供电情况。

（6）阶段6：停止供电。如果供电单元检测到受电单元断开，则停止供电。供电单元会通过特定的检测方法来判断受电单元是否已经断开，如果受电单元断开，供电单元将关闭端口输出电压。端口状态返回到检测状态。

7.3.3　以太网受电端技术指标

以太网供电照明系统受电端一般包括驱动（电子控制装置）和LED光源，一般二者会封装在LED灯具中。除了需要满足一般LED驱动的相关要求外，还应该满足基于以太网供电的供电要求，接受以太网供电交换机输出的直流电源，并输出满足照明光源需求的供电驱动电压。IEC 62378－3对受电端的安全要求为：

（1）输入电压达到额定电压的130%时，不应造成伤害。

（2）受电端的继发故障不应带来伤害。

（3）对于接受多路电压输入的受电端，在正常运行条件下、非正常运行条件下和单次故障条件下，应遵从PS2或IEC 62368－1：2014附录Q的规定，对不同电源的额外电能进行控制。

7.3.4　线缆及接口技术指标

根据供电的需要，IEEE以太网供电标准给出了供电线缆的相关要求：

以太网供电连接方式如下：

（1）应用空闲脚供电时，4、5脚连接应为正极，7、8脚连接应为负极；

（2）应用数据脚供电时，应将直流电压加在传输变压器的中点，且不应影响数据的传输，线对1、2和线对3、6可为任意极性；

（3）供电单元不应同时采用空闲脚供电和数据脚供电；

（4）受电单元的接口应能同时满足空闲脚供电和数据脚供电的要求。

RJ45的端口和接头的机械尺寸和电气性能及机械强度按照国家标准《频率低于3MHz的印制板连接器　第7部分：有质量评定的具有通用插合特性的8位固定和自由连接器详细规范》GB/T 15157.7－2002第3章和第6章的规定执行。与该标准对应的国际标准（IEC 60603-7）已更新至第3版，名称有所变化。

标准的五类网线有四对双绞线，但是在10M BASE-T和100M BASE-T中只用到其中的两对。IEEE 80 2.3af/at/bt允许两种用法：一种称作“空闲脚供电”，利用以太网电缆中没有被使用的空闲线对来传输直流电；另一种方法是“数据脚供电”，是在传输数据所用的芯线上同时传输直流电，其输电采用与以太网数据信号不同的频率。

为保证供电功率级，需要确保以太网线类别建议为五类或超五类。

7.4　直流供电压降研究

《电气安装指南　第101部分：未连接至公共配电网的特低电压直流电气安装指南 *Electrical installation guide-Part* 101：*Application guidelines on extra-low-voltage direct cur-*

rent electrical installations not intended to be connected to a public distribution network》IEC TS 61200－101:2018 附录 A 表 A.1 规定了推荐的直流系统压降允许值，见表 3-7-8。

最大压降 **表 3-7-8**

设备类型	照明（%）	其他用途（%）
A-公网供电的低压设备	3	5
B-专网供电的低压设备*	6	6

注：* 推荐终端回路压降不超过 A 类设备的规定。

根据《工业与民用供配电设计手册》第四版，不同电压降下铜导体直流线路电流矩见表 3-7-9。

不同电压降下铜导体直流线路电流矩（单位：A·m） **表 3-7-9**

截面面积（mm^2）	ΔU（V）[$r=51.9m/(\Omega\cdot mm^2)$，$\theta$=50℃]									
	1	2	3	4	5	6	7	8	9	10
1.5	39	78	117	156	195	234	272	311	350	389
2.5	65	130	195	260	324	389	454	519	584	649
4	104	208	311	415	519	623	727	830	934	1038
6	156	311	467	623	779	934	1090	1246	1401	1557
10	260	519	779	1038	1298	1557	1817	2076	2336	2595
16	415	830	1246	1661	2076	2491	2906	3322	3737	4152
25	649	1298	1946	2595	3244	3893	4541	5190	5839	6488
35	908	1817	2725	3633	4541	5450	6358	7266	8174	9083
50	1298	2595	3893	5190	6488	7785	9083	10380	11678	12975
70	1817	3633	5450	7266	9083	10899	12716	14532	16349	18165
95	2465	4931	7396	9861	12326	14792	17257	19722	22187	24653
120	3114	6228	9342	12456	15570	18684	21798	24912	28026	31140
150	3893	7785	11678	15570	19463	23355	27248	31140	35033	38925

IEC TS 61200-101:2018 第 7.4.4 条给出 10%电压降（48V 标称电压）的最大长度见表 3-7-10。

10%电压降（48V 标称电压）的最大长度（m） **表 3-7-10**

截面面积（mm^2）	供电电流（断路器额定电流）			
	2A	6A	10A	16A
0.75	40	13.5	—	—
1.5	80	27	16	10
2.5	133	44	27	17
4	213	71	43	27
6	320	107	64	40

电压降计算公式：

$$\Delta u = 2 \times \left(\rho_1 \frac{L}{S}\right) I_B \tag{3-7-1}$$

$$\Delta u[\%] = 100 \times \frac{\Delta u}{U_0} \tag{3-7-2}$$

式中：Δu——输送过程中的压降（V）；

ρ_1——正常使用条件下的导体电阻系数（$\Omega \cdot mm^2/m$），等同于正常使用温度条件下的电阻系数，即为25℃条件下电阻系数的1.25倍，或铜按0.0225$\Omega \cdot mm^2/m$计算，铝按0.036$\Omega \cdot mm^2/m$计算；

L——线缆长度（m）；

S——导体截面积（mm^2）；

I_B——整定电流（A）；

U_0——供电电压（V）。

对于不同电压等级，线路电压损失如表3-7-11～表3-7-15所示。

DC48V线路电压损失百分数表（%） **表3-7-11**

建议截面积（mm^2）	负载功率（W）	供电距离（m）						
		20	40	50	100	150	200	250
2.5	50	0.72	1.43	1.79	3.58	5.38	7.17	8.96
2.5	100	1.43	2.87	3.58	7.17	10.75	14.33	17.92
4	200	1.79	3.58	4.48	8.96	13.44	17.92	22.40
4	300	2.69	5.38	6.72	13.44	20.16	26.88	33.59
6	400	2.39	4.78	5.97	11.94	17.92	23.89	29.86
6	500	2.99	5.97	7.47	14.93	22.40	29.86	37.33

注：计算条件为：铜导体，电线工作温度70℃，电压偏差限值6%。

DC110V线路电压损失百分数表（%） **表3-7-12**

建议截面积（mm^2）	负载功率（W）	供电距离（m）				
		50	100	150	200	250
2.5	300	2.05	4.09	6.14	8.19	10.23
4	500	2.13	4.26	6.40	8.53	10.66
6	1000	2.84	5.69	8.53	11.37	14.21
10	1500	2.56	5.12	7.68	10.23	12.79
16	2000	2.13	4.26	6.40	8.53	10.66
25	3000	2.05	4.09	6.14	8.19	10.23
25	4000	2.73	5.46	8.19	10.92	13.65
35	5000	2.44	4.87	7.31	9.75	12.18
50	8000	2.73	5.46	8.19	10.92	13.65
70	10000	2.44	4.87	7.31	9.75	12.18
95	14000	2.51	5.03	7.54	10.06	12.57

续表

建议截面积（mm²）	负载功率（W）	供电距离（m）				
		50	100	150	200	250
120	18000	2.56	5.12	7.68	10.23	12.79
120	20000	2.84	5.69	8.53	11.37	14.21
150	22000	2.50	5.00	7.51	10.01	12.51
185	30000	2.77	5.53	8.30	11.06	13.83
240	36000	2.56	5.12	7.68	10.23	12.79

注：计算条件为：铜导体，电线工作温度 70℃，电压偏差限值 6%。

DC220V 线路电压损失百分数表（%） **表 3-7-13**

建议截面积（mm²）	负载功率（W）	供电距离（m）				
		50	100	150	200	250
2.5	1000	1.71	3.41	5.12	6.82	8.53
4	2000	2.13	4.26	6.40	8.53	10.66
6	4000	2.84	5.69	8.53	11.37	14.21
10	6000	2.56	5.12	7.68	10.23	12.79
16	8000	2.13	4.26	6.40	8.53	10.66
25	10000	1.71	3.41	5.12	6.82	8.53
35	15000	1.83	3.66	5.48	7.31	9.14
50	20000	1.71	3.41	5.12	6.82	8.53
70	30000	1.83	3.66	5.48	7.31	9.14
95	35000	1.57	3.14	4.71	6.28	7.86
120	40000	1.42	2.84	4.26	5.69	7.11
150	45000	1.28	2.56	3.84	5.12	6.40
185	50000	1.15	2.31	3.46	4.61	5.76
185	60000	1.38	2.77	4.15	5.53	6.92
240	65000	1.15	2.31	3.46	4.62	5.77
240	72000	1.28	2.56	3.84	5.12	6.40

注：计算条件为：铜导体，电线工作温度 70℃，电压偏差限值 6%。

DC375V 线路电压损失百分数表（%） **表 3-7-14**

建议截面积（mm²）	负载功率（W）	供电距离（m）				
		50	100	150	200	250
2.5	1000	0.59	1.17	1.76	2.35	2.94
4	5000	1.83	3.67	5.50	7.34	9.17
6	7000	1.71	3.42	5.14	6.85	8.56
10	9000	1.32	2.64	3.96	5.28	6.60
10	12000	1.76	3.52	5.28	7.05	8.81

续表

建议截面积（mm²）	负载功率（W）	供电距离（m）				
		50	100	150	200	250
16	15000	1.38	2.75	4.13	5.50	6.88
25	20000	1.17	2.35	3.52	4.70	5.87
35	30000	1.26	2.52	3.77	5.03	6.29
50	35000	1.03	2.05	3.08	4.11	5.14
70	40000	0.84	1.68	2.52	3.35	4.19
70	50000	1.05	2.10	3.15	4.19	5.24
95	60000	0.93	1.85	2.78	3.71	4.63
120	70000	0.86	1.71	2.57	3.42	4.28
150	80000	0.78	1.57	2.35	3.13	3.91
150	90000	0.88	1.76	2.64	3.52	4.40
185	100000	0.79	1.59	2.38	3.17	3.97

注：计算条件为：铜导体，电线工作温度70℃，电压偏差限值6%。

DC750V线路电压损失百分数表（%）　　**表3-7-15**

建议截面积（mm²）	负载功率（W）	供电距离（m）				
		50	100	150	200	250
2.5	1000	0.15	0.29	0.44	0.59	0.73
2.5	5000	0.73	1.47	2.20	2.94	3.67
4	10000	0.92	1.83	2.75	3.67	4.59
4	12000	1.10	2.20	3.30	4.40	5.50
6	15000	0.92	1.83	2.75	3.67	4.59
10	20000	0.73	1.47	2.20	2.94	3.67
10	25000	0.92	1.83	2.75	3.67	4.59
16	30000	0.69	1.38	2.06	2.75	3.44
25	35000	0.51	1.03	1.54	2.05	2.57
35	40000	0.42	0.84	1.26	1.68	2.10
35	50000	0.52	1.05	1.57	2.10	2.62
50	60000	0.44	0.88	1.32	1.76	2.20
50	70000	0.51	1.03	1.54	2.05	2.57
50	80000	0.59	1.17	1.76	2.35	2.94
70	90000	0.47	0.94	1.42	1.89	2.36
70	100000	0.52	1.05	1.57	2.10	2.62

注：计算条件为：铜导体，电线工作温度70℃，电压偏差限值6%。

若电压降不符合要求，可采取的相应措施包括：末端增加升压装置、加大线缆截面、减少回路所带负荷等。

7.5 主要设备模块性能

7.5.1 供电模块

（1）直流转换模块

直流转换模块将外部交流或直流电源转换为所需电压等级的直流电源的装置，可设置于电源总控制柜中，也可布置在分配电箱（柜）中进行直流电压的转换。在直流照明系统中，往往需要特定电压的直流供电输入，因此直流转换模块作为直流照明系统不可或缺的部分，其性能将直接影响系统能否正常工作。因此，直流转换模块的性能要求是标准的重要内容之一，主要技术指标如表 3-7-16 所示。

直流转换模块主要技术指标 **表 3-7-16**

指标类型	主要指标
基本性能	电压输出可调范围，额定输出功率分级，杂音电压，反灌纹波电压，稳压精度，稳流精度，纹波系数，均流不平衡度，功率因数，效率等
安全防护	箱体防护，电气间隙，爬电距离，避免浪涌、过欠压、短路、过温、绝缘失效等风险的措施
系统可靠	冗余备份，单模块故障不影响系统整体运行，热插拔功能等

（2）以太网供电交换机

以太网供电是直流供电的一种形式，是通过以太网交换机和标准通信线缆向终端设备传输数据的同时，为其提供供电能的供电方式，也称为 PoE 供电、基于局域网的供电系统或有源以太网。以太网供电应用于照明通常采用交换机作为供电模块，其输出电压为 DC44～57V，适用于室内照明供电，供电半径不宜超过 100m。根据 IEEE 的规定，以太网供电参数如表 3-7-17 所示。

以太网供电参数 **表 3-7-17**

规格	标准型（PoE） IEEE. 802. 3af	增强型（PoE＋） IEEE. 802. 3at	超强型（PoE＋＋） IEEE. 802. 3bt
线对数	2	2	2 或 4
输出电流（mA）	350	350，600	350，600，960
输出功率（W）	15	25	45，60，75，90

照明电气设计过程中，设计师比较关心以太网交换机的安全防护问题，结合国际标准 IEC 62368-3:2017 对于 ES1 能量源的相关规定，确定了相关的技术指标。即在正常工作条件未导致单一故障条件的异常工作条件和不会超过 ES2 限值的单一故障条件下，输出满足国际标准 IEC-62368-1:2018 表 4 规定，比如直流输出时，电压不超过 60V。对于一般用户、专业人员等，ES1 定义为没有危害。

此外，团体标准《直流照明系统技术规程》T/CEC S705－2020 中还对交换机以太网供电的过程进行了规定，包括灯具接入检测、输出功率分级、加电、供电、监控、停止供电等阶段。

团体标准《直流照明系统技术规程》T/CECS 705－2020 中提出了以太网供电照明系统架构示意图，如图 3-7-6 所示。

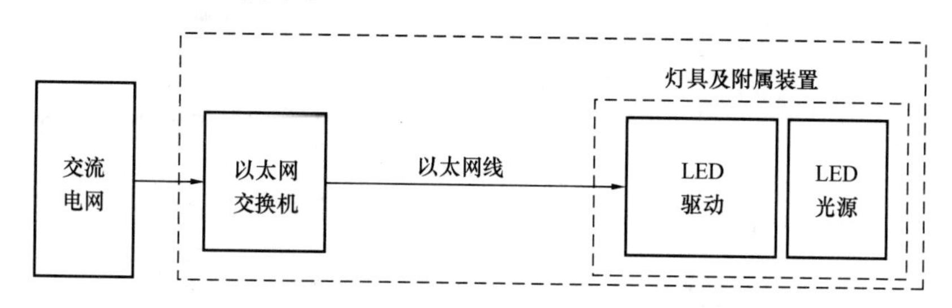

图 3-7-6　以太网供电照明系统架构示意图

此外，该标准还明确了以太网供电照明系统需具备下列功能：

1）对灯具、通信参数、运行参数进行配置管理，能对传感器参数进行配置管理；

2）对灯具进行开关、调光等控制；

3）实现分区、分组及单灯控制；

4）进行照明系统能耗情况统计分析；

5）在故障时发送灯具状态、进行故障提醒、寻找故障点，并联动派工单。

7.5.2　受电模块

（1）驱动

直流驱动是指直流供电从供电单元输出后通过配电回路，末端对供电电压进行二次处理的部件，通常将接收到的直流电压转化为灯具需要的电压。从形式上划分，一般可分为独立式和灯具一体式。主要技术指标如表 3-7-18 所示：

直流驱动主要技术参数　　**表 3-7-18**

项目	主要技术指标
通用指标	能效、防护等级、环境要求、耐久性要求、故障防护功能
恒流型驱动	电流偏差、电流纹波、电流负载调整率、过冲幅度、系统功率偏差
恒压型驱动	电压偏差、电压负载调整率、过冲幅度
以太网供电驱动	接受以太网供电、驱动特性

（2）灯具

直流供电系统照明灯具一般选用 LED 灯具，灯具指标除应符合基础标准的规定外，还包括：环境适应性、产品能效值特殊要求、通信接口、灯具类型的适用性。对于直流灯具，很重要的要求是与现有标准技术指标的衔接，包括灯具光度性能、色度性能、能效、可靠性、寿命、电气安全等。

7.6　供配电设计方法

7.6.1　直流照明标准电压

在直流供配电系统中首先需要考虑的就是直流电压。在直流照明领域建立统一的标准电压对于直流照明实践具有重要意义。根据团体标准《直流照明系统技术规程》T/CECS 705－2020 的要求，直流照明的电压选择为：

优选值（V）：48、220(±110)、375、750(±375)；

备选值（V）：24、36、110、240、336、400、1500(±750)。

这些电压等级的选择结合了现行国际、国家标准对于直流电压的优选值和备选值的规定，同时也考虑了直流照明实践中对于电压选择的实际情况。对于不同场所，适用的电压等级往往不同，以水池和类似场所为例，处于安全的考虑，电压等级不应大于 24V。

7.6.2　直流照明系统的特点

根据直流照明系统的特点，团体标准《直流照明系统技术规程》T/CECS 705－2020 规定了直流照明系统的设计原则：

（1）直流照明系统是由直流电源总控制柜、配电线路、直流照明灯具及附属装置构成，按工程需求也可增设直流电源分配电箱（柜）和监控系统。

（2）直流电源总控制柜可采用直流、交流或交直流混合输入方式。

（3）直流配电系统根据负荷的规模、重要性及其分布，可分为集中辐射式、分层辐射式、分布式。

（4）团体标准《直流照明系统技术规程》T/CECS 705－2020 规定了直流照明系统不但具有供配电功能，还要具有监控功能、管理功能。

（5）供配电功能包括具有将外部电源接入并转换为直流照明负荷所需的直流电源的功能；根据需求为直流照明负荷合理配电。具有交流/直流输入保护及直流输出保护功能。

（6）监控功能包括根据功能需求对相关设备进行监测和控制。通过手动实现；当具备自动控制功能时，系统应具备手动/自动切换功能。对供配电的输入/输出电压、输入/输出电流、功率因数等参数进行监测。对灯具、传感器参数、通信参数、运行参数进行设置。

对照明灯具的监控功能包括进行灯具开关控制；按建筑使用条件和天然采光状况进行单灯或分区、分组控制；进行照明场景预设；远程进行预设方案调整；根据天然光条件，自动调整开关灯时间；进行灯具光通量、色温或颜色调节。

直流照明系统需能实时监测系统工作状态和回路或灯具的运行状态。采集和存储电源信息、告警信息、回路状态、运行模式等运行数据。

（7）管理功能包括实现数据的采集、传输、管理和综合应用等功能。

采集并记录交直流模拟量、状态量、事件记录数据、实时电能数据等；数据管理包括根据功能需求进行数据分类统计、计算；支持数据综合查询，并提供组合方式查询相应的数据；进行统一的数据管理和维护；根据需求设置数据存储时间，且不少于 1 年。运行管理包括进行亮灯率、灯具的工作状态的统计分析；进行历史记录管理、存档及统计分析，并应能进行与系统有关的实时或历史数据报表管理；进行用户分级管理和权限设置。

（8）直流照明系统需具备故障预警及分析功能，具备故障及报警的记录和查询功能。

能根据项目需求设置预警时间，在设备发生故障前预警时间内及时预报设备的异常状况，并根据预设方案处理系统故障；能自动向指定人员发送故障预警信息；能进行系统故障信息统计分析，能辨识故障原因及故障类型。

7.6.3 直流供配电系统

根据直流照明系统供配电系统的特点，团体标准《直流照明系统技术规程》T/CECS 705－2020 规定了直流照明系统的供电原则：

（1）直流照明负荷为单一电压输入时，建议采用直流单极性供电；直流照明负荷的输入电压为两种且为两倍关系时，可采用直流双极性供电。

（2）由直流电源总控制柜到灯具之间的配电级数建议不超过2级。

（3）直流供配电系统应具有过电流保护、电击防护、热效应保护、电压骚扰和电磁骚扰防护等安全防护措施。

（4）直流电源总控制柜和分配电箱（柜）的输入、输出回路均应装设直流过负荷及短路保护电器。

（5）直流电源总控制柜母线分段联络开关应采用直流断路器。

（6）直流电击防护应根据场所的环境和系统接地形式采取相应的基本防护和故障防护措施，当不满足防护要求时还应设附加防护措施。

（7）采用IT接地系统时，在正负母线上要安装绝缘监测装置，实时监测线路绝缘状态。

（8）直流照明供电回路需配置电弧故障保护措施。热效应保护应符合现行国家标准《低压电气装置　第4-42部分：安全防护 热效应保护》GB/T 16895.2的有关规定。

7.6.4 安全性设计与保护电器的选择

国际标准IEC 60479－1:2018规定了直流电和交流电在电击方面的差别。触摸带电体并受到电击时，机体反应过程中通过人体的电流强度和通电时间的关系具有一定的差异性。通过人体的交流电（50Hz或60Hz）电流超过0.5mA时会引起人体麻木，而对于直流这个数值增加到2mA；当交流电流达到10mA以上时会引起严重的症状，例如呼吸困难，而对于直流电，这个数值上升到30mA。这表明，直流供电对于人体电击方面安全性要优于交流供电。

配电系统的安全，一方面是对供配电系统的自我保护，而另一方面是对外部人员、财产安全的防护。直流供电设备和系统运行首先需要考虑的就是安全性问题，这也是相关标准化工作重点考虑的技术内容之一。主要防护类型包括过电流保护、电击防护、热效应保护、电压骚扰和电磁骚扰防护等，保护要求包括保护电器的选择与其布置位置的确定，直流电弧故障防护等防护措施的规定，以及绝缘监察等监测措施的相关要求。

根据直流照明系统供配电系统的特点，团体标准《直流照明系统技术规程》T/CECS 705－2020规定了直流照明系统保护电器的选择原则：

（1）直流保护电器额定电压不要小于回路的最高工作电压，额定电流要大于回路计算电流，分断能力要满足装设位置直流电源系统最大预期短路电流的要求。

（2）直流过电流保护要选用熔断器或直流断路器等无极性保护电器。

（3）直流断路器要具有短路瞬时保护和过负荷反时限保护，当不满足选择性保护配合时，增加短路短延时保护。当直流断路器采用短路短延时保护时，其额定短时耐受电流要大于装设地点的最大短路电流。直流断路器、直流熔断器的长延时过负荷保护动作值，要按计算电流的 1.2 倍选取。

（4）直流照明系统采用 IT 系统时，其绝缘监测装置故障及损坏时，应不影响系统带载工作；绝缘监测装置要具备与监控模块通信功能，当系统发生接地故障或绝缘水平下降到设定值时，要能显示接地极性并能发出告警。

7.6.5 配电线路设计

直流照明系统配电线路设计综合考虑设备布放、配电环节、线缆选择、电压降控制、管线布置等方面的要求。特别是在交流配电线路和直流配电线路同时存在的情况下，需要进行隔离，将交、直流分支回路置于不同的管线，避免同管敷设。配电线路的电压降需要经过严格的设计计算，确保能够满足电压降以及节能的相关要求，计算方法见本章第 4 节。

值得注意的是，直流照明系统供电可进行单极性供电（如＋220V）和双极性供电（如±110V），在设计中可根据实际需求进行选择。

7.6.6 直流电源总控制柜

直流电源总控制柜是直流配电系统的重要设备，其重要性堪比交流配电系统中的变压器，故团体标准《直流照明系统技术规程》T/CECS 705－2020 专门对直流电源总控制柜单列了一节（管节 6.2），内容包括：

（1）直流电源总控制柜包括本地监控、电源输入及保护、直流转换和直流输出配电及保护等功能模块。

（2）本地监控模块具备对电源输入、输出配电及保护和直流转换模块的工作、环境、绝缘等参数进行实时监测的功能；具备远程数据接口，并可将数据上报至监控系统；显示输入电压、输入电流、输入功率、直流输出电压、各电源模块运行状态、当前母线绝缘状态、环境温湿度等实时信息，宜能显示各输出回路电流。

（3）电源输入及保护模块设置进线保护及隔离电器，各直流转换模块的输入端应单独设置保护及隔离电器。输入端装有浪涌保护装置。对于室内设备，能承受电流脉冲（8μs/20μs Ⅱ类试验，10kA）的冲击。具有输入过/欠压保护功能，且故障排除后能自动恢复正常工作。柜内部件的电气间隙和爬电距离符合相关规定。

（4）直流转换模块电压输出可调范围不应小于±20％。单个直流转换模块额定输出功率宜按 1kW、3kW、6kW、15kW、30kW 分级。直流转换模块应相互隔离，其杂音电压、反灌纹波电压等应符合现行国家标准《电力工程直流电源设备通用技术条件及安全要求》GB/T 19826 的有关规定。直流转换模块的要冗余备份。多个直流转换模块并机工作时，各单元应能按比例均分负载。

（5）直流输出配电及保护具有直流过压和欠压保护功能；具有直流输出过流及短路保护功能，且在故障排除后能自动或人工恢复正常工作状态；具有直流输出电流限制或输出功率限制功能。采用 IT 系统且输出电压高于安全特低电压时，具有直流正负母线绝缘监测和越限告警功能。直流母排采用热缩套管或其他电击防护措施，并在醒目处设置警告标志。设备内的器件和材料应采用阻燃材料。

（6）直流电源总控制柜的直流母线与其他不同电压级别的母线应相互隔离；各独立电

路与地之间以及无电气联系的各电路之间的绝缘电阻不应小于10MΩ。

（7）直流电源总控制柜的输入电路对地、输出电路对地及输入电路与输出电路间在承受1min工频耐压试验时，不出现击穿、闪络现象，且试验中测量泄漏电流的过电流继电器整定值不大于100mA。

7.7 总结

随着直流配电照明在相关领域逐步开展应用，我国的直流照明标准化进程也在不断加快，从而引导直流照明技术的发展和应用。直流照明是未来照明供电的一种重要趋势，因此建议在标准中制定相应的技术条款，对其进行约束和引导。

参考文献

[1] 中国工程建设标准化协会. 直流照明系统技术规程：T/CECS 705 - 2020[S]. 北京：中国建筑工业出版社，2020.

[2] 赵建平，高雅春，胡桃. 直流照明应用关键技术及其标准化 [J]. 建筑电气，2020，39 (11)：3-6.

[3] International Electrotechnical Commission. LVDC：electricity for the 21st century[R]. Switzerland：IEC，2017.

[4] Audio/video，information and communication technology equipment—Part 1：Safety requirements：IEC 62368-3：2017[S].

[5] Audio/video，information and communication technology equipment—Part 3：Safety aspects for DC power transfer through communication cables and ports：IEC 62368-1：2018[S].

[6] Standard voltages：IEC 60038：2009[S].

[7] 全国电压电流等级和频率标准化技术委员会. 标准电压：GB/T 156—2017[S]. 北京：中国标准出版社，2017.

[8] 全国电压电流等级和频率标准化技术委员会. 中低压直流配电电压导则：GB/T 35727 - 2017[S]. 北京：中国标准出版社，2017.

[9] 中国通信标准化协会. 通信用240V直流供电系统：YD/T 2378 - 2011[S]. 北京：人民邮电出版社，2020.

[10] 全国电子设备用机电件标准化技术委员会. 频率低于3MHz的印制板连接器 第7部分：有质量评定的具有通用插合特性的8位固定和自由连接器详细规范：GB/T 15157.7 - 2002[S]. 北京：中国标准出版社，2003.

第 4 篇

LED 灯具计算图表

1 计算说明

通过灯具计算图表确定利用系数和亮度系数时，采用内插法进行，其中查表所采用的顶棚和地板反射比需要根据实际反射比、灯具布置和空间功能进行修正，修正方法见本篇1.1.5。当地板可见光反射比不等于20％时，灯具亮度系数可按附录A进行修正。室内外常用照明参数计算方法如下。

1.1 室内照明

1.1.1 参考平面逐点照度

当采用空间等照度曲线时，点照度值可按照下式进行计算：

$$E_i = \frac{F \cdot \sum\varepsilon \cdot MF}{1000} \tag{4-1-1}$$

式中，E_i——第 i 点的维持平均照度(lx)；

F——光源光通量(lm)；

$\sum\varepsilon$——各个灯对计算点产生照度或相对照度的总和(lx)；

MF——维护系数。

当采用平面相对等照度曲线时，点照度值可按照下式进行计算：

$$E_i = \frac{F \cdot \sum\varepsilon \cdot MF}{1000h^2} \tag{4-1-2}$$

式中，E_i——第 i 点的维持平均照度(lx)；

F——光源光通量(lm)；

$\sum\varepsilon$——各个灯对计算点产生照度或相对照度的总和(lx)；

h——灯的计算高度(m)；

MF——维护系数。

当采用线光源等照度曲线时，点照度值可按照下式进行计算：

$$E_i = \frac{F \cdot \sum\varepsilon \cdot MF}{1000h} \tag{4-1-3}$$

式中，E_i——第 i 点的维持平均照度(lx)；

F——光源光通量(lm)；

$\sum\varepsilon$——各线光源对计算点产生照度或相对照度的总和(lx)；

h——灯的计算高度(m)；

MF——维护系数。

1.1.2 工作面平均照度

采用利用系数计算工作面上的平均照度或所需灯数：

$$E = \frac{F \cdot N \cdot u \cdot MF}{S} \tag{4-1-4}$$

式中，E——维持平均照度(lx)；

F——光源光通量(lm)；

N——灯数(个)；

u——利用系数，见灯具图表；

S——房间面积(m^2)；

MF——维护系数。

1.1.3　墙面或顶棚平均照度

$$E_w = \frac{F \cdot N \cdot L_{cw} \cdot MF}{\rho_w \cdot S_{fc}} \tag{4-1-5}$$

$$E_c = \frac{F \cdot N \cdot L_{cc} \cdot MF}{\rho_c \cdot S_{fc}} \tag{4-1-6}$$

式中，E_w——墙面维持平均照度(lx)；

F——光源光通量(lm)；

N——灯数(个)；

L_{cw}——墙面亮度系数，见灯具图表；

S_{fc}——地板面积(m^2)；

ρ_w——墙面平均反射比，按照本篇 1.1.5 进行计算；

MF——维护系数；

E_c——顶棚维持平均照度(lx)；

L_{cc}——顶棚亮度系数，见各灯具图表；

ρ_c——顶棚有效反射比，按照本篇 1.1.5 进行计算。

1.1.4　空间比

室空间比 RCR 可按下式计算：

$$RCR = \frac{5h_{RC}(L + W)}{L \cdot W} \tag{4-1-7}$$

式中，RCR——室空间比；

L——房间长度(m)；

W——房间宽度(m)；

h_{RC}——灯具安装高度与参考平面高度之差(m)。

顶棚空间比 CCR 可按下式计算：

$$CCR = \frac{5h_{cc}(L + W)}{L \cdot W} = RCR \cdot \frac{h_{cc}}{h_{RC}} \tag{4-1-8}$$

式中，CCR——顶棚空间比；

L——房间长度(m)；

W——房间宽度(m)；

h_{cc}——顶棚高度与灯具安装高度之差(m)。

地板空间比 FCR 可按下式计算：

$$FCR=\frac{5h_{fc}(L+W)}{L\cdot W}=RCR\cdot\frac{h_{fc}}{h_{RC}} \tag{4-1-9}$$

式中，FCR——地板空间比；

L——房间长度(m)；

W——房间宽度(m)；

h_{fc}——参考平面高度与地面高度之差(m)。

1.1.5 有效反射比

顶棚或地板空间的有效反射比按下列公式计算：

$$\rho_{FC}=\frac{\rho A_o}{A_S-\rho A_S+\rho A_o} \tag{4-1-10}$$

$$\rho=\frac{\sum\rho_i A_i}{\sum A_i} \tag{4-1-11}$$

式中，ρ_{FC}——有效反射比；

A_o——顶棚或地板的平面面积(m^2)；

A_S——顶棚或地板空间内所有表面面积(m^2)；

ρ——顶棚或地板表面的平均反射比；

ρ_i——第 i 个面的反射比；

A_i——第 i 个面的面积。

如在顶棚或地板空间内的障碍物对反射比的变化影响不大或难以估计时，在计算中可不予考虑，应视其引起的误差大小而定。根据顶棚和地板与不同反射率的墙壁的各种组合，得到计算表格，见本篇附录 B，表中的空间比的计算见本篇 1.1.4。

1.2 室外道路功能性照明

$$F=\frac{E\cdot S\cdot W}{u\cdot MF\cdot N_L} \tag{4-1-12}$$

式中，E——道路所需要的平均照度(lx)；

F——需要的灯具输出光通量(lm)；

S——路灯间距(m)；

W——路面宽度(m)；

u——路灯利用系数；

N_L——与路灯排列方式有关的数值，单侧布灯或双侧交错布灯 N_L 取 1，双侧对称布置 N_L 取 2。

2　灯具计算图表

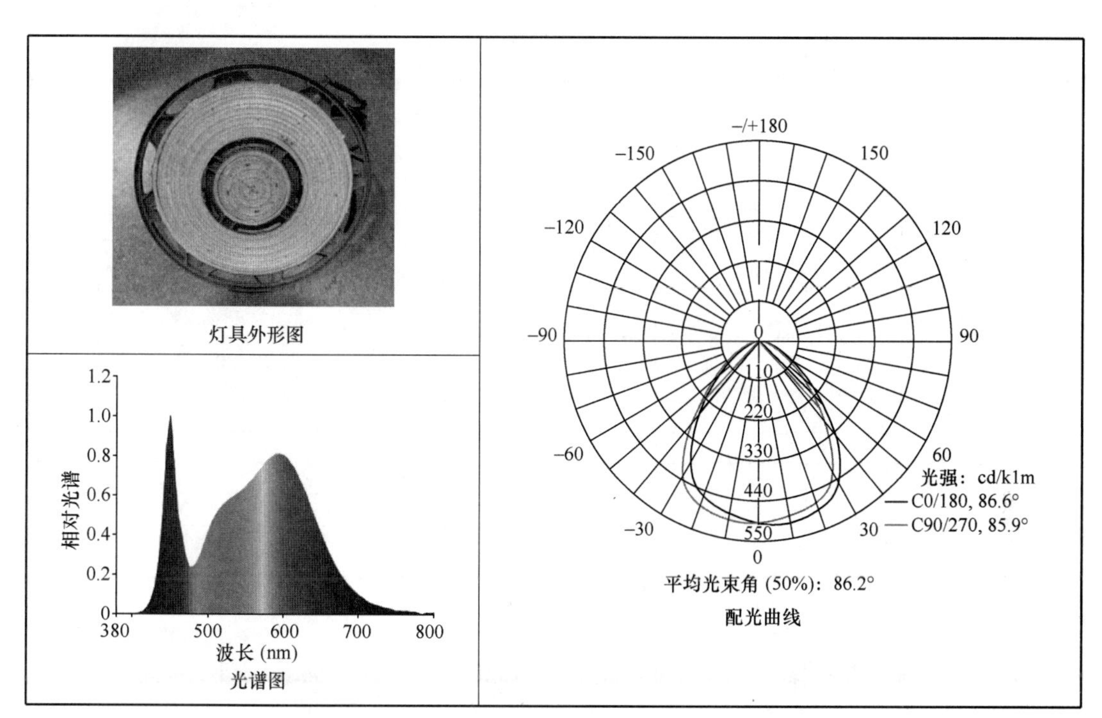

灯具外形图

光谱图

配光曲线

基本参数							
型号	生产厂家	外形尺寸(mm)		光源	最大允许距高比 L/H		调光方式
SIM HB 175W 840 90D	欧司朗(中国)照明有限公司	直径 Φ	高 H	LED	0°/180°	1.16	可调光
		400	119		90°/270°	1.22	
输入电压	输入电流	功率因数	使用寿命	防护等级	防触电类别	发光面尺寸	安装方式
220～240V	0.84A	0.95	50000h	IP65	Ⅰ类	0.094m^2	吊装、杆装
光色电参数							
灯具效能	光通量	上射光通比	下射光通比	一般显色指数 R_a	特殊显色指数 R_9	色温	色容差
140lm/W	27600lm	0	100%	84	11	4100K	0.9SDCM
颜色漂移	频闪 SVM	峰值光强	光分布分类	空间色度均匀性	启动电流	光生物安全等级	
0.0006	0.001	509.4cd/klm	直接型	0.0039	75A	Ⅰ类	

注：适用场所：工业、半户外。

发光强度值(cd/klm)

Θ(°)		0	5	10	15	20	25	30	35	40	45
I_Θ(cd)	0°/180°	502	508	509	503	494	482	453	403	338	266
	90°/270°	502	495	488	481	472	462	439	394	333	270
Θ(°)		50	55	60	65	70	75	80	85	90	
I_Θ(cd)	0°/180°	199	142	98.8	67.6	45.1	28.1	15.2	5.85	0.31	
	90°/270°	169	122	85.2	58.6	39.6	24.1	12.7	4.32	0.30	

顶棚	80%			70%			50%			30%			10%			0
墙面	50%	30%	10%	50%	30%	10%	50%	30%	10%	50%	30%	10%	50%	30%	10%	0
地板	20%			20%			20%			20%			20%			0
室空间比	工作面利用系数															
0	1.19	1.19	1.19	1.16	1.16	1.16	1.11	1.11	1.11	1.06	1.06	1.06	1.02	1.02	1.02	1.00
1.0	1.07	1.04	1.01	1.05	1.02	0.99	1.01	0.98	0.96	0.97	0.95	0.93	0.93	0.92	0.90	0.88
2.0	0.96	0.90	0.86	0.94	0.89	0.85	0.91	0.87	0.83	0.88	0.84	0.81	0.85	0.82	0.79	0.77
3.0	0.86	0.80	0.74	0.85	0.79	0.73	0.82	0.77	0.72	0.79	0.75	0.71	0.77	0.73	0.70	0.68
4.0	0.78	0.71	0.65	0.77	0.70	0.64	0.74	0.68	0.64	0.72	0.67	0.63	0.70	0.66	0.62	0.60
5.0	0.71	0.63	0.57	0.70	0.62	0.57	0.68	0.61	0.56	0.66	0.60	0.56	0.64	0.59	0.55	0.53
6.0	0.65	0.57	0.51	0.64	0.56	0.51	0.62	0.55	0.50	0.60	0.55	0.50	0.59	0.54	0.50	0.48
7.0	0.59	0.51	0.46	0.58	0.51	0.46	0.57	0.50	0.45	0.56	0.50	0.45	0.54	0.49	0.45	0.43
8.0	0.55	0.47	0.42	0.54	0.47	0.41	0.53	0.46	0.41	0.51	0.45	0.41	0.50	0.45	0.41	0.39
9.0	0.50	0.43	0.38	0.50	0.43	0.38	0.49	0.42	0.38	0.48	0.42	0.37	0.47	0.41	0.37	0.36
10.0	0.47	0.40	0.35	0.46	0.39	0.35	0.45	0.39	0.35	0.44	0.39	0.34	0.44	0.38	0.34	0.33

顶棚	80%			70%			50%			30%			10%			0
墙面	50%	30%	10%	50%	30%	10%	50%	30%	10%	50%	30%	10%	50%	30%	10%	0
地板	20%			20%			20%			20%			20%			0
室空间比	墙面亮度系数															
0																
1.0	0.246	0.140	0.044	0.239	0.136	0.043	0.226	0.130	0.041	0.214	0.123	0.040	0.203	0.118	0.038	
2.0	0.238	0.130	0.040	0.232	0.128	0.039	0.220	0.122	0.038	0.210	0.118	0.037	0.200	0.113	0.036	
3.0	0.225	0.120	0.036	0.220	0.118	0.035	0.210	0.114	0.035	0.201	0.110	0.034	0.192	0.106	0.033	
4.0	0.212	0.110	0.032	0.207	0.108	0.032	0.198	0.105	0.031	0.190	0.102	0.031	0.183	0.099	0.030	
5.0	0.199	0.101	0.029	0.195	0.100	0.029	0.187	0.097	0.029	0.180	0.095	0.028	0.173	0.093	0.028	
6.0	0.187	0.094	0.027	0.184	0.093	0.027	0.177	0.091	0.026	0.170	0.089	0.026	0.164	0.087	0.026	
7.0	0.176	0.087	0.025	0.173	0.086	0.025	0.167	0.084	0.024	0.161	0.083	0.024	0.156	0.081	0.024	
8.0	0.167	0.081	0.023	0.164	0.081	0.023	0.158	0.079	0.023	0.153	0.078	0.022	0.148	0.076	0.022	
9.0	0.158	0.076	0.021	0.155	0.076	0.021	0.150	0.074	0.021	0.145	0.073	0.021	0.141	0.072	0.021	
10.0	0.149	0.072	0.020	0.147	0.071	0.020	0.143	0.070	0.020	0.138	0.069	0.020	0.134	0.068	0.019	

顶棚	80%			70%			50%			30%			10%			0
墙面	50%	30%	10%	50%	30%	10%	50%	30%	10%	50%	30%	10%	50%	30%	10%	0
地板	20%			20%			20%			20%			20%			0
室空间比	顶棚亮度系数															
0	0.191	0.191	0.191	0.164	0.164	0.164	0.112	0.112	0.112	0.064	0.064	0.064	0.020	0.020	0.020	
1.0	0.177	0.158	0.140	0.151	0.135	0.121	0.103	0.093	0.083	0.060	0.054	0.049	0.019	0.017	0.016	
2.0	0.166	0.133	0.105	0.142	0.115	0.091	0.097	0.079	0.064	0.056	0.046	0.037	0.018	0.015	0.012	
3.0	0.157	0.115	0.082	0.134	0.099	0.071	0.092	0.069	0.050	0.053	0.040	0.029	0.017	0.013	0.010	
4.0	0.148	0.101	0.065	0.127	0.087	0.056	0.088	0.061	0.040	0.051	0.036	0.023	0.016	0.012	0.008	
5.0	0.141	0.090	0.053	0.121	0.078	0.046	0.083	0.055	0.032	0.048	0.032	0.019	0.016	0.010	0.006	
6.0	0.134	0.082	0.044	0.115	0.071	0.038	0.080	0.049	0.027	0.046	0.029	0.016	0.015	0.010	0.005	
7.0	0.128	0.075	0.037	0.110	0.065	0.032	0.076	0.045	0.023	0.044	0.027	0.014	0.014	0.009	0.005	
8.0	0.122	0.069	0.032	0.105	0.060	0.028	0.073	0.042	0.020	0.042	0.025	0.012	0.014	0.008	0.004	
9.0	0.116	0.064	0.028	0.100	0.055	0.024	0.070	0.039	0.017	0.040	0.023	0.010	0.013	0.008	0.003	
10.0	0.111	0.059	0.025	0.096	0.052	0.022	0.067	0.036	0.015	0.039	0.021	0.009	0.013	0.007	0.003	

灯具外形图

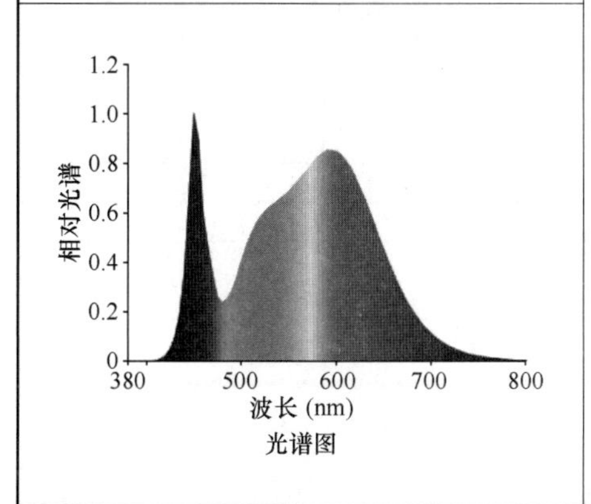

光谱图

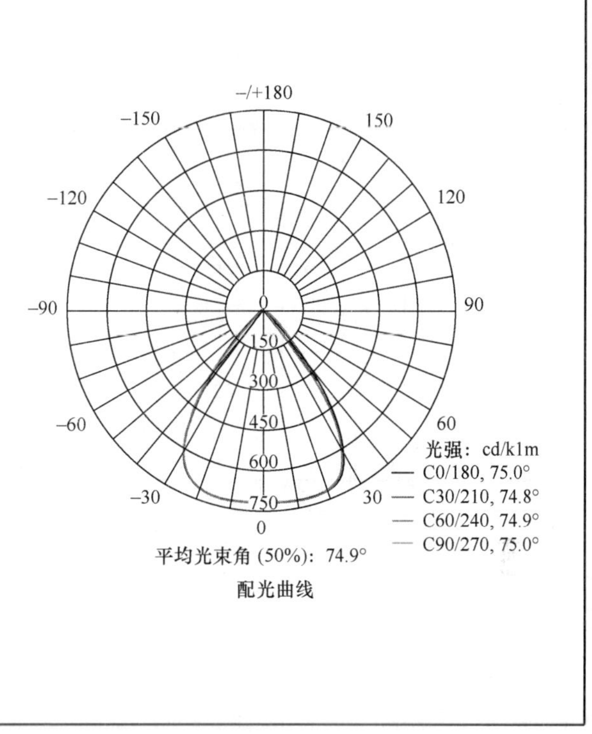

配光曲线

基本参数								
型号		生产厂家	外形尺寸(mm)		光源	最大允许距高比 L/H		调光方式
HIPAK LED20000-840 HF WD GEN3 HE CORE		索恩照明(广州)有限公司	直径 Φ	高 H	LED	0°/180°	1.1	可调光
			320	144		90°/270°	1.1	
输入电压	输入电流	功率因数	使用寿命	防护等级	防触电类别	发光面尺寸	安装方式	
220～240V	0.57A	0.98	50000h	IP65	Ⅰ类	0.045m²	悬挂、杆装、支架	
光色电参数								
灯具效能	光通量	上射光通比	下射光通比	一般显色指数 R_a	特殊显色指数 R_9	色温	色容差	
166lm/W	20600lm	0	100%	83	11	4000K	3.5SDCM	
颜色漂移	频闪 SVM	峰值光强	光分布分类	空间色度均匀性	启动电流	光生物安全等级		
0.0007	0.001	725.2 cd/klm	直接型	—	36A	Ⅰ类		

注：适用场所：工业、半户外。

发光强度值(cd/klm)

Θ(°)		0	5	10	15	20	25	30	35	40	45
I_Θ(cd)	0°/180°	720	722	724	724	719	694	624	468	261	109
	90°/270°	719	719	721	722	714	684	603	441	235	102
Θ(°)		50	55	60	65	70	75	80	85	90	
I_Θ(cd)	0°/180°	49.2	24.5	17.3	15.1	13.1	9.57	5.18	1.50	0.13	
	90°/270°	45.9	22.5	16.1	14.1	11.8	8.48	4.49	1.32	0.12	

顶棚	80%			70%			50%			30%			10%			0
墙面	50%	30%	10%	50%	30%	10%	50%	30%	10%	50%	30%	10%	50%	30%	10%	0
地板	20%			20%			20%			20%			20%			0
室空间比	工作面利用系数															
0	1.19	1.19	1.19	1.16	1.16	1.16	1.11	1.11	1.11	1.06	1.06	1.06	1.02	1.02	1.02	1.00
1.0	1.10	1.07	1.04	1.07	1.05	1.03	1.03	1.01	0.99	1.00	0.98	0.96	0.96	0.95	0.94	0.92
2.0	1.01	0.96	0.92	0.99	0.95	0.91	0.96	0.92	0.89	0.93	0.90	0.87	0.90	0.88	0.86	0.84
3.0	0.93	0.87	0.83	0.91	0.86	0.82	0.89	0.84	0.81	0.86	0.83	0.79	0.84	0.81	0.78	0.77
4.0	0.86	0.79	0.75	0.85	0.79	0.74	0.82	0.77	0.73	0.80	0.76	0.72	0.78	0.75	0.72	0.70
5.0	0.79	0.73	0.68	0.78	0.72	0.68	0.76	0.71	0.67	0.75	0.70	0.66	0.73	0.69	0.66	0.64
6.0	0.74	0.67	0.62	0.73	0.66	0.62	0.71	0.65	0.61	0.70	0.65	0.61	0.68	0.64	0.60	0.59
7.0	0.68	0.62	0.57	0.68	0.61	0.57	0.66	0.61	0.56	0.65	0.60	0.56	0.64	0.59	0.56	0.54
8.0	0.64	0.57	0.52	0.63	0.57	0.52	0.62	0.56	0.52	0.61	0.56	0.52	0.60	0.55	0.52	0.50
9.0	0.59	0.53	0.48	0.59	0.53	0.48	0.58	0.52	0.48	0.57	0.52	0.48	0.56	0.51	0.48	0.46
10.0	0.56	0.49	0.45	0.55	0.49	0.45	0.54	0.49	0.45	0.53	0.48	0.45	0.53	0.48	0.44	0.43

顶棚	80%			70%			50%			30%			10%			0
墙面	50%	30%	10%	50%	30%	10%	50%	30%	10%	50%	30%	10%	50%	30%	10%	0
地板	20%			20%			20%			20%			20%			0
室空间比	墙面亮度系数															
0																
1.0	0.199	0.113	0.036	0.192	0.110	0.035	0.180	0.103	0.033	0.168	0.097	0.031	0.157	0.091	0.029	
2.0	0.192	0.105	0.032	0.186	0.103	0.032	0.175	0.098	0.030	0.165	0.093	0.029	0.156	0.088	0.028	
3.0	0.183	0.098	0.029	0.178	0.096	0.029	0.169	0.092	0.028	0.160	0.088	0.027	0.152	0.084	0.026	
4.0	0.175	0.091	0.027	0.170	0.089	0.026	0.162	0.086	0.026	0.155	0.083	0.025	0.148	0.080	0.024	
5.0	0.166	0.085	0.025	0.163	0.084	0.024	0.156	0.081	0.024	0.149	0.079	0.023	0.143	0.076	0.023	
6.0	0.159	0.080	0.023	0.155	0.078	0.023	0.149	0.076	0.022	0.143	0.074	0.022	0.138	0.072	0.021	
7.0	0.151	0.075	0.021	0.148	0.074	0.021	0.143	0.072	0.021	0.137	0.070	0.021	0.132	0.069	0.020	
8.0	0.145	0.071	0.020	0.142	0.070	0.020	0.137	0.068	0.020	0.132	0.067	0.019	0.128	0.066	0.019	
9.0	0.138	0.067	0.019	0.136	0.066	0.019	0.131	0.065	0.018	0.127	0.064	0.018	0.123	0.062	0.018	
10.0	0.132	0.063	0.018	0.130	0.063	0.018	0.126	0.062	0.017	0.122	0.061	0.017	0.118	0.060	0.017	

顶棚	80%			70%			50%			30%			10%			0
墙面	50%	30%	10%	50%	30%	10%	50%	30%	10%	50%	30%	10%	50%	30%	10%	0
地板	20%			20%			20%			20%			20%			0
室空间比	顶棚亮度系数															
0	0.191	0.191	0.191	0.164	0.164	0.164	0.112	0.112	0.112	0.064	0.064	0.064	0.020	0.020	0.020	
1.0	0.173	0.158	0.144	0.148	0.136	0.124	0.102	0.093	0.086	0.058	0.054	0.050	0.019	0.017	0.016	
2.0	0.160	0.133	0.111	0.137	0.115	0.096	0.094	0.079	0.067	0.054	0.046	0.039	0.017	0.015	0.013	
3.0	0.149	0.115	0.087	0.127	0.099	0.076	0.088	0.069	0.053	0.051	0.040	0.031	0.016	0.013	0.010	
4.0	0.139	0.100	0.070	0.120	0.087	0.061	0.082	0.060	0.043	0.048	0.035	0.025	0.015	0.012	0.008	
5.0	0.131	0.089	0.058	0.113	0.077	0.050	0.078	0.054	0.035	0.045	0.032	0.021	0.015	0.010	0.007	
6.0	0.125	0.080	0.048	0.107	0.069	0.042	0.074	0.048	0.030	0.043	0.028	0.018	0.014	0.009	0.006	
7.0	0.118	0.073	0.041	0.102	0.063	0.035	0.070	0.044	0.025	0.041	0.026	0.015	0.013	0.009	0.005	
8.0	0.113	0.067	0.035	0.097	0.058	0.030	0.067	0.041	0.022	0.039	0.024	0.013	0.013	0.008	0.004	
9.0	0.108	0.062	0.030	0.093	0.053	0.026	0.064	0.038	0.019	0.038	0.022	0.011	0.012	0.007	0.004	
10.0	0.103	0.057	0.027	0.089	0.050	0.023	0.062	0.035	0.017	0.036	0.021	0.010	0.012	0.007	0.003	

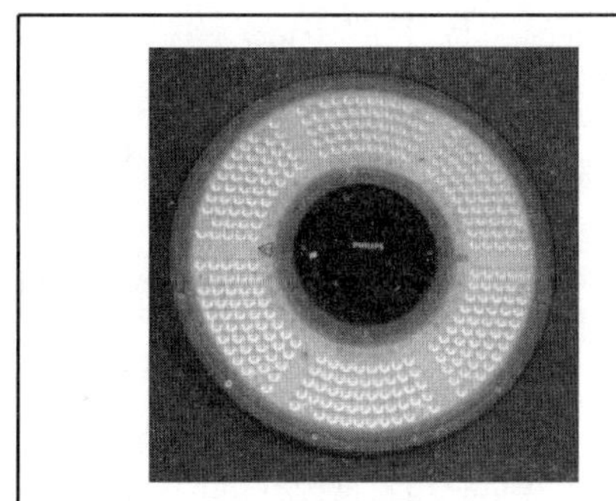
灯具外形图

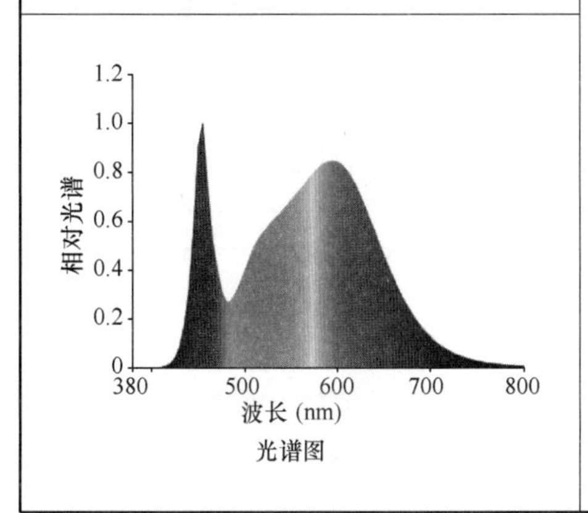

光谱图

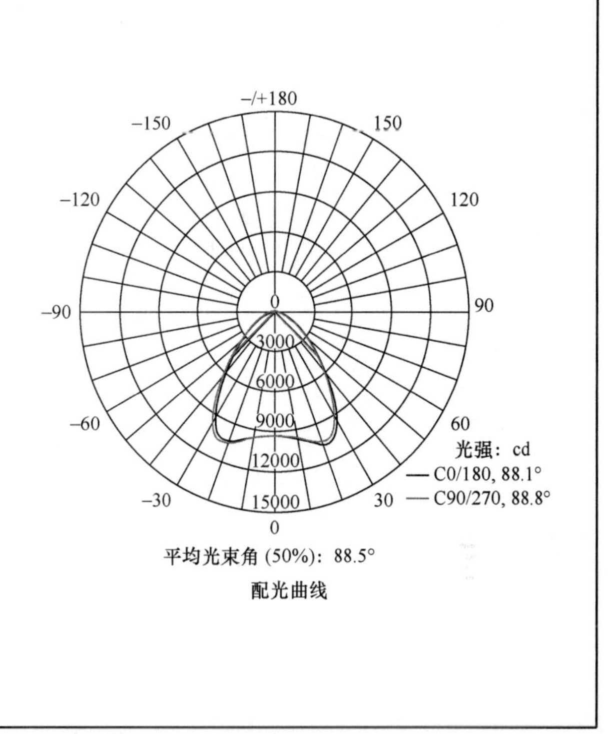

配光曲线

<table>
<tr><td colspan="10">基本参数</td></tr>
<tr><td colspan="2">型号</td><td>生产厂家</td><td colspan="2">外形尺寸(mm)</td><td>光源</td><td colspan="2">最大允许距高比 L/H</td><td colspan="2">调光方式</td></tr>
<tr><td colspan="2" rowspan="2">BY718P LED200</td><td rowspan="2">昕诺飞(中国)投资有限公司</td><td>直径 Φ</td><td>高 H</td><td rowspan="2">LED</td><td>0°/180°</td><td>1.4</td><td colspan="2" rowspan="2">调光调色</td></tr>
<tr><td>450</td><td>95</td><td>90°/270°</td><td>1.4</td></tr>
<tr><td>输入电压</td><td>输入电流</td><td>功率因数</td><td>使用寿命</td><td>防护等级</td><td>防触电类别</td><td>发光面尺寸</td><td colspan="3">安装方式</td></tr>
<tr><td>220～240V</td><td>0.65A</td><td>0.95</td><td>75000h</td><td>IP65</td><td>Ⅰ类</td><td>0.15m²</td><td colspan="3">吊钩、支架、吊杆</td></tr>
<tr><td colspan="10">光色电参数</td></tr>
<tr><td>灯具效能</td><td>光通量</td><td>上射光通比</td><td>下射光通比</td><td>一般显色指数 R_a</td><td>特殊显色指数 R_9</td><td>色温</td><td colspan="3">色容差</td></tr>
<tr><td>160lm/W</td><td>21500lm</td><td>0</td><td>100%</td><td>84</td><td>17</td><td>4000～6000K</td><td colspan="3">2SDCM</td></tr>
<tr><td>颜色漂移</td><td>频闪 SVM</td><td>峰值光强</td><td>光分布分类</td><td>空间色度均匀性</td><td>启动电流</td><td colspan="4">光生物安全等级</td></tr>
<tr><td>—</td><td><1</td><td>509.4cd/klm</td><td>直接型</td><td>—</td><td>75A</td><td colspan="4">Ⅰ类</td></tr>
</table>

注：适用场所：工业空间、大空间。

发光强度值(cd/klm)

Θ(°)		0	5	10	15	20	25	30	35	40	45
I_Θ(cd)	0°/180°	446	450	461	483	507	505	455	370	284	213
	90°/270°	446	449	459	477	496	490	439	359	278	208
Θ(°)		50	55	60	65	70	75	80	85	90	
I_Θ(cd)	0°/180°	157	114	83.8	60.5	42.7	28.0	16.0	6.86	0.23	
	90°/270°	152	110	80.5	59.0	41.9	27.8	16.0	6.62	0.20	

顶棚	80%			70%			50%			30%			10%			0
墙面	50%	30%	10%	50%	30%	10%	50%	30%	10%	50%	30%	10%	50%	30%	10%	0
地板	20%			20%			20%			20%			20%			0
室空间比	工作面利用系数															
0	1.19	1.19	1.19	1.16	1.16	1.16	1.11	1.11	1.11	1.06	1.06	1.06	1.02	1.02	1.02	1.00
1.0	1.08	1.04	1.01	1.05	1.02	1.00	1.01	0.99	0.96	0.97	0.95	0.93	0.94	0.92	0.91	0.89
2.0	0.97	0.91	0.86	0.95	0.90	0.85	0.91	0.87	0.83	0.88	0.85	0.82	0.85	0.82	0.80	0.78
3.0	0.87	0.80	0.75	0.85	0.79	0.74	0.83	0.77	0.73	0.80	0.75	0.72	0.77	0.74	0.70	0.68
4.0	0.78	0.71	0.65	0.77	0.70	0.65	0.75	0.69	0.64	0.73	0.67	0.63	0.71	0.66	0.62	0.60
5.0	0.71	0.63	0.57	0.70	0.63	0.57	0.68	0.62	0.57	0.66	0.60	0.56	0.64	0.59	0.55	0.54
6.0	0.65	0.57	0.51	0.64	0.56	0.51	0.62	0.55	0.50	0.60	0.55	0.50	0.59	0.54	0.50	0.48
7.0	0.59	0.51	0.46	0.58	0.51	0.46	0.57	0.50	0.45	0.55	0.49	0.45	0.54	0.49	0.45	0.43
8.0	0.54	0.46	0.41	0.54	0.46	0.41	0.52	0.46	0.41	0.51	0.45	0.41	0.50	0.44	0.40	0.39
9.0	0.50	0.42	0.37	0.49	0.42	0.37	0.48	0.42	0.37	0.47	0.41	0.37	0.46	0.41	0.37	0.35
10.0	0.46	0.39	0.34	0.46	0.39	0.34	0.45	0.38	0.34	0.44	0.38	0.34	0.43	0.37	0.33	0.32

顶棚	80%			70%			50%			30%			10%			0
墙面	50%	30%	10%	50%	30%	10%	50%	30%	10%	50%	30%	10%	50%	30%	10%	0
地板	20%			20%			20%			20%			20%			0
室空间比	墙面亮度系数															
0																
1.0	0.250	0.142	0.045	0.243	0.139	0.044	0.230	0.132	0.042	0.218	0.126	0.040	0.207	0.120	0.039	
2.0	0.240	0.131	0.040	0.234	0.129	0.040	0.223	0.124	0.038	0.212	0.119	0.037	0.203	0.115	0.036	
3.0	0.226	0.120	0.036	0.221	0.118	0.036	0.211	0.114	0.035	0.202	0.111	0.034	0.193	0.107	0.033	
4.0	0.212	0.110	0.032	0.208	0.109	0.032	0.199	0.106	0.032	0.191	0.103	0.031	0.184	0.100	0.030	
5.0	0.199	0.102	0.029	0.195	0.100	0.029	0.188	0.098	0.029	0.181	0.095	0.028	0.174	0.093	0.028	
6.0	0.188	0.094	0.027	0.184	0.093	0.027	0.177	0.091	0.026	0.171	0.089	0.026	0.165	0.087	0.026	
7.0	0.177	0.087	0.025	0.173	0.086	0.025	0.167	0.085	0.024	0.162	0.083	0.024	0.156	0.081	0.024	
8.0	0.167	0.081	0.023	0.164	0.081	0.023	0.158	0.079	0.023	0.153	0.078	0.022	0.148	0.076	0.022	
9.0	0.158	0.076	0.021	0.155	0.076	0.021	0.150	0.074	0.021	0.146	0.073	0.021	0.141	0.072	0.021	
10.0	0.150	0.072	0.020	0.147	0.071	0.020	0.143	0.070	0.020	0.139	0.069	0.020	0.135	0.068	0.019	

顶棚	80%			70%			50%			30%			10%			0
墙面	50%	30%	10%	50%	30%	10%	50%	30%	10%	50%	30%	10%	50%	30%	10%	0
地板	20%			20%			20%			20%			20%			0
室空间比	顶棚亮度系数															
0	0.191	0.191	0.191	0.163	0.163	0.163	0.111	0.111	0.111	0.064	0.064	0.064	0.020	0.020	0.020	
1.0	0.176	0.157	0.139	0.151	0.135	0.120	0.103	0.093	0.083	0.059	0.054	0.048	0.019	0.017	0.016	
2.0	0.166	0.132	0.105	0.142	0.114	0.090	0.097	0.079	0.063	0.056	0.046	0.037	0.018	0.015	0.012	
3.0	0.156	0.114	0.081	0.134	0.099	0.070	0.092	0.068	0.049	0.053	0.040	0.029	0.017	0.013	0.009	
4.0	0.148	0.100	0.064	0.127	0.087	0.056	0.087	0.060	0.039	0.051	0.035	0.023	0.016	0.012	0.008	
5.0	0.141	0.090	0.052	0.121	0.078	0.045	0.083	0.054	0.032	0.048	0.032	0.019	0.016	0.010	0.006	
6.0	0.134	0.081	0.043	0.115	0.070	0.038	0.079	0.049	0.027	0.046	0.029	0.016	0.015	0.009	0.005	
7.0	0.127	0.074	0.037	0.110	0.064	0.032	0.076	0.045	0.023	0.044	0.026	0.013	0.014	0.009	0.004	
8.0	0.121	0.068	0.031	0.105	0.059	0.027	0.072	0.041	0.019	0.042	0.024	0.012	0.014	0.008	0.004	
9.0	0.116	0.063	0.027	0.100	0.055	0.024	0.069	0.039	0.017	0.040	0.023	0.010	0.013	0.007	0.003	
10.0	0.111	0.059	0.024	0.096	0.051	0.021	0.066	0.036	0.015	0.039	0.021	0.009	0.013	0.007	0.003	

灯具外形图

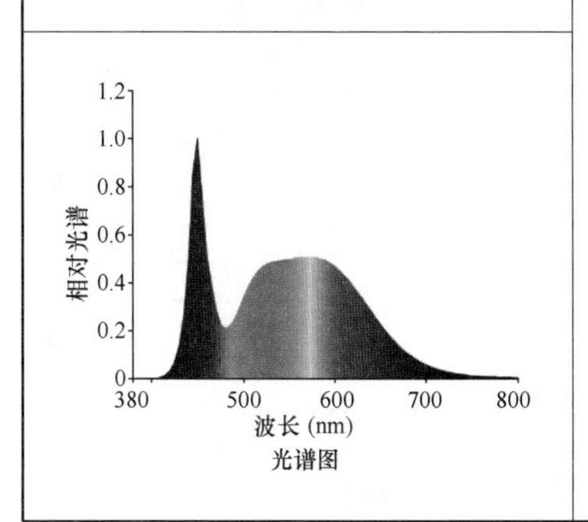

光谱图

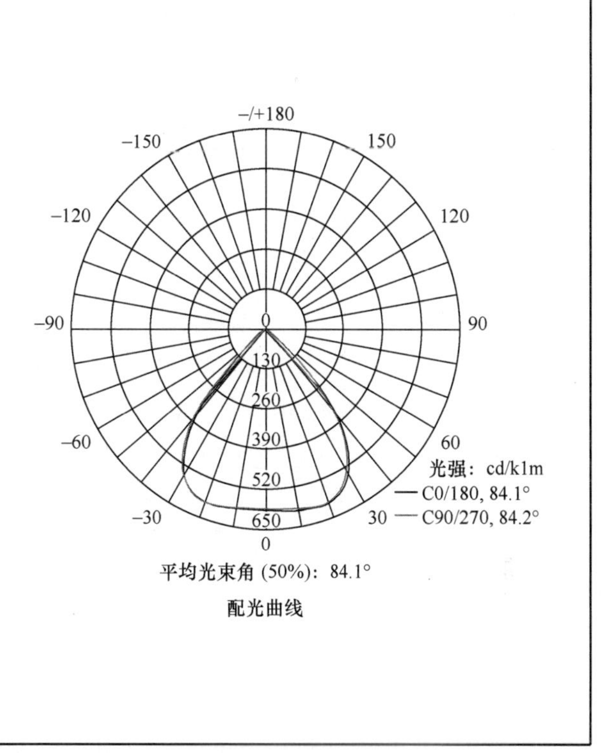

配光曲线

基本参数								
型号		生产厂家	外形尺寸(mm)		光源	最大允许距高比 L/H		调光方式
GK0538-2-LED80		佛山电器照明股份有限公司	直径 Φ	高 H	LED	0°/180°	1.24	不可调光
			380	187.5		90°/270°	1.19	
输入电压	输入电流	功率因数	使用寿命	防护等级	防触电类别	发光面尺寸	安装方式	
220V	0.357A	0.97	25000h	IP65	Ⅰ类	0.14m²	吊装	

光色电参数							
灯具效能	光通量	上射光通比	下射光通比	一般显色指数 R_a	特殊显色指数 R_9	色温	色容差
144lm/W	11173lm	0.5%	99.5%	80	10	5700K	1.4SDCM
颜色漂移	频闪 SVM	峰值光强	光分布分类	空间色度均匀性	启动电流	光生物安全等级	
—	0.566	608cd/klm	直接型	—	<10A	Ⅰ类	

注：适用场所：工业场所、体育中心、港口、码头。

发光强度值(cd/klm)

Θ(°)		0	5	10	15	20	25	30	35	40	45
I_Θ(cd)	0°/180°	589	591	603	604	606	587	548	473	360	185
	90°/270°	587	587	597	605	600	586	540	468	357	176
Θ(°)		50	55	60	65	70	75	80	85	90	
I_Θ(cd)	0°/180°	61.6	29.2	20.8	16.7	13.9	12.8	11.8	7.60	4.64	
	90°/270°	57.7	27.4	19.8	15.8	13.0	13.3	11.3	6.80	3.54	

顶棚	80%			70%			50%			30%			10%			0
墙面	50%	30%	10%	50%	30%	10%	50%	30%	10%	50%	30%	10%	50%	30%	10%	0
地板	20%			20%			20%			20%			20%			0
室空间比	工作面利用系数															
0	1.19	1.19	1.19	1.16	1.16	1.16	1.11	1.11	1.11	1.06	1.06	1.06	1.02	1.02	1.02	0.00
1.0	1.09	1.06	1.03	1.06	1.04	1.01	1.02	1.00	0.98	0.99	0.97	0.95	0.95	0.94	0.92	0.90
2.0	0.99	0.94	0.90	0.97	0.93	0.89	0.94	0.90	0.87	0.91	0.88	0.85	0.88	0.86	0.83	0.82
3.0	0.91	0.85	0.80	0.89	0.84	0.79	0.87	0.82	0.78	0.84	0.80	0.77	0.82	0.78	0.76	0.74
4.0	0.83	0.77	0.72	0.82	0.76	0.71	0.80	0.75	0.70	0.78	0.73	0.69	0.76	0.72	0.69	0.67
5.0	0.77	0.70	0.65	0.76	0.69	0.64	0.74	0.68	0.64	0.72	0.67	0.63	0.70	0.66	0.62	0.61
6.0	0.71	0.64	0.59	0.70	0.63	0.58	0.68	0.62	0.58	0.67	0.61	0.57	0.65	0.61	0.57	0.55
7.0	0.65	0.58	0.53	0.65	0.58	0.53	0.63	0.57	0.53	0.62	0.57	0.53	0.61	0.56	0.52	0.51
8.0	0.61	0.54	0.49	0.60	0.53	0.49	0.59	0.53	0.48	0.58	0.52	0.48	0.57	0.52	0.48	0.46
9.0	0.56	0.49	0.45	0.56	0.49	0.45	0.55	0.49	0.45	0.54	0.48	0.44	0.53	0.48	0.44	0.43
10.0	0.52	0.46	0.41	0.52	0.46	0.41	0.51	0.45	0.41	0.50	0.45	0.41	0.49	0.44	0.41	0.39

顶棚	80%			70%			50%			30%			10%			0
墙面	50%	30%	10%	50%	30%	10%	50%	30%	10%	50%	30%	10%	50%	30%	10%	0
地板	20%			20%			20%			20%			20%			0
室空间比	墙面亮度系数															
0																
1.0	0.217	0.123	0.039	0.210	0.120	0.038	0.197	0.113	0.036	0.185	0.107	0.034	0.174	0.101	0.033	
2.0	0.207	0.113	0.035	0.201	0.111	0.034	0.190	0.105	0.033	0.180	0.101	0.032	0.170	0.096	0.030	
3.0	0.196	0.104	0.031	0.191	0.102	0.031	0.181	0.098	0.030	0.173	0.095	0.029	0.164	0.091	0.028	
4.0	0.186	0.097	0.028	0.182	0.095	0.028	0.173	0.092	0.027	0.165	0.089	0.027	0.158	0.086	0.026	
5.0	0.176	0.090	0.026	0.173	0.089	0.026	0.165	0.086	0.025	0.158	0.084	0.025	0.152	0.081	0.024	
6.0	0.168	0.084	0.024	0.164	0.083	0.024	0.158	0.081	0.024	0.152	0.079	0.023	0.146	0.077	0.023	
7.0	0.159	0.079	0.022	0.156	0.078	0.022	0.151	0.076	0.022	0.145	0.074	0.022	0.140	0.073	0.021	
8.0	0.152	0.074	0.021	0.149	0.073	0.021	0.144	0.072	0.021	0.139	0.070	0.020	0.134	0.069	0.020	
9.0	0.145	0.070	0.020	0.142	0.069	0.019	0.138	0.068	0.019	0.133	0.067	0.019	0.129	0.066	0.019	
10.0	0.138	0.066	0.018	0.136	0.066	0.018	0.132	0.065	0.018	0.128	0.063	0.018	0.124	0.062	0.018	

顶棚	80%			70%			50%			30%			10%			0
墙面	50%	30%	10%	50%	30%	10%	50%	30%	10%	50%	30%	10%	50%	30%	10%	0
地板	20%			20%			20%			20%			20%			0
室空间比	顶棚亮度系数															
0	0.192	0.192	0.192	0.164	0.164	0.164	0.112	0.112	0.112	0.064	0.064	0.064	0.021	0.021	0.021	
1.0	0.175	0.158	0.143	0.150	0.136	0.123	0.103	0.094	0.085	0.059	0.054	0.050	0.019	0.017	0.016	
2.0	0.162	0.134	0.110	0.139	0.115	0.095	0.095	0.080	0.066	0.055	0.046	0.039	0.018	0.015	0.013	
3.0	0.152	0.115	0.086	0.130	0.099	0.075	0.089	0.069	0.052	0.052	0.040	0.031	0.017	0.013	0.010	
4.0	0.143	0.101	0.069	0.123	0.087	0.060	0.084	0.061	0.042	0.049	0.036	0.025	0.016	0.012	0.008	
5.0	0.135	0.090	0.057	0.116	0.078	0.049	0.080	0.054	0.035	0.046	0.032	0.021	0.015	0.010	0.007	
6.0	0.128	0.081	0.047	0.110	0.070	0.041	0.076	0.049	0.029	0.044	0.029	0.017	0.014	0.009	0.006	
7.0	0.122	0.074	0.040	0.105	0.064	0.035	0.073	0.045	0.025	0.042	0.026	0.015	0.014	0.009	0.005	
8.0	0.117	0.068	0.035	0.100	0.059	0.030	0.069	0.041	0.021	0.040	0.024	0.013	0.013	0.008	0.004	
9.0	0.111	0.063	0.030	0.096	0.055	0.026	0.067	0.038	0.019	0.039	0.023	0.011	0.013	0.007	0.004	
10.0	0.107	0.059	0.027	0.092	0.051	0.023	0.064	0.036	0.017	0.037	0.021	0.010	0.012	0.007	0.003	

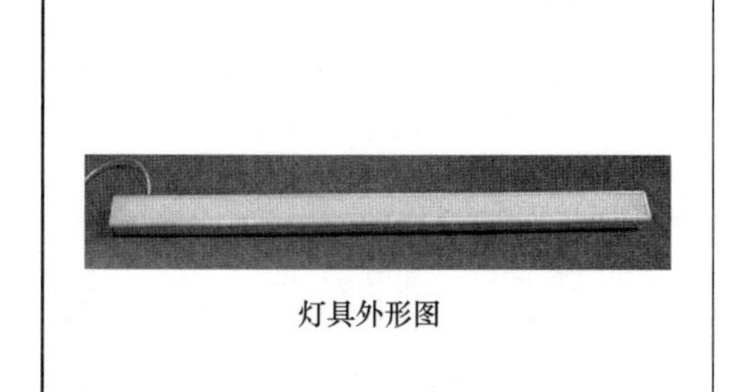

灯具外形图

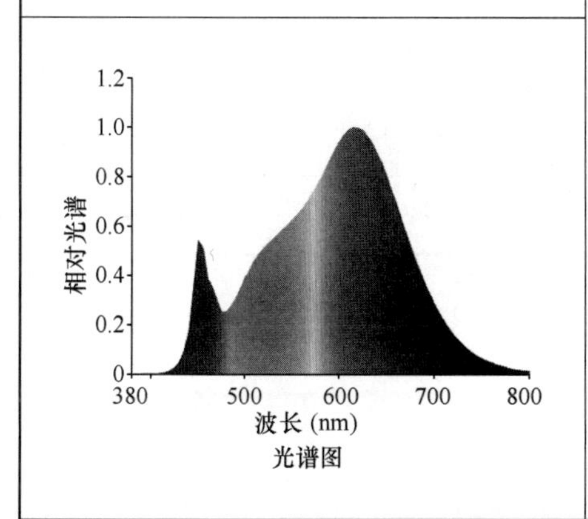

光谱图

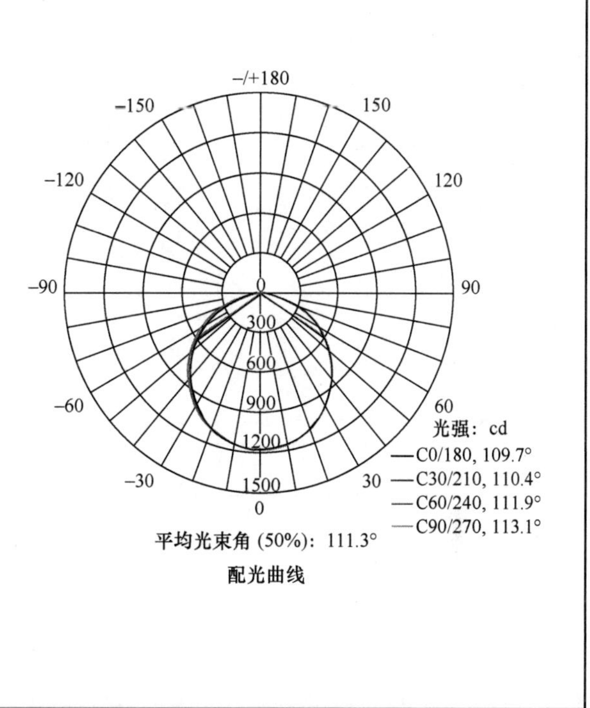

配光曲线

基本参数									
型号	生产厂家	外形尺寸(mm)			光源	最大允许距高比 L/H		调光方式	
YDP120 * 7E-LED36	佛山电器照明股份有限公司	长 L	宽 W	高 H	LED	0°/180°	1.21	不可调光	
		1200	70	70		90°/270°	1.25		
输入电压	输入电流	功率因数	使用寿命	防护等级	防触电类别	发光面尺寸	安装方式		
220V	0.17A	0.9	25000h	IP20	Ⅰ类	0.065m^2	吊装		
光色电参数									
灯具效能	光通量	上射光通比	下射光通比	一般显色指数 R_a	特殊显色指数 R_9	色温	色容差		
91lm/W	3280lm	0	100%	80	14	4000K	5SDCM		
颜色漂移	频闪 SVM	最大表面亮度	光分布分类	空间色度均匀性	启动电流	光生物安全等级			
—	0.36	18185cd/m^2	直接型	—	<80A	Ⅰ类			

注：适用场所：办公室。

发光强度值(cd/klm)

Θ(°)		0	5	10	15	20	25	30	35	40	45
I_Θ(cd)	0°/180°	360	359	353	345	333	318	300	281	259	235
	90°/270°	357	356	351	343	332	318	302	283	262	239
Θ(°)		50	55	60	65	70	75	80	85	90	
I_Θ(cd)	0°/180°	210	182	154	124	94.2	64.0	36.3	14.2	0.86	
	90°/270°	214	187	158	128	97.3	66.2	36.3	12.0	0.40	

顶棚	80%			70%			50%			30%			10%			0
墙面	50%	30%	10%	50%	30%	10%	50%	30%	10%	50%	30%	10%	50%	30%	10%	0
地板	20%			20%			20%			20%			20%			0
室空间比	工作面利用系数															
0	1.19	1.19	1.19	1.16	1.16	1.16	1.11	1.11	1.11	1.06	1.06	1.06	1.02	1.02	1.02	1.19
1.0	1.04	1.00	0.96	1.02	0.98	0.95	0.98	0.94	0.92	0.94	0.91	0.89	0.90	0.88	0.86	1.04
2.0	0.91	0.84	0.78	0.89	0.83	0.77	0.85	0.80	0.76	0.82	0.78	0.74	0.79	0.75	0.72	0.91
3.0	0.80	0.72	0.65	0.78	0.71	0.64	0.75	0.69	0.63	0.72	0.67	0.62	0.70	0.65	0.61	0.80
4.0	0.71	0.62	0.55	0.69	0.61	0.55	0.67	0.60	0.54	0.64	0.58	0.53	0.62	0.57	0.53	0.71
5.0	0.63	0.54	0.47	0.62	0.53	0.47	0.60	0.52	0.47	0.58	0.51	0.46	0.56	0.50	0.46	0.63
6.0	0.57	0.48	0.41	0.56	0.47	0.41	0.54	0.46	0.41	0.52	0.46	0.40	0.51	0.45	0.40	0.57
7.0	0.51	0.43	0.37	0.51	0.42	0.36	0.49	0.42	0.36	0.48	0.41	0.36	0.46	0.40	0.36	0.51
8.0	0.47	0.38	0.33	0.46	0.38	0.32	0.45	0.38	0.32	0.44	0.37	0.32	0.43	0.36	0.32	0.47
9.0	0.43	0.35	0.29	0.42	0.35	0.29	0.41	0.34	0.29	0.40	0.34	0.29	0.39	0.33	0.29	0.43
10.0	0.40	0.32	0.27	0.39	0.32	0.27	0.38	0.31	0.26	0.37	0.31	0.26	0.36	0.30	0.26	0.40

顶棚	80%			70%			50%			30%			10%			0
墙面	50%	30%	10%	50%	30%	10%	50%	30%	10%	50%	30%	10%	50%	30%	10%	0
地板	20%			20%			20%			20%			20%			0
室空间比	墙面亮度系数															
0																
1.0	0.304	0.173	0.055	0.297	0.169	0.054	0.284	0.163	0.052	0.272	0.157	0.050	0.260	0.151	0.049	
2.0	0.288	0.158	0.048	0.282	0.155	0.048	0.270	0.150	0.047	0.260	0.146	0.046	0.250	0.141	0.045	
3.0	0.268	0.142	0.043	0.262	0.140	0.042	0.252	0.136	0.041	0.242	0.133	0.041	0.233	0.129	0.040	
4.0	0.247	0.129	0.038	0.243	0.127	0.038	0.233	0.124	0.037	0.225	0.121	0.036	0.217	0.118	0.036	
5.0	0.229	0.117	0.034	0.225	0.115	0.034	0.217	0.113	0.033	0.209	0.110	0.033	0.202	0.108	0.032	
6.0	0.213	0.107	0.031	0.209	0.105	0.030	0.202	0.103	0.030	0.195	0.101	0.030	0.188	0.099	0.029	
7.0	0.198	0.098	0.028	0.195	0.097	0.028	0.188	0.095	0.027	0.182	0.093	0.027	0.176	0.092	0.027	
8.0	0.185	0.090	0.025	0.182	0.090	0.025	0.176	0.088	0.025	0.171	0.087	0.025	0.166	0.085	0.025	
9.0	0.173	0.084	0.023	0.171	0.083	0.023	0.166	0.082	0.023	0.161	0.081	0.023	0.156	0.079	0.023	
10.0	0.163	0.078	0.022	0.161	0.078	0.022	0.156	0.076	0.022	0.152	0.075	0.021	0.147	0.074	0.021	

顶棚	80%			70%			50%			30%			10%			0
墙面	50%	30%	10%	50%	30%	10%	50%	30%	10%	50%	30%	10%	50%	30%	10%	0
地板	20%			20%			20%			20%			20%			0
室空间比	顶棚亮度系数															
0	0.190	0.190	0.190	0.163	0.163	0.163	0.111	0.111	0.111	0.064	0.064	0.064	0.020	0.020	0.020	
1.0	0.180	0.156	0.135	0.154	0.134	0.116	0.105	0.092	0.080	0.061	0.053	0.047	0.019	0.017	0.015	
2.0	0.172	0.132	0.098	0.147	0.114	0.085	0.101	0.079	0.059	0.058	0.046	0.035	0.019	0.015	0.011	
3.0	0.164	0.114	0.075	0.141	0.099	0.065	0.097	0.068	0.045	0.056	0.040	0.027	0.018	0.013	0.009	
4.0	0.156	0.101	0.059	0.134	0.087	0.051	0.092	0.061	0.036	0.053	0.036	0.021	0.017	0.012	0.007	
5.0	0.149	0.091	0.047	0.128	0.078	0.041	0.088	0.055	0.029	0.051	0.032	0.017	0.016	0.010	0.006	
6.0	0.142	0.082	0.039	0.122	0.071	0.034	0.084	0.050	0.024	0.049	0.029	0.014	0.016	0.010	0.005	
7.0	0.135	0.075	0.033	0.116	0.065	0.029	0.080	0.046	0.021	0.047	0.027	0.012	0.015	0.009	0.004	
8.0	0.129	0.069	0.029	0.111	0.060	0.025	0.077	0.042	0.018	0.045	0.025	0.011	0.014	0.008	0.004	
9.0	0.123	0.065	0.025	0.106	0.056	0.022	0.073	0.039	0.016	0.043	0.023	0.009	0.014	0.008	0.003	
10.0	0.117	0.060	0.022	0.101	0.052	0.020	0.070	0.037	0.014	0.041	0.022	0.008	0.013	0.007	0.003	

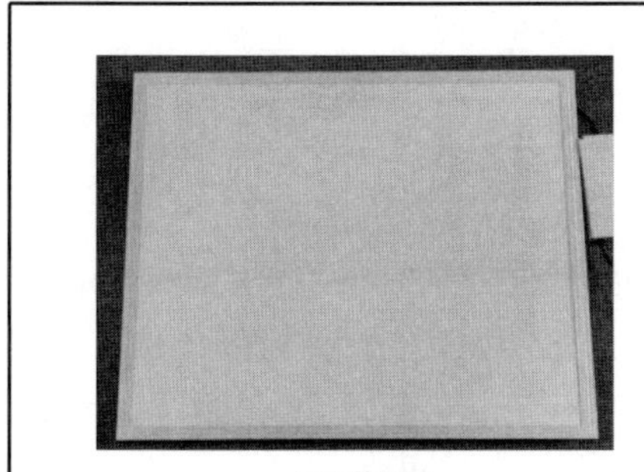

灯具外形图

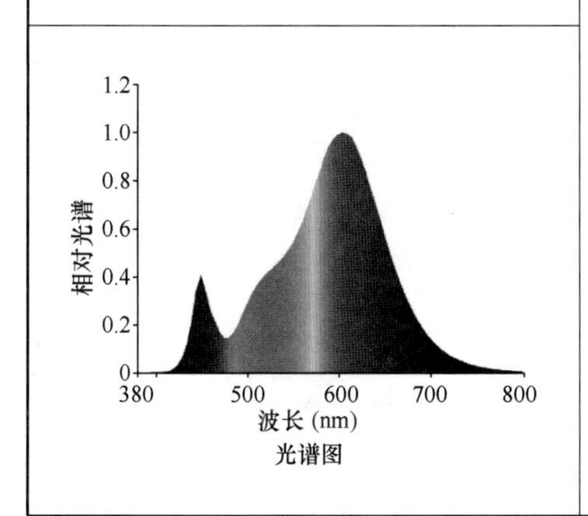

光谱图

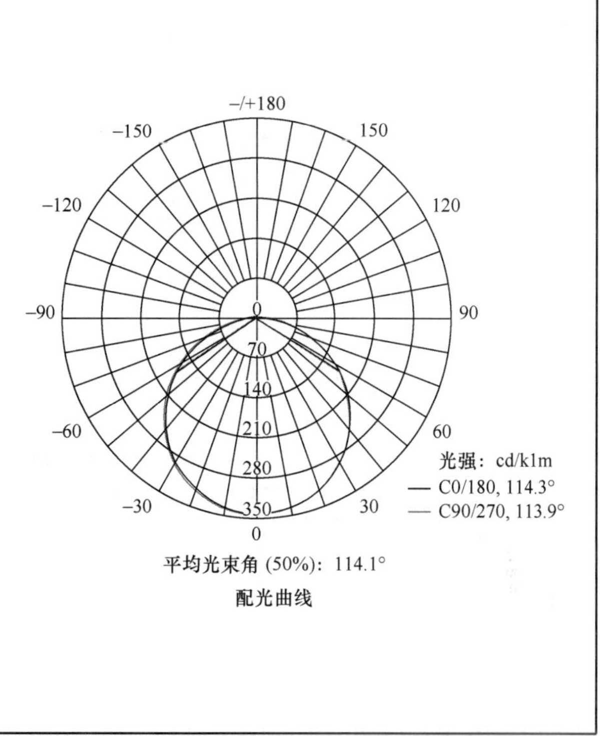

平均光束角 (50%)：114.1°

配光曲线

基本参数										
型号		生产厂家	外形尺寸(mm)			光源	最大允许距高比 L/H			调光方式
BGZ1038		恒亦明(重庆)科技有限公司	长 L	宽 W	高 H	LED	0°/180°		1.24	调光调色
			595	595	35		90°/270°		1.27	
输入电压	输入电流	功率因数	使用寿命		防护等级	防触电类别	发光面尺寸		安装方式	
220～240V	0.17A	0.95	30000h		IP20	Ⅱ类	$0.3m^2$		嵌入式	
光色电参数										
灯具效能	光通量	上射光通比	下射光通比		一般显色指数 R_a		特殊显色指数 R_9		色温	色容差
99lm/W	3590lm	0	100%		82		2		2700～5700K	1.1SDCM
颜色漂移	频闪 SVM	最大表面亮度	光分布分类		空间色度均匀性		启动电流		光生物安全等级	
0.004	0.62	$4122cd/m^2$	直接型		—		20A		0 类	

注：适用场所：办公室。

发光强度值(cd/klm)

Θ(°)		0	5	10	15	20	25	30	35	40	45
I_Θ(cd)	0°/180°	345	343	339	332	323	310	295	278	258	236
	90°/270°	344	343	339	332	323	310	296	278	259	237
Θ(°)		50	55	60	65	70	75	80	85	90	
I_Θ(cd)	0°/180°	212	186	159	130	100	70.9	43.6	19.6	1.15	
	90°/270°	213	188	160	131	102	72.0	44.0	20.3	2.36	

顶棚	80%			70%			50%			30%			10%			0
墙面	50%	30%	10%	50%	30%	10%	50%	30%	10%	50%	30%	10%	50%	30%	10%	0
地板	20%			20%			20%			20%			20%			0
室空间比	工作面利用系数															
0	1.19	1.19	1.19	1.16	1.16	1.16	1.11	1.11	1.11	1.06	1.06	1.06	1.02	1.02	1.02	1.00
1.0	1.04	0.99	0.95	1.01	0.97	0.94	0.97	0.94	0.91	0.93	0.91	0.88	0.90	0.88	0.86	0.83
2.0	0.90	0.83	0.77	0.88	0.82	0.77	0.85	0.79	0.75	0.81	0.77	0.73	0.78	0.75	0.71	0.69
3.0	0.79	0.71	0.64	0.77	0.70	0.64	0.74	0.68	0.62	0.72	0.66	0.61	0.69	0.64	0.60	0.58
4.0	0.70	0.61	0.54	0.69	0.60	0.54	0.66	0.59	0.53	0.64	0.57	0.52	0.62	0.56	0.52	0.49
5.0	0.62	0.53	0.47	0.61	0.53	0.46	0.59	0.52	0.46	0.57	0.51	0.45	0.55	0.49	0.45	0.43
6.0	0.56	0.47	0.41	0.55	0.47	0.40	0.53	0.46	0.40	0.52	0.45	0.40	0.50	0.44	0.39	0.37
7.0	0.51	0.42	0.36	0.50	0.42	0.36	0.48	0.41	0.35	0.47	0.40	0.35	0.46	0.40	0.35	0.33
8.0	0.46	0.38	0.32	0.46	0.37	0.32	0.44	0.37	0.32	0.43	0.36	0.31	0.42	0.36	0.31	0.29
9.0	0.43	0.34	0.29	0.42	0.34	0.29	0.41	0.34	0.28	0.40	0.33	0.28	0.39	0.33	0.28	0.26
10.0	0.39	0.31	0.26	0.39	0.31	0.26	0.38	0.31	0.26	0.37	0.30	0.26	0.36	0.30	0.26	0.24

顶棚	80%			70%			50%			30%			10%			0
墙面	50%	30%	10%	50%	30%	10%	50%	30%	10%	50%	30%	10%	50%	30%	10%	0
地板	20%			20%			20%			20%			20%			0
室空间比	墙面亮度系数															
0																
1.0	0.313	0.178	0.056	0.306	0.174	0.055	0.292	0.168	0.054	0.280	0.162	0.052	0.269	0.156	0.050	
2.0	0.294	0.161	0.049	0.288	0.158	0.049	0.276	0.153	0.048	0.265	0.149	0.047	0.255	0.144	0.045	
3.0	0.272	0.145	0.043	0.266	0.143	0.043	0.256	0.139	0.042	0.246	0.135	0.041	0.237	0.131	0.041	
4.0	0.251	0.130	0.038	0.246	0.129	0.038	0.237	0.125	0.037	0.228	0.122	0.037	0.220	0.120	0.036	
5.0	0.232	0.118	0.034	0.227	0.117	0.034	0.219	0.114	0.034	0.211	0.112	0.033	0.204	0.109	0.033	
6.0	0.215	0.108	0.031	0.211	0.106	0.031	0.204	0.104	0.030	0.197	0.102	0.030	0.190	0.100	0.030	
7.0	0.200	0.099	0.028	0.196	0.098	0.028	0.190	0.096	0.028	0.184	0.094	0.027	0.178	0.092	0.027	
8.0	0.186	0.091	0.026	0.183	0.090	0.026	0.178	0.089	0.025	0.172	0.087	0.025	0.167	0.086	0.025	
9.0	0.175	0.084	0.024	0.172	0.084	0.024	0.167	0.082	0.023	0.162	0.081	0.023	0.157	0.080	0.023	
10.0	0.164	0.079	0.022	0.162	0.078	0.022	0.157	0.077	0.022	0.153	0.076	0.022	0.148	0.075	0.021	

顶棚	80%			70%			50%			30%			10%			0
墙面	50%	30%	10%	50%	30%	10%	50%	30%	10%	50%	30%	10%	50%	30%	10%	0
地板	20%			20%			20%			20%			20%			0
室空间比	顶棚亮度系数															
0	0.190	0.190	0.190	0.163	0.163	0.163	0.111	0.111	0.111	0.064	0.064	0.064	0.020	0.020	0.020	
1.0	0.180	0.156	0.134	0.154	0.134	0.115	0.106	0.092	0.080	0.061	0.053	0.046	0.019	0.017	0.015	
2.0	0.173	0.132	0.098	0.148	0.114	0.085	0.101	0.079	0.059	0.058	0.046	0.035	0.019	0.015	0.011	
3.0	0.165	0.114	0.074	0.141	0.099	0.064	0.097	0.069	0.045	0.056	0.040	0.027	0.018	0.013	0.009	
4.0	0.157	0.101	0.058	0.135	0.087	0.050	0.093	0.061	0.036	0.054	0.036	0.021	0.017	0.012	0.007	
5.0	0.150	0.091	0.047	0.129	0.078	0.041	0.089	0.055	0.029	0.051	0.032	0.017	0.017	0.010	0.006	
6.0	0.143	0.082	0.039	0.123	0.071	0.034	0.085	0.050	0.024	0.049	0.029	0.014	0.016	0.010	0.005	
7.0	0.136	0.075	0.033	0.117	0.065	0.029	0.081	0.046	0.020	0.047	0.027	0.012	0.015	0.009	0.004	
8.0	0.129	0.070	0.029	0.111	0.060	0.025	0.077	0.042	0.018	0.045	0.025	0.011	0.014	0.008	0.003	
9.0	0.123	0.065	0.025	0.106	0.056	0.022	0.074	0.039	0.016	0.043	0.023	0.009	0.014	0.008	0.003	
10.0	0.117	0.060	0.022	0.101	0.052	0.020	0.070	0.037	0.014	0.041	0.022	0.008	0.013	0.007	0.003	

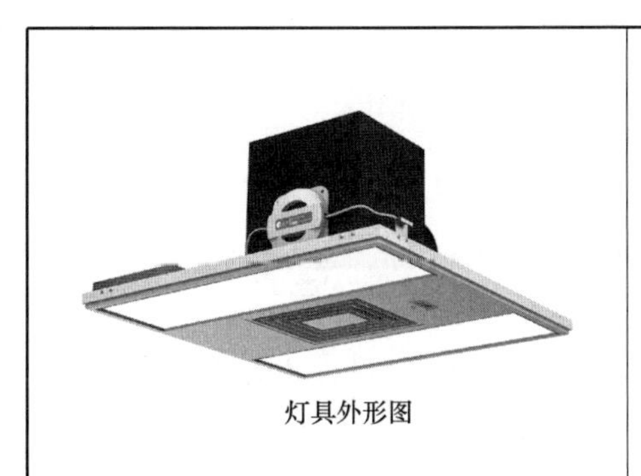
灯具外形图

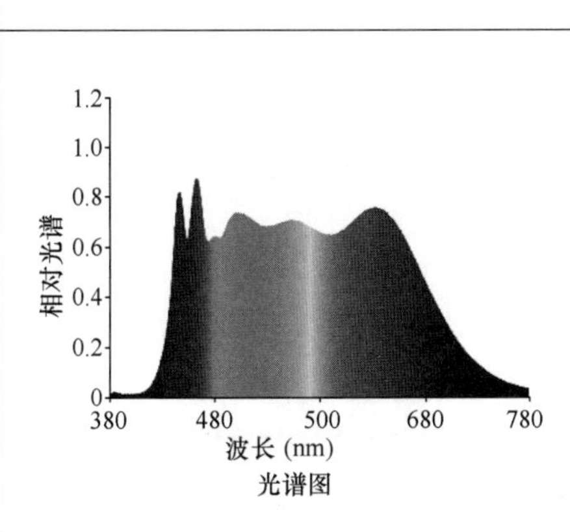

光谱图

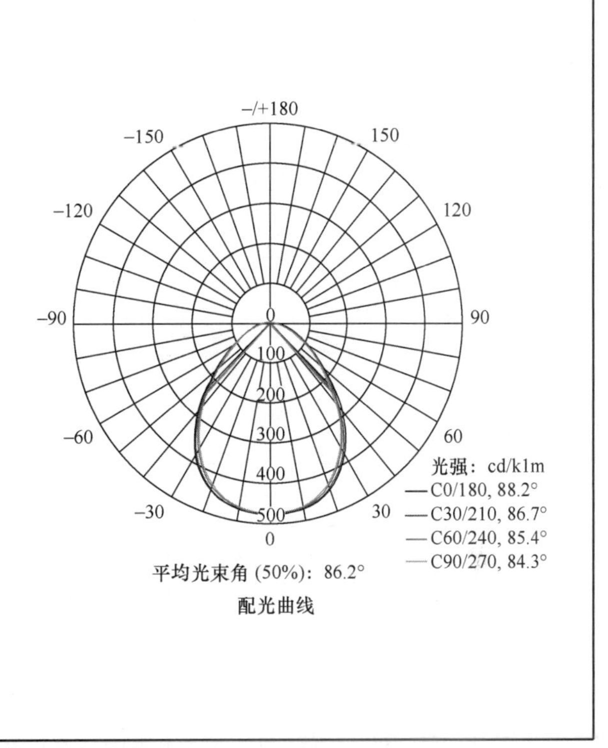

配光曲线

基本参数									
型号		生产厂家	外形尺寸(mm)			光源	最大允许距高比 L/H		调光方式
XGL-P111-24		江苏新广联光电股份有限公司	长 L	宽 W	高 H	LED(照明) UVC-LED (杀菌)	0°/180°	1.16	可调光
			592	592	50		90°/270°	1.24	
输入电压	输入电流	功率因数	使用寿命	防护等级		防触电类别	发光面尺寸		安装方式
220V	0.11A	0.93	30000h	IP20		Ⅱ类	0.35m²		嵌入式
光色电参数									
灯具效能	光通量	上射光通比	下射光通比	一般显色指数 R_a		特殊显色指数 R_9	色温		色容差
98lm/W	2240lm	0	100%	92		67	4100K		1.1SDCM
颜色漂移	频闪 SVM	最大表面亮度	光分布分类	空间色度均匀性		启动电流	光生物安全等级		
0.0006	0.53	3062cd/m²	直接型	0.0018		1A	RG0		

适用场所：办公室(空间照明与杀菌)。

光强度值(cd/klm)

Θ(°)		0	5	10	15	20	25	30	35	40	45
I_Θ(cd)	0°/180°	478	477	472	462	444	417	381	336	284	230
	90°/270°	477	474	466	451	428	397	358	313	261	208
Θ(°)		50	55	60	65	70	75	80	85	90	
I_Θ(cd)	0°/180°	180	139	105	79.3	61.9	46.9	31.2	14.0	0.29	
	90°/270°	164	127	97.2	75.1	59.0	44.0	29.0	12.9	0.19	

顶棚	80%			70%			50%			30%			10%			0
墙面	50%	30%	10%	50%	30%	10%	50%	30%	10%	50%	30%	10%	50%	30%	10%	0
地板	20%			20%			20%			20%			20%			0
室空间比	工作面利用系数															
0	1.19	1.19	1.19	1.16	1.16	1.16	1.11	1.11	1.11	1.06	1.06	1.06	1.01	1.01	1.01	0.99
1.0	1.05	1.02	0.98	1.03	0.00	0.96	0.99	0.96	0.93	0.95	0.92	0.90	0.91	0.89	0.87	0.85
2.0	0.94	0.87	0.82	0.92	0.86	0.81	0.88	0.83	0.79	0.85	0.81	0.77	0.82	0.78	0.75	0.73
3.0	0.84	0.76	0.70	0.82	0.75	0.70	0.79	0.73	0.68	0.76	0.71	0.67	0.73	0.69	0.66	0.64
4.0	0.75	0.67	0.61	0.74	0.66	0.61	0.71	0.65	0.60	0.69	0.63	0.59	0.67	0.62	0.58	0.56
5.0	0.68	0.60	0.54	0.67	0.59	0.53	0.65	0.58	0.53	0.63	0.57	0.52	0.61	0.56	0.51	0.49
6.0	0.62	0.54	0.48	0.61	0.53	0.47	0.59	0.52	0.47	0.57	0.51	0.46	0.56	0.50	0.46	0.44
7.0	0.57	0.48	0.43	0.56	0.48	0.43	0.54	0.47	0.42	0.53	0.46	0.42	0.51	0.46	0.41	0.40
8.0	0.52	0.44	0.39	0.51	0.44	0.38	0.50	0.43	0.38	0.49	0.42	0.38	0.47	0.42	0.38	0.36
9.0	0.48	0.40	0.35	0.47	0.40	0.35	0.46	0.39	0.35	0.45	0.39	0.35	0.44	0.38	0.34	0.33
10.0	0.45	0.37	0.32	0.44	0.37	0.32	0.43	0.36	0.32	0.42	0.36	0.32	0.41	0.36	0.32	0.30

顶棚	80%			70%			50%			30%			10%			0
墙面	50%	30%	10%	50%	30%	10%	50%	30%	10%	50%	30%	10%	50%	30%	10%	0
地板	20%			20%			20%			20%			20%			0
室空间比	墙面亮度系数															
0																
1.0	0.275	0.156	0.049	0.267	0.153	0.048	0.254	0.146	0.046	0.241	0.139	0.045	0.230	0.133	0.043	
2.0	0.259	0.142	0.044	0.253	0.139	0.043	0.241	0.134	0.042	0.230	0.129	0.040	0.220	0.124	0.039	
3.0	0.241	0.129	0.038	0.236	0.126	0.038	0.225	0.122	0.037	0.216	0.118	0.036	0.207	0.114	0.035	
4.0	0.225	0.117	0.034	0.220	0.115	0.034	0.210	0.112	0.033	0.202	0.108	0.033	0.194	0.105	0.032	
5.0	0.209	0.107	0.031	0.205	0.105	0.031	0.197	0.102	0.030	0.189	0.100	0.030	0.182	0.097	0.029	
6.0	0.196	0.098	0.028	0.192	0.097	0.028	0.184	0.094	0.027	0.177	0.092	0.027	0.171	0.090	0.027	
7.0	0.183	0.091	0.026	0.180	0.090	0.026	0.173	0.088	0.025	0.167	0.086	0.025	0.161	0.084	0.025	
8.0	0.172	0.084	0.024	0.169	0.083	0.024	0.163	0.082	0.023	0.158	0.080	0.023	0.152	0.078	0.023	
9.0	0.162	0.079	0.022	0.160	0.078	0.022	0.154	0.076	0.022	0.149	0.075	0.021	0.144	0.073	0.021	
10.0	0.153	0.074	0.020	0.151	0.073	0.020	0.146	0.072	0.020	0.141	0.070	0.020	0.137	0.069	0.020	

顶棚	80%			70%			50%			30%			10%			0
墙面	50%	30%	10%	50%	30%	10%	50%	30%	10%	50%	30%	10%	50%	30%	10%	0
地板	20%			20%			20%			20%			20%			0
室空间比	顶棚亮度系数															
0	0.199	0.199	0.199	0.170	0.170	0.170	0.116	0.116	0.116	0.067	0.067	0.067	0.021	0.021	0.021	
1.0	0.186	0.165	0.145	0.159	0.141	0.125	0.109	0.097	0.086	0.063	0.056	0.050	0.020	0.018	0.016	
2.0	0.176	0.140	0.110	0.151	0.121	0.095	0.103	0.084	0.066	0.060	0.049	0.039	0.019	0.016	0.013	
3.0	0.167	0.122	0.087	0.143	0.106	0.075	0.098	0.073	0.053	0.057	0.043	0.031	0.018	0.014	0.010	
4.0	0.159	0.109	0.070	0.137	0.094	0.061	0.094	0.065	0.043	0.054	0.038	0.025	0.017	0.012	0.008	
5.0	0.152	0.098	0.059	0.130	0.085	0.051	0.090	0.059	0.036	0.052	0.035	0.021	0.017	0.011	0.007	
6.0	0.144	0.090	0.050	0.124	0.078	0.044	0.086	0.054	0.031	0.050	0.032	0.018	0.016	0.010	0.006	
7.0	0.138	0.082	0.044	0.119	0.072	0.038	0.082	0.050	0.027	0.048	0.030	0.016	0.015	0.010	0.005	
8.0	0.132	0.077	0.039	0.113	0.066	0.034	0.078	0.047	0.024	0.046	0.028	0.014	0.015	0.009	0.005	
9.0	0.126	0.072	0.035	0.109	0.062	0.030	0.075	0.044	0.022	0.044	0.026	0.013	0.014	0.008	0.004	
10.0	0.121	0.067	0.032	0.104	0.059	0.028	0.072	0.041	0.020	0.042	0.024	0.012	0.014	0.008	0.004	

灯具外形图

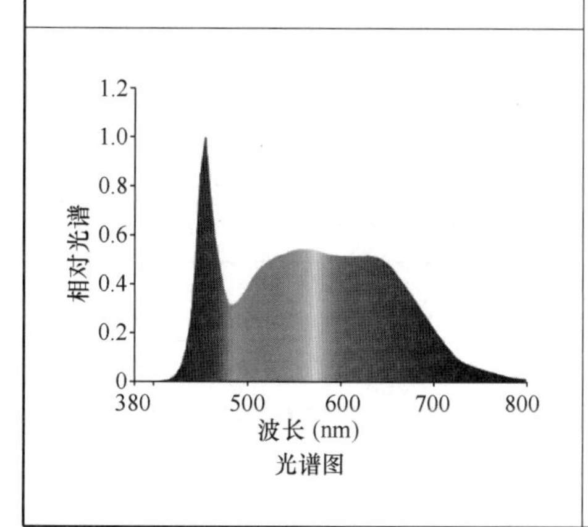

光谱图

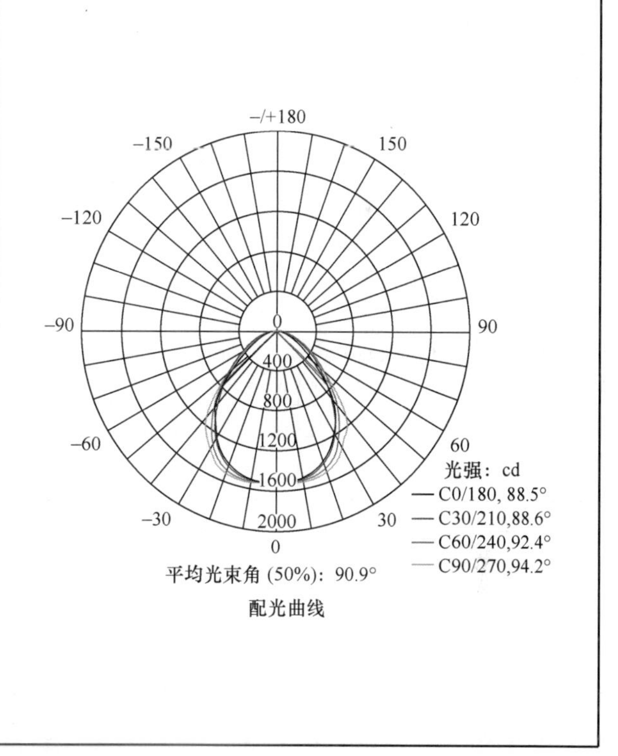

配光曲线

基本参数									
型号	生产厂家	外形尺寸(mm)			光源	最大允许距高比 L/H		调光方式	
C21-2800-23	厦门立达信数字教育科技有限公司	长 L	宽 W	高 H	LED	0°/180°	1.19	无	
		600	600	46		90°/270°	1.32		
输入电压	输入电流	功率因数	使用寿命	防护等级	防触电类别	发光面尺寸	安装方式		
220V	0.165A	>0.9	30000h	IP40	Ⅱ类	0.3m²	嵌入式、吊装式		
光色电参数									
灯具效能	光通量	上射光通比	下射光通比	一般显色指数 R_a	特殊显色指数 R_9	色温	色容差		
92lm/W	3360lm	0	100%	95	87	5000K	<5SDCM		
颜色漂移	频闪 SVM	最大表面亮度	光分布分类	空间色度均匀性	启动电流	光生物安全等级			
<0.007	<1	5143cd/m²	直接型	≤0.004	<20A	—			

注：适用场所：教室、办公室。

发光强度值(cd/klm)

Θ(°)		0	5	10	15	20	25	30	35	40	45
I_Θ(cd)	0°/180°	1484	1476	1454	1415	1356	1276	1155	1018	907	706
	90°/270°	1484	1495	1508	1514	1498	1448	1353	1242	1158	906
Θ(°)		50	55	60	65	70	75	80	85	90	
I_Θ(cd)	0°/180°	495	349	235	162	124	100	65.5	28.6	1.19	
	90°/270°	636	444	307	211	148	108	72.9	33.3	1.47	

顶棚	80%			70%			50%			30%			10%			0
墙面	50%	30%	10%	50%	30%	10%	50%	30%	10%	50%	30%	10%	50%	30%	10%	0
地板	20%			20%			20%			20%			20%			0
室空间比	工作面利用系数															
0	1.19	1.19	1.19	1.16	1.16	1.16	1.11	1.11	1.11	1.06	1.06	1.06	1.02	1.02	1.02	1.00
1.0	1.06	1.02	0.99	1.04	1.01	0.98	1.00	0.97	0.95	0.96	0.94	0.92	0.92	0.91	0.89	0.87
2.0	0.94	0.88	0.83	0.93	0.87	0.82	0.89	0.85	0.81	0.86	0.82	0.79	0.83	0.80	0.77	0.75
3.0	0.84	0.77	0.71	0.83	0.76	0.71	0.80	0.74	0.70	0.77	0.72	0.68	0.75	0.71	0.67	0.65
4.0	0.76	0.68	0.62	0.75	0.67	0.61	0.72	0.66	0.61	0.70	0.64	0.60	0.68	0.63	0.59	0.57
5.0	0.69	0.60	0.54	0.67	0.60	0.54	0.65	0.59	0.54	0.64	0.58	0.53	0.62	0.57	0.52	0.50
6.0	0.62	0.54	0.48	0.61	0.54	0.48	0.60	0.53	0.48	0.58	0.52	0.47	0.57	0.51	0.47	0.45
7.0	0.57	0.49	0.43	0.56	0.48	0.43	0.55	0.48	0.43	0.53	0.47	0.42	0.52	0.46	0.42	0.40
8.0	0.52	0.44	0.39	0.52	0.44	0.39	0.50	0.43	0.39	0.49	0.43	0.38	0.48	0.42	0.38	0.36
9.0	0.48	0.41	0.35	0.48	0.40	0.35	0.47	0.40	0.35	0.46	0.39	0.35	0.45	0.39	0.35	0.33
10.0	0.45	0.37	0.32	0.44	0.37	0.32	0.43	0.37	0.32	0.42	0.36	0.32	0.41	0.36	0.32	0.30

顶棚	80%			70%			50%			30%			10%			0
墙面	50%	30%	10%	50%	30%	10%	50%	30%	10%	50%	30%	10%	50%	30%	10%	0
地板	20%			20%			20%			20%			20%			0
室空间比	墙面亮度系数															
0																
1.0	0.267	0.152	0.048	0.260	0.148	0.047	0.247	0.142	0.045	0.235	0.136	0.043	0.224	0.130	0.042	
2.0	0.254	0.139	0.043	0.248	0.137	0.042	0.237	0.132	0.041	0.227	0.127	0.040	0.217	0.123	0.039	
3.0	0.239	0.127	0.038	0.233	0.125	0.038	0.223	0.121	0.037	0.214	0.117	0.036	0.206	0.114	0.035	
4.0	0.223	0.116	0.034	0.218	0.114	0.034	0.210	0.111	0.033	0.201	0.108	0.033	0.194	0.105	0.032	
5.0	0.208	0.106	0.031	0.204	0.105	0.031	0.197	0.102	0.030	0.189	0.100	0.030	0.183	0.098	0.029	
6.0	0.195	0.098	0.028	0.192	0.097	0.028	0.185	0.095	0.028	0.178	0.093	0.027	0.172	0.091	0.027	
7.0	0.183	0.091	0.026	0.180	0.090	0.026	0.174	0.088	0.025	0.168	0.086	0.025	0.163	0.084	0.025	
8.0	0.172	0.084	0.024	0.170	0.083	0.024	0.164	0.082	0.023	0.159	0.080	0.023	0.154	0.079	0.023	
9.0	0.163	0.079	0.022	0.160	0.078	0.022	0.155	0.077	0.022	0.150	0.075	0.022	0.146	0.074	0.021	
10.0	0.154	0.074	0.020	0.151	0.073	0.020	0.147	0.072	0.020	0.143	0.071	0.020	0.139	0.070	0.020	

顶棚	80%			70%			50%			30%			10%			0
墙面	50%	30%	10%	50%	30%	10%	50%	30%	10%	50%	30%	10%	50%	30%	10%	0
地板	20%			20%			20%			20%			20%			0
室空间比	顶棚亮度系数															
0	0.190	0.190	0.190	0.163	0.163	0.163	0.111	0.111	0.111	0.064	0.064	0.064	0.020	0.020	0.020	
1.0	0.177	0.157	0.138	0.152	0.134	0.119	0.104	0.092	0.082	0.060	0.053	0.048	0.019	0.017	0.015	
2.0	0.167	0.132	0.103	0.143	0.114	0.089	0.098	0.079	0.062	0.057	0.046	0.036	0.018	0.015	0.012	
3.0	0.158	0.114	0.079	0.136	0.098	0.068	0.093	0.068	0.048	0.054	0.040	0.028	0.017	0.013	0.009	
4.0	0.150	0.100	0.062	0.129	0.087	0.054	0.089	0.060	0.038	0.051	0.035	0.023	0.017	0.012	0.007	
5.0	0.143	0.090	0.050	0.123	0.078	0.044	0.085	0.054	0.031	0.049	0.032	0.018	0.016	0.010	0.006	
6.0	0.136	0.081	0.042	0.117	0.070	0.036	0.081	0.049	0.026	0.047	0.029	0.015	0.015	0.009	0.005	
7.0	0.130	0.074	0.035	0.111	0.064	0.031	0.077	0.045	0.022	0.045	0.027	0.013	0.014	0.009	0.004	
8.0	0.123	0.068	0.030	0.106	0.059	0.026	0.074	0.042	0.019	0.043	0.025	0.011	0.014	0.008	0.004	
9.0	0.118	0.063	0.027	0.102	0.055	0.023	0.070	0.039	0.016	0.041	0.023	0.010	0.013	0.007	0.003	
10.0	0.113	0.059	0.023	0.097	0.051	0.020	0.067	0.036	0.015	0.039	0.021	0.009	0.013	0.007	0.003	

灯具外形图

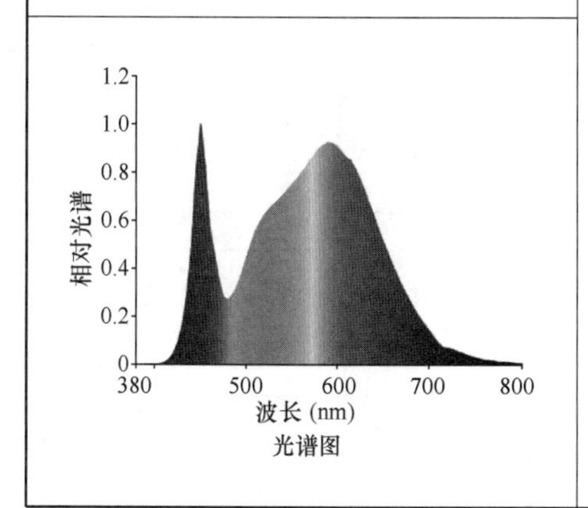

光谱图

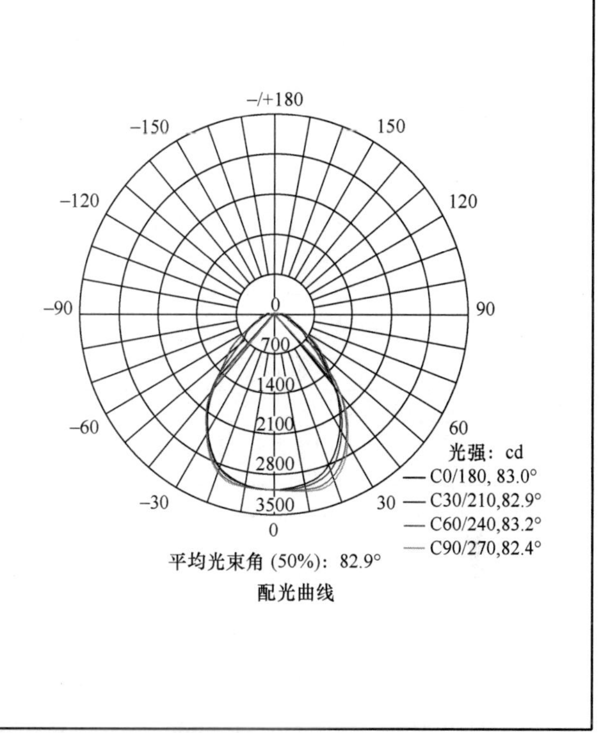

配光曲线

<table>
<tr><td colspan="9">基本参数</td></tr>
<tr><td colspan="2">型号</td><td colspan="2">生产厂家</td><td colspan="3">外形尺寸(mm)</td><td>光源</td><td colspan="2">最大允许距高比 L/H</td><td>调光方式</td></tr>
<tr><td colspan="2" rowspan="2">SIMPLITZ Panel 0606 HP 840</td><td colspan="2" rowspan="2">欧司朗(中国)照明有限公司</td><td>长 L</td><td>宽 W</td><td>高 H</td><td rowspan="2">LED</td><td>0°/180°</td><td>1.17</td><td rowspan="2">不可调光</td></tr>
<tr><td>595</td><td>595</td><td>9.4</td><td>90°/270°</td><td>1.17</td></tr>
<tr><td>输入电压</td><td>输入电流</td><td>功率因数</td><td>使用寿命</td><td>防护等级</td><td>防触电类别</td><td>发光面尺寸</td><td>安装方式</td></tr>
<tr><td>220V</td><td>0.26A</td><td>0.98</td><td>50000h</td><td>IP20</td><td>Ⅱ类</td><td>0.32m²</td><td>嵌入式</td></tr>
<tr><td colspan="8">光色电参数</td></tr>
<tr><td>灯具效能</td><td>光通量</td><td>上射光通比</td><td>下射光通比</td><td>一般显色指数 R_a</td><td>特殊显色指数 R₉</td><td>色温</td><td>色容差</td></tr>
<tr><td>125lm/W</td><td>6050lm</td><td>0</td><td>100%</td><td>84</td><td>16</td><td>4000K</td><td>3.5SDCM</td></tr>
<tr><td>颜色漂移</td><td>频闪 SVM</td><td>最大表面亮度</td><td>光分布分类</td><td>空间色度均匀性</td><td>启动电流</td><td colspan="2">光生物安全等级</td></tr>
<tr><td>0.0075</td><td>0.003</td><td>9922cd/m²</td><td>直接型</td><td>0.0032</td><td>10A</td><td colspan="2">Ⅰ类</td></tr>
</table>

注：适用场所：教室、办公室。

发光强度值(cd/klm)

Θ(°)		0	5	10	15	20	25	30	35	40	45
I_Θ(cd)	0°/180°	3085	3072	3031	2957	2817	2600	2329	2032	1616	1222
	90°/270°	3086	3113	3152	3175	3109	2911	2602	2258	1792	1315
Θ(°)		50	55	60	65	70	75	80	85	90	
I_Θ(cd)	0°/180°	1000	737	449	271	267	265	145	79.1	1.31	
	90°/270°	834	692	557	404	270	242	153	89.4	7.09	

顶棚	80%			70%			50%			30%			10%			0
墙面	50%	30%	10%	50%	30%	10%	50%	30%	10%	50%	30%	10%	50%	30%	10%	0
地板	20%			20%			20%			20%			20%			0
室空间比	工作面利用系数															
0	1.19	1.19	1.19	1.16	1.16	1.16	1.11	1.11	1.11	1.06	1.06	1.06	1.02	1.02	1.02	1.00
1.0	1.06	1.03	1.00	1.04	1.01	0.98	1.00	0.97	0.95	0.96	0.94	0.92	0.93	0.91	0.89	0.87
2.0	0.95	0.89	0.84	0.93	0.88	0.83	0.90	0.85	0.81	0.87	0.83	0.80	0.84	0.81	0.78	0.76
3.0	0.85	0.78	0.73	0.84	0.77	0.72	0.81	0.75	0.71	0.78	0.74	0.70	0.76	0.72	0.69	0.67
4.0	0.77	0.69	0.64	0.76	0.69	0.63	0.73	0.67	0.62	0.71	0.66	0.62	0.69	0.65	0.61	0.59
5.0	0.70	0.62	0.56	0.69	0.62	0.56	0.67	0.60	0.55	0.65	0.59	0.55	0.63	0.58	0.54	0.52
6.0	0.64	0.56	0.50	0.63	0.56	0.50	0.61	0.55	0.50	0.60	0.54	0.49	0.58	0.53	0.49	0.47
7.0	0.59	0.51	0.45	0.58	0.50	0.45	0.56	0.50	0.45	0.55	0.49	0.45	0.54	0.48	0.44	0.42
8.0	0.54	0.46	0.41	0.53	0.46	0.41	0.52	0.45	0.41	0.51	0.45	0.40	0.50	0.44	0.40	0.39
9.0	0.50	0.43	0.37	0.49	0.42	0.37	0.48	0.42	0.37	0.47	0.41	0.37	0.46	0.41	0.37	0.35
10.0	0.47	0.39	0.34	0.46	0.39	0.34	0.45	0.39	0.34	0.44	0.38	0.34	0.43	0.38	0.34	0.32

顶棚	80%			70%			50%			30%			10%			0
墙面	50%	30%	10%	50%	30%	10%	50%	30%	10%	50%	30%	10%	50%	30%	10%	0
地板	20%			20%			20%			20%			20%			0
室空间比	墙面亮度系数															
0																
1.0	0.261	0.148	0.047	0.254	0.145	0.046	0.241	0.138	0.044	0.229	0.132	0.042	0.218	0.126	0.041	
2.0	0.247	0.135	0.042	0.241	0.133	0.041	0.230	0.128	0.040	0.219	0.123	0.039	0.210	0.119	0.037	
3.0	0.231	0.123	0.037	0.226	0.121	0.036	0.216	0.117	0.036	0.207	0.113	0.035	0.199	0.110	0.034	
4.0	0.216	0.112	0.033	0.212	0.111	0.033	0.203	0.108	0.032	0.195	0.105	0.032	0.187	0.102	0.031	
5.0	0.202	0.103	0.030	0.198	0.102	0.030	0.190	0.099	0.029	0.183	0.097	0.029	0.177	0.094	0.028	
6.0	0.189	0.095	0.027	0.186	0.094	0.027	0.179	0.092	0.027	0.173	0.090	0.026	0.167	0.088	0.026	
7.0	0.178	0.088	0.025	0.175	0.087	0.025	0.169	0.085	0.025	0.163	0.084	0.024	0.158	0.082	0.024	
8.0	0.168	0.082	0.023	0.165	0.081	0.023	0.159	0.080	0.023	0.154	0.078	0.023	0.149	0.077	0.022	
9.0	0.158	0.077	0.021	0.156	0.076	0.021	0.151	0.075	0.021	0.146	0.073	0.021	0.142	0.072	0.021	
10.0	0.150	0.072	0.020	0.148	0.071	0.020	0.143	0.070	0.020	0.014	0.069	0.020	0.135	0.068	0.020	

顶棚	80%			70%			50%			30%			10%			0
墙面	50%	30%	10%	50%	30%	10%	50%	30%	10%	50%	30%	10%	50%	30%	10%	0
地板	20%			20%			20%			20%			20%			0
室空间比	顶棚亮度系数															
0	0.190	0.190	0.190	0.163	0.163	0.163	0.111	0.111	0.111	0.064	0.064	0.064	0.020	0.020	0.020	
1.0	0.177	0.157	0.138	0.151	0.134	0.119	0.104	0.092	0.082	0.060	0.053	0.048	0.019	0.017	0.015	
2.0	0.166	0.132	0.103	0.142	0.114	0.089	0.098	0.079	0.062	0.056	0.046	0.037	0.018	0.015	0.012	
3.0	0.157	0.114	0.080	0.135	0.098	0.069	0.092	0.068	0.049	0.053	0.040	0.029	0.017	0.013	0.009	
4.0	0.149	0.100	0.063	0.128	0.087	0.055	0.088	0.060	0.039	0.051	0.035	0.023	0.016	0.012	0.008	
5.0	0.141	0.089	0.051	0.121	0.077	0.045	0.083	0.054	0.032	0.048	0.032	0.019	0.016	0.010	0.006	
6.0	0.134	0.081	0.043	0.115	0.070	0.037	0.080	0.049	0.026	0.046	0.029	0.016	0.015	0.009	0.005	
7.0	0.128	0.074	0.036	0.110	0.064	0.031	0.076	0.045	0.022	0.044	0.026	0.013	0.014	0.009	0.004	
8.0	0.122	0.068	0.031	0.105	0.059	0.027	0.072	0.041	0.019	0.042	0.024	0.011	0.014	0.008	0.004	
9.0	0.116	0.063	0.027	0.100	0.055	0.024	0.069	0.038	0.017	0.040	0.023	0.010	0.013	0.007	0.003	
10.0	0.111	0.059	0.024	0.096	0.051	0.021	0.066	0.036	0.015	0.039	0.021	0.009	0.013	0.007	0.003	

灯具外形图

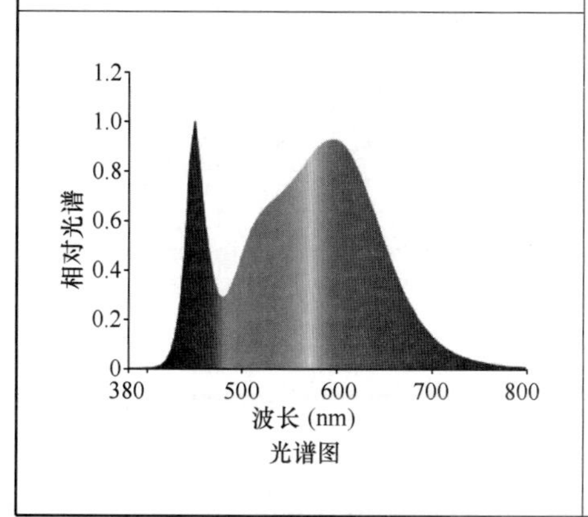

光谱图

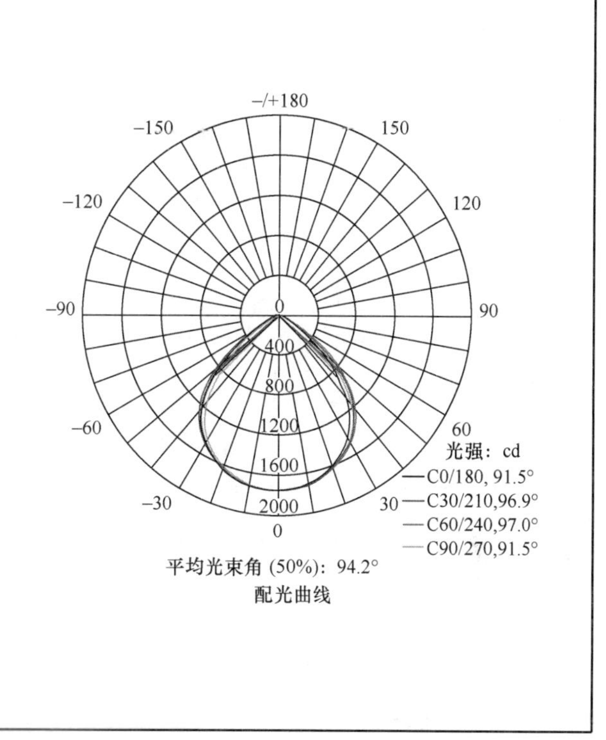

配光曲线

基本参数								
型号	生产厂家	外形尺寸(mm)			光源	最大允许距高比 L/H		调光方式
RC600B LED40S PSU W60L60	昕诺飞(中国)投资有限公司	长 L	宽 W	高 H	LED	0°/180°	1.5	可调光
		597	597	70		90°/270°	1.5	
输入电压	输入电流	功率因数	使用寿命	防护等级	防触电类别	发光面尺寸	安装方式	
220V	0.145A	0.95	50000h	IP20	Ⅰ类	0.26m²	嵌入式	

光色电参数							
灯具效能	光通量	上射光通比	下射光通比	一般显色指数 R_a	特殊显色指数 R_9	色温	色容差
125lm/W	4000lm	0	100%	85	18	4000K	1SDCM
颜色漂移	频闪 SVM	最大表面亮度	光分布分类	空间色度均匀性	启动电流	光生物安全等级	
—	<1	6762cd/m²	直接型	—	5.56A	Ⅰ类	

注：适用场所：办公室、教室。

发光强度值(cd/klm)

Θ(°)		0	5	10	15	20	25	30	35	40	45
I_Θ(cd)	0°/180°	1757	1745	1716	1672	1609	1527	1422	1284	1089	842
	90°/270°	1755	1749	1727	1689	1634	1560	1466	1347	1181	954
Θ(°)		50	55	60	65	70	75	80	85	90	
I_Θ(cd)	0°/180°	571	322	158	100	66.5	40.7	21.4	7.40	0.50	
	90°/270°	690	423	218	118	79.3	50.4	28.6	12.6	1.56	

顶棚	80%			70%			50%			30%			10%			0
墙面	50%	30%	10%	50%	30%	10%	50%	30%	10%	50%	30%	10%	50%	30%	10%	0
地板	20%			20%			20%			20%			20%			0
室空间比	工作面利用系数															
0	1.19	1.19	1.19	1.16	1.16	1.16	1.11	1.11	1.11	1.06	1.06	1.06	1.02	1.02	1.02	1.00
1.0	1.08	1.05	1.02	1.06	1.03	1.00	1.02	0.99	0.97	0.98	0.96	0.94	0.94	0.93	0.91	0.90
2.0	0.97	0.92	0.88	0.96	0.91	0.87	0.92	0.88	0.85	0.89	0.86	0.83	0.86	0.83	0.81	0.79
3.0	0.88	0.81	0.76	0.86	0.80	0.75	0.84	0.78	0.74	0.81	0.77	0.73	0.79	0.75	0.72	0.70
4.0	0.80	0.72	0.67	0.78	0.72	0.66	0.76	0.70	0.65	0.74	0.69	0.65	0.72	0.67	0.64	0.62
5.0	0.72	0.65	0.59	0.71	0.64	0.59	0.69	0.63	0.58	0.67	0.62	0.58	0.66	0.61	0.57	0.55
6.0	0.66	0.58	0.53	0.65	0.58	0.52	0.63	0.57	0.52	0.62	0.56	0.52	0.60	0.55	0.51	0.49
7.0	0.60	0.53	0.47	0.60	0.52	0.47	0.58	0.52	0.47	0.57	0.51	0.47	0.56	0.50	0.46	0.44
8.0	0.56	0.48	0.43	0.55	0.48	0.43	0.54	0.47	0.42	0.52	0.47	0.42	0.51	0.46	0.42	0.40
9.0	0.51	0.44	0.39	0.51	0.44	0.39	0.50	0.43	0.39	0.49	0.43	0.38	0.48	0.42	0.38	0.37
10.0	0.48	0.40	0.36	0.47	0.40	0.35	0.46	0.40	0.35	0.45	0.39	0.35	0.42	0.39	0.35	0.34

顶棚	80%			70%			50%			30%			10%			0
墙面	50%	30%	10%	50%	30%	10%	50%	30%	10%	50%	30%	10%	50%	30%	10%	0
地板	20%			20%			20%			20%			20%			0
室空间比	墙面亮度系数															
0																
1.0	0.237	0.135	0.043	0.230	0.131	0.042	0.217	0.124	0.040	0.205	0.118	0.038	0.194	0.113	0.036	
2.0	0.231	0.127	0.039	0.225	0.124	0.038	0.214	0.119	0.037	0.203	0.114	0.036	0.194	0.110	0.035	
3.0	0.220	0.117	0.035	0.215	0.115	0.035	0.205	0.111	0.034	0.196	0.108	0.033	0.188	0.104	0.032	
4.0	0.209	0.109	0.032	0.204	0.107	0.032	0.196	0.104	0.031	0.188	0.101	0.030	0.180	0.098	0.030	
5.0	0.197	0.101	0.029	0.193	0.099	0.029	0.186	0.097	0.028	0.179	0.094	0.028	0.172	0.092	0.028	
6.0	0.187	0.094	0.027	0.183	0.092	0.027	0.176	0.090	0.026	0.170	0.088	0.026	0.164	0.086	0.026	
7.0	0.176	0.087	0.025	0.173	0.086	0.025	0.167	0.084	0.024	0.161	0.083	0.024	0.156	0.081	0.024	
8.0	0.167	0.082	0.023	0.164	0.081	0.023	0.159	0.079	0.023	0.153	0.078	0.022	0.149	0.076	0.022	
9.0	0.158	0.076	0.021	0.156	0.076	0.021	0.151	0.074	0.021	0.146	0.073	0.021	0.142	0.072	0.021	
10.0	0.150	0.072	0.020	0.148	0.071	0.020	0.143	0.070	0.020	0.139	0.069	0.020	0.135	0.068	0.020	

顶棚	80%			70%			50%			30%			10%			0
墙面	50%	30%	10%	50%	30%	10%	50%	30%	10%	50%	30%	10%	50%	30%	10%	0
地板	20%			20%			20%			20%			20%			0
室空间比	顶棚亮度系数															
0	0.190	0.190	0.190	0.163	0.163	0.163	0.111	0.111	0.111	0.064	0.064	0.064	0.020	0.020	0.020	
1.0	0.175	0.157	0.140	0.150	0.135	0.121	0.103	0.093	0.083	0.059	0.054	0.049	0.019	0.017	0.016	
2.0	0.164	0.132	0.105	0.141	0.114	0.091	0.096	0.079	0.064	0.056	0.046	0.037	0.018	0.015	0.012	
3.0	0.155	0.114	0.081	0.133	0.098	0.070	0.091	0.068	0.049	0.053	0.040	0.029	0.017	0.013	0.010	
4.0	0.147	0.100	0.064	0.126	0.086	0.056	0.087	0.060	0.039	0.050	0.035	0.023	0.016	0.011	0.008	
5.0	0.140	0.089	0.052	0.120	0.077	0.045	0.083	0.054	0.032	0.048	0.032	0.019	0.015	0.010	0.006	
6.0	0.133	0.081	0.043	0.114	0.070	0.037	0.079	0.049	0.027	0.046	0.029	0.016	0.015	0.009	0.005	
7.0	0.127	0.074	0.036	0.109	0.064	0.032	0.075	0.045	0.022	0.044	0.026	0.013	0.014	0.009	0.004	
8.0	0.121	0.068	0.031	0.104	0.059	0.027	0.072	0.041	0.019	0.042	0.024	0.011	0.014	0.008	0.004	
9.0	0.116	0.063	0.027	0.100	0.055	0.024	0.069	0.038	0.017	0.040	0.023	0.010	0.013	0.007	0.003	
10.0	0.111	0.059	0.024	0.096	0.051	0.021	0.066	0.036	0.015	0.039	0.021	0.009	0.013	0.007	0.003	

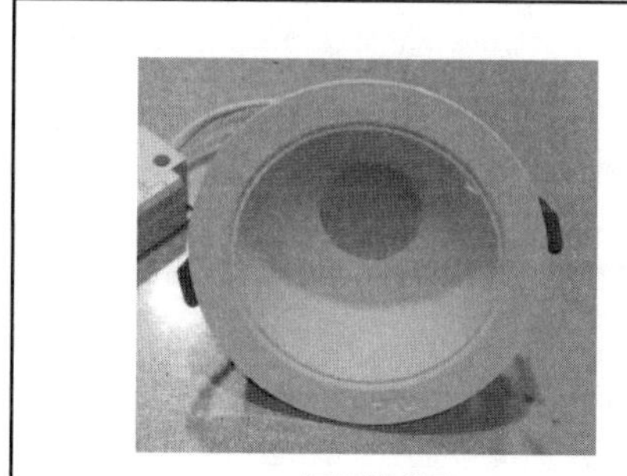

灯具外形图

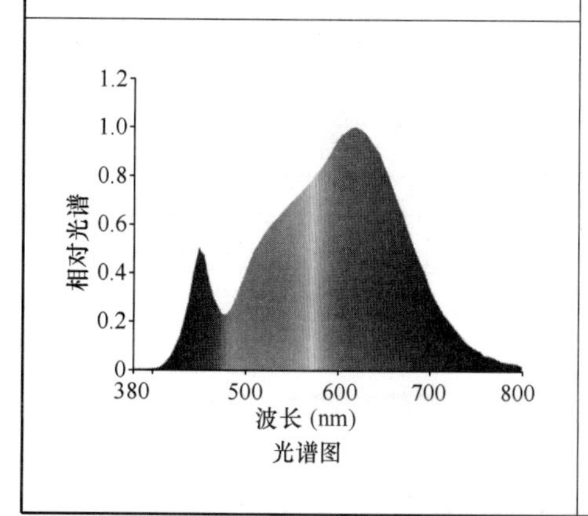

光谱图

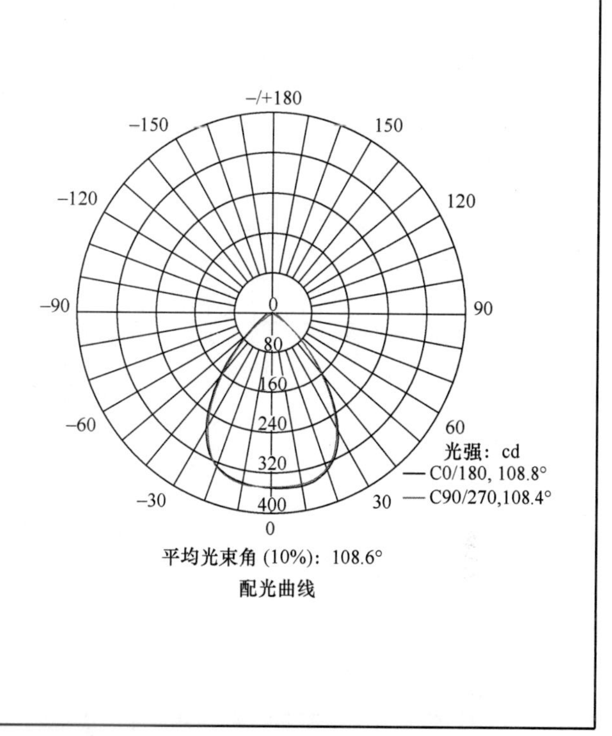

配光曲线

<table>
<tr><td colspan="9">基本参数</td></tr>
<tr><td colspan="2">型号</td><td>生产厂家</td><td colspan="2">外形尺寸(mm)</td><td>光源</td><td colspan="2">最大允许距高比 L/H</td><td>调光方式</td></tr>
<tr><td colspan="2" rowspan="2">NLED8213A</td><td rowspan="2">惠州雷士光电科技有限公司</td><td>直径 Φ</td><td>高 H</td><td rowspan="2">LED</td><td>0°/180°</td><td>0.73</td><td rowspan="2">不可调光</td></tr>
<tr><td>85</td><td>93</td><td>90°/270°</td><td>0.73</td></tr>
<tr><td>输入电压</td><td>输入电流</td><td>功率因数</td><td>使用寿命</td><td>防护等级</td><td>防触电类别</td><td>发光面尺寸</td><td colspan="2">安装方式</td></tr>
<tr><td>220V</td><td>0.04A</td><td>0.9</td><td>35000h</td><td>IP20</td><td>Ⅱ类</td><td>0.016m²</td><td colspan="2">嵌入式</td></tr>
<tr><td colspan="9">光色电参数</td></tr>
<tr><td>灯具效能</td><td>光通量</td><td>上射光通比</td><td>下射光通比</td><td>一般显色指数 R_a</td><td>特殊显色指数 R_9</td><td>色温</td><td colspan="2">色容差</td></tr>
<tr><td>64lm/W</td><td>600lm</td><td>0</td><td>100%</td><td>92</td><td>59</td><td>3100K</td><td colspan="2">6.1SDCM</td></tr>
<tr><td>颜色漂移</td><td>频闪 SVM</td><td>最大表面亮度</td><td>光分布分类</td><td>空间色度均匀性</td><td>启动电流</td><td colspan="3">光生物安全等级</td></tr>
<tr><td>—</td><td>0.87</td><td>62213cd/m²</td><td>直接型</td><td>—</td><td>—</td><td colspan="3">Ⅰ类</td></tr>
</table>

注：适用场所：酒店。

发光强度值(cd/klm)

Θ(°)		0	5	10	15	20	25	30	35	40	45
I_Θ(cd)	0°/180°	1659	1562	1367	1176	949	713	492	302	161	76.3
	90°/270°	1652	1546	1375	1193	959	711	480	285	147	66.6
Θ(°)		50	55	60	65	70	75	80	85	90	
I_Θ(cd)	0°/180°	17.8	0.62	0.11	0.09	0.08	0.09	0.09	0.09	0.08	
	90°/270°	12.8	0.53	0.12	0.10	0.10	0.09	0.09	0.09	0.09	

顶棚	80%			70%			50%			30%			10%			0
墙面	50%	30%	10%	50%	30%	10%	50%	30%	10%	50%	30%	10%	50%	30%	10%	0
地板	20%			20%			20%			20%			20%			0
室空间比	工作面利用系数															
0	1.19	1.19	1.19	1.16	1.16	1.16	1.11	1.11	1.11	1.06	1.06	1.06	1.02	1.02	1.02	1.00
1.0	1.11	1.09	1.07	1.09	1.07	1.05	1.05	1.03	1.02	1.01	1.00	0.99	0.98	0.97	0.96	0.94
2.0	1.04	1.00	0.97	1.03	0.99	0.96	0.99	0.97	0.94	0.96	0.94	0.92	0.94	0.92	0.90	0.89
3.0	0.98	0.93	0.90	0.96	0.92	0.89	0.94	0.90	0.87	0.91	0.89	0.86	0.89	0.87	0.85	0.83
4.0	0.92	0.87	0.83	0.91	0.86	0.82	0.89	0.85	0.82	0.87	0.83	0.81	0.85	0.82	0.80	0.78
5.0	0.87	0.81	0.77	0.86	0.81	0.77	0.84	0.80	0.08	0.82	0.79	0.08	0.81	0.78	0.75	0.74
6.0	0.82	0.76	0.72	0.81	0.76	0.72	0.80	0.75	0.72	0.78	0.74	0.71	0.77	0.74	0.71	0.69
7.0	0.78	0.72	0.68	0.77	0.72	0.68	0.76	0.71	0.68	0.75	0.70	0.67	0.73	0.70	0.67	0.66
8.0	0.74	0.68	0.64	0.73	0.68	0.64	0.72	0.67	0.64	0.71	0.67	0.63	0.70	0.66	0.63	0.62
9.0	0.70	0.64	0.61	0.69	0.64	0.61	0.68	0.64	0.60	0.68	0.63	0.60	0.67	0.63	0.60	0.59
10.0	0.66	0.61	0.57	0.66	0.61	0.57	0.65	0.61	0.57	0.65	0.60	0.57	0.64	0.60	0.57	0.56

顶棚	80%			70%			50%			30%			10%			0
墙面	50%	30%	10%	50%	30%	10%	50%	30%	10%	50%	30%	10%	50%	30%	10%	0
地板	20%			20%			20%			20%			20%			0
室空间比	墙面亮度系数															
0																
1.0	0.167	0.095	0.030	0.161	0.092	0.029	0.148	0.085	0.027	0.137	0.079	0.025	0.126	0.073	0.024	
2.0	0.159	0.087	0.027	0.154	0.085	0.026	0.143	0.080	0.025	0.134	0.075	0.023	0.125	0.071	0.022	
3.0	0.152	0.081	0.024	0.147	0.079	0.024	0.138	0.075	0.023	0.130	0.071	0.022	0.122	0.068	0.021	
4.0	0.144	0.075	0.022	0.140	0.073	0.022	0.133	0.070	0.021	0.126	0.067	0.020	0.119	0.065	0.020	
5.0	0.138	0.070	0.020	0.134	0.069	0.020	0.128	0.066	0.020	0.121	0.064	0.019	0.116	0.062	0.019	
6.0	0.132	0.066	0.019	0.129	0.065	0.019	0.123	0.063	0.018	0.117	0.061	0.018	0.112	0.059	0.018	
7.0	0.126	0.062	0.018	0.123	0.061	0.017	0.118	0.060	0.017	0.113	0.058	0.017	0.109	0.056	0.017	
8.0	0.121	0.059	0.017	0.118	0.058	0.016	0.114	0.057	0.016	0.109	0.055	0.016	0.105	0.054	0.016	
9.0	0.116	0.056	0.016	0.114	0.055	0.016	0.110	0.054	0.015	0.106	0.053	0.015	0.102	0.052	0.015	
10.0	0.111	0.053	0.015	0.109	0.053	0.015	0.106	0.052	0.015	0.102	0.051	0.014	0.099	0.050	0.014	

顶棚	80%			70%			50%			30%			10%			0
墙面	50%	30%	10%	50%	30%	10%	50%	30%	10%	50%	30%	10%	50%	30%	10%	0
地板	20%			20%			20%			20%			20%			0
室空间比	顶棚亮度系数															
0	0.190	0.190	0.190	0.163	0.163	0.163	0.111	0.111	0.111	0.064	0.064	0.064	0.020	0.020	0.020	
1.0	0.170	0.157	0.146	0.146	0.135	0.125	0.100	0.093	0.087	0.057	0.054	0.050	0.018	0.017	0.016	
2.0	0.155	0.133	0.114	0.132	0.114	0.099	0.091	0.079	0.069	0.052	0.046	0.040	0.017	0.015	0.013	
3.0	0.142	0.113	0.091	0.121	0.098	0.079	0.083	0.068	0.055	0.048	0.040	0.033	0.015	0.013	0.011	
4.0	0.131	0.099	0.074	0.112	0.085	0.064	0.077	0.059	0.045	0.045	0.035	0.027	0.014	0.011	0.009	
5.0	0.122	0.087	0.061	0.105	0.075	0.053	0.072	0.053	0.037	0.042	0.031	0.022	0.013	0.010	0.007	
6.0	0.114	0.077	0.051	0.098	0.067	0.044	0.068	0.047	0.031	0.039	0.028	0.019	0.013	0.009	0.006	
7.0	0.108	0.070	0.043	0.093	0.061	0.038	0.064	0.042	0.027	0.037	0.025	0.016	0.012	0.008	0.005	
8.0	0.102	0.064	0.037	0.088	0.055	0.032	0.061	0.039	0.023	0.035	0.023	0.014	0.011	0.007	0.005	
9.0	0.097	0.058	0.032	0.084	0.051	0.028	0.058	0.036	0.020	0.034	0.021	0.012	0.011	0.007	0.004	
10.0	0.093	0.054	0.028	0.080	0.047	0.025	0.055	0.033	0.017	0.032	0.019	0.010	0.010	0.006	0.003	

灯具外形图

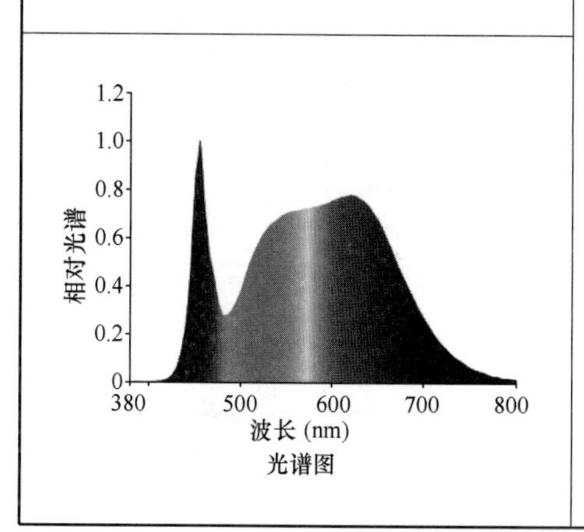

光谱图

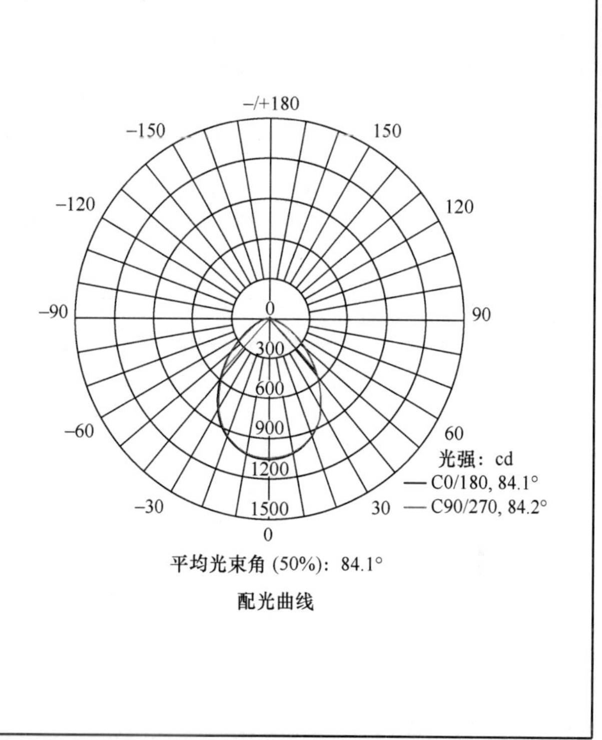

配光曲线

基本参数								
型号	生产厂家	外形尺寸(mm)			光源	最大允许距高比 L/H		调光方式
QY-TD70101	上海企一实业(集团)有限公司	长 L	宽 W	高 H	LED	0°/180°	1.25	不可调光
		183	183	103		90°/270°	1.25	

输入电压	输入电流	功率因数	使用寿命	防护等级	防触电类别	发光面尺寸	安装方式
220V	0.1A	0.97	30000h	IP20	Ⅱ类	0.018m²	嵌入式

光色电参数							
灯具效能	光通量	上射光通比	下射光通比	一般显色指数 R_a	特殊显色指数 R_9	色温	色容差
76lm/W	1960lm	0	100%	92	68	3930K	2.3SDCM
颜色漂移	频闪 SVM	最大表面亮度	光分布分类	空间色度均匀性	启动电流	光生物安全等级	
0.0007	0.001	58667cd/m²	直接	—	2A	Ⅰ类	

注：适用场所：住宅、办公室、酒店。

发光强度值(cd/klm)

Θ(°)		0	5	10	15	20	25	30	35	40	45
I_Θ(cd)	0°/180°	538	534	523	505	478	443	398	346	291	236
	90°/270°	535	532	522	504	478	444	399	347	292	237
Θ(°)		50	55	60	65	70	75	80	85	90	
I_Θ(cd)	0°/180°	183	134	89.7	54.0	32.2	21.9	13.1	5.91	0.17	
	90°/270°	184	134	90.7	55.0	32.9	22.4	13.6	5.50	0.21	

顶棚	80%			70%			50%			30%			10%			0
墙面	50%	30%	10%	50%	30%	10%	50%	30%	10%	50%	30%	10%	50%	30%	10%	0
地板	20%			20%			20%			20%			20%			0
室空间比	工作面利用系数															
0	1.19	1.19	1.19	1.16	1.16	1.16	1.11	1.11	1.11	1.06	1.06	1.06	1.02	1.02	1.02	1.00
1.0	1.07	1.04	1.01	1.05	1.02	0.99	1.01	0.98	0.96	0.97	0.95	0.93	0.93	0.92	0.90	0.88
2.0	0.96	0.91	0.86	0.94	0.89	0.85	0.91	0.87	0.83	0.88	0.84	0.81	0.85	0.82	0.79	0.77
3.0	0.86	0.80	0.74	0.85	0.79	0.73	0.82	0.77	0.72	0.79	0.75	0.71	0.77	0.73	0.70	0.68
4.0	0.78	0.71	0.65	0.77	0.70	0.64	0.74	0.68	0.64	0.72	0.67	0.63	0.70	0.66	0.62	0.60
5.0	0.71	0.63	0.57	0.70	0.62	0.57	0.68	0.61	0.56	0.66	0.60	0.56	0.64	0.59	0.55	0.53
6.0	0.65	0.57	0.51	0.64	0.56	0.51	0.62	0.55	0.50	0.60	0.55	0.50	0.59	0.54	0.50	0.48
7.0	0.59	0.51	0.46	0.58	0.51	0.46	0.57	0.50	0.45	0.56	0.50	0.45	0.54	0.49	0.45	0.43
8.0	0.55	0.47	0.42	0.54	0.47	0.41	0.53	0.46	0.41	0.51	0.45	0.41	0.50	0.45	0.41	0.39
9.0	0.50	0.43	0.38	0.50	0.43	0.38	0.49	0.42	0.38	0.48	0.42	0.37	0.47	0.41	0.37	0.36
10.0	0.47	0.40	0.35	0.46	0.39	0.35	0.45	0.39	0.35	0.44	0.39	0.34	0.44	0.38	0.34	0.33

顶棚	80%			70%			50%			30%			10%			0
墙面	50%	30%	10%	50%	30%	10%	50%	30%	10%	50%	30%	10%	50%	30%	10%	0
地板	20%			20%			20%			20%			20%			0
室空间比	墙面亮度系数															
0																
1.0	0.246	0.140	0.044	0.239	0.137	0.043	0.226	0.130	0.041	0.214	0.124	0.040	0.204	0.118	0.038	
2.0	0.237	0.130	0.040	0.232	0.128	0.039	0.220	0.123	0.038	0.210	0.118	0.037	0.200	0.113	0.036	
3.0	0.225	0.120	0.036	0.220	0.118	0.035	0.210	0.114	0.035	0.201	0.110	0.034	0.192	0.107	0.033	
4.0	0.212	0.110	0.032	0.207	0.108	0.032	0.199	0.105	0.031	0.190	0.102	0.031	0.183	0.099	0.030	
5.0	0.199	0.101	0.029	0.195	0.100	0.029	0.187	0.098	0.029	0.180	0.095	0.028	0.174	0.093	0.028	
6.0	0.187	0.094	0.027	0.184	0.093	0.027	0.177	0.091	0.026	0.171	0.089	0.026	0.165	0.087	0.026	
7.0	0.177	0.087	0.025	0.173	0.086	0.025	0.167	0.085	0.024	0.162	0.083	0.024	0.156	0.081	0.024	
8.0	0.167	0.081	0.023	0.164	0.081	0.023	0.158	0.079	0.023	0.153	0.078	0.022	0.148	0.076	0.022	
9.0	0.158	0.076	0.021	0.155	0.076	0.021	0.150	0.074	0.021	0.146	0.073	0.021	0.141	0.072	0.021	
10.0	0.149	0.072	0.020	0.147	0.071	0.020	0.143	0.070	0.020	0.139	0.069	0.020	0.135	0.068	0.019	

顶棚	80%			70%			50%			30%			10%			0
墙面	50%	30%	10%	50%	30%	10%	50%	30%	10%	50%	30%	10%	50%	30%	10%	0
地板	20%			20%			20%			20%			20%			0
室空间比	顶棚亮度系数															
0	0.190	0.190	0.190	0.163	0.163	0.163	0.111	0.111	0.111	0.064	0.064	0.064	0.020	0.020	0.020	
1.0	0.176	0.157	0.139	0.151	0.134	0.120	0.103	0.093	0.083	0.059	0.054	0.048	0.019	0.017	0.016	
2.0	0.165	0.132	0.105	0.141	0.114	0.090	0.097	0.079	0.063	0.056	0.046	0.037	0.018	0.015	0.012	
3.0	0.156	0.114	0.081	0.134	0.098	0.070	0.092	0.068	0.049	0.053	0.040	0.029	0.017	0.013	0.009	
4.0	0.148	0.100	0.064	0.127	0.087	0.056	0.087	0.060	0.039	0.050	0.035	0.023	0.016	0.012	0.008	
5.0	0.140	0.089	0.052	0.120	0.077	0.045	0.083	0.054	0.032	0.048	0.032	0.019	0.015	0.010	0.006	
6.0	0.133	0.081	0.043	0.115	0.070	0.037	0.079	0.049	0.026	0.046	0.029	0.016	0.015	0.009	0.005	
7.0	0.127	0.074	0.036	0.109	0.064	0.032	0.075	0.045	0.022	0.044	0.026	0.013	0.014	0.009	0.004	
8.0	0.121	0.068	0.031	0.104	0.059	0.027	0.072	0.041	0.019	0.042	0.024	0.011	0.014	0.008	0.004	
9.0	0.116	0.063	0.027	0.100	0.055	0.024	0.069	0.038	0.017	0.040	0.023	0.010	0.013	0.007	0.003	
10.0	0.111	0.059	0.024	0.095	0.051	0.021	0.066	0.036	0.015	0.039	0.021	0.009	0.012	0.007	0.003	

灯具外形图

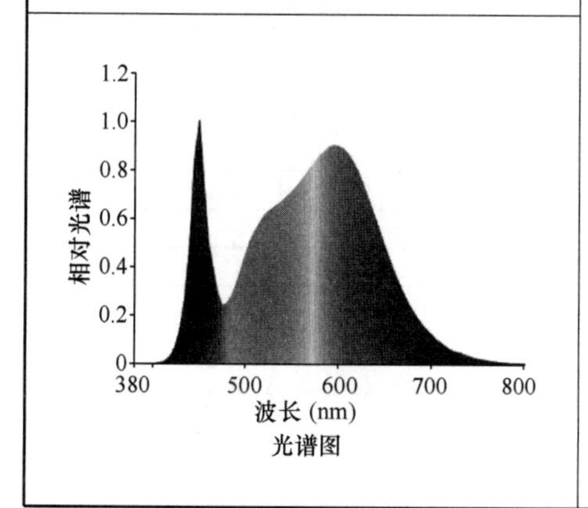

光谱图

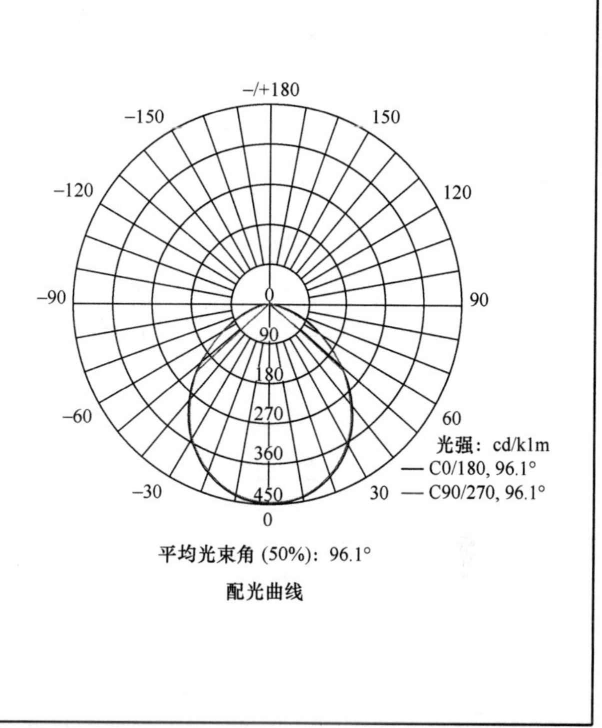

配光曲线

基本参数								
型号	生产厂家	外形尺寸(mm)			光源	最大允许距高比 L/H		调光方式
CETUS MN2 DL150 LED1700-840 HF	索恩照明(广州)有限公司	长 L	宽 W	高 H	LED	0°/180°	1.19	可调光
		178	178	100		90°/270°	1.19	

输入电压	输入电流	功率因数	使用寿命	防护等级	防触电类别	发光面尺寸	安装方式
220V	0.065A	0.93	50000h	IP20	Ⅰ类	0.011m²	嵌入式

光色电参数							
灯具效能	光通量	上射光通比	下射光通比	一般显色指数 R_a	特殊显色指数 R_9	色温	色容差
117lm/W	1700lm	0	100%	84	13	4000K	2.2SDCM
颜色漂移	频闪 SVM	最大表面亮度	光分布分类	空间色度均匀性	启动电流	光生物安全等级	
0.0021	0.002	66243cd/m²	直接型	—	—	Ⅰ类	

注：适用场所：办公室、走廊。

发光强度值(cd/klm)

Θ(°)		0	5	10	15	20	25	30	35	40	45
I_Θ(cd)	0°/180°	450	448	441	429	413	392	364	333	297	258
	90°/270°	448	446	439	427	411	389	361	330	295	256
Θ(°)		50	55	60	65	70	75	80	85	90	
I_Θ(cd)	0°/180°	217	174	132	90.4	53.7	28.7	17.6	8.53	0.77	
	90°/270°	214	171	128	86.8	50.7	26.6	16.3	7.35	0.38	

顶棚	80%			70%			50%			30%			10%			0
墙面	50%	30%	10%	50%	30%	10%	50%	30%	10%	50%	30%	10%	50%	30%	10%	0
地板	20%			20%			20%			20%			20%			0
室空间比	工作面利用系数															
0	1.19	1.19	1.19	1.16	1.16	1.16	1.11	1.11	1.11	1.06	1.06	1.06	1.02	1.02	1.02	1.00
1.0	1.06	1.03	0.99	1.04	1.01	0.98	1.00	0.97	0.95	0.96	0.94	0.92	0.92	0.91	0.89	0.87
2.0	0.94	0.88	0.83	0.93	0.87	0.82	0.89	0.84	0.80	0.86	0.82	0.79	0.83	0.80	0.77	0.75
3.0	0.84	0.77	0.71	0.83	0.76	0.70	0.80	0.74	0.69	0.77	0.72	0.68	0.74	0.70	0.67	0.65
4.0	0.75	0.67	0.61	0.74	0.67	0.61	0.72	0.65	0.60	0.69	0.64	0.59	0.67	0.62	0.58	0.56
5.0	0.68	0.60	0.53	0.67	0.59	0.53	0.65	0.58	0.53	0.63	0.57	0.52	0.61	0.56	0.52	0.50
6.0	0.61	0.53	0.47	0.61	0.53	0.47	0.59	0.52	0.47	0.57	0.51	0.46	0.56	0.50	0.46	0.44
7.0	0.56	0.48	0.42	0.55	0.47	0.42	0.54	0.47	0.42	0.52	0.46	0.41	0.51	0.45	0.41	0.39
8.0	0.51	0.43	0.38	0.51	0.43	0.38	0.49	0.42	0.37	0.48	0.42	0.37	0.47	0.41	0.37	0.35
9.0	0.47	0.39	0.34	0.47	0.39	0.34	0.46	0.39	0.34	0.45	0.38	0.34	0.44	0.38	0.34	0.32
10.0	0.44	0.36	0.31	0.43	0.36	0.31	0.42	0.36	0.31	0.41	0.35	0.31	0.40	0.35	0.31	0.29

顶棚	80%			70%			50%			30%			10%			0
墙面	50%	30%	10%	50%	30%	10%	50%	30%	10%	50%	30%	10%	50%	30%	10%	0
地板	20%			20%			20%			20%			20%			0
室空间比	墙面亮度系数															
0																
1.0	0.263	0.150	0.047	0.256	0.146	0.046	0.243	0.140	0.045	0.231	0.133	0.043	0.220	0.128	0.041	
2.0	0.254	0.139	0.043	0.248	0.137	0.042	0.237	0.132	0.041	0.226	0.127	0.040	0.216	0.122	0.039	
3.0	0.240	0.128	0.038	0.235	0.126	0.038	0.225	0.122	0.037	0.215	0.118	0.036	0.207	0.114	0.035	
4.0	0.225	0.117	0.034	0.220	0.115	0.034	0.211	0.112	0.033	0.203	0.109	0.033	0.196	0.106	0.032	
5.0	0.211	0.107	0.031	0.207	0.106	0.031	0.199	0.103	0.030	0.191	0.101	0.030	0.185	0.099	0.030	
6.0	0.198	0.099	0.028	0.194	0.098	0.028	0.187	0.096	0.028	0.180	0.094	0.028	0.174	0.092	0.027	
7.0	0.185	0.092	0.026	0.182	0.091	0.026	0.176	0.089	0.026	0.170	0.087	0.025	0.165	0.086	0.025	
8.0	0.174	0.085	0.024	0.172	0.084	0.024	0.166	0.083	0.024	0.161	0.081	0.023	0.156	0.080	0.023	
9.0	0.164	0.080	0.022	0.162	0.079	0.022	0.157	0.078	0.022	0.152	0.076	0.022	0.148	0.075	0.022	
10.0	0.155	0.075	0.021	0.153	0.074	0.021	0.149	0.073	0.020	0.144	0.072	0.020	0.140	0.071	0.020	

顶棚	80%			70%			50%			30%			10%			0
墙面	50%	30%	10%	50%	30%	10%	50%	30%	10%	50%	30%	10%	50%	30%	10%	0
地板	20%			20%			20%			20%			20%			0
室空间比	顶棚亮度系数															
0	0.190	0.190	0.190	0.163	0.163	0.163	0.111	0.111	0.111	0.064	0.064	0.064	0.020	0.020	0.020	
1.0	0.177	0.157	0.138	0.152	0.134	0.119	0.104	0.092	0.082	0.060	0.053	0.048	0.019	0.017	0.015	
2.0	0.167	0.132	0.103	0.143	0.114	0.089	0.098	0.079	0.062	0.057	0.046	0.036	0.018	0.015	0.012	
3.0	0.159	0.114	0.079	0.136	0.098	0.068	0.093	0.068	0.048	0.054	0.040	0.028	0.017	0.013	0.009	
4.0	0.151	0.100	0.062	0.129	0.087	0.054	0.089	0.060	0.038	0.052	0.035	0.022	0.017	0.012	0.007	
5.0	0.144	0.090	0.050	0.123	0.078	0.044	0.085	0.054	0.031	0.049	0.032	0.018	0.016	0.010	0.006	
6.0	0.137	0.081	0.041	0.118	0.070	0.036	0.081	0.049	0.026	0.047	0.029	0.015	0.015	0.009	0.005	
7.0	0.130	0.074	0.035	0.112	0.064	0.031	0.077	0.045	0.022	0.045	0.027	0.013	0.015	0.009	0.004	
8.0	0.124	0.068	0.030	0.107	0.059	0.026	0.074	0.042	0.019	0.043	0.025	0.011	0.014	0.008	0.004	
9.0	0.119	0.064	0.026	0.102	0.055	0.023	0.071	0.039	0.016	0.041	0.023	0.010	0.013	0.008	0.003	
10.0	0.113	0.059	0.023	0.098	0.051	0.020	0.068	0.036	0.014	0.040	0.021	0.009	0.013	0.007	0.003	

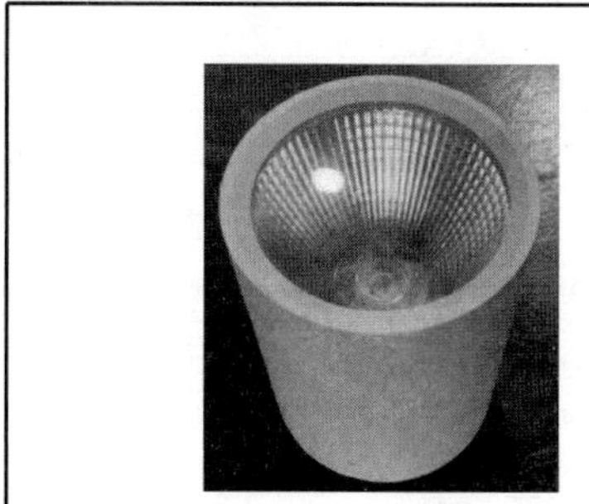
灯具外形图

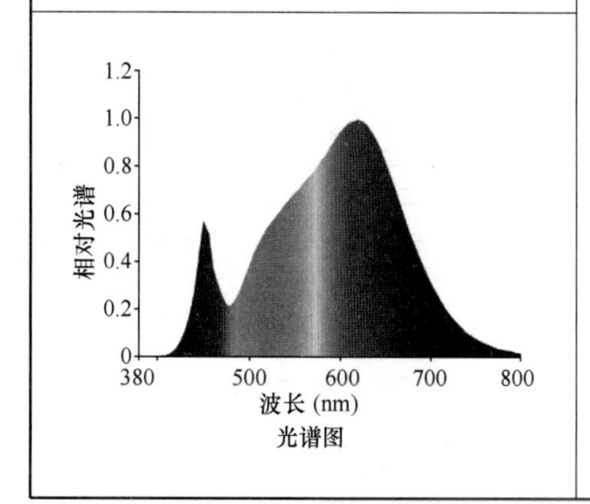

波长 (nm)
光谱图

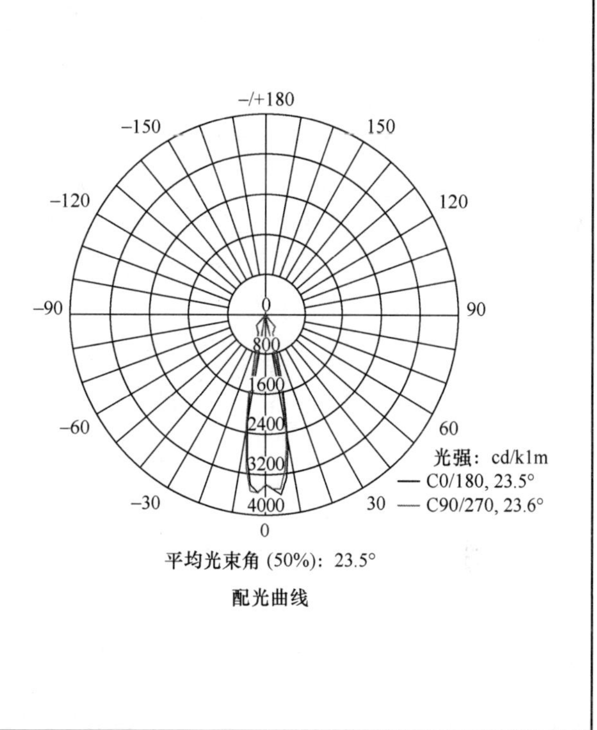

平均光束角 (50%)：23.5°
配光曲线

基本参数								
型号		生产厂家	外形尺寸(mm)		光源	最大允许距高比 L/H		调光方式
2LC1521R-01		佑昌电器(中国)有限公司	直径 Φ	高 H	LED	0°/180°	1.25	可调光
			260	275		90°/270°	1.25	
输入电压	输入电流	功率因数	使用寿命	防护等级	防触电类别	发光面尺寸	安装方式	
230V	0.663A	0.99	50000h	IP65	Ⅰ类	0.031m^2	吊装	

光色电参数							
灯具效能	光通量	上射光通比	下射光通比	一般显色指数 R_a	特殊显色指数 R_9	色温	色容差
80lm/W	2670lm	0	100%	91	56	3100K	3.3SDCM
颜色漂移	频闪 SVM	最大表面亮度	光分布分类	空间色度均匀性	启动电流	光生物安全等级	
0.007	0.36	311128cd/m^2	直接型	0.002	2.8A	Ⅰ类	

注：适用场所：机场、地铁、商场、酒店、展馆。

发光强度值(cd/klm)

Θ(°)		0	5	10	15	20	25	30	35	40	45
I_Θ(cd)	0°/180°	3416	3611	2644	1008	439	372	345	323	256	29.1
	90°/270°	3404	3498	2437	857	450	362	337	319	217	28.0
Θ(°)		50	55	60	65	70	75	80	85	90	
I_Θ(cd)	0°/180°	19.6	14.0	9.37	5.92	4.07	3.03	2.30	1.60	0.11	
	90°/270°	18.5	13.2	8.93	5.77	4.14	3.22	2.55	1.83	0.10	

顶棚	80%			70%			50%			30%			10%			0
墙面	50%	30%	10%	50%	30%	10%	50%	30%	10%	50%	30%	10%	50%	30%	10%	0
地板	20%			20%			20%			20%			20%			0
室空间比	工作面利用系数															
0	1.19	1.19	1.19	1.16	1.16	1.16	1.11	1.11	1.11	1.06	1.06	1.06	1.01	1.01	1.01	0.99
1.0	1.10	1.07	1.04	1.07	1.05	1.03	1.03	1.01	0.99	0.99	0.98	0.96	0.95	0.94	0.93	0.91
2.0	1.01	0.96	0.93	0.99	0.95	0.92	0.96	0.92	0.89	0.92	0.90	0.87	0.90	0.87	0.85	0.84
3.0	0.93	0.88	0.83	0.92	0.87	0.82	0.89	0.85	0.81	0.86	0.83	0.80	0.84	0.81	0.78	0.77
4.0	0.86	0.80	0.75	0.85	0.79	0.75	0.83	0.78	0.74	0.80	0.76	0.73	0.78	0.75	0.72	0.70
5.0	0.80	0.73	0.69	0.79	0.73	0.68	0.77	0.72	0.68	0.75	0.70	0.67	0.73	0.69	0.66	0.65
6.0	0.74	0.68	0.63	0.73	0.67	0.63	0.72	0.66	0.62	0.70	0.65	0.62	0.69	0.64	0.61	0.60
7.0	0.69	0.63	0.58	0.69	0.62	0.58	0.67	0.62	0.57	0.66	0.61	0.57	0.65	0.60	0.57	0.55
8.0	0.65	0.58	0.54	0.64	0.58	0.54	0.63	0.57	0.53	0.62	0.57	0.53	0.61	0.56	0.53	0.51
9.0	0.61	0.54	0.50	0.60	0.54	0.50	0.59	0.54	0.55	0.58	0.53	0.49	0.57	0.53	0.49	0.48
10.0	0.57	0.51	0.47	0.57	0.51	0.47	0.56	0.50	0.46	0.55	0.50	0.46	0.54	0.49	0.46	0.45

顶棚	80%			70%			50%			30%			10%			0
墙面	50%	30%	10%	50%	30%	10%	50%	30%	10%	50%	30%	10%	50%	30%	10%	0
地板	20%			20%			20%			20%			20%			0
室空间比	墙面亮度系数															
0																
1.0	0.197	0.112	0.035	0.190	0.108	0.034	0.176	0.101	0.032	0.164	0.095	0.030	0.153	0.089	0.029	
2.0	0.189	0.104	0.032	0.183	0.101	0.031	0.172	0.095	0.030	0.161	0.091	0.028	0.152	0.086	0.027	
3.0	0.180	0.096	0.029	0.175	0.094	0.028	0.165	0.090	0.027	0.156	0.086	0.026	0.148	0.082	0.025	
4.0	0.172	0.089	0.026	0.167	0.087	0.026	0.159	0.084	0.025	0.151	0.081	0.024	0.143	0.078	0.024	
5.0	0.163	0.083	0.024	0.159	0.082	0.024	0.152	0.079	0.023	0.145	0.076	0.023	0.138	0.074	0.022	
6.0	0.155	0.078	0.022	0.152	0.077	0.022	0.145	0.074	0.022	0.139	0.072	0.021	0.133	0.070	0.021	
7.0	0.148	0.073	0.021	0.145	0.072	0.021	0.139	0.070	0.020	0.134	0.068	0.020	0.128	0.067	0.020	
8.0	0.141	0.069	0.019	0.139	0.068	0.019	0.133	0.067	0.019	0.128	0.065	0.019	0.123	0.063	0.018	
9.0	0.135	0.065	0.018	0.132	0.065	0.018	0.128	0.063	0.018	0.123	0.062	0.018	0.119	0.060	0.017	
10.0	0.129	0.062	0.017	0.127	0.061	0.017	0.122	0.060	0.017	0.118	0.059	0.017	0.114	0.058	0.017	

顶棚	80%			70%			50%			30%			10%			0
墙面	50%	30%	10%	50%	30%	10%	50%	30%	10%	50%	30%	10%	50%	30%	10%	0
地板	20%			20%			20%			20%			20%			0
室空间比	顶棚亮度系数															
0	0.198	0.198	0.198	0.169	0.169	0.169	0.116	0.116	0.116	0.066	0.066	0.066	0.021	0.021	0.021	
1.0	0.180	0.165	0.151	0.154	0.141	0.130	0.105	0.097	0.090	0.061	0.056	0.052	0.019	0.018	0.017	
2.0	0.166	0.140	0.118	0.142	0.121	0.102	0.098	0.083	0.071	0.056	0.049	0.042	0.018	0.016	0.014	
3.0	0.155	0.122	0.095	0.133	0.105	0.082	0.091	0.073	0.058	0.053	0.043	0.034	0.017	0.014	0.011	
4.0	0.146	0.107	0.078	0.125	0.093	0.068	0.086	0.064	0.048	0.050	0.038	0.028	0.016	0.012	0.009	
5.0	0.138	0.096	0.065	0.118	0.083	0.057	0.081	0.058	0.040	0.047	0.034	0.024	0.015	0.011	0.008	
6.0	0.130	0.087	0.055	0.112	0.075	0.048	0.077	0.053	0.034	0.045	0.031	0.020	0.014	0.010	0.007	
7.0	0.124	0.079	0.048	0.107	0.069	0.042	0.074	0.048	0.030	0.043	0.028	0.018	0.014	0.009	0.006	
8.0	0.119	0.073	0.042	0.102	0.064	0.037	0.071	0.045	0.026	0.041	0.026	0.016	0.013	0.009	0.005	
9.0	0.114	0.068	0.038	0.098	0.059	0.033	0.068	0.042	0.023	0.039	0.025	0.014	0.013	0.008	0.005	
10.0	0.109	0.064	0.034	0.094	0.056	0.030	0.065	0.039	0.021	0.038	0.023	0.013	0.012	0.008	0.004	

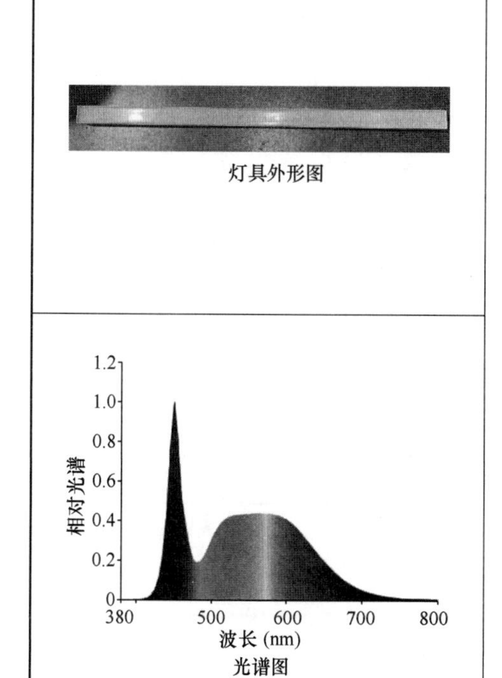

灯具外形图

光谱图

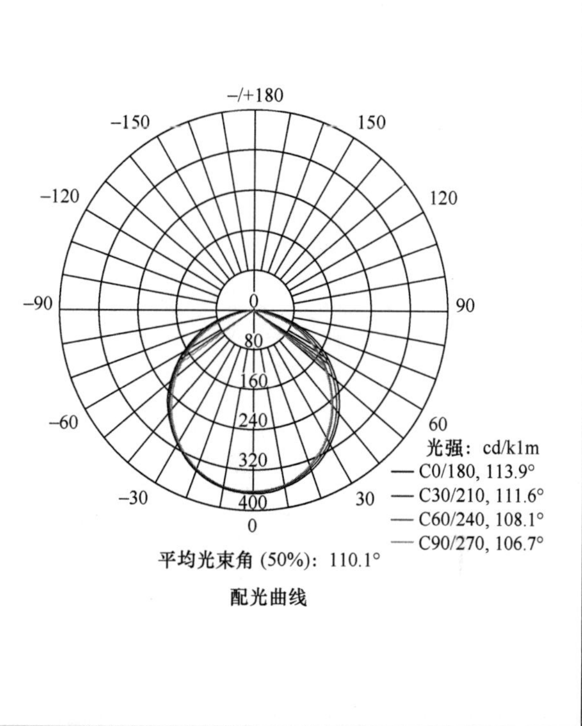

配光曲线

基本参数								
型号	生产厂家	外形尺寸(mm)			光源	最大允许距高比 L/H		调光方式
NLED490AM1200W55	惠州雷士光电科技有限公司	长 L	宽 W	高 H	LED	0°/180°	1.25	不可调光
		1206	55	54		90°/270°	1.24	

输入电压	输入电流	功率因数	使用寿命	防护等级	防触电类别	发光面尺寸	安装方式
220V	0.14A	0.97	25000h	IP20	Ⅰ类	0.066m²	吊装

光色电参数							
灯具效能	光通量	上射光通比	下射光通比	一般显色指数 R_a	特殊显色指数 R_9	色温	色容差
90lm/W	2662lm	0	100%	84	19	6000K	4.4SDCM
颜色漂移	频闪 SVM	最大表面亮度	光分布分类	空间色度均匀性	启动电流	光生物安全等级	
—	0.032	14831cd/m²	直接型	—	—	Ⅰ类	

注：适用场所：教室、办公室。

发光强度值(cd/klm)

Θ(°)		0	5	10	15	20	25	30	35	40	45
I_Θ(cd)	0°/180°	368	366	361	353	343	329	312	293	272	249
	90°/270°	364	361	355	346	333	316	296	273	249	222
Θ(°)		50	55	60	65	70	75	80	85	90	
I_Θ(cd)	0°/180°	223	196	167	136	104	71.5	40.1	13.8	0.73	
	90°/270°	194	165	134	103	72.1	42.8	17.7	3.91	0.53	

顶棚	80%			70%			50%			30%			10%			0
墙面	50%	30%	10%	50%	30%	10%	50%	30%	10%	50%	30%	10%	50%	30%	10%	0
地板	20%			20%			20%			20%			20%			0
室空间比	工作面利用系数															
0	1.19	1.19	1.19	1.16	1.16	1.16	1.11	1.11	1.11	1.06	1.06	1.06	1.02	1.02	1.02	1.00
1.0	1.05	1.00	0.97	1.02	0.98	0.95	0.98	0.95	0.92	0.94	0.92	0.89	0.91	0.88	0.87	0.85
2.0	0.91	0.85	0.79	0.89	0.83	0.78	0.86	0.81	0.76	0.83	0.78	0.74	0.80	0.76	0.73	0.71
3.0	0.80	0.72	0.66	0.79	0.71	0.65	0.76	0.69	0.64	0.73	0.68	0.63	0.70	0.66	0.62	0.60
4.0	0.71	0.62	0.56	0.70	0.62	0.55	0.67	0.60	0.55	0.65	0.59	0.54	0.63	0.58	0.53	0.51
5.0	0.64	0.55	0.48	0.62	0.54	0.48	0.60	0.53	0.47	0.58	0.52	0.47	0.57	0.51	0.46	0.44
6.0	0.57	0.48	0.42	0.56	0.48	0.42	0.55	0.47	0.41	0.53	0.46	0.41	0.51	0.46	0.41	0.39
7.0	0.52	0.43	0.37	0.51	0.43	0.37	0.50	0.42	0.37	0.48	0.41	0.36	0.47	0.41	0.36	0.34
8.0	0.47	0.39	0.33	0.47	0.39	0.33	0.45	0.38	0.33	0.44	0.37	0.33	0.43	0.37	0.32	0.30
9.0	0.44	0.35	0.30	0.43	0.35	0.30	0.42	0.35	0.30	0.41	0.34	0.29	0.40	0.34	0.29	0.27
10.0	0.40	0.32	0.27	0.40	0.32	0.27	0.39	0.32	0.27	0.38	0.31	0.27	0.37	0.31	0.27	0.25

顶棚	80%			70%			50%			30%			10%			0
墙面	50%	30%	10%	50%	30%	10%	50%	30%	10%	50%	30%	10%	50%	30%	10%	0
地板	20%			20%			20%			20%			20%			0
室空间比	墙面亮度系数															
0																
1.0	0.298	0.169	0.054	0.290	0.166	0.053	0.277	0.159	0.051	0.265	0.153	0.049	0.254	0.147	0.047	
2.0	0.284	0.155	0.048	0.277	0.153	0.047	0.266	0.148	0.046	0.255	0.143	0.045	0.245	0.139	0.044	
3.0	0.264	0.141	0.042	0.259	0.139	0.042	0.248	0.135	0.041	0.239	0.131	0.040	0.230	0.127	0.039	
4.0	0.245	0.127	0.037	0.240	0.126	0.037	0.231	0.122	0.037	0.222	0.119	0.036	0.215	0.117	0.036	
5.0	0.227	0.116	0.034	0.223	0.114	0.033	0.215	0.112	0.033	0.207	0.109	0.033	0.200	0.107	0.032	
6.0	0.211	0.106	0.030	0.207	0.105	0.030	0.200	0.103	0.030	0.193	0.100	0.030	0.187	0.098	0.029	
7.0	0.197	0.097	0.028	0.193	0.096	0.027	0.187	0.094	0.027	0.181	0.093	0.027	0.175	0.091	0.027	
8.0	0.184	0.090	0.025	0.181	0.089	0.025	0.175	0.088	0.025	0.170	0.086	0.025	0.165	0.085	0.025	
9.0	0.173	0.083	0.023	0.170	0.083	0.023	0.165	0.081	0.023	0.160	0.080	0.023	0.155	0.079	0.023	
10.0	0.162	0.078	0.022	0.160	0.077	0.022	0.155	0.076	0.021	0.151	0.075	0.021	0.147	0.074	0.021	

顶棚	80%			70%			50%			30%			10%			0
墙面	50%	30%	10%	50%	30%	10%	50%	30%	10%	50%	30%	10%	50%	30%	10%	0
地板	20%			20%			20%			20%			20%			0
室空间比	顶棚亮度系数															
0	0.190	0.190	0.190	0.163	0.163	0.163	0.111	0.111	0.111	0.064	0.064	0.064	0.020	0.020	0.020	
1.0	0.179	0.156	0.135	0.154	0.134	0.116	0.105	0.092	0.081	0.060	0.053	0.047	0.019	0.017	0.015	
2.0	0.171	0.132	0.099	0.147	0.114	0.086	0.100	0.079	0.060	0.058	0.046	0.035	0.019	0.015	0.011	
3.0	0.163	0.114	0.075	0.140	0.099	0.065	0.096	0.068	0.046	0.056	0.040	0.035	0.019	0.015	0.011	
4.0	0.156	0.101	0.059	0.134	0.087	0.051	0.092	0.061	0.036	0.053	0.036	0.021	0.017	0.012	0.007	
5.0	0.148	0.090	0.048	0.127	0.078	0.041	0.088	0.055	0.029	0.051	0.032	0.017	0.016	0.010	0.006	
6.0	0.141	0.082	0.040	0.122	0.071	0.034	0.084	0.050	0.024	0.049	0.029	0.014	0.016	0.010	0.005	
7.0	0.135	0.075	0.033	0.116	0.065	0.029	0.080	0.046	0.021	0.046	0.027	0.012	0.015	0.009	0.004	
8.0	0.128	0.069	0.029	0.110	0.060	0.025	0.076	0.042	0.018	0.044	0.025	0.011	0.014	0.008	0.004	
9.0	0.122	0.064	0.025	0.105	0.056	0.022	0.073	0.039	0.016	0.043	0.023	0.009	0.014	0.008	0.003	
10.0	0.117	0.060	0.023	0.101	0.052	0.020	0.070	0.037	0.014	0.041	0.022	0.008	0.013	0.007	0.003	

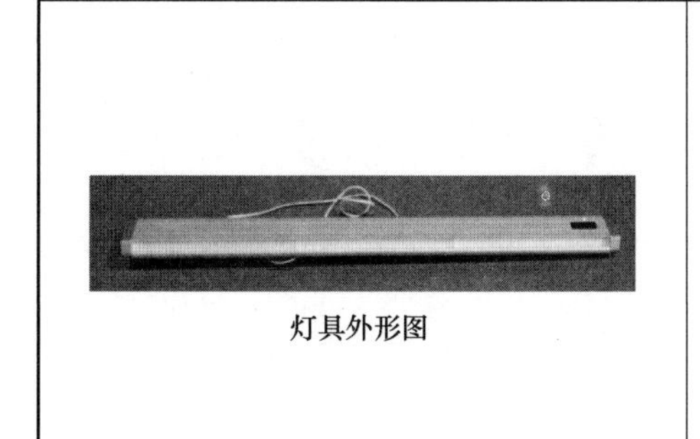
灯具外形图

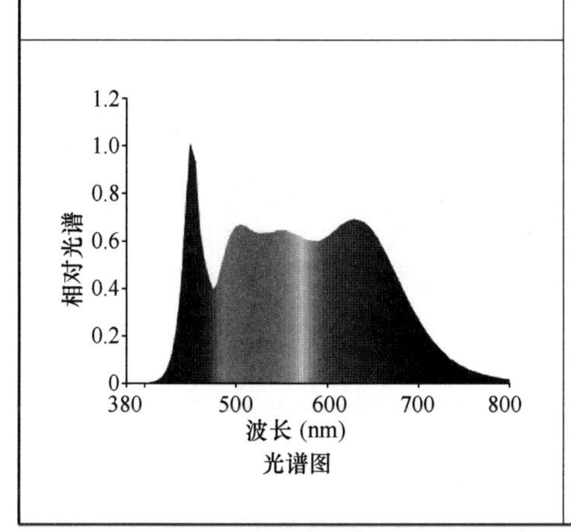

光谱图

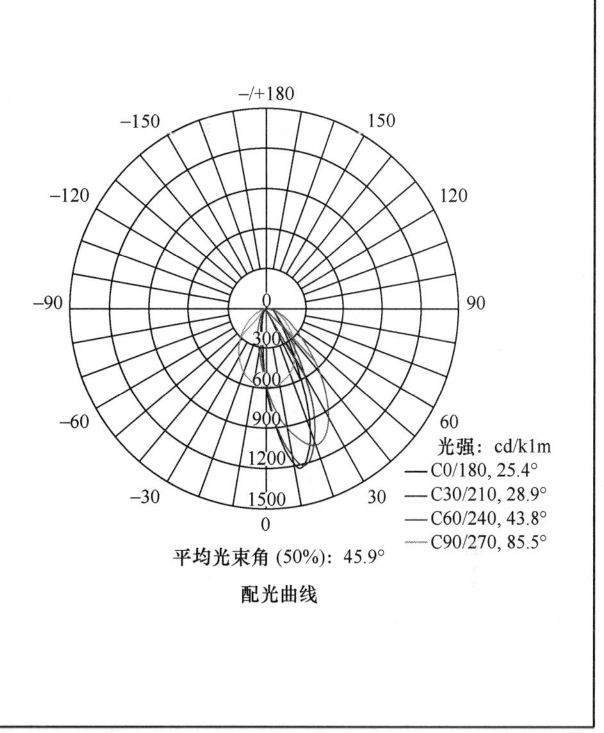

配光曲线

基本参数									
型号	生产厂家	外形尺寸(mm)			光源	最大允许距高比 L/H		调光方式
B22-L2700-01	厦门立达信数字教育科技有限公司	长 L	宽 W	高 H	LED	0°/180°	0.21	可调光
		939	83	71		90°/270°	1.09	

输入电压	输入电流	功率因数	使用寿命	防护等级	防触电类别	发光面尺寸	安装方式
220V	0.166A	0.95	30000h	IP40	Ⅱ类	0.018m²	吊装

光色电参数							
灯具效能	光通量	上射光通比	下射光通比	一般显色指数 R_a	特殊显色指数 R_9	色温	色容差
78lm/W	2700lm	0	100%	98	99	4700K	2.7SDCM
颜色漂移	频闪 SVM	最大表面亮度	光分布分类	空间色度均匀性	启动电流	光生物安全等级	
<0.007	<1	187277cd/m²	直接型	—	<20A	Ⅰ类	

注：适用场所：教室。

发光强度值(cd/klm)

Θ(°)		0	5	10	15	20	25	30	35	40	45
I_Θ(cd)	0°/180°	588	929	1200	1196	988	683	431	289	212	163
	90°/270°	598	594	580	557	526	487	442	393	339	282
Θ(°)		50	55	60	65	70	75	80	85	90	
I_Θ(cd)	0°/180°	129	107	89.3	74.8	63.3	54.4	46.3	38.9	35.0	
	90°/270°	226	174	131	95.6	68.1	46.7	28.3	12.1	0.33	

顶棚	80%			70%			50%			30%			10%			0
墙面	50%	30%	10%	50%	30%	10%	50%	30%	10%	50%	30%	10%	50%	30%	10%	0
地板	20%			20%			20%			20%			20%			0
室空间比	工作面利用系数															
0	1.19	1.19	1.19	1.16	1.16	1.16	1.11	1.11	1.11	1.06	1.06	1.06	1.02	1.02	1.02	1.00
1.0	1.07	1.03	1.00	1.05	1.01	0.99	1.00	0.98	0.95	0.97	0.95	0.93	0.93	0.91	0.90	0.88
2.0	0.96	0.90	0.86	0.94	0.89	0.85	0.91	0.87	0.83	0.88	0.84	0.81	0.85	0.82	0.79	0.77
3.0	0.87	0.80	0.75	0.85	0.79	0.74	0.83	0.77	0.73	0.80	0.75	0.72	0.77	0.74	0.70	0.69
4.0	0.79	0.72	0.66	0.78	0.71	0.66	0.75	0.69	0.65	0.73	0.68	0.64	0.71	0.67	0.63	0.61
5.0	0.72	0.65	0.59	0.71	0.64	0.59	0.70	0.63	0.58	0.67	0.62	0.57	0.66	0.61	0.57	0.55
6.0	0.66	0.59	0.53	0.65	0.58	0.53	0.64	0.57	0.53	0.62	0.56	0.52	0.61	0.56	0.52	0.50
7.0	0.61	0.54	0.48	0.60	0.53	0.48	0.59	0.53	0.48	0.58	0.52	0.48	0.56	0.51	0.47	0.46
8.0	0.57	0.49	0.44	0.56	0.49	0.44	0.55	0.48	0.44	0.54	0.48	0.44	0.53	0.47	0.43	0.42
9.0	0.53	0.46	0.41	0.52	0.45	0.41	0.51	0.45	0.40	0.50	0.44	0.40	0.49	0.44	0.40	0.38
10.0	0.49	0.42	0.38	0.49	0.42	0.38	0.48	0.42	0.37	0.47	0.41	0.37	0.46	0.41	0.37	0.36

顶棚	80%			70%			50%			30%			10%			0
墙面	50%	30%	10%	50%	30%	10%	50%	30%	10%	50%	30%	10%	50%	30%	10%	0
地板	20%			20%			20%			20%			20%			0
室空间比	墙面亮度系数															
0																
1.0	0.253	0.144	0.046	0.246	0.140	0.045	0.233	0.134	0.043	0.221	0.128	0.041	0.210	0.122	0.039	
2.0	0.238	0.130	0.040	0.232	0.128	0.039	0.220	0.123	0.038	0.210	0.118	0.037	0.201	0.113	0.036	
3.0	0.222	0.118	0.035	0.217	0.116	0.035	0.207	0.112	0.034	0.198	0.108	0.033	0.190	0.105	0.032	
4.0	0.207	0.108	0.032	0.203	0.106	0.031	0.194	0.103	0.031	0.186	0.100	0.030	0.179	0.097	0.030	
5.0	0.194	0.099	0.029	0.190	0.097	0.028	0.182	0.095	0.028	0.175	0.093	0.028	0.169	0.090	0.027	
6.0	0.182	0.091	0.026	0.178	0.090	0.026	0.172	0.088	0.026	0.165	0.086	0.025	0.160	0.084	0.025	
7.0	0.171	0.085	0.024	0.168	0.084	0.024	0.162	0.082	0.024	0.156	0.080	0.023	0.151	0.079	0.023	
8.0	0.161	0.079	0.022	0.159	0.078	0.022	0.153	0.077	0.022	0.148	0.075	0.022	0.143	0.074	0.021	
9.0	0.153	0.074	0.021	0.150	0.073	0.021	0.145	0.072	0.020	0.141	0.071	0.020	0.136	0.069	0.020	
10.0	0.145	0.069	0.019	0.142	0.069	0.019	0.138	0.068	0.019	0.134	0.067	0.019	0.130	0.065	0.019	

顶棚	80%			70%			50%			30%			10%			0
墙面	50%	30%	10%	50%	30%	10%	50%	30%	10%	50%	30%	10%	50%	30%	10%	0
地板	20%			20%			20%			20%			20%			0
室空间比	顶棚亮度系数															
0	0.190	0.190	0.190	0.163	0.163	0.163	0.111	0.111	0.111	0.064	0.064	0.064	0.020	0.020	0.020	
1.0	0.176	0.157	0.139	0.151	0.134	0.120	0.103	0.092	0.083	0.059	0.054	0.048	0.019	0.017	0.016	
2.0	0.165	0.132	0.105	0.141	0.114	0.090	0.097	0.079	0.063	0.056	0.046	0.037	0.018	0.015	0.012	
3.0	0.155	0.114	0.081	0.133	0.098	0.070	0.091	0.068	0.049	0.053	0.040	0.029	0.017	0.013	0.010	
4.0	0.147	0.100	0.065	0.126	0.086	0.056	0.086	0.060	0.039	0.050	0.035	0.023	0.016	0.011	0.008	
5.0	0.139	0.089	0.053	0.119	0.077	0.046	0.082	0.054	0.032	0.048	0.032	0.019	0.015	0.010	0.006	
6.0	0.132	0.080	0.044	0.113	0.070	0.038	0.078	0.049	0.027	0.045	0.029	0.016	0.015	0.009	0.005	
7.0	0.125	0.073	0.037	0.107	0.063	0.032	0.074	0.045	0.023	0.043	0.026	0.014	0.014	0.009	0.004	
8.0	0.119	0.067	0.032	0.102	0.058	0.028	0.071	0.041	0.020	0.041	0.024	0.012	0.013	0.008	0.004	
9.0	0.113	0.062	0.028	0.098	0.054	0.024	0.068	0.038	0.017	0.039	0.022	0.010	0.013	0.007	0.003	
10.0	0.108	0.058	0.024	0.093	0.050	0.021	0.065	0.035	0.015	0.038	0.021	0.009	0.012	0.007	0.003	

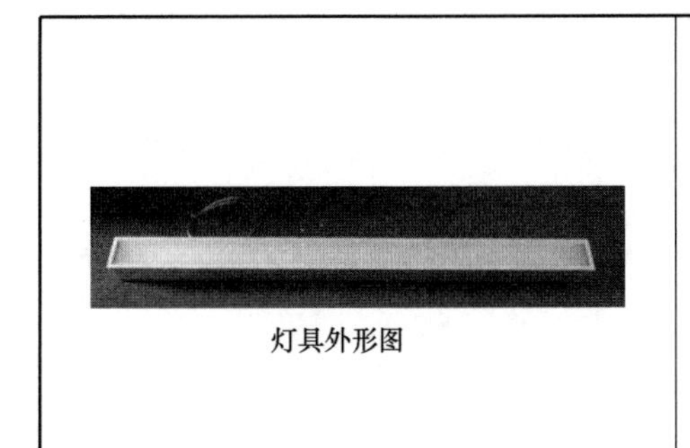
灯具外形图

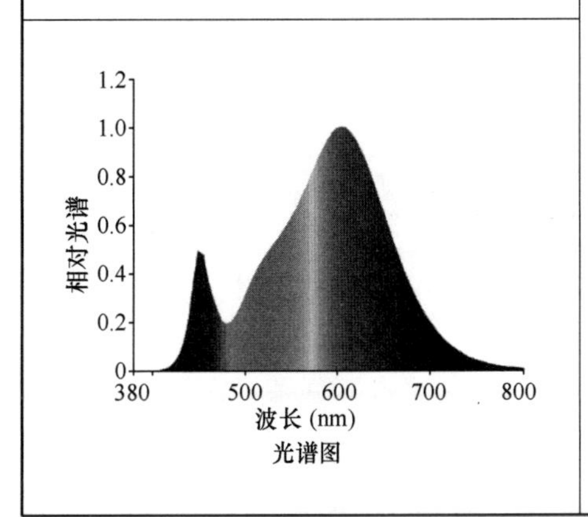

光谱图

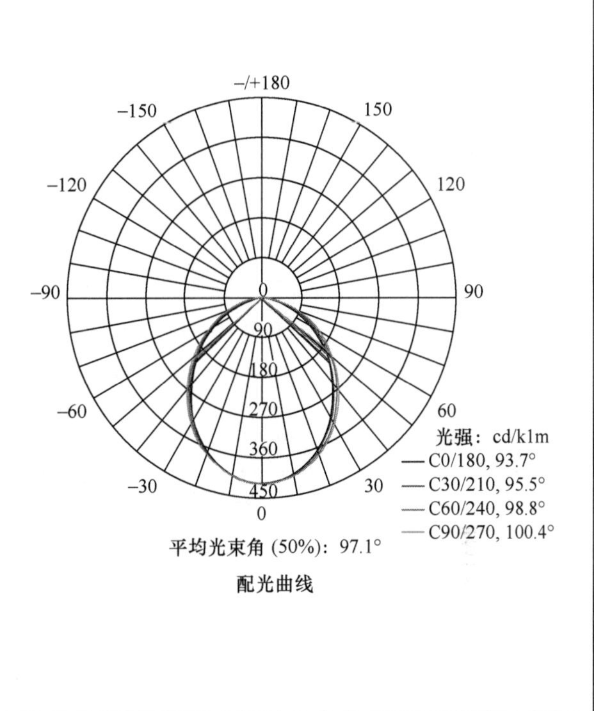

配光曲线

基本参数									
型号	生产厂家	外形尺寸(mm)			光源	最大允许距高比 L/H		调光方式	
LIN602S-30	佑昌电器(中国)有限公司	长 L	宽 W	高 H	LED	0°/180°	1.15	可调光	
		1158	86	49		90°/270°	1.18		
输入电压	输入电流	功率因数	使用寿命	防护等级	防触电类别	发光面尺寸	安装方式		
220V	0.162A	0.98	50000h	IP20	Ⅰ类	0.073m²	嵌入式		

光色电参数							
灯具效能	光通量	上射光通比	下射光通比	一般显色指数 R_a	特殊显色指数 R_9	色温	色容差
85lm/W	2554lm	0	100%	84	15	3000K	1.6SDCM
颜色漂移	频闪 SVM	最大表面亮度	光分布分类	空间色度均匀性	启动电流	光生物安全等级	
—	0.38	14644cd/m²	直接型	0.003	0.18	Ⅰ类	

注：适用场所：教室、办公室。

发光强度值(cd/klm)

Θ(°)		0	5	10	15	20	25	30	35	40	45
I_Θ(cd)	0°/180°	418	414	403	387	366	340	312	281	249	218
	90°/270°	416	414	406	394	376	355	330	302	273	242
Θ(°)		50	55	60	65	70	75	80	85	90	
I_Θ(cd)	0°/180°	187	157	128	99.5	72.8	48.2	26.1	8.22	0.30	
	90°/270°	211	179	148	118	88.1	59.5	33.4	12.4	0.32	

顶棚	80%			70%			50%			30%			10%			0
墙面	50%	30%	10%	50%	30%	10%	50%	30%	10%	50%	30%	10%	50%	30%	10%	0
地板	20%			20%			20%			20%			20%			0
室空间比	工作面利用系数															
0	1.19	1.19	1.19	1.16	1.16	1.16	1.11	1.11	1.11	1.06	1.06	1.06	1.02	1.02	1.02	1.00
1.0	1.05	1.01	0.97	1.03	0.99	0.96	0.98	0.95	0.93	0.94	0.92	0.90	0.91	0.89	0.87	0.85
2.0	0.92	0.86	0.80	0.90	0.84	0.79	0.87	0.82	0.77	0.83	0.79	0.76	0.80	0.77	0.74	0.72
3.0	0.81	0.73	0.67	0.80	0.72	0.67	0.77	0.71	0.65	0.74	0.69	0.64	0.72	0.67	0.63	0.61
4.0	0.72	0.64	0.57	0.71	0.63	0.57	0.69	0.62	0.56	0.66	0.60	0.56	0.64	0.59	0.55	0.53
5.0	0.65	0.56	0.50	0.64	0.56	0.50	0.62	0.55	0.49	0.60	0.53	0.49	0.58	0.52	0.48	0.46
6.0	0.59	0.50	0.44	0.58	0.50	0.44	0.56	0.49	0.43	0.54	0.48	0.43	0.53	0.47	0.42	0.40
7.0	0.53	0.45	0.39	0.53	0.45	0.39	0.51	0.44	0.39	0.50	0.43	0.38	0.48	0.42	0.38	0.36
8.0	0.49	0.41	0.35	0.48	0.40	0.35	0.47	0.40	0.35	0.46	0.39	0.34	0.45	0.39	0.34	0.32
9.0	0.45	0.37	0.32	0.44	0.37	0.31	0.43	0.36	0.31	0.42	0.36	0.31	0.41	0.35	0.31	0.29
10.0	0.42	0.34	0.29	0.41	0.34	0.29	0.40	0.33	0.29	0.39	0.33	0.28	0.38	0.32	0.28	0.27

顶棚	80%			70%			50%			30%			10%			0
墙面	50%	30%	10%	50%	30%	10%	50%	30%	10%	50%	30%	10%	50%	30%	10%	0
地板	20%			20%			20%			20%			20%			0
室空间比	墙面亮度系数															
0																
1.0	0.291	0.165	0.052	0.284	0.162	0.051	0.271	0.155	0.050	0.259	0.149	0.048	0.247	0.143	0.046	
2.0	0.276	0.151	0.046	0.270	0.149	0.046	0.259	0.144	0.045	0.248	0.139	0.044	0.238	0.135	0.042	
3.0	0.257	0.137	0.041	0.252	0.135	0.041	0.242	0.131	0.040	0.232	0.127	0.039	0.224	0.124	0.038	
4.0	0.239	0.124	0.036	0.234	0.122	0.036	0.225	0.119	0.036	0.217	0.116	0.035	0.209	0.113	0.035	
5.0	0.222	0.113	0.033	0.217	0.112	0.033	0.209	0.109	0.032	0.202	0.107	0.032	0.195	0.104	0.031	
6.0	0.206	0.103	0.030	0.203	0.102	0.029	0.195	0.100	0.029	0.189	0.098	0.029	0.183	0.096	0.029	
7.0	0.193	0.095	0.027	0.189	0.094	0.027	0.183	0.092	0.027	0.177	0.091	0.026	0.171	0.089	0.026	
8.0	0.180	0.088	0.025	0.177	0.087	0.025	0.172	0.086	0.024	0.166	0.084	0.024	0.161	0.083	0.024	
9.0	0.169	0.082	0.023	0.167	0.081	0.023	0.162	0.080	0.023	0.157	0.079	0.022	0.152	0.077	0.022	
10.0	0.160	0.076	0.021	0.157	0.076	0.021	0.152	0.075	0.021	0.148	0.074	0.021	0.144	0.072	0.021	

顶棚	80%			70%			50%			30%			10%			0
墙面	50%	30%	10%	50%	30%	10%	50%	30%	10%	50%	30%	10%	50%	30%	10%	0
地板	20%			20%			20%			20%			20%			0
室空间比	顶棚亮度系数															
0	0.190	0.190	0.190	0.163	0.163	0.163	0.111	0.111	0.111	0.064	0.064	0.064	0.020	0.020	0.020	
1.0	0.179	0.156	0.136	0.153	0.134	0.117	0.105	0.092	0.081	0.060	0.053	0.047	0.019	0.017	0.015	
2.0	0.170	0.132	0.100	0.146	0.114	0.086	0.100	0.079	0.060	0.058	0.046	0.035	0.018	0.015	0.012	
3.0	0.162	0.114	0.076	0.139	0.099	0.066	0.095	0.068	0.046	0.055	0.040	0.027	0.018	0.013	0.009	
4.0	0.154	0.101	0.060	0.132	0.087	0.052	0.091	0.061	0.037	0.053	0.036	0.022	0.017	0.012	0.007	
5.0	0.147	0.090	0.048	0.126	0.078	0.042	0.087	0.055	0.030	0.050	0.032	0.018	0.016	0.010	0.006	
6.0	0.140	0.082	0.040	0.120	0.071	0.035	0.083	0.050	0.025	0.048	0.029	0.015	0.016	0.010	0.005	
7.0	0.133	0.075	0.034	0.114	0.065	0.030	0.079	0.045	0.021	0.046	0.027	0.013	0.015	0.009	0.004	
8.0	0.127	0.069	0.029	0.109	0.060	0.026	0.075	0.042	0.018	0.044	0.025	0.011	0.014	0.008	0.004	
9.0	0.121	0.064	0.026	0.104	0.056	0.022	0.072	0.039	0.016	0.042	0.023	0.010	0.014	0.008	0.003	
10.0	0.115	0.060	0.023	0.099	0.052	0.020	0.069	0.037	0.014	0.040	0.022	0.008	0.013	0.007	0.003	

灯具外形图

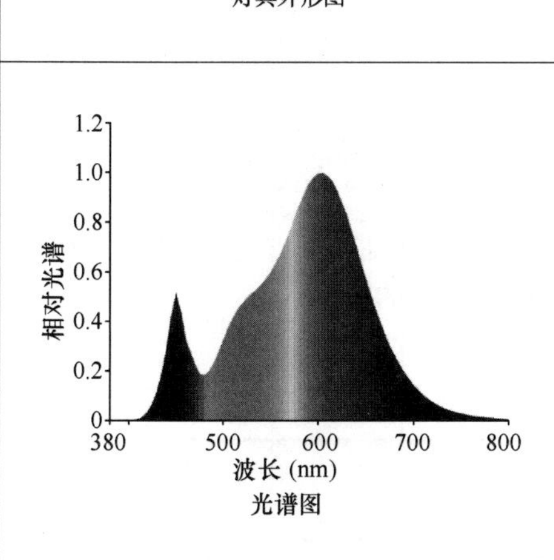

光谱图

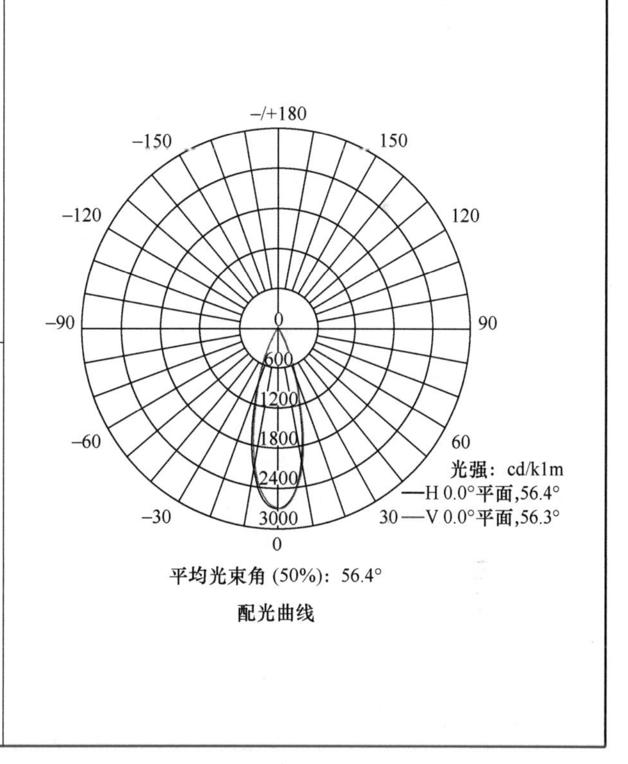

配光曲线

基本参数								
型号	生产厂家	外形尺寸(mm)			光源	最大允许距高比 L/H		调光方式
QYR5-HTG3040	上海企一实业(集团)有限公司	长 L	宽 W	高 H	LED	0°/180°	—	不可调光
		250	100	348		90°/270°	—	

输入电压	输入电流	功率因数	使用寿命	防护等级	防触电类别	发光面尺寸	安装方式
220V	0.35A	0.97	30000h	IP66	Ⅰ类	0.032m^2	固定式

光色电参数							
灯具效能	光通量	上射光通比	下射光通比	一般显色指数 R_a	特殊显色指数 R_9	色温	色容差
87lm/W	6337lm	0	100%	83	7	3000K	1.9SDCM
颜色漂移	频闪 SVM	峰值光强	光分布分类	空间色度均匀性	启动电流	光生物安全等级	
0.0015	0.04	2713 cd/klm	直接型	—	6A	Ⅰ类	

注：适用场所：户外庭院。

发光强度值(cd/klm)

Θ(°)		0	5	10	15	20	25	30	35	40	45
I_Θ(cd)	H	2566	2195	1578	920	470	243	141	93.0	69.8	51.0
	V	2615	2427	1949	1288	702	368	194	121	85.4	62.5
Θ(°)		50	55	60	65	70	75	80	85	90	
I_Θ(cd)	H	38.0	27.8	19.4	12.0	6.00	2.05	0.16	0.16	0.16	
	V	45.8	33.8	24.1	16.4	9.00	4.10	0.95	0.32	0.16	

附录 A　不同地板反射比的利用系数修正表

顶棚有效反射率		80%				70%			
墙壁反射率		70%	50%	30%	10%	70%	50%	30%	10%
地板空间有效反射率 30%(ρ_{Fc}20%=1.00)									
室空间比 *RCR*	1	1.092	1.082	1.075	1.068	1.077	1.070	1.064	1.059
	2	1.079	1.066	1.055	1.047	1.068	1.057	1.048	1.039
	3	1.070	1.054	1.042	1.033	1.061	1.048	1.037	1.028
	4	1.062	1.045	1.033	1.024	1.055	1.010	1.029	1.021
	5	1.056	1.038	1.026	1.018	1.050	1.034	1.024	1.015
	6	1.052	1.033	1.021	1.014	1.047	1.030	1.020	1.012
	7	1.047	1.029	1.018	1.011	1.043	1.026	1.017	1.009
	8	1.044	1.026	1.015	1.009	1.040	1.024	1.015	1.007
	9	1.040	1.024	1.014	1.007	1.037	1.022	1.014	1.006
	10	1.037	1.022	1.012	1.006	1.034	1.020	1.012	1.005
地板空间有效反射率 10%(ρ_{Fc}20%=1.00)									
室空间比 *RCR*	1	0.923	0.929	0.935	0.940	0.933	0.939	0.943	0.948
	2	0.931	0.942	0.950	0.958	0.940	0.949	0.957	0.963
	3	0.939	0.951	0.961	0.969	0.945	0.957	0.966	0.973
	4	0.944	0.958	0.969	0.978	0.950	0.963	0.973	0.980
	5	0.949	0.964	0.976	0.983	0.954	0.968	0.978	0.985
	6	0.953	0.969	0.980	0.986	0.958	0.972	0.982	0.989
	7	0.957	0.973	0.983	0.991	0.961	0.975	0.985	0.991
	8	0.960	0.976	0.986	0.993	0.963	0.977	0.987	0.993
	9	0.963	0.978	0.987	0.994	0.965	0.979	0.989	0.994
	10	0.965	0.980	0.989	0.995	0.967	0.981	0.990	0.995
地板空间有效反射率 0%(ρ_{Fc}20%=1.00)									
室空间比 *RCR*	1	0.859	0.870	0.879	0.886	0.873	0.884	0.893	0.901
	2	0.871	0.887	0.903	0.919	0.886	0.902	0.916	0.928
	3	0.882	0.904	0.915	0.942	0.898	0.918	0.934	0.947
	4	0.893	0.919	0.941	0.958	0.908	0.930	0.948	0.961
	5	0.903	0.931	0.953	0.969	0.914	0.939	0.958	0.970
	6	0.911	0.940	0.961	0.976	0.920	0.945	0.965	0.977
	7	0.917	0.947	0.967	0.981	0.924	0.950	0.970	0.982
	8	0.922	0.953	0.971	0.985	0.929	0.955	0.975	0.986
	9	0.928	0.958	0.975	0.988	0.933	0.959	0.980	0.989
	10	0.933	0.962	0.979	0.991	0.937	0.963	0.983	0.992

续表

顶棚有效反射率		50%			30%			10%		
墙壁反射率		50%	30%	10%	50%	30%	10%	50%	30%	10%
地板空间有效反射率 30%(ρ_{Fc}30%=1.00)										
室空间比 *RCR*	1	1.049	1.044	1.040	1.028	1.026	1.023	1.012	1.010	1.008
	2	1.041	1.033	1.027	1.026	1.021	1.017	1.013	1.010	1.006
	3	1.034	1.027	1.020	1.024	1.017	1.012	1.014	1.009	1.005
	4	1.030	1.022	1.015	1.022	1.015	1.010	1.014	1.009	1.004
	5	1.027	1.018	1.012	1.020	1.013	1.008	1.014	1.009	1.004
	6	1.024	1.015	1.009	1.019	1.012	1.006	1.014	1.008	1.003
	7	1.022	1.013	1.007	1.018	1.010	1.005	1.014	1.008	1.003
	8	1.020	1.012	1.006	1.017	1.009	1.004	1.013	1.007	1.003
	9	1.019	1.011	1.005	1.016	1.009	1.004	1.013	1.007	1.002
	10	1.017	1.010	1.004	1.015	1.009	1.003	1.013	1.007	1.002
地板空间有效反射率 10%(ρ_{Fc}20%=1.00)										
室空间比 *RCR*	1	0.956	0.960	0.963	0.973	0.976	0.979	0.989	0.991	0.993
	2	0.962	0.968	0.974	0.976	0.980	0.985	0.988	0.991	0.995
	3	0.967	0.975	0.981	0.978	0.983	0.988	0.988	0.992	0.996
	4	0.972	0.980	0.986	0.980	0.986	0.991	0.987	0.992	0.996
	5	0.975	0.983	0.989	0.981	0.988	0.993	0.987	0.992	0.997
	6	0.977	0.985	0.992	0.982	0.989	0.995	0.987	0.993	0.997
	7	0.979	0.987	0.994	0.983	0.990	0.996	0.987	0.993	0.998
	8	0.981	0.988	0.995	0.984	0.991	0.997	0.988	0.994	0.998
	9	0.983	0.990	0.996	0.985	0.992	0.998	0.988	0.994	0.999
	10	0.984	0.991	0.997	0.986	0.993	0.998	0.988	0.994	0.999
地板空间有效反射率 0%(ρ_{Fc}20%=1.00)										
室空间比 *RCR*	1	0.916	0.923	0.929	0.948	0.954	0.960	0.979	0.983	0.987
	2	0.926	0.938	0.949	0.954	0.963	0.971	0.978	0.983	0.991
	3	0.936	0.950	0.964	0.958	0.969	0.979	0.976	0.984	0.993
	4	0.945	0.961	0.974	0.961	0.974	0.984	0.975	0.985	0.994
	5	0.951	0.967	0.980	0.964	0.977	0.986	0.975	0.985	0.995
	6	0.955	0.972	0.985	0.966	0.979	0.991	0.975	0.986	0.996
	7	0.959	0.975	0.988	0.968	0.981	0.993	0.975	0.987	0.997
	8	0.963	0.978	0.991	0.970	0.983	0.995	0.976	0.988	0.998
	9	0.966	0.980	0.993	0.971	0.985	0.996	0.976	0.988	0.998
	10	0.969	0.982	0.995	0.973	0.987	0.997	0.977	0.989	0.999

附录 B　顶棚或地板有效反射比计算表

顶棚或地板反射率的底数(%)		90										80									
墙面反射率(%)		90	80	70	60	50	40	30	20	10	0	90	80	70	60	50	40	30	20	10	0
空间比(*CCR*或*FCR*)	0.2	89	88	88	87	86	85	85	84	84	82	79	78	78	77	77	76	76	75	74	72
	0.4	88	87	86	85	84	83	81	80	79	76	79	77	76	75	74	73	72	71	70	68
	0.6	87	86	84	82	80	79	77	76	74	73	78	76	75	73	71	70	68	66	65	63
	0.8	87	85	82	80	77	75	73	71	69	67	78	75	73	71	69	67	65	63	61	57
	1.0	86	83	80	77	75	72	69	66	64	62	77	74	72	69	67	65	62	60	57	55
	1.2	85	82	78	75	72	69	66	63	60	57	76	73	70	67	64	61	58	55	53	51
	1.4	85	80	77	73	69	65	62	59	57	52	76	72	68	65	62	59	55	53	50	48
	1.6	84	79	75	71	67	63	59	56	53	50	75	71	67	63	60	57	53	50	47	44
	1.8	83	78	73	69	64	60	56	53	50	48	75	70	66	62	58	54	50	47	44	41
	2.0	83	77	72	67	62	56	53	50	47	43	74	69	64	60	56	52	48	45	41	38
	2.2	82	76	70	65	59	54	50	47	44	40	74	68	63	58	54	49	45	42	38	35
	2.4	82	75	69	64	58	53	48	45	41	37	73	67	61	56	52	47	43	40	36	33
	2.6	81	74	67	62	56	51	46	42	38	35	73	66	60	55	50	45	41	38	34	31
	2.8	81	73	66	60	54	49	44	40	36	34	73	65	59	53	48	43	39	36	32	29
	3.0	80	72	64	58	52	47	42	38	34	30	72	65	58	52	47	42	37	34	30	27
	3.2	79	71	63	56	50	45	40	36	32	28	72	65	57	51	45	40	35	33	28	25
	3.4	79	70	62	54	48	43	38	34	30	27	71	64	56	49	44	39	34	32	27	24
	3.6	78	69	61	53	47	42	36	32	28	25	71	63	54	48	43	38	32	30	25	23
	3.8	78	69	60	51	45	40	35	31	27	23	70	62	53	47	41	36	31	28	24	22
	4.0	77	69	58	51	44	39	33	29	25	22	70	61	53	46	40	35	30	26	22	20
	4.2	77	62	57	50	43	37	32	28	24	21	69	60	52	45	39	34	29	25	21	18
	4.4	76	61	56	49	42	36	31	27	23	20	69	60	51	44	38	33	28	24	20	17
	4.6	76	60	55	47	40	35	30	26	22	19	69	59	50	43	37	32	27	23	19	15
	4.8	75	59	54	46	39	34	28	25	21	18	68	58	49	42	36	31	26	22	18	14
	5.0	75	59	53	45	38	33	28	24	20	16	68	58	48	41	35	30	25	21	18	14
	6.0	73	61	49	41	34	29	24	20	16	11	65	55	44	38	31	27	22	19	15	10
	7.0	70	58	45	38	30	27	21	18	14	8	64	53	41	35	28	24	19	16	12	7
	8.0	68	55	42	35	27	23	18	15	12	6	62	50	38	32	25	21	17	14	11	5
	9.0	66	52	38	31	25	21	16	14	11	5	61	49	36	30	23	19	15	13	10	4
	10.0	65	51	36	29	22	19	15	11	9	4	59	46	33	27	21	18	14	11	8	3

续表

顶棚或地板反射率的底数(%)		70										60									
墙面反射率(%)		90	80	70	60	50	40	30	20	10	0	90	80	70	60	50	40	30	20	10	0
空间比（CCR 或 FCR）	0.2	70	69	68	68	67	67	66	66	65	64	60	59	59	59	58	57	56	56	55	53
	0.4	69	68	67	66	65	64	63	62	61	58	60	59	59	58	57	55	54	53	52	50
	0.6	69	67	65	64	63	61	59	58	57	54	60	58	57	56	55	53	51	51	50	46
	0.8	68	66	64	62	60	58	56	55	53	50	60	57	56	55	54	51	48	47	46	43
	1.0	68	65	62	60	58	55	53	52	50	47	59	57	55	53	51	48	45	44	43	41
	1.2	67	64	61	59	57	54	50	48	46	44	59	56	54	51	49	46	44	42	40	38
	1.4	67	63	60	58	55	51	47	45	44	41	59	56	53	49	47	44	41	39	38	36
	1.6	67	62	59	56	53	47	45	43	41	38	59	55	52	48	45	42	39	37	35	33
	1.8	66	61	58	54	51	46	42	40	38	35	58	55	51	47	44	40	37	35	33	31
	2.0	66	60	56	52	49	45	40	38	36	33	58	54	50	46	43	39	35	33	31	29
	2.2	66	60	55	51	48	43	38	36	34	32	58	53	49	45	42	37	34	31	29	28
	2.4	65	60	54	50	46	41	37	35	32	30	58	53	48	44	41	36	32	30	27	26
	2.6	65	59	54	49	45	40	35	33	30	28	58	53	48	43	39	35	31	28	26	24
	2.8	65	59	53	48	43	38	33	30	28	26	58	53	47	43	38	34	29	27	24	22
	3.0	64	58	52	47	42	37	32	29	27	24	57	52	46	42	37	32	28	25	23	20
	3.2	64	58	51	46	40	36	31	28	25	23	57	51	45	41	36	31	27	23	22	18
	3.4	64	57	50	45	39	35	29	27	24	22	57	51	45	40	35	30	26	23	20	17
	3.6	63	56	49	44	38	33	28	25	22	20	57	50	44	39	34	29	25	22	19	16
	3.8	63	56	49	43	37	32	27	24	21	19	57	50	43	38	33	29	24	21	19	15
	4.0	63	55	48	42	36	31	26	23	20	17	57	49	42	37	32	28	23	20	18	14
	4.2	62	55	47	41	35	30	25	22	19	16	56	49	42	37	32	27	22	19	17	14
	4.4	62	54	46	40	34	29	24	21	18	15	56	49	42	36	31	27	22	19	16	13
	4.6	62	53	45	39	33	28	24	21	17	14	56	49	41	35	30	26	21	18	16	13
	4.8	62	53	45	38	32	27	23	20	16	13	56	48	41	34	29	25	21	18	15	12
	5.0	61	52	44	36	31	26	22	19	16	12	56	48	40	34	28	24	20	17	14	11
	6.0	60	51	41	35	28	24	19	16	13	9	55	45	37	31	26	21	17	14	11	7
	7.0	58	48	38	32	26	22	17	14	11	6	54	43	35	30	24	20	15	12	9	5
	8.0	57	48	35	29	23	19	15	13	10	5	53	42	33	28	22	18	14	11	8	4
	9.0	56	45	33	27	21	18	14	12	9	4	52	40	31	26	20	16	12	10	7	3
	10.0	55	43	31	25	19	16	12	10	8	3	51	39	29	24	18	15	11	9	7	2

续表

顶棚或地板反射率的底数(%)		50										40									
墙面反射率(%)		90	80	70	60	50	40	30	20	10	0	90	80	70	60	50	40	30	20	10	0
空间比(CCR或FCR)	0.2	50	50	49	49	48	48	47	46	46	44	40	40	39	39	39	38	38	37	36	36
	0.4	50	49	48	48	47	46	45	45	44	42	41	40	39	39	38	37	35	35	34	34
	0.6	50	48	47	46	45	44	43	42	41	38	41	40	39	38	37	36	34	33	32	31
	0.8	50	48	47	45	44	42	40	39	38	36	41	40	38	37	36	35	33	32	31	29
	1.0	50	48	46	44	43	41	38	37	36	34	42	40	38	37	35	33	32	31	29	27
	1.2	50	47	45	43	41	39	36	35	34	29	42	40	38	36	34	32	30	29	27	25
	1.4	50	47	45	42	40	38	35	34	32	27	42	39	37	35	33	31	29	27	25	23
	1.6	50	47	44	41	39	369	33	32	30	26	42	39	37	35	32	30	27	25	23	22
	1.8	50	46	43	40	38	35	31	30	28	25	42	39	36	34	31	29	26	24	22	21
	2.0	50	46	43	40	37	34	30	28	26	24	42	39	36	34	31	28	25	23	21	19
	2.2	50	46	42	38	36	33	29	27	24	22	42	39	36	33	30	27	24	22	19	18
	2.4	50	46	42	37	35	31	27	25	23	21	43	39	35	33	29	27	24	21	18	17
	2.6	50	46	41	37	34	30	26	23	21	20	43	39	35	32	29	26	23	20	17	15
	2.8	50	46	41	36	33	29	25	22	20	19	43	39	35	32	28	25	22	19	16	14
	3.0	50	45	40	36	32	28	24	21	19	17	43	39	35	31	27	24	21	18	16	13
	3.2	50	44	39	35	31	27	23	20	18	16	43	39	35	31	27	23	20	17	15	13
	3.4	50	44	39	35	30	26	22	19	17	15	43	39	34	30	26	23	20	17	14	12
	3.6	50	44	39	34	29	25	21	18	16	14	44	39	34	30	26	22	19	16	14	11
	3.8	50	44	38	34	29	25	21	17	15	13	44	38	33	29	25	22	18	16	13	10
	4.0	50	44	38	33	28	24	20	17	15	12	44	38	33	29	25	21	18	15	12	10
	4.2	50	43	37	32	28	24	20	17	14	12	44	38	33	29	24	21	17	15	12	10
	4.4	50	43	37	32	27	23	19	18	13	11	44	38	33	28	24	20	17	14	11	9
	4.6	50	43	36	31	26	22	18	15	13	10	44	38	32	28	23	19	16	14	11	8
	4.8	50	43	36	31	26	22	18	15	12	9	44	38	32	27	22	19	16	13	10	8
	5.0	50	42	35	30	25	21	17	14	12	9	45	38	31	27	22	19	15	13	10	7
	6.0	50	42	34	29	23	18	15	13	10	6	44	37	30	25	20	17	13	11	8	5
	7.0	49	41	32	27	21	18	14	11	8	5	44	36	29	24	19	16	12	10	7	4
	8.0	49	40	30	25	19	16	12	10	7	3	44	35	28	23	18	15	11	9	6	3
	9.0	48	39	29	24	18	15	11	9	7	3	44	35	26	21	16	13	10	8	5	2
	10.0	47	37	27	22	17	14	10	8	6	2	43	34	25	20	15	12	8	7	5	2

续表

顶棚或地板反射率的底数(%)		30										20									
墙面反射率(%)		90	80	70	60	50	40	30	20	10	0	90	80	70	60	50	40	30	20	10	0
空间比(CCR 或 FCR)	0.2	31	31	30	30	29	29	29	28	28	27	21	20	20	20	20	20	19	19	19	17
	0.4	31	31	30	30	29	28	28	27	26	25	22	21	20	20	20	19	19	18	18	16
	0.6	32	31	30	29	28	27	26	26	25	23	23	21	21	20	19	19	18	18	17	15
	0.8	32	31	30	29	28	26	25	25	23	22	24	22	21	20	19	19	18	17	16	14
	1.0	33	32	30	29	27	25	24	23	22	20	25	23	22	20	19	18	17	16	15	13
	1.2	33	32	30	28	27	25	23	22	21	19	25	23	22	20	19	17	17	16	14	12
	1.4	34	32	30	28	26	24	22	21	19	18	26	24	22	20	18	17	16	15	13	12
	1.6	34	33	29	27	25	23	22	20	18	17	26	24	22	20	18	17	16	15	13	11
	1.8	35	33	29	27	25	23	21	19	17	16	27	25	23	20	18	17	15	14	12	10
	2.0	35	33	29	26	24	22	20	18	16	14	28	25	23	20	18	16	15	13	11	9
	2.2	36	32	29	26	24	22	19	17	15	13	28	25	23	20	18	16	14	12	10	9
	2.4	36	32	29	26	24	22	19	16	14	12	29	26	23	20	18	16	14	12	10	8
	2.6	36	32	29	25	23	21	18	16	14	12	29	26	23	20	18	16	14	11	9	8
	2.8	37	33	29	25	23	21	17	15	13	11	30	27	23	20	18	15	13	11	9	7
	3.0	37	33	29	25	22	20	17	15	12	10	30	27	23	20	17	15	13	11	9	7
	3.2	37	33	29	25	22	19	16	14	12	10	31	27	23	20	17	15	12	11	9	6
	3.4	37	33	29	25	22	19	16	14	11	9	31	27	23	20	17	15	12	10	8	6
	3.6	38	33	29	24	21	18	15	13	10	9	32	27	23	20	17	15	12	10	8	5
	3.8	38	33	28	24	21	18	15	13	10	8	32	28	23	20	17	15	12	10	7	5
	4.0	38	33	28	24	21	18	14	12	9	7	33	28	23	20	17	14	11	9	7	5
	4.2	38	33	28	24	20	17	14	12	9	7	33	28	23	20	17	14	11	9	7	4
	4.4	39	33	28	24	20	17	14	11	9	6	34	28	24	20	17	14	11	9	7	4
	4.6	39	33	28	24	20	17	13	10	8	6	34	29	24	20	17	14	11	9	7	4
	4.8	39	33	28	24	20	17	13	10	8	5	35	29	24	20	17	13	10	8	6	4
	5.0	39	33	28	24	19	16	13	10	8	5	35	29	24	20	16	13	10	8	6	4
	6.0	39	33	27	23	18	15	11	9	6	4	36	30	24	20	16	13	10	8	5	2
	7.0	40	33	26	22	17	14	10	8	5	3	36	30	24	20	15	12	9	7	4	2
	8.0	40	33	26	21	16	13	9	7	4	2	37	30	23	19	15	12	8	6	3	1
	9.0	40	33	25	20	15	12	9	7	4	2	37	29	23	19	14	11	8	6	3	1
	10.0	40	32	24	19	14	11	8	6	3	1	37	29	22	18	13	10	7	5	3	1

续表

顶棚或地板反射率的底数(%)		10										0									
墙面反射率(%)		90	80	70	60	50	40	30	20	10	0	90	80	70	60	50	40	30	20	10	0
空间比（*CCR*或*FCR*）	0.2	11	11	11	10	10	10	10	9	9	9	2	2	2	1	1	1	1	0	0	0
	0.4	12	11	11	11	11	10	10	9	9	8	4	3	3	2	2	2	1	1	0	0
	0.6	13	13	12	11	11	10	10	9	8	8	5	5	4	3	3	2	2	1	1	0
	0.8	15	14	13	12	11	10	10	9	8	7	7	6	5	4	4	3	2	2	1	0
	1.0	16	14	13	12	12	11	10	9	8	7	8	7	6	5	4	3	2	2	1	0
	1.2	17	15	14	13	12	11	10	9	7	6	10	8	7	6	5	4	3	2	1	0
	1.4	18	16	14	13	12	11	10	9	7	6	11	9	8	7	6	4	3	2	1	0
	1.6	19	17	15	14	12	11	9	8	7	6	12	10	9	7	6	5	3	2	1	0
	1.8	19	17	15	14	13	11	9	8	6	5	13	11	9	8	7	5	4	3	1	0
	2.0	20	18	16	14	13	11	9	8	6	5	14	12	10	9	7	5	4	3	1	0
	2.2	21	19	16	14	13	11	9	7	6	5	15	13	11	9	7	6	4	3	1	0
	2.4	22	19	17	15	13	11	9	7	6	5	16	13	11	9	8	6	4	3	1	0
	2.6	23	20	17	15	13	11	9	7	6	4	17	14	12	10	8	6	5	3	2	0
	2.8	23	20	18	16	13	11	9	7	5	3	17	15	13	10	8	7	5	3	2	0
	3.0	24	21	18	16	13	11	9	7	5	3	18	16	13	11	9	7	5	3	2	0
	3.2	25	21	18	16	13	11	9	7	5	3	19	16	14	11	9	7	5	3	2	0
	3.4	26	22	18	16	13	11	9	7	5	3	20	17	14	12	9	7	5	3	2	0
	3.6	26	22	19	16	13	11	9	6	4	3	20	17	15	12	10	8	5	4	2	0
	3.8	27	23	19	17	14	11	9	6	4	2	21	18	15	12	10	8	5	4	2	0
	4.0	27	23	20	17	14	11	9	6	4	2	22	18	15	13	10	8	5	4	2	0
	4.2	28	24	20	17	14	11	9	6	4	2	22	19	16	13	10	8	6	4	2	0
	4.4	28	24	20	17	14	11	8	6	4	2	23	19	16	13	10	8	6	4	2	0
	4.6	29	25	20	17	14	11	8	6	4	2	23	20	17	13	11	8	6	4	2	0
	4.8	29	25	20	17	14	11	8	6	4	2	24	20	17	14	11	8	6	4	2	0
	5.0	30	25	20	17	14	11	8	6	4	2	25	21	17	14	11	8	6	4	2	0
	6.0	31	26	21	18	14	11	8	6	3	1	27	23	18	15	12	9	6	4	2	0
	7.0	32	27	21	17	13	11	8	6	3	1	28	24	19	15	12	9	6	4	2	0
	8.0	33	27	21	17	13	10	7	5	3	1	30	25	20	15	12	9	6	4	2	0
	9.0	34	28	21	17	13	10	7	5	2	1	31	25	20	15	12	9	6	4	2	0
	10.0	34	28	21	17	12	10	7	5	2	1	31	25	20	15	12	9	6	4	2	0